低碳环保农业果蔬产品碳标签体系及应用研究

罗鸿兵　刘晓玲　张　可
李　玫　付蜀智　著

科学出版社
北　京

内 容 简 介

本书基于生命周期评价(life cycle assessment,LCA),对猕猴桃和二荆条辣椒的碳排放和固碳水平进行监测,并核算相应的碳足迹,分析猕猴桃鲜果和二荆条辣椒鲜果的碳标签,开发了低碳环保农业果蔬产品碳标签系统,并进行应用。本书分为9章,主要包括5个方面的内容:碳标签的研究方法、野外碳排放监测、碳足迹核算、低碳环保农业果蔬产品碳标签调查、低碳环保农业果蔬产品碳标签系统开发及应用。

本书可作为高校和研究所国际贸易、农业工程、食品科学与工程、环境工程、园艺生态、水文、气象等专业学生的阅读资料,也适合政府及研究机构的环保工作者、科技工作者阅读,同时可为气候变化、全球变暖、碳交易、碳循环等相关研究人员提供参考。

图书在版编目(CIP)数据

低碳环保农业果蔬产品碳标签体系及应用研究 / 罗鸿兵等著. — 北京 : 科学出版社, 2022.2

ISBN 978-7-03-056222-7

Ⅰ. ①低… Ⅱ. ①罗… Ⅲ. ①水果-农产品-二氧化碳-排气-标签-研究 ②蔬菜-农产品-二氧化碳-排气-标签-研究 Ⅳ. ①F762.305

中国版本图书馆 CIP 数据核字 (2017) 第 323940 号

责任编辑: 武雯雯/ 责任校对: 彭 映

责任印制: 罗 科 / 封面设计: 义和文创

科学出版社出版

北京东黄城根北街16号

邮政编码: 100717

http://www.sciencep.com

成都锦瑞印刷有限责任公司印刷

科学出版社发行 各地新华书店经销

*

2022年2月第 一 版 开本: 787×1092 1/16

2022年2月第一次印刷 印张: 19 1/2

字数: 462 000

定价: 138.00 元

前　言

在全球变暖和食品安全对人类影响日益显著的背景下，温室气体（greenhouse gas，GHG）控制和产品碳标签成为研究热点，特别是近年来，农业产品的碳标签越来越受到关注。

当前，气候变暖所引发的生态环境问题已成为国际社会普遍关注的全球性问题。如何适应气候变化、减少负面影响成为全球共同面临的重大挑战。碳标签是控制温室气体排放、促进经济低碳转型的有效方法和重要途径之一，它通过量化的指数，以一种易于理解的形式反映产品生命周期全过程的温室气体排放信息，进而提高社会的低碳消费意识，促进企业开展节能减排工作。控制 CO_2 等温室气体排放对于缓解全球气候变暖尤为重要。

目前，我国大多数人对碳足迹、碳标签还不熟悉，推行低碳消费更无从谈起。相比之下，英国公众的碳足迹意识很强，英国连锁超市中的大多数商品应消费者要求被贴上了碳标签。近几年，我国政府高度重视气候变暖问题，降低 CO_2 排放量已被列入政府的政策目标。为确保温室气体减排目标的达成，我国从低碳省市试点、碳排放权交易试点以及低碳产品认证管理等各方面多措并举，提高全社会应对气候变化的意识，引导低碳生产与消费，促成全社会温室气体减排目标的达成。

尽管碳标签作为一种较为有效的市场化减排手段，在国外被越来越多地采用与实施，然而在我国，碳标签作为一种新生事物，公众与企业对其认知仍相当有限。

我国是农产品生产的大国，农产品质量安全还停留在终端检验阶段，即经过权威部门和认证机构认证，公布为"无公害农产品""绿色食品""有机食品"。这种方式针对终端消费安全起到重要作用，但目前农产品质量安全管理有从末端控制向过程风险控制转变的趋势，即必须对农产品整个生产环节与流通环节进行必要的监控，而碳标签技术就是针对整个生产环节和流通环节的全程监控，以实现 CO_2 减排的目的。四川省果蔬品种繁多，种植也颇具规模，蔬菜销售遍及全国 30 多个省市及港澳台地区，并远销韩国及东南亚等国家和地区，但目前没有关于其碳标签研究及应用的报道。碳贸易必须考虑环境标准与成本，实施环境监管及保护，这对于碳贸易影响尤其重要。建立碳标签体系是我国低碳经济可持续发展的政策和理论依据。因此，积极开展有关碳标签的研究具有重要的意义，也是一项十分紧迫的任务。本书以四川省都江堰市胥家镇种植的猕猴桃和二荆条辣椒为研究对象，分析两种产品在生命周期内的 CO_2 排放情况，并测算了两种产品的碳标签。

本书共分为 9 章。第 1 章为绪论，介绍目前国内外碳标签的研究动态和现状，并对研究背景、研究内容、碳标签和碳足迹的研究方法、碳排放监测和低碳环保农业果蔬产品碳标签系统设计进行简要介绍。第 2 章为研究区域概述，对选取的四川省都江堰市的胥家镇、四川省成都市蒲江县进行简介。第 3 章为猕猴桃碳标签实测结果，对猕猴桃果树和土壤的 CO_2 排放进行监测，对猕猴桃果树和土壤的 TC（total carbon，总碳）、TOC（total organic carbon，总有机碳）进行监测，并计算猕猴桃鲜果的碳标签。第 4 章为二荆条辣椒碳标签实测结果，对二荆条辣椒植株和土壤的 CO_2 排放进行监测，对二荆条辣椒植株和土壤的 TC、TOC 进行监测，并计算二荆条鲜辣椒的碳标签。第 5 章为农业果蔬产品碳足迹核算与查证标准，对猕猴桃场地整理、嫁接、生产与田间管理、果实收获、鲜果产品销售、鲜果消费后废物处理等 LCA 环节的碳足迹进行核算和查证，对二荆条辣椒场地整理、种苗、生产与田间管理、果实收获、鲜果产品销售、鲜果消费后废物处理等 LCA 环节的碳足迹进行核算和查证，并对猕猴桃和二荆条辣椒的鲜果各个 LCA 环节进行汇总分析。第 6 章为四川省农业果蔬产品类别规则制定的制度初探，对国内外农产品的含义、分类、现状进行概述，阐述我国种植业农产品概况，初步提出四川省低碳果蔬农产品分类方法的建议，初步探讨了农产品 PCR（product category rule，产品类别规则）制定的制度建议。第 7 章为低碳环保农业果蔬产品碳标签系统及应用，介绍系统开发背景及意义，进行系统概要的设计、系统实现与成果应用展示，在低碳环保农业果蔬产品碳标签系统（1.0 版本）中进行了 4 户果蔬产品的应用展示。第 8 章为低碳环保农业果蔬产品碳标签调查结果，通过调查表格设计、调查和结果分析，提出推行四川省猕猴桃和二荆条辣椒碳标签的策略。第 9 章为主要结论。

本书由刘晓玲、张可、罗鸿兵、李玫、付蜀智等著，由罗鸿兵统稿。其中，刘晓玲参与了第 1 章、第 5 章、第 7 章和第 8 章的编写，张可参与了第 3 章和第 4 章的编写，罗鸿兵参与了第 1 章和第 9 章的编写，李玫参与了第 2 章和第 6 章的编写，付蜀智参与了第 8 章的编写。

本书研究工作得到了国家自然科学基金面上项目“农村污水非点源污染人工湿地处理系统甲烷排放控制研究（51278318）”、四川省科技厅科技支撑计划“低碳环保农业果蔬产品碳标签体系及应用研究（2013SZ0103）”、四川省成都市科技局科技惠民技术研发项目“成都平原农业地表径流非点源污染的末端控制技术创新（2015-HM01-00325-SF）”的支持，在此致以衷心的感谢。

同时，感谢都江堰市胥家镇的邹华刚、赵古福、江余富 3 户农户，当地其他村民以及成都泰禾农业科技有限公司的大力支持和配合，感谢参与研究的研究生和本科生，以及所有相关人员对本书研究的关心、帮助和支持。

世界上没有完美的碳标签系统，只有更完善的碳标签系统，但还需要更多和长期的监测才能获得更为精准的低碳环保农业果蔬产品的标签数据。因此，积极应用低碳环保农业果蔬产品碳标签系统，对四川省其他果蔬农产品，以及其他一些行业产品的碳标签开发和应用，实现本地农产品碳标签的国际化，从而推动四川省乃至全国的农产品贸易，具有十分重要的意义和推广价值。

限于本书研究范围，再加上作者水平有限，疏漏之处在所难免，欢迎专家同行批评指正，以求不断完善和提高。欢迎来信讨论（hbluo@sicau.edu.cn 或 luohongbing66@163.com）。

目　　录

第1章 绪　　论

1.1 背　　景

2006 年，经济学家尼古拉斯·斯特恩指出，全球以每年 1%的 GDP(gross domestic product，国内生产总值)投入，可以避免将来每年 5%～20%GDP 的损失，呼吁全球向低碳经济转型(Cairncross，2006)。发展低碳经济已经成为全球关注的热点，中国低碳经济的发展才刚刚起步，低碳发展意识开始受到关注。同时，在全球环境变暖和人类活动对环境影响日益显著的背景下，低碳经济和低碳城市(Cairncross，2006；Guan et al.，2014；Kennedy et al.，2014；Bertram et al.，2015)成为当今研究的热点，而农产品的碳标签也逐渐成为研究热点(Oberndorfer et al.，2007；Getter et al.，2009；Berndtsson，2010；MacIvor et al.，2011；Whittinghill et al.，2014)。

当前，气候变暖所引发的生态环境问题已成为国际社会普遍关注的全球性问题。如何适应气候变化、减少负面影响成为全球共同面临的重大挑战。碳标签是控制温室气体排放、促进经济低碳转型的有效方法和重要途径之一，它通过量化的指数，以一种易于理解的形式反映产品生命周期全过程的温室气体排放信息，进而提高社会的低碳消费意识，促进企业开展节能减排工作。

CO_2 是一种重要的红外吸收气体，对温室效应乃至全球变暖有着重要的作用(徐世晓 等，2001)。温室效应带来一系列的连锁反应，比如冰川融化、海平面上升、气候反常等(周盛兵 等，2013)。在我国，随着大气中 CO_2 浓度增加，可能出现的气候变化会对我国的水、土、生物等资源的供给带来影响，从而影响我国粮食生产(王铮 等，2001)。控制 CO_2 的排放对于缓解全球变暖尤为重要。不但工业系统要发展以低能耗、低污染、低排放为基础的低碳经济模式，农业生产系统同样责无旁贷，发展低碳农业经济已成为当务之急。农业产前、产中、产后的全过程都与耗用能源、排放温室气体有关。因此，在发展低碳经济方面，农业潜力巨大(张莉侠 等，2011)。要发展低碳农业，需要对整个供应链的碳排放进行全周期管理。从原则上来说，碳的排放应该从产品生命周期的角度来进行测算，也就是从投入品的生产以及用途，到产品的最终消费与分解整个过程进行跟踪测算，即所谓的产品生命周期分析(LCA)(袁平红，2012)。为了使消费者更加直观地了解碳足迹信息，需要使用碳标签(carbon label)表示某种产品在全生命周期中的温室气体排放水平(陈泽勇，2010；Koos，2011)。

碳标签是为了缓解气候变化，减少温室气体排放，把产品或服务在生产、运输和消耗整个生命周期中所排放的温室气体排放量(碳足迹)在产品标签上用量化的指数标示出来，以标签的形式告知消费者产品的碳信息，即利用在商品上加注碳标签的方式，引导消费者选择碳排放量更低的商品或服务，从而达到减少温室气体排放量、缓解气候变暖问题的目的(Edwards et al.，2009；余运俊 等，2010；Koos，2011)。国外产品碳标签理论研究日趋完善(Vandenbergh et al.，2010；Vandenbergh et al.，2011；Cohen et al.，2012；Th Gersen et al.，2016)，产品碳标签实践与应用日渐兴起，并正式涉及农产品碳标签制度的应用，国内对产品碳标签的研究还处于理论介绍阶段，但国内外均未深究农产品碳标签制度与低碳农业发展的内在联系。面对国外已有的碳标签壁垒和潜在的国际贸易碳壁垒，如何发展低碳农业和低碳农产品是我国农业可持续发展的核心问题(邓明君 等，2010)。

目前，在我国，大多数公众对碳足迹、碳标签还不熟悉，推行低碳消费更无从谈起。因此，增强我国消费者环保意识，引导低碳消费，才能使碳标签制度的实施有广泛的消费基础(陈洁民，2010)。近几年，我国政府高度重视气候变暖问题，降低 CO_2 排放量已被列入政府的政策目标。为确保温室气体减排目标的达成，我国从低碳省市试点、碳排放权交易试点以及低碳产品认证管理等各方面多措并举，提高全社会应对气候变暖的意识，引导低碳生产与消费，促成全社会的温室气体减排。尽管碳标签作为一种较为有效的市场化减排手段，在国外被越来越多地采用与实施，然而在我国，碳标签作为一种新生事物，公众与企业对它的认知仍相当有限(蔡雪娇，2016)。

我国是农业生产的大国，农产品质量安全监督还停留在终端检验阶段。虽然这种方式针对终端消费安全起到重要作用，但目前农产品质量安全管理有从末端控制向过程风险控制转变的趋势，即必须对农产品整个生产环节与流通环节进行必要的监控，而碳标签技术就是针对整个生产环节和流通环节的全程监控，以实现 CO_2 减排的目的。四川省果蔬品种繁多，种植也颇具规模，但目前没有关于碳标签及其应用的报道。碳贸易必须考虑环境标准与成本，实施环境监管及保护对于碳贸易影响尤其重要。建立碳标签体系是我国低碳经济可持续发展的政策和理论依据。因此，四川积极开展碳标签的研究具有重要的意义。

1.2 碳标签研究进展

碳排放和气候变暖随着相关可持续产品种类与数量的显著增长而受到越来越多的关注。在某种程度上，通过碳标签减少国家贸易过程中的碳排放量，对全球温室气体排放具有潜在的影响。因此，产品碳标签正获得越来越多的关注(Upham et al.，2011；Cohen et al.，2012；Sharp et al.，2013；Wu et al.，2014)。

碳标签涉及两个标准，包括 PAS(Publicly Available Specification，食品安全公共可用规范) 2050 (BSI，2011)和 ISO(International Organization for Standardization，国际标准化组织) 14067 (Greenhouse Gas Protocol，2011)，二者均提供了测定产品生命周期原则，但是没能为每个产品提供足够的集成规律或行业准则(Cohen et al.，2012)。

关注产品碳标签的消费者也逐渐增多。碳足迹受到普遍关注(Hammond，2007)，最适用的碳标签计算是基于生命周期评价或碳的输入-输出分析(Matthews et al.，2008；Weidema et al.，2008)。碳标签已经逐渐成为研究热点，在很多行业受到关注(Stefan et al.，

2016；Grebitus et al.，2016；MacWilliam et al.，2016；Th Gersen et al.，2016），特别是在食品领域(Plassmann et al.，2010；Gadema et al.，2011；Liu et al.，2015；Madin et al.，2015；Leach et al.，2016；Miao et al.，2016)。

国外产品碳标签理论研究日趋完善，产品碳标签实践与应用日渐兴起，并正式涉及农产品碳标签制度的应用，国内对产品碳标签的研究还处于理论阶段，但国内外均未深究农产品碳标签制度与低碳农业发展的内在联系。

从博弈论的角度分析碳标签对国际贸易的影响可以发现(张淑媛，2015)：发展水平相同的两国进行国际贸易时，其中一个国家实行了碳标签制度，另一个国家也会实行碳标签制度，并且两国在碳足迹核算方法的选择上应该采用统一的标准；由于发展中国家和发达国家在经济、技术等方面存在较大差距，两个发展水平不同的国家进行贸易时，当发达国家实行了碳标签制度，发展中国家出于本国利益考虑，短期内不会实行碳标签制度；企业将产品出口到发达国家时，由于小型企业与大型企业实力悬殊，发达国家针对小型企业实行碳标签制度时，一些小企业出于成本考虑会选择退出该国市场；发达国家实行碳标签制度后，虽然有能力支付诉讼、核算等带来的成本，但是会使发达国家损失部分利益。

从经济效应角度分析碳标签对国际贸易进出口双方的影响可以发现(张淑媛，2015)：进口国的碳标签制度在短期内会造成出口国贸易种类和贸易数量的减少，通过提高生产成本来削弱出口产品的价格优势，同时也会造成出口国社会福利的下降和贸易条件的恶化。但是从长期来看，出口国可以通过技术创新冲破进口国的限制，实现贸易量的增加、社会福利的提高和贸易条件的改善；进口国实行碳标签制度后，短期内或许可以实现对本国企业的保护、提高社会福利、改善贸易条件，但是从长期来看，对本国企业的保护作用将会消失，贸易条件不一定能得到改善，社会福利的增加也难以实现。

作为推动人类社会向低碳经济转型的关键工具之一，碳标签制度的构建是应对日益激烈的国际低碳经济竞争的必然选择，是深化环境标志制度的必然要求，也是低碳社会的应有之义。未来，低碳经济无疑是世界经济发展的必然趋势，必将对全球范围内的生产生活模式、价值观念和国家权益产生深刻影响，作为一国低碳经济发展和低碳竞争力形成不可忽视的有效措施，开展碳标签制度势在必行。有组织、有计划、科学地建立并实施碳标签体系有着深远的意义与影响。在理论上，可以探索构建符合我国国情且合理有效的碳标签评价标准和评价体系；同时，应丰富和完善我国的环境法学基础理论和环境标志制度。在应用上，通过碳标签制度的实施，可以促进碳排放来源的透明化，驱动企业在生产环节进行节能减排，提高企业竞争力，从而有效应对国际贸易低碳壁垒；同时，随着大众环保意识的不断增强，碳标签的应用有助于引导消费者树立低碳消费理念，选择碳排放量更低的商品，让消费者从需求端的角度，自觉对抗气候变化(胡维潇，2016)。

目前，碳标签制度尚处于起步阶段，但其在引领绿色消费、推动企业转型、改善大气环境、减缓全球气候变暖方面存在巨大潜力，尚需进一步的研究与分析。碳标签制度的顺利推行离不开相关法律法规的约束和保证，并以此来确定具体的核算标准、认证制度、使用制度等。同时，相应的配套法律法规也需要健全(胡维潇，2016)。

1.2.1 碳标签在国外的实施现状

1.2.1.1 英国

英国是最早推行碳标签制度的国家。负责推行该制度的机构是英国 Carbon Trust 公司(碳信托有限公司，也叫碳基金公司)，该公司是由英国政府资助成立的非营利性公司。英国政府通过该公司与国内各企业和公共部门合作，鼓励企业推行碳标签制度，发展低碳经济。英国的碳标签制度以试点的形式进行。2007 年 3 月，Carbon Trust 推出国内首批加注碳标签的产品，也是全球范围内首批加注碳标签的产品。此次碳标签试点范围比较窄，仅仅涉及少数消费类产品，包括薯片、奶昔、洗发水等；2008 年 2 月，Carbon Trust 将碳标签应用范围进一步扩大，把特易购(英国最大连锁百货)、可口可乐、Boots(以药房为主的国际医药保健美容集团)等大型企业纳入碳标签推广的范围(陈泽勇，2010)。

碳标签标示的碳排放量就是碳足迹。为了能够用标准化方法来核算产品或服务的碳足迹，2006 年底，Carbon Trust 开始致力于研究评价碳足迹的方法，并在 2008 年 10 月发布了《商品和服务在生命周期内的温室气体排放评价规范》(PAS2050)。从此，英国建立了自己的碳足迹核算体系，也为其他国家的碳足迹核算提供了借鉴。英国的碳标签以“足印”为主体形象，整个标签设计包括碳排放量、足印形象、制造商的减排承诺、Carbon Trust 认可标注及碳标签网络地址。

英国推行的碳标签与其他国家的碳标签相同，都标注了碳排放量，但是它也有与众不同之处，那就是标注了该产品生产企业的减排承诺，如果企业没有达到承诺中的碳减排标准，那么就不能再继续使用低碳标签(黄文秀，2012)。

Carbon Trust 在 2015～2016 年参与了 1100 多个碳标签项目，有 38 个国家参与到碳标签工作中来(The Carbon Trust，2016)。

1.2.1.2 德国

德国碳标签制度的试推行是由世界自然基金会、波茨坦气候影响研究所、应用生态研究所等共同发起的，依托德国的巴斯夫股份公司、Henkel(汉高公司)、REWE 集团，荷兰的 DSM 公司等 9 家企业而开展。2009 年 2 月，碳标签开始试点推行，涉及的产品包括食品、电信等多个类别。德国的碳标签沿用了“足迹”形态，并在标签上标注了“经评价”文字。值得一提的是，德国的碳标签并没有标注明确的碳排放量，只是说明了该产品已经对碳足迹进行了分析(张淑媛，2015)。

1.2.1.3 法国

法国目前推出的碳标签有两种。第一种是 2008 年 6 月由 Casino 公司推出的“Group Casino Indice Carbon”碳标签，Casino 公司自己制定了一套碳足迹核算方法，并且成功说服了大约 500 家供应商共同参与，并为之免费提供碳足迹核算。该标签以“绿叶”为基本形态，不仅标注了碳排放量，还提醒消费者关注产品包装背面的更多信息，以便做出更加合理的购买决定。第二种由政府推行并且在法律中做出了明确规定。该标签推行计划涉及法国市场上的所有产品，由企业自愿参与，并且每个企业可以试用多种标签，一年试用结束后，企业需要选定其中一种标签正式使用。法国的这种碳标签制度将由最初的自愿推行发展为强制推行，但是目前还未确定强制推行的具体时间(张淑媛，2015)。

1.2.1.4　美国

美国推出的碳标签制度共包括三类(张淑媛，2015)：第一类主要在食品类产品中推行，是由美国 Carbon Label California 公司推出的，目的在于引导消费者选择更加环保的产品，提高消费者的环保意识；第二类是适用于综合产品的碳标签，由 Carbonfund 公司推出，涉及的产品有罐装饮料、咖啡豆等；第三类是由 Climate Conservancy 公司推出的气候意识标签，这个标签并不针对特定产品，意在通过引导消费者购买低碳产品，降低碳排放量，应对气候变化，该标签得到了以美国零售业巨头沃尔玛为代表的大型跨国公司的积极响应(方虹 等，2013)。

1.2.1.5　日本

日本碳标签制度的推行是自上而下的，碳标签的名称为碳足迹标签(张淑媛，2015)。碳标签制度的推行工作由经济产业省负责，评价核算工作由第三方机构独立进行。2008 年 12 月中旬，日本确定了较为科学的碳排量计算方法(TSQ0010)、碳标签图样、碳标签适用的商品范围等内容。从 2009 年开始，一场全国范围的碳标签推广运动在日本开始了。日本的碳标签制度同英国的碳标签制度一样，都是自愿性质的。

日本的碳足迹标签比英国标注得更加详细，它规定碳足迹的核算包括产品整个生命周期，每个环节中所产生的 CO_2 都要在产品的碳足迹标签中进行详细说明，以便消费者更加清晰地了解该商品在每个环节中对环境的影响程度，消费者在选购商品时，可以对每个产品的整体碳排量进行综合了解，进而购买低碳产品(刘亮，2014)。

1.2.1.6　其他

除了上面所介绍的 5 个国家之外，还有越来越多的国家和地区加入了碳标签的行列，目前已知的有加拿大、瑞士、瑞典、西班牙、韩国、新加坡、泰国、澳大利亚、智利、新西兰和奥地利等。我们不难看出，碳标签制度的推行已经超出了发达国家的范畴，引起了更多发展中国家的关注。因此，我国推行碳标签制度迫在眉睫(张淑媛，2015)。

1.2.2　碳标签在中国的实施现状

长久以来，我国为改善人类生存环境做出了应有的贡献，也被世界各国广泛称道。伴随着国外陆续推行碳标签制度，我国也在节能减排、缓解气候变化方面做出了努力。2001 年 12 月 3 日，国家认证认可监督管理委员会制定了《强制性产品认证标志管理办法》，次年 5 月 1 日起开始实行；2003 年 8 月 1 日起，强制性产品认证制度，即 3C 认证正式实施；2004 年 8 月 13 日，我国开始在一些产品上加贴能源效率标识；2010 年，我国首次对一批产品进行了环境标志低碳产品认证，此次认证的产品包括 11 家企业的近 300 种型号的产品。这些都为今后我国实行碳标签制度提供了经验和借鉴。

此外，关于我国产品加贴碳标签的新闻也屡屡出现。2010 年 10 月 22 日，在北京国际饭店举行的中国第一个碳标识认证食品新闻发布会上，大连獐子岛渔业集团股份有限公司宣布，其生产的虾夷扇贝产品将贴上碳标签，为未来的贸易发展做准备。但是，此次所贴的碳标签尚不能成为通往国际市场的低碳通行证，原因在于其碳认证机构 SGS 集团并不具有国际认证资质，这样的碳标签只在国内有效(侯磊，2010)。2012 年，深圳拟推动服装挂上碳标签，标明该衣服从制造到运输过程中的碳排放情况(中国碳交易网，2012)。2014 年，深圳商报出现了深圳企业抢占碳足迹认证先机的报道，很多企业纷纷到天祥集团进行碳足迹认证，据天祥集团项目经理透露，华为技术有限公司已经取得了碳足迹的认证，并且要求其供应商必须进行碳足迹认证(苏海强 等，2014)。

2014 年，国家发展和改革委员会印发《国家应对气候变化规划(2014—2020 年)》，明确了 2020 年前中国应对气候变化工作的主要目标是：全面完成控制温室气体排放的行动目标，单位国内生产总值 CO_2 排放比 2005 年下降 40%～45%。气候变化不仅是全球环境问题，更是涉及各国经济可持续发展的重大问题，面对日益激烈的国际低碳经济竞争以及愈演愈烈的温室效应，我国作为发展中国家和第二大贸易出口国，应当以积极的态度迎接挑战，一方面，学会如何应对他国对本国出口产品所设置的碳标签障碍；另一方面，要积极探索并创设自己的碳足迹评估标准和碳标签标志，构建和完善符合本国国情且合理有效的碳标签法律制度(胡维潇，2016)。

2008 年，台湾开始计划推行碳标签制度。这一年，台湾共制定和通过了两个相关文件：《永续能源政策纲领》《台湾碳足迹标识及碳标章建制规划》，后者明确规定了台湾碳标签计划的具体步骤(张露，2014)。2009 年 12 月，已有大黑松小俩口牛轧糖、义美夹心酥、统一茶饮料等商品申请碳标签。到 2010 年 4 月，碳足迹标签正式使用，LCD(liquid crystal display，液晶显示器)、光盘等厂商的积极配合，推动了碳足迹标签的正式推行。2015 年 1 月 27 日，台湾玉山银行的玉山世界卡与玉山 ETC(electronic toll collection，不停车收费系统)悠游联名卡获得碳足迹标签认证，并率先通过“PAS2050：2011”碳足迹及水足迹国际标准，是国内第一宗同时通过国家级与国际级双重认证的信用卡，创金融业首例(中国碳排放交易网，2015)。

台湾碳足迹标签借鉴了国外经验，综合了“绿叶”和“足印”两个基本形态，根据确定的碳足迹核算标准，计算产品的碳排量，并且在标签中标注出来。由国际标准化组织起草的 ISO14067 正式公布后，台湾将采用这一国际标准，做到与国际接轨，为台湾的贸易发展创造条件。

以上仅仅是我国在碳标签方面的初步探索，较之于其他国家，我国并没有权威的认证机构，也没有统一的核算标准，碳标签还未形成一个完善的体系。

碳标签制度的实行对我国既有积极影响也有消极影响，而基于减少甚至完全消除消极影响的考虑，我国企业、消费者、行业协会和政府都要行动起来，共同应对来自发达国家和地区的挑战(张淑媛，2015)。

碳标签最初由英国开始试点推行，然后迅速扩展到其他发达国家和地区，以泰国为首的发展中国家也开始了碳标签制度的尝试。而在我国，仅台湾推行了碳标签制度，内地企业和消费者对碳标签比较陌生，实行碳标签制度刻不容缓(张淑媛，2015)。

台湾在碳标签工作上迈出了走向世界的第一步，内地也在进行不断深入的探索，已经意识到碳标签推行的必要性和迫切性，学术界在碳标签领域的研究也将更加深入(张淑媛，2015)。本书的研究从 2003 年开始，对推动我国碳标签研究具有积极作用。

2013 年 3 月，我国《低碳产品认证管理暂行办法》发布，旨在控制温室气体排放；2014 年，国务院办公厅下发《关于印发 2014－2015 年节能减排低碳发展行动方案的通知》，明确提出要以市场化节能减排机制、能效标识以及节能低碳产品认证为手段，加快落实“十二五”规划应对气候变化的目标任务。

自此，低碳产品认证将成为我国温室气体减排的主要措施。目前已纳入我国低碳产品认证目录的有通用硅酸盐水泥等 4 种工业产品，而农产品低碳认证受生产过程多因素制约，以及相应评价标准体系暂未建立的影响，暂未包含在其中。但在成熟的农业有机认证和 GAP(good agricultural pactices，良好农业规范)认证发展指引下，随着我国低碳产品认证制度的逐步建立，低碳农产品认证的实现指日可待(李明博 等，2011)。

农产品进行低碳认证，通过科学的指标体系对其进行专业评价，最直接的成果是能够直观反映农业活动能源消耗和碳排放的现状，有利于国家从宏观层面对实现低碳农业进行总体把控。另一方面，对农产品进行低碳认证对农业生产者主动改进生产方式、改变化肥等化石能源投入比例、提高能源利用率、改变农耕方式、改变土壤的固碳能力、生态治理等方面有着促进作用，长期来看，也能实现生产成本的下降，从而利于低碳农业的持续发展。

目前，我国建立完善的低碳农产品认证评价指标体系是首要任务，低碳农产品认证的实践将为低碳农业经济目标的达成起到有力的推动作用(李璐 等，2015)。

实施低碳农业是一项系统而复杂的事业，需要从政策、技术以及标准的角度进行系统分析和论证，其实现并非一朝一夕，而低碳农产品认证能从政策基础、实现规模化的低碳农业及农业生产增产增收等方面对低碳农业的健康持续发展起到积极的推动作用(曾静 等，2016)。

1.3 研究内容

本书以生命周期评价为研究手段，运用二氧化碳排放检测技术，对典型低碳环保水果产品和蔬菜产品开展有关碳标签体系的研究。从产品的源头入手，对部分水果和蔬菜(猕猴桃和二荆条辣椒)在种植、施肥、田间管理、收割、产品的生产、产品的加工、产品的流通等生命周期环节中产生的二氧化碳这种温室气体的排放进行连续地跟踪和监测，以研究果蔬产品的碳排放规律，建立和完善果蔬产品的碳标签体系。通过计算机技术，研发低碳环保农产品的碳标签应用系统，推动四川省建立有关果蔬碳标签应用系统，为“十二五”规划期间构建低碳市场提供坚实的技术和参数基础。本书以推进四川省低碳环保农业发展为目的，以低碳环保农产品(猕猴桃和二荆条辣椒)碳标签制度为研究对象，构建四川省农产品碳标签体系，研究内容如下。

1. 农业果蔬产品的碳排放规律

(1) 有关水果和蔬菜产品的生命周期评价的范围和界定。对猕猴桃和二荆条辣椒产品的生命周期评价的分类、范围、时间和界定进行分析和研究是碳标签体系研究的重要内容，对产品的生命周期评价具有科学和应用价值。

(2) 从水果和蔬菜播种至田间成熟收割过程的二氧化碳排放监测。针对成都平原的猕猴桃和二荆条辣椒，在种子期、生长期、成熟期和收割期等不同生命周期，结合水果和蔬菜的种植、施肥和田间管理技术等手段，跟踪监测二氧化碳的排放量，并重点对以下方面进行监测和分析。

①土地生物量分析：包括地上部生物量和地下部生物量。

②死有机物质分析：包括死果蔬植株、枯枝落叶。

③土壤碳含量分析：主要为土壤有机碳。

④生物量燃烧产生的二氧化碳气体。

(3) 果蔬产品加工、包装、成品、流通等不同生命周期二氧化碳的排放监测。猕猴桃和二荆条辣椒成熟收割后，将果蔬运输到指定地点进行加工，形成产品，并通过物流或其他交通方式进入市场。对这几个不同生命周期的二氧化碳排放进行监测。

(4) 果蔬产品二氧化碳排放分析与总结。对猕猴桃和二荆条辣椒不同生命周期所产生的二氧化碳数据进行汇总、分析、处理和总结，找到典型的猕猴桃和二荆条辣椒果蔬产品碳排放规律。

(5) 农产品碳标签制度推进低碳农业发展的过程研究。猕猴桃和二荆条辣椒碳足迹核算揭示其生产加工过程中温室气体直接和间接排放的作用分析；农产品碳标签制度推行促进低碳农产品市场形成与发展的过程分析；低碳农产品市场发展对低碳农业发展影响的过程分析。

(6) 四川省推行农产品碳标签制度的认知度调查研究。运用问卷调查与统计分析方法，研究四川省公众对购买具有碳标签农产品的认知及意愿程度，研究公众对农产品碳标签图示内涵的看法，研究四川省农业企业所有者和管理者对农产品碳标签制度的认知度。

2. 低碳果蔬产品的碳标签体系研究

针对猕猴桃和二荆条辣椒的碳排放规律，建立碳标签数据库，研发果蔬产品碳标签系统，并运用条码技术，对猕猴桃和二荆条辣椒的碳排放数据进行管理。通过碳排放数据的输入、输出、管理、备份等，实现对碳标签体系的运行和管理。

1.4 研究方法

目前，公认的碳标签评价方法是生命周期评价法（Nitschelm et al.，2016；UNEP，2016；Roh et al.，2017；Vanderroost et al.，2017；Yang et al.，2017；Zuo et al.，2017）。生命周

期评价(LCA)是指对产品的整个生命周期——从原材料获取、生产、制造、使用到最终的处理过程进行全方位的定量分析，全面评价产品对能源资源和环境承载能力产生的实际和潜在的影响。最早应用生命周期评价法的是可口可乐公司。1969 年，美国中西部资源研究所针对可口可乐公司的饮料瓶包装展开研究，试图对饮料瓶包装从最初采集原材料到最终废弃物处置的整个过程进行跟踪核查与定量分析。最终，这项研究使可口可乐公司决定抛弃过去长期使用的玻璃瓶包装，转而采用塑料瓶包装(霍李江，2003；樊庆锌 等，2007)。

生命周期评价方法突出强调产品的全生命周期，对产品及其“从摇篮到坟墓”的全过程所涉及的环境问题进行评价。产品的全生命周期主要包括 5 个阶段：生产阶段(包括原材料的获取)、销售阶段、运输阶段、使用阶段和回收阶段，产品在每一阶段均以不同的方式和程度对环境产生影响(Nitschelm et al.，2016)。

碳标签运用生命周期法的基本原理就是围绕产品的生命周期，对产品生命周期内每一阶段的碳排放量进行核算、确认和报告，并将结果以数字化的形式标示于产品标签上。

不同的温室气体对大气环境产生的影响也不同。例如，1kg 甲烷的碳排放量相于 25kg 二氧化碳的碳排放量。因此，碳足迹的测算均以二氧化碳当量($CO_{2\text{-eq}}$)为单位，代表单位物质所排放的 CO_2 等价物。

碳足迹的基本计算公式为(庞霞 2012；Brankatschk et al.，2015；Nitschelm et al.，2016)

$$E = Q \times C \tag{1-1}$$

式中，E——产品的碳排放量；

Q——物质质量(kg)或活动的强度(kW·h)；

C——单位碳排放因子($CO_{2\text{-eq}}$)。

20 世纪 50 年代以后，随着农业生产中大规模地采用农业机械，大范围地使用化肥、农药、除草剂、农膜等，农业得到空前的发展，农产品的专业化、商品化程度不断提高，农业生产由传统农业发展成为现代农业。但是同时，也产生了日趋严重的负面效应：①农药的大量不当使用造成环境污染；②土壤肥力下降、板结，有机质含量降低；③农业资源利用效率低下，农业生产成本提高，农产品品质下降。面向可持续发展的农业生命周期评价方法和技术体系分析课题就是在这样的背景下提出来的。农业 LCA 在中国的开展，不仅可以使农业资源与环境的定量评价标准化、程序化、科学化，而且可以为中国农业的可持续发展战略提供科学的决策支持，为我国开展农业生命周期评价、提高农业管理水平提供理论和方法依据。但是目前，我国农业产品的 LCA 的计算方法还较少(姜艳君，2009；罗燕 等，2010；Brankatschk et al.，2015；Nitschelm et al.，2016；Brancoli et al.，2017；Wang et al.，2017)，因此本书采用实测的基本方法进行碳标签数据的获取。

1.4.1　猕猴桃、二荆条辣椒碳标签研究方法

猕猴桃、二荆条辣椒碳标签研究主要利用 LCA 统计各个环节碳排放量，猕猴桃、二荆条辣椒生命周期主要包括：场地整理阶段、种苗阶段、嫁接阶段、生产与田间管理阶段、果实收获阶段、产品加工阶段、消费阶段和消费后废弃物处理阶段。每一个生产过程又包括材料、人力、能源(水、电)、财力、碳固定(场地整理、种子阶段、生产与田间管理阶

段)和碳排放，可依据公式计算相应的碳足迹($g \cdot hm^{-2} \cdot a^{-1}$)。

猕猴桃和二荆条辣椒的LCA环节分为三级，有12个一级环节，具体如表1-1所示，但本书仅仅涉及鲜果环节，即不考虑果蔬加工产品。同时，实验期间，种植户也没有进行遗传育种的工作，如种子的制作、种子保存等工作都没有开展。此处只考虑实际开展的LCA环节的碳排放。

表1-1　猕猴桃和二荆条辣椒的LCA环节分类

LCA环节编号	LCA一级环节	LCA二级环节	LCA三级环节
1	基础设施	道路	水泥、砂石
		水渠	混凝土、砖块及石块
		堡坎	混凝土、砖块、石块及管材
		农房	混凝土、水泥、砖块、钢筋、防渗透材料、木材、瓷砖、涂料、瓦、电线、网线及其他材料
		仓库	混凝土、水泥、砖块、钢材、铝材、瓦、木材、涂料及其他材料
2	遗传育种	遗传育种	品种改良
		种子制种	种子制作
		种子储存	冷库、冷柜、其他
3	生产前准备	场地整理	测量规划、去除杂物、翻地、堆土垄、挖沟、打窝、场地整理、垃圾清理
		辅助设施	修水池(灌溉用)、栽水泥桩及支撑物(铁丝、竹竿、木条等)
4	育苗	场地整理运输	—
		种子购买	—
		播种	—
		育苗	—
		幼苗管理	—
		嫁接	—
		授粉	—
		保果	掐枝、留果
		套袋	果蔬专用套袋
5	生产与田间管理	施肥管理	氮肥、磷肥、钾肥、农家肥、复合肥、微量元素肥(如硼肥)、叶面施肥、其他肥料(羊粪、牛粪、鸡粪等)、肥料运输
		灌溉管理	抽水灌溉(机器+胶管)、滴灌(机器+胶管)、漫灌、其他灌溉、排水
		病虫害防治管理	除草剂、杀虫剂、防病药剂、其他药剂
6	果蔬收获	鲜果采摘	—
		鲜果运输	—
7	果蔬销售	果蔬冷藏	冷库、冷柜、其他
		果蔬包装	塑料袋、纸盒包装
8	果蔬消费	果蔬运输	—
		鲜果消费	—
		果蔬废物收集	—

续表

LCA 环节编号	LCA 一级环节	LCA 二级环节	LCA 三级环节
9	果蔬废物处理	废可降解生物质处理	填埋、农家肥、回田
10	果蔬加工产品	废纸处理	—
		废塑料处理	—
		猕猴桃果蔬原料	—
		原料运输	—
		猕猴桃果酒	—
		猕猴桃红酒	—
		猕猴桃干果	—
		猕猴桃果脯	—
		猕猴桃饮料	—
		其他产品	—
11	果蔬加工产品消费	加工产品保存	—
		加工产品运输	—
		加工产品销售	—
		果蔬加工产品消费	—
12	果蔬加工产品废物处理	果蔬废物收集	—
		废可降解生物质处理	填埋、农家肥、回田
		废纸处理	—
		废塑料处理	—
		废玻璃处理	—
		废木头处理	—

1.4.1.1　材料碳足迹

猕猴桃、二荆条辣椒生产过程中的材料主要包括场地整理所需要的混凝土柱子、铁丝、浇水管、包装袋等。其碳足迹计算公式如下：

$$EF_{ma}=\sum(H_{mai}\times E_{mai})\times 0.72/A_f\times \mathrm{EQF}_{ca} \tag{1-2}$$

式中，EF_{ma}——材料消耗过程的年均碳足迹（$g\cdot hm^{-2}\cdot a^{-1}$）；

H_{mai}——材料年均使用时间（$h\cdot a^{-1}$）；

E_{mai}——材料碳排放因子（$tCO_2\cdot h^{-1}$）；

0.72——未被海洋吸收的 CO_2 指数(28%)；

A_f——森林 CO_2 吸收量(3.59 $tCO_2\cdot whm^{-1}$)；

EQF_{ca}——土地碳吸收因子(1.26 $g\cdot hm^{-2}\cdot whm^{-1}$)。

1.4.1.2 材料运输碳足迹

材料的运输过程主要消耗化石能源，其碳足迹计算公式如下：

$$EF_{tr}=(H_{mai}\times W_{mai})/T_{cap}\times D_{ma}\times T_{con}\times E_{f}\times 0.72/A_{f}\times \mathrm{EQF_{ca}} \tag{1-3}$$

式中，EF_{tr}——材料运输碳足迹（$g\cdot hm^{-2}\cdot a^{-1}$）；

H_{mai}——材料年均使用时间($h\cdot a^{-1}$)；

W_{mai}——材料重量(t)；

T_{cap}——运输车载重(t)；

D_{ma}——速度($km\cdot h^{-1}$)；

T_{con}——运输车油耗(L/100km)；

E_{f}——燃料 CO_2 排放因子（$tCO_2\cdot L^{-1}$）；

0.72——未被海洋吸收的 CO_2 指数(28%)；

A_{f}——森林 CO_2 吸收量($3.59tCO_2\cdot whm^{-1}$)；

EQF_{ca}——土地碳吸收因子($1.26\ g\cdot hm^{-2}\cdot whm^{-1}$)。

1.4.1.3 人力碳足迹

人力在猕猴桃、二荆条辣椒生产、加工、运输和销售过程中起着重要的作用，主要表现在食物和固体废弃物垃圾两方面。根据《中国统计年鉴》可知，每人每小时垃圾产生量为 2.3×10^{-5}t，人力食物消费碳足迹、人力产生的垃圾碳足迹计算公式分别如式(1-4)、式(1-5)所示。

$$EF_{foi}=H_{w}/H_{d}\times 0.7\times E_{fi}/365 \tag{1-4}$$

式中，EF_{foi}——食物消费碳足迹（$g\cdot hm^{-2}\cdot a^{-1}$）；

H_{w}——年均工作时间($h\cdot a^{-1}$)；

H_{d}——每人每天工作时间($h\cdot$人$^{-1}\cdot a^{-1}$)；

0.7——早餐、午餐占总摄入量的比例；

E_{fi}——每人食物消费碳足迹($g\cdot hm^{-2}\cdot$人$^{-1}$)；

365——1 年为 365 天。

$$EF_{MSW}=H_{w}\times G_{w}\times E_{w}\times 0.72/A_{f}\times \mathrm{EQF_{ca}} \tag{1-5}$$

式中，EF_{MSW}——人力产生的垃圾碳足迹($g\cdot hm^{-2}\cdot a^{-1}$)；

H_{w}——年均工作时间($h\cdot a^{-1}$)；

G_{w}——每小时垃圾产生量($2.3\times10^{-5}t\cdot h^{-1}$)；

E_{w}——固体废弃物碳排放因子（$0.245tCO_2\cdot t^{-1}$）；

0.72——未被海洋吸收的 CO_2 指数(28%)；

A_{f}——森林 CO_2 吸收量($3.59tCO_2\cdot whm^{-1}$)；

EQF_{ca}——土地碳吸收因子($1.26g\cdot hm^{-2}\cdot whm^{-1}$)。

1.4.1.4　水消费的碳足迹

水消费的碳足迹主要指猕猴桃、二荆条辣椒整个生命周期所需要的生产用水，其碳足迹计算公式为

$$EF_{wa} = C_{wa} \times EI_{wa} \times E_{ei} \times 0.72 / A_f \times EQF_{ca} \tag{1-6}$$

式中，EF_{wa}——水消费碳足迹($g \cdot hm^{-2} \cdot a^{-1}$)；

C_{wa}——每年水消耗量($m^3 \cdot a^{-1}$)；

EI_{wa}——每立方米生产用水耗电量($kWh \cdot m^{-3}$)；

E_{ei}——电力二氧化碳排放因子［$8.24 \times 10^{-4} tCO_2 \cdot (kWh)^{-1}$］(吕丽汀　等，2013)；

0.72——未被海洋吸收的 CO_2 指数(28%)；

A_f——森林 CO_2 吸收量($3.59 tCO_2 \cdot whm^{-1}$)；

EQF_{ca}——土地碳吸收因子($1.26 g \cdot hm^{-2} \cdot whm^{-1}$)。

1.4.1.5　电力消费碳足迹

四川省的用电主要以水电、火电为主，电力消费的碳足迹计算如下：

$$EF_{el} = C_{el} \times E_{el} \times 0.72 / A_f \times EQF_{ca} \tag{1-7}$$

式中，EF_{el}——电力消耗碳足迹($g \cdot hm^{-2} \cdot a^{-1}$)；

C_{el}——每年电消耗量($kWh \cdot a^{-1}$)；

E_{el}——电力二氧化碳排放因子［$8.24 \times 10^{-4} t\, CO_2 \cdot (kWh)^{-1}$］(吕丽汀　等，2013)；

0.72——未被海洋吸收的 CO_2 指数(28%)；

A_f——森林 CO_2 吸收量($3.59 tCO_2 \cdot whm^{-1}$)；

EQF_{ca}——土地碳吸收因子($1.26 g \cdot hm^{-2} \cdot whm^{-1}$)。

1.4.1.6　各种材料二氧化碳排放系数

式(1-2)中的 E_{mai} 为材料碳排放因子($tCO_2 \cdot h^{-1}$)，应该优先选择本国或本区域的数据。在四川省的都江堰研究区域内，主要是材料二氧化碳排改系数。

水泥桩(混凝土)生产过程中二氧化碳单位排放量为 $1778.3 gCO_2 \cdot kg^{-1}$，PP-R 管生产过程中二氧化碳排放量为 $17.637 tCO_2 \cdot t^{-1}$(任志勇，2014)；钢铁生产过程中二氧化碳排放量为 $2389 kgCO_2 \cdot t^{-1}$(韩颖　等，2011)；四川省电力系统每消耗 1kW·h 电排放 CO_2 0.8244kg(吕丽汀　等，2013)；成都市机动车排放因子表明，中型柴油车二氧化碳排放因子为 $32.8 gCO_2 \cdot km^{-1}$(王一帆，2011)；水消费碳排放量为 $0.91 kgCO_2 \cdot m^{-3}$(王大川，2012)；造纸行业二氧化碳排放量按 $1543 kgCO_2 e \cdot t^{-1}$ 计算(陈诚　等，2014)；塑料薄膜(PVC)生产过程中二氧化碳排放量为 $1.343 CO_2 e \cdot t^{-1}$(马玉莲　等，2010)。

玻璃包装生产过程中 CO_2 排放公式为

$$CO_2 = M_g \times EF \times (1 - CR) \tag{1-8}$$

式中，M_g——玻璃质量($\times 10^3 kg$)；

EF——玻璃制造的缺省排放因子，平板玻璃为 $0.21 \times 10^3 kgCO_2 \cdot t^{-1}$；

CR ——生产过程中的碎玻璃比率(10%～25%)，本书取10%计算(朱莉娜，2010)，即 CO_2 排放量为 $0.189t \cdot t^{-1}$。水泥生产过程中二氧化碳排放因子为 $0.88kgCO_2 \cdot kg^{-1}$ 水泥(Hendriks et al.，1998)。

式(1-2)中 E_{mai} 的取值如表1-2所示。

表1-2 果蔬LCA各个环节所使用主要材料的二氧化碳排放因子(统一为等效排放系数 E_{mai})

材料名称	材料的二氧化碳排放系数	E_{mai}	参考文献	对应的本书中使用的材料及类型
水泥	$0.88kg\ CO_2 \cdot kg^{-1}$	$0.88tCO_2 \cdot h^{-1}$	Hendriks et al.，1998	修建池子
混凝土	$1778.3g\ CO_2 \cdot kg^{-1}$	$1.7783tCO_2 \cdot h^{-1}$	任志勇，2014	水泥桩
PP-R管	$17.637t\ CO_2 \cdot t^{-1}$	$17.637tCO_2 \cdot h^{-1}$	任志勇，2014	排水管和抽水管
塑料薄膜(PVC)	$1.343t\ CO_2 e \cdot t^{-1}$	$1.343tCO_2 \cdot h^{-1}$	马玉莲 等，2010	装果实等的塑料袋(如10kg装等)、嫁接用的塑料
钢铁(全国平均)	$2389kg\ CO_2 \cdot t^{-1}$	$2.389tCO_2 \cdot h^{-1}$	韩颖 等，2011	锄头、翻耕机、钢钎、铁丝等含铁或钢的材料和物品
钢铁(建筑行业)	$3493kg\ CO_2 \cdot t^{-1}$	$3.493tCO_2 \cdot h^{-1}$	王婧 等，2007	建筑行业用，这里为农房修建用钢铁
造纸	$1543kg\ CO_2e \cdot t^{-1}$	$1.543tCO_2 \cdot h^{-1}$	陈诚 等，2014	晾晒种子用的纸张
实心黏土砖	$209kg\ CO_2e \cdot t^{-1}$	$0.209tCO_2 \cdot h^{-1}$	王婧 等，2007	实心黏土砖
电力(四川电力系统)	每消耗1kW·h电排放 CO_2 0.8244kg	0.0008244 $[tCO_2 \cdot (kW \cdot h)^{-1}]$	吕丽汀 等，2013	—
tap water//[CA-QC] market for tap water	$5.46 \times 10^{-4}kg\ CO_2 \cdot kg^{-1}$	$0.546tCO_2 \cdot h^{-1}$	Ecoinvent 3.3 数据库	自来水
tap water//[CH] market for tap water	$2.57 \times 10^{-4}kg\ CO_2 \cdot kg^{-1}$	$0.257tCO_2 \cdot h^{-1}$	Ecoinvent 3.3 数据库	自来水
tap water//[Europe without Switzerland] market for tap water	$6.44 \times 10^{-4}kg\ CO_2 \cdot kg^{-1}$	$0.644tCO_2 \cdot h^{-1}$	Ecoinvent 3.3 数据库	自来水
燃料 CO_2 排放因子	$0.24725t\ CO_2 \cdot L^{-1}$	$0.24725(t\ CO_2 \cdot L^{-1})$	CLCD-China-public 0.8	轻型汽油货车(2t)
成都市中型柴油车	$32.8g\ CO_2 \cdot km^{-1}$	$3.28 \times 10^{-5}(tCO_2 \cdot km^{-1})$	王一帆，2011	—
生产用水	$0.91kg\ CO_2 \cdot m^{-3}$	$9.10 \times 10^{-4}(t\ CO_2 \cdot m^{-3})$	王大川，2012	—

1.4.1.7 果蔬的土壤碳排放计算

碳排放包括土壤的二氧化碳排放和甲烷排放。

1. 土壤 CO_2 排放公式

$$EF_{\text{Soil-CO}_2} = \frac{1}{n}\sum_{i=1}^{n} EF_{i\text{-Soil-CO}_2} = \frac{1}{n}\sum_{i=1}^{n}(F_{i\text{-Soil-CO}_2} \times 44 \times 365 \times 10^4) \tag{1-9}$$

式中，$EF_{\text{soil-CO}_2}$ ——研究区域内土壤二氧化碳排放量($g \cdot hm^{-2} \cdot a^{-1}$)；

n——土壤测定点的总个数(用户自己确定，一般不小于5个)；

$EF_{i\text{-Soil-CO}_2}$——第 i 个土壤测定点的二氧化碳排放量($g{\cdot}hm^{-2}{\cdot}a^{-1}$)；

$F_{i\text{-Soil-CO}_2}$——第 i 个土壤测定点的二氧化碳的排放通量($mol{\cdot}m^{-2}{\cdot}d^{-1}$)；

44——CO_2 的相对分子质量($g{\cdot}mol^{-1}$)；

365——1 年为 365 天；

10^4——$1hm^2$ 转换为 $1m^2$ 的系数。

2. 土壤 CH_4 排放公式

$$EF_{\text{Soil-CH}_4}=\frac{1}{n}\sum_{i=1}^{n}EF_{i\text{-Soil-CH}_4}=\frac{1}{n}\sum_{i=1}^{n}(F_{i\text{-Soil-CH}_4}\times 16\times 365\times 10^4) \tag{1-10}$$

式中，$EF_{\text{soil-CH}_4}$——土壤的甲烷排放量($g\cdot hm^{-2}\cdot a^{-1}$)；

n——土壤测定点的总个数(用户自己确定，一般不小于 5 个)；

$EF_{i\text{-Soil-CH}_4}$——第 i 个土壤测定点的甲烷排放量($g\cdot hm^{-2}\cdot a^{-1}$)；

$F_{i\text{-Soil-CH}_4}$——第 i 个土壤测定点的甲烷的排放通量($mol{\cdot}m^{-2}{\cdot}d^{-1}$)；

16——CH_4 的相对分子质量($g{\cdot}mol^{-1}$)；

365——1 年为 365 天；

10^4——$1hm^2$ 转换为 $1m^2$ 的系数。

3. 土壤 CH_4 碳排放等效于二氧化碳的排放公式

由于甲烷的温室效应是二氧化碳的 21 倍，因此将式(1-10)转换为式(1-11)，即式(1-11)为土壤 CH_4 碳排放等效于二氧化碳的排放公式：

$$EF_{\text{Soil-CH}_4\text{e}}=\left(21\times\frac{44}{16}\right)\times\frac{1}{n}\sum_{i=1}^{n}EF_{i\text{-Soil-CH}_4}=\left(21\times\frac{44}{16}\right)\times\frac{1}{n}\sum_{i=1}^{n}\left(F_{i\text{-Soil-CH}_4}\times 16\times 365\times 10^4\right) \tag{1-11}$$

式中，$EF_{\text{soil-CH}_4\text{e}}$——土壤甲烷碳排放等效于二氧化碳的排放量($g\cdot hm^{-2}\cdot a^{-1}$)；

21——甲烷的温室效应是二氧化碳的 21 倍；

44/16——甲烷转换为二氧化碳的质量系数。

其余参数与式(1-10)完全相同。

4. 土壤总的碳排放量

$$\begin{aligned}EF_{\text{Soil-CarbonEmission}}&=EF_{\text{Soil-CO}_2}+EF_{\text{Soil-CH}_4\text{e}}\\&=\frac{1}{n}\sum_{i=1}^{n}\left(F_{i\text{-Soil-CO}_2}\times 44\times 365\times 10^4\right)\\&\quad+\left(21\times\frac{44}{16}\right)\times\frac{1}{n}\sum_{i=1}^{n}\left(F_{i\text{-Soil-CH}_4}\times 16\times 365\times 10^4\right)\end{aligned} \tag{1-12}$$

即式(1-12)为式(1-9)与式(1-11)之和。

式中，$EF_{\text{Soil-CarbonEmission}}$——土壤总的碳排放量($g\cdot hm^{-2}\cdot a^{-1}$)；

1.4.1.8 果蔬的土壤固碳能力计算方法

果蔬的土壤固碳能力计算基于土壤中有机碳的含量。

种植果蔬土壤的碳密度是指一定范围内土壤中有机碳的储存量，其碳密度计算公式(韩冰 等，2008)为

$$C_{i\text{-Soil}} = \text{SOC}_{i\text{-Soil}} \times BD_{i\text{-Soil}} \times H_{i\text{-Soil}} \tag{1-13}$$

式中，$C_{i\text{-Soil}}$——果蔬 i 深度土壤碳密度(kg·m^{-2})；

$\text{SOC}_{i\text{-Soil}}$——果蔬 i 深度土壤的平均总有机碳含量(g·kg^{-1})；

$BD_{i\text{-Soil}}$——果蔬 i 深度土壤的容重(g·cm^{-3})；

$H_{i\text{-Soil}}$——果蔬 i 深度土壤平均厚度(m)；

i——土壤垂直剖面取深度为 0～20cm 和 20～40cm 两个典型值，即 i=2。

土壤的固碳量是一定时间和范围内对有机碳的封存量，果蔬土壤固碳量计算参考公式(黎小廷 等，2014)为

$$\Delta C_{i\text{-Soil}} = (\text{SOC}_{\text{Soil-End}} - \text{SOC}_{\text{Soil-Begin}})_{i\text{-Soil}} \times BD_{i\text{-Soil}} \times H_{i\text{-Soil}} \tag{1-14}$$

式中，$\Delta C_{i\text{-Soil}}$——果蔬 i 深度一年的固碳量(kg·m^{-2})；

$\text{SOC}_{\text{Soil-End}}$——试验结束时果蔬土壤的有机碳含量($\text{g·kg}^{-1}$)；

$\text{SOC}_{\text{Soil-Begin}}$——试验开始时果蔬土壤的有机碳含量($\text{g·kg}^{-1}$)。

因此，土壤的碳固定量为

$$EF_{\text{Soil-CarbonSink}} = \frac{10}{yr} \times \sum_{i=1}^{2} (\text{SOC}_{\text{Soil-End}} - \text{SOC}_{\text{Soil-Begin}})_{i\text{-Soil}} \times BD_{i\text{-Soil}} \times H_{i\text{-Soil}} \tag{1-15}$$

式中，$EF_{\text{Soil-CarbonSink}}$——土壤总的碳存储量($\text{g} \cdot \text{hm}^{-2} \cdot \text{a}^{-1}$)；

yr——土壤最初采样到最后一次采样的时间间隔(即采样实验的期限)(a)。

其余参数与式(1-14)相同。

1.4.1.9 种植果蔬的土壤对气候的净贡献量

土壤对气候的净贡献量应是土壤碳排放量与土壤对碳的固定量之差：

$$EF_{\text{Soil-NetCarbon}} = EF_{\text{Soil-CarbonEmission}} - EF_{\text{Soil-CarbonSink}} \tag{1-16}$$

式中，$EF_{\text{Soil-NetCarbon}}$——土壤对气候的净贡献量(碳排放量)($\text{g} \cdot \text{hm}^{-2} \cdot \text{a}^{-1}$)。

即式(1-16)为式(1-12)与式(1-15)之差，若为负则表示土壤为碳的“汇”，若为正则表示土壤为碳的“源”。

1.4.1.10 果树碳排放和碳固定的计算

1. 果树碳排放计算

研究区域内平均 1hm^2 区域种植的果树的总株数为 M，用户自行定义输入。

(1)果树 CO_2 排放公式为

$$EF_{\text{Tree-CO}_2} = M \times \frac{1}{n}\sum_{i=1}^{n} EF_{i\text{-Tree-CO}_2} = M \times \frac{1}{n}\sum_{i=1}^{n} (\text{F}_{i\text{-Tree-CO}_2} \times 44 \times 365 \times 10^4) \tag{1-17}$$

式中，$EF_{\text{Tree-CO}_2}$——研究区域内果树二氧化碳排放量（$g \cdot hm^{-2} \cdot a^{-1}$）；

n——果树测定点的个数(用户自己确定，一般不小于5)；

M——研究区域内平均1hm^{2}种植的果树的总株数；

$EF_{i\text{-Tree-CO}_2}$——第i棵果树测定点的二氧化碳排放量（$g \cdot hm^{-2} \cdot a^{-1}$）；

$F_{i\text{-Tree-CO}_2}$——第i棵果树测定点的二氧化碳排放通量(mol·m^{-2}·d^{-1})；

44——CO_2的相对分子质量(g·mol^{-1})；

365——1年为365天；

10^4——1hm^{2}转换为1m^{2}的系数。

(2)果树CH_4排放公式为

$$EF_{\text{Tree-CH}_4} = M \times \frac{1}{n}\sum_{i=1}^{n} EF_{i\text{-Tree-CH}_4} = M \times \frac{1}{n}\sum_{i=1}^{n} (F_{i\text{-Tree-CH}_4} \times 16 \times 365 \times 10^4) \tag{1-18}$$

式中，$EF_{\text{Tree-CH}_4}$——果树的甲烷排放量（$g \cdot hm^{-2} \cdot a^{-1}$）；

$EF_{i\text{-Tree-CH}_4}$——第i棵果树测定点的甲烷排放量（$g \cdot hm^{-2} \cdot a^{-1}$）；

$F_{i\text{-Tree-CH}_4}$——第i棵果树测定点的甲烷排放通量(mol·m^{-2}·d^{-1})；

16——CH_4的相对分子质量(g·mol^{-1})；

365——1年为365天；

10^4——1hm^{2}转换为1m^{2}的系数。

(3)果树CH_4碳排放等效于二氧化碳的排放公式。由于甲烷的温室效应是二氧化碳的21倍，因此将式(1-18)转换为式(1-19)，即式(1-19)为果树CH_4碳排放等效于二氧化碳的排放公式：

$$\begin{aligned} EF_{\text{Tree-CH}_4\text{e}} &= \left(21 \times \frac{44}{16}\right) \times M \times \frac{1}{n}\sum_{i=1}^{n} EF_{\text{Tree-CH}_4} \\ &= \left(21 \times \frac{44}{16}\right) \times M \times \frac{1}{n}\sum_{i=1}^{n} \left(F_{i\text{-Tree-CH}_4} \times 16 \times 365 \times 10^4\right) \end{aligned} \tag{1-19}$$

式中，$EF_{\text{Tree-CH}_4\text{e}}$——果树甲烷碳排放等效于二氧化碳的排放量（$g \cdot hm^{-2} \cdot a^{-1}$）；

21——甲烷的温室效应是二氧化碳的21倍；

44/16——甲烷转换为二氧化碳的质量系数；

其余参数与式(1-18)完全相同。

(4)果树总的碳排放量为

$$EF_{\text{Tree-CarbonEmission}} = EF_{\text{Tree-CO}_2} + EF_{\text{Tree-CH}_4\text{e}} \tag{1-20}$$

即式(1-20)为式(1-17)与式(1-19)之和。

2. 果树固碳量计算

研究区域内平均1hm^{2}区域种植的果树的总株数为M，用户自行定义输入。

果树固碳能力计算方法基于植株不同部位中有机碳的含量。

果树碳密度是指一定范围内猕猴桃植株中有机碳的储存量，每株果树的碳密度计算公式(韩冰 等，2008)为

$$C_{i\text{-Tree}}=\sum_{i=1}^{n}(\text{SOC}_{i\text{-Tree}}\times \text{DryWeight}_{i\text{-Tree}}) \tag{1-21}$$

式中，$C_{i\text{-Tree}}$——果树 i 不同部位干重的碳质量(g)；

$\text{SOC}_{i\text{-Tree}}$——果树 i 部位的平均总有机碳含量($g\cdot kg^{-1}$)；

$\text{DryWeight}_{i\text{-Tree}}$——果树 i 部位的干重(kg)；

i——根、茎、主干、枝条、叶子、花和果实，即 n=6 或 n=7。

果树的固碳量是一定时间和范围内对有机碳的封存量，果树固碳量计算公式(黎小廷等，2014)为

$$\Delta C_{i\text{-Tree}}=(\text{SOC}_{\text{Tree-End}}-\text{SOC}_{\text{Tree-Begin}})_{i\text{-Tree}}\times \text{DryWeight}_{i\text{-Tree}} \tag{1-22}$$

式中，$\Delta C_{i\text{-Tree}}$——果树 i 部位一年的固碳量(g)；

$\text{DryWeight}_{i\text{-Tree}}$——果树 i 部位的干重(kg)；

$\text{SOC}_{\text{Tree-End}}$——试验结束时果树 i 部位的有机碳含量($g\cdot kg^{-1}$)；

$\text{SOC}_{\text{Tree-Begin}}$——试验开始时果树 i 部位的有机碳含量($g\cdot kg^{-1}$)。

因此，果树的碳固定量为

$$EF_{\text{Tree-CarbonSink}}=\frac{M}{yr\cdot ha}\times\frac{1}{P}\times\sum_{i=1,j=1}^{i=n,j=P}(\text{SOC}_{\text{Tree-End}}-\text{SOC}_{\text{Tree-Begin}})_{i\text{-Tree}}\times \text{DryWeight}_{i\text{-Tree}} \tag{1-23}$$

式中，$EF_{\text{Tree-CarbonSink}}$——果树总的碳存储量($g\cdot hm^{-2}\cdot a^{-1}$)；

yr——土壤最初采样到最后一次采样的时间间隔(即采样实验的期限)(a)；

ha——果树种植面积(hm^2)；

j——第 j 株果树本身有机碳含量的测定，总共有 P 株为实际果树的总株数，P 根据实际情况由用户确定，一般 P 不小于 5 株；

其余参数与式(1-22)相同。

3. 果树碳标签计算(果树对气候的净贡献量)

果树对气候的净贡献量应是果树碳排放量与果树的碳固定量之差，如式(1-24)所示：

$$EF_{\text{Tree-NetCarbon}}=EF_{\text{Tree-CarbonEmission}}-EF_{\text{Tree-CarbonSink}} \tag{1-24}$$

即式(1-24)为式(1-20)与式(1-23)之差。$EF_{\text{Tree-NetCarbon}}$ 为果树对气候的净贡献量(碳排放量)($g\cdot hm^{-2}\cdot a^{-1}$)，若为负则表示果树为碳的“汇”，若为正则表示果树为碳的“源”。

1.4.1.11 蔬菜碳排放和碳固定的计算

1. 蔬菜碳排放计算

Vegetable 指低碳农业种植的蔬菜，本书中是指二荆条辣椒(peper erjingtiao 或 sichuan peper)。研究区域内平均 $1hm^2$ 区域种植的蔬菜的总株数为 M，用户自行定义输入。

(1)蔬菜 CO_2 排放公式为

$$EF_{\text{Vegetable-CO}_2}=M\times\frac{1}{n}\sum_{i=1}^{n}EF_{i\text{-Vegetable-CO}_2}=M\times\frac{1}{n}\sum_{i=1}^{n}(\text{F}_{i\text{-Vegetable-CO}_2}\times 44\times 365\times 10^4) \tag{1-25}$$

式中，$EF_{\text{Vegetable-CO}_2}$——研究区域内蔬菜的二氧化碳排放量($g \cdot hm^{-2} \cdot a^{-1}$)；

n——蔬菜测定点的个数(用户自己确定，一般不小于 5)；

M——研究区域内平均 $1hm^2$ 种植的蔬菜的总株数；

$EF_{i\text{-Vegetable-CO}_2}$——第 i 棵蔬菜测定点的二氧化碳排放量($g \cdot hm^{-2} \cdot a^{-1}$)；

$F_{i\text{-Vegetable-CO}_2}$——第 i 棵蔬菜测定点的二氧化碳排放通量($mol \cdot m^{-2} \cdot d^{-1}$)；

44——CO_2 的相对分子质量($g \cdot mol^{-1}$)；

365——1 年为 365 天；

10^4——$1hm^2$ 转换为 $1m^2$ 的系数。

(2) 蔬菜 CH_4 排放公式为

$$EF_{\text{Vegetable-CH}_4} = M \times \frac{1}{n}\sum_{i=1}^{n} EF_{i\text{-Vegetable-CH}_4} = M \times \frac{1}{n}\sum_{i=1}^{n}(F_{i\text{-Vegetable-CH}_4} \times 16 \times 365 \times 10^4) \tag{1-26}$$

式中，$EF_{\text{Vegetable-CH}_4}$——蔬菜的甲烷排放量($g \cdot hm^{-2} \cdot a^{-1}$)；

$EF_{i\text{-Vegetable-CH}_4}$——第 i 棵蔬菜测定点的甲烷排放量($g \cdot hm^{-2} \cdot a^{-1}$)；

$F_{i\text{-Vegetable-CH}_4}$——第 i 棵蔬菜测定点的甲烷排放通量($mol \cdot m^{-2} \cdot d^{-1}$)；

14——CH_4 的相对分子质量($g \cdot mol^{-1}$)；

365——1 年为 365 天；

10^4——$1hm^2$ 转换为 $1m^2$ 的系数。

(3) 蔬菜 CH_4 碳排放等效于二氧化碳的排放公式。由于甲烷的温室效应是二氧化碳的 21 倍，因此，将式(1-26)转换为式(1-27)，即式(1-27)为蔬菜 CH_4 碳排放等效于二氧化碳的排放公式：

$$\begin{aligned} EF_{\text{Vegetable-CH}_4\text{e}} &= \left(21 \times \frac{44}{16}\right) \times M \times \frac{1}{n}\sum_{i=1}^{n} EF_{\text{Vegetable-CH}_4} \\ &= \left(21 \times \frac{44}{16}\right) \times M \times \frac{1}{n}\sum_{i=1}^{n}\left(F_{i\text{-Vegetable-CH}_4} \times 16 \times 365 \times 10^4\right) \end{aligned} \tag{1-27}$$

式中，$EF_{\text{Tree-CH}_4\text{e}}$——蔬菜甲烷碳排放等效于二氧化碳的排放量($g \cdot hm^{-2} \cdot a^{-1}$)；

21——甲烷的温室效应是二氧化碳的 21 倍；

44/16——甲烷转换为二氧化碳的质量系数；

其余参数与式(1-26)完全相同。

(4) 蔬菜总的碳排放量为

$$EF_{\text{Vegetable-CarbonEmission}} = EF_{\text{Vegetable-CO}_2} + EF_{\text{Vegetable-CH}_4\text{e}} \tag{1-28}$$

即式(1-28)为式(1-25)与式(1-27)之和。

2. 蔬菜固碳量计算

蔬菜的固碳能力计算基于植株不同部位中有机碳的含量。

碳密度是指一定范围内蔬菜植株中有机碳的储存量，每株蔬菜其碳密度计算公式为

$$C_{i\text{-Vegetable}} = \sum_{i=1}^{n}(\text{SOC}_{i\text{-Vegetable}} \times \text{DryWeight}_{i\text{-Vegetable}}) \tag{1-29}$$

式中，$C_{i\text{-Vegetable}}$——蔬菜 i 不同部位干重下的碳质量(g)；

$\mathrm{SOC}_{i\text{-Vegetable}}$——蔬菜 i 部位的平均总有机碳含量($\mathrm{g \cdot kg^{-1}}$)；

$\mathrm{DryWeight}_{i\text{-Vegetable}}$——蔬菜 i 部位的干重(kg)；

i——根、茎、主干、枝条、叶子、花和果实，即 i=6 或 i=7。

$\mathrm{DryWeight}_{i\text{-Vegetable}}$ 可以根据蔬菜的湿重和含水率来进行转换：

$$\mathrm{DryWeight}_{i\text{-Vegetable}} = \mathrm{WetWeight}_{i\text{-Vegetable}} \times (1-\mathrm{Water\%}) \tag{1-30}$$

式中，Water%——蔬菜的含水率，如 20%。

蔬菜的固碳量是一定时间和范围内对有机碳的封存量，蔬菜固碳量计算公式为

$$\Delta C_{i\text{-Vegetable}} = (\mathrm{SOC}_{\text{Vegetable-End}} - \mathrm{SOC}_{\text{Vegetable-Begin}})_{i\text{-Vegetable}} \times \mathrm{DryWeight}_{i\text{-Vegetable}} \tag{1-31}$$

式中，$\Delta C_{i\text{-Vegetable}}$——蔬菜 i 部位一年的固碳量(g)；

$\mathrm{DryWeight}_{i\text{-Vegetable}}$——蔬菜 i 部位的干重(kg)；

$\mathrm{SOC}_{\text{Vegetable-End}}$——试验结束时蔬菜 i 部位的有机碳含量($\mathrm{g \cdot kg^{-1}}$)；

$\mathrm{SOC}_{\text{Vegetable-Begin}}$——试验开始时蔬菜 i 部位的有机碳含量($\mathrm{g \cdot kg^{-1}}$)。

因此，蔬菜的固碳量为

$$\begin{aligned}
& EF_{\text{Vegetable-CarbonSink}} \\
&= \frac{M}{yr \cdot ha} \times \frac{1}{P} \times \sum_{i=1,\,j=1}^{i=n,\,j=P} \left[\left(\mathrm{SOC}_{\text{Vegetable-End}} - \mathrm{SOC}_{\text{Vegetable-Begin}} \right)_{i\text{-Vegetable}} \times \mathrm{DryWeight}_{i\text{-Vegetable}} \right] \\
&= \frac{M}{yr \cdot ha} \times \frac{1}{P} \times \sum_{i=1,\,j=1}^{i=n,\,j=P} \left[\left(\mathrm{SOC}_{\text{Vegetable-End}} - \mathrm{SOC}_{\text{Vegetable-Begin}} \right)_{i\text{-Vegetable}} \times \mathrm{WetWeight}_{i\text{-Vegetable}} \times (1-\mathrm{Water\%}) \right]
\end{aligned} \tag{1-32}$$

式中，$EF_{\text{Vegetable-CarbonSink}}$——蔬菜总的碳存储量($\mathrm{g \cdot hm^{-2} \cdot a^{-1}}$)；

yr——土壤最初采样到最后一次采样的时间间隔(即采样实验的期限)(a)；

ha——种植蔬菜的面积($\mathrm{hm^2}$)；

j——对第 j 株蔬菜进行有机碳含量的测定，总共有 P 株为实际测定蔬菜的总株数，P 根据实际情况由用户确定，一般 P 不小于 5 株。

其余参数与式(1-31)相同。

3. 蔬菜碳标签计算(蔬菜对气候的净贡献量)

蔬菜对气候的净贡献量应是蔬菜碳排放量与蔬菜对碳的固定量之差：

$$EF_{\text{Vegetable-NetCarbon}} = EF_{\text{Vegetable-CarbonEmission}} - EF_{\text{Vegetable-CarbonSink}} \tag{1-33}$$

即式(1-33)为式(1-28)与式(1-32)之差，$EF_{\text{Vegetable-NetCarbon}}$ 为蔬菜对气候的净贡献量(碳排放量)，单位为 $\mathrm{g \cdot hm^{-2} \cdot a^{-1}}$，若为负则表示蔬菜为碳的“汇”，若为正则表示蔬菜为碳的“源”。

1.4.1.12 农业果蔬产品碳足迹核算与查证标准

气候变化使发展中国家面临越来越严峻的挑战。生产商越来越多地被零售商询问关

于产品温室气体的测量以及减排的问题，全球有包括沃尔玛、IBM、宜家等 1000 多家著名企业将“低碳”作为其供应链的必需条件，其中部分企业还要求其供应商提供碳标签。

世界经济不断发展，人类活动频繁，温室气体排放量增加，全球气候变暖的趋势越来越明显。农业是温室气体重要排放源，联合国粮食及农业组织(Food and Agriculture Organization，FAO)指出，耕地释放的温室气体超过全球人为温室气体排放总量的 30%，相当于 1.5×10^{10}t 二氧化碳。以“高效率、低能耗、低排放、高碳汇”为特征的低碳农业正成为一种全新的现代农业发展模式而备受关注，因而碳足迹的核算就成为低碳农业的重要衡量指标。碳足迹是一个描述某个特定活动或实体整个生命周期产生温室气体排放量的术语。农业碳足迹能够系统地评价耕作、施肥和收获等农业生产活动过程中由人为因素引起的直接和间接的碳排放总量，定量地测算农业生产活动对温室效应的影响。农产品碳标签能清楚地标识出农产品生命周期中碳足迹信息，使消费者能够直观地获取，有利于督促农产品行业积极地采取减排措施，碳标签制度迅速成为各国应对气候变化、发展低碳农业、约束经济主体行为的有效手段(张帆　等，2016)。所谓碳标签，就是把产品或服务在生产、提供和消耗整个生命周期中排放的温室气体排放量(即碳足迹)在产品标签上标示出来，告知消费者产品的碳排放信息(张丹　等，2016)。

碳既是农业生产水平的关键指标(净初级生产力以固定 CO_2 的能力表征)，也是土壤肥力的指标(有机质主要是碳的形态)，又是环境问题如全球变暖的关键指标。因此，用碳度量作物产量、土壤生产力和环境质量，能较好地反映未来可持续农业的特征。具体而言，未来农业应该追求以最小的碳投入获得最大的生物碳固定和土壤碳储存，简言之，就是尽可能减少碳向大气的排放，也可称为低碳农业(low carbon agriculture)。如何建立低碳农业的度量体系是目前的热点研究问题(张丹　等，2016)。

英国于 2007 年推出全球第一批标示碳标签的产品，包括薯片、奶昔、洗发水等消费类产品(裘晓东，2011)。随后，其他国家如美国、德国、瑞典、日本、韩国、泰国等先后推行了产品碳标签制度(赵丹　等，2011；李茜，2014)。瑞典碳标签制度首先开始于食品领域，如水果、蔬菜、乳制品等，从而引导消费者选择健康的绿色食品；日本农林水产省正式宣布 2011 年 4 月起推行农产品碳标签制度，要求摆放在商店的农产品通过碳标签向消费者显示其生产过程中排放的二氧化碳量，成为全球首个计划推行农产品碳标签制度的国家。沃尔玛要求 10 万家供应商必须完成碳足迹验证，贴上不同颜色的碳标签，这将直接或间接影响我国上百万家农产品生产加工企业。

作为产品层面的碳足迹评价国际通行标准，ISO14067 与 PAS2050 一脉相承，在碳足迹量化技术上基本保持一致或是可协调，并对产品碳足迹的沟通提出了更加明确的要求，以提高碳足迹量化的准确率和报告的透明度，实现全球范围的碳足迹数据比较。

当前，国内外对农产品的碳足迹测算的结果存在巨大的差异，碳足迹测算结果差异巨大主要是由以下原因造成的(张丹　等，2016)：碳足迹的定义和系统边界不一致；排放参数获取方法不一致；温室气体种类不一致；碳足迹表述方式不一致；与生产措施对接不紧密；中国产品的碳足迹模型研究尚不完善。中国产品碳足迹的核算研究需要用生命周期评价(LCA)的方法，采用中国本地化参数建立中国的产品碳足迹核算模型。采用生命周期评价的方法能将产品所引起的温室气体排放全面包含在内，避免了只核算田间排放的片面研究，并且该方法也与国际碳足迹核算的标准和方法相一致，使中国的农产品在的全球市场上交易更有优势。

我国是世界水果生产第一大国，多种水果产量居世界领先地位，如苹果、桃子、梨，柑橘种植面积位居世界第一位。猕猴桃因其果实细嫩多汁、营养丰富，深受消费者喜爱，具有广阔的市场前景和良好的经济效益。四川省培育的红阳猕猴桃具有自主知识产权，其品质和商品性达到国际先进水平，对外出口规模快速扩大，使四川省猕猴桃产业迅猛发展，种植规模不断扩大。四川省是我国人工栽培猕猴桃最早、应用效果最好的地区之一。20世纪70年代，我国把猕猴桃当作一种果树栽培，河南、陕西开始进行局部栽培。从2005年开始，四川省猕猴桃种植进入新的时期，猕猴桃种植面积、产量增长速度不断加快。到2010年，全省猕猴桃种植面积达 $1.97\times10^4hm^2$，年均增速达到38.81%；产量达 8.27×10^4t，年均增速达到 34.26%。作为我国猕猴桃生长的最佳适宜区和猕猴桃主产区之一，四川省的猕猴桃种植面积和产量均处于全国前列。四川省猕猴桃种植面积在2007年后均保持在全国第二位，总产量在2005～2010年均保持在第三位，种植面积和产量在全国所占比例均分别保持在14.8%和7%左右。从猕猴桃单产数据来看，2006～2009年四川省猕猴桃单产分别为0.38t/亩（1亩≈$666.67m^2$）、0.31t/亩、0.29t/亩、0.28t/亩，均低于全国单产水平，且逐年降低，在全国9个猕猴桃重点产区处于较低水平（林正雨 等，2013）。就四川省而言，未来必然面临国内、国外两个市场的激励竞争，同时还面临着资源环境、科技水平、资金投入水平等多方面的制约（刘强 等，2014）。

本书通过对果类农产品的碳足迹核算，识别其生命周期中的温室气体排放情况，从而制定有效的碳减排方案，并以四川省猕猴桃鲜果和二荆条鲜辣椒作为研究的实例，通过对猕猴桃鲜果和二荆条鲜辣椒碳足迹的测量分析，为相关部门推行碳标签制度提供理论及数据支持，既有利于低碳农业的战略发展和减排目标的实现，又有利于出口型农业企业应对潜在的碳贸易壁垒，还对生态经济可持续发展有重要的现实指导意义。

1. 国内外碳足迹核算方法

产品碳足迹标准发展趋势较大程度上是由发达国家及新兴经济体的零售商和政府引导。英国于 2008 年开始实施《商品和服务在生命周期内的温室气体排放评价规范》（PAS2050），同时，法国、瑞士、新西兰、日本、韩国、泰国等国家亦相继开展产品碳足迹的研究，产品碳足迹的国际标准也以技术规范的形式（ISO/TS14067：2013）于2013年正式出台。其中，影响最大、应用范围最广的是PAS2050规范和ISO14067国际标准（邱岳进等，2016）。

碳足迹是指某个产品或服务在其整个生命周期内从原材料到使用、处理及再利用等所有阶段排放的温室气体。现有的碳足迹核算方法主要有投入产出法、生命周期评价法和混合生命周期评价法（计军平 等，2011）。

1）投入产出法

投入产出法由美国的华西里·列昂惕夫提出，最初是用来研究经济体系各部分间投入和产出相互关系的分析方法（黄祖辉 等，2011），是一种自上而下的分析方法，适用于宏观层面的研究。该方法现已被广泛应用于农业能源领域，主要是利用投入产出表和列昂惕夫逆矩阵来分析农产品上游的直接与间接能源需求，然后使用排放因子计算碳排放量。其缺点是：只能得到某行业的碳足迹，无法获得某一产品的具体碳排放量，因此不适用于微观层面；使用的投入产出表由国家 5 年公布 1 次，更新速度慢，因此计算使用的数据不及时，影响结果的可靠度。

2) 生命周期评价法

生命周期评价法是根据《环境管理生命周期评价原则与框架》(ISO14040：2006) 和《环境管理生命周期评价要求和指南》(ISO14044：2006) 制定的一种有效的环境管理工具，是核算产品从原材料、生产、运输、销售、使用到处理阶段的所有活动对环境影响的一种自下而上的分析方法，适用于微观领域。

该方法核算碳足迹主要有 5 个步骤：绘制过程图、确定系统边界和优先序、收集数据、计算碳足迹、检查不确定性。

生命周期法的局限性：①确定系统边界时有很大的主观人为性，缺乏对非重要阶段的深入思考，很可能截断边界，把需要包括进去的活动排除在外；②其在计算过程中允许使用次级数据，次级数据缺乏初级数据的针对性，影响最后结果的可信度；③需要收集的数据量比较大，投入的资源多。

3) 混合生命周期法

混合生命周期法将投入产出法与生命周期法相结合，既充分使用了投入产出法中的投入产出表，又保留了生命周期法的针对性、细致性，同时保证了边界的完整性，减少了投入的人力、物力资源，但其核算碳足迹的过程太过复杂，较难掌握。该方法主要应用于工业、交通等领域，鲜用于农业领域。本书拟采用较为主流的生命周期法进行果蔬类农产品碳足迹核算。

2. 基于生命周期评价的果类农产品碳足迹核算步骤

生命周期评价法适用于从商业到消费者 (business to customer，B2C) 的各类商品，从商业到商业 (business to business，B2B) 的各类商品以及 B2C、B2B 的各类服务在其生命周期内的温室气体排放评价 (田彬彬 等，2012)。本书主要介绍关于果蔬类农产品碳足迹的核算步骤，如图 1-1 所示。

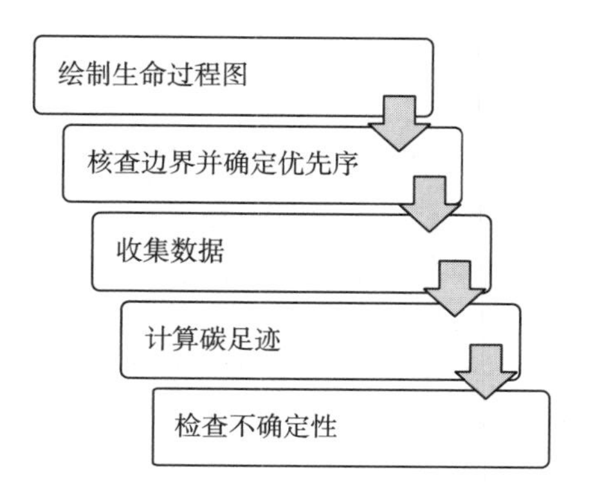

图 1-1　碳足迹的核算步骤

1) 绘制生命过程图

绘制果类农产品生命过程图，包括农产品种植、生产加工、分销/零售、消费者使用和处置/再生利用等整个农产品生命周期的所有环节。生命过程图的绘制是为了确定对农产品生命周期温室气体排放有所贡献的所有材料、活动和过程，生命过程图是碳足迹核算过程的重要工具，为数据收集和碳足迹的计算提供了指导。

高质量的生命过程图，需要通过走访农产品的种植、生产加工、分销/零售、消费者使用和处置/再生利用等整个农产品生命周期的所有环节，获得更多的优先序和热点(即温室气体排放量最大的生命周期或生产流程)，不让时间花费在温室气体排放少的环节上，使优先序可以基于最大排放源，提供更大的减排可能。

B2C 农产品、B2B 农产品的生命过程图是不同的，如图 1-2、图 1-3 所示。

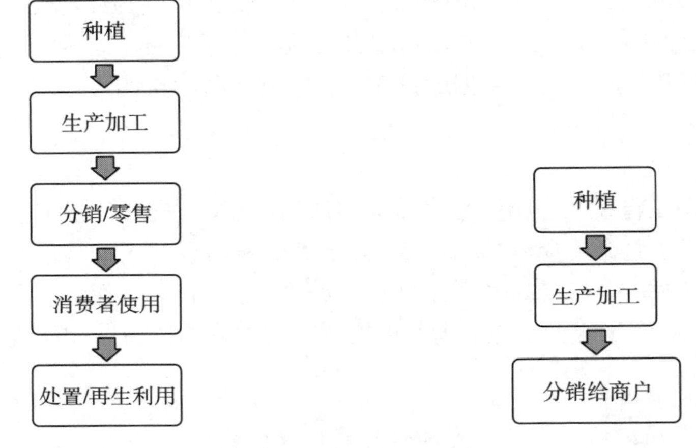

图 1-2　B2C 农产品的生命过程图　　　　图 1-3　B2B 农产品的生命过程图

图 1-2、图 1-3 均是大步骤，更完整的生命过程图需要将大步骤再细分成小步骤来绘制，需要标示出各种材料流、能量流、废物流，即农产品种植到处置/再生利用的详细过程。

绘制完农产品生命周期完整的步骤过程图后，下一步就是边界和优先序的确认。

2) 核查边界并确定优先序

系统边界即农产品种植到处置的全过程，决定了农产品碳足迹计算的范围，须与产品种类规则一致，没有产品种类规则的产品应明确界定系统边界。所有实质性排放都列入系统边界的关键原则，而非实质性排放源(即不超过排放总量的 1%的任一来源)、输入过程的人力、消费者到购买点的交通和畜力运输这 4 类排放源不列入边界。利用即时获取和估值的数据确定实质性排放源，分析现有数据确定优先序，为下一步数据收集和碳足迹分析奠定基础。

3) 收集数据

碳足迹的计算需要活动水平数据和排放因子(即能源使用或燃烧过程中单位能源排

放的温室气体数量），而这两类数据又来源于初级活动水平数据和次级活动水平数据。初级活动水平数据是农产品生命周期过程中直接测量获得的，次级活动水平数据是同类原料或过程平均或通用测量的，如农业协会的行业报告中的数据。PAS2050 规定碳足迹核算中所使用的数据必须遵循数据质量规定。

计算时应尽量使用初级活动水平数据，让人们了解实际排放情况，为最大减排提高可能性，但下游温室气体排放源不需要初级活动水平数据，初级活动水平数据可由内部人员或第三方收集。如果无法获得初级活动水平数据，则可使用来源可靠的次级活动水平数据。

收集到足够数据后进行数据汇总，汇总后输入过程的总量应与输出过程的总量相等，即质量平衡，确认所有材料都已计入，没有遗漏。

4) 计算碳足迹

根据详细的生命过程图计算出农产品生命周期中的每一项活动的碳排放量，最后加总就是果蔬类农产品的总排放量。其中，每一项活动的碳排放量等于这一项活动的活动水平数据与排放因子相乘，在具体计算过程中还需要考虑具体排放因子的处理等问题。

5) 检查不确定性

不确定性检查是对碳足迹精度的检查，目的是提高农产品间比较的可信度和决策水平，减少不确定性，包括使用初级活动水平数据代替次级活动水平数据，使用更完整和更有针对性的次级活动水平数据，完善计算碳足迹的模型等方法。

1.4.2　猕猴桃碳排放监测

1.4.2.1　猕猴桃二氧化碳监测方法

在 20 亩猕猴桃种植园中，猕猴桃果树总量为 1100 株，排除雄树，均匀选择 5 株猕猴桃果树进行试验，分别编号为 site1、site5、site6、site9、site10，位置分布如图 1-4 所示。在 5 株猕猴桃种子期、生长期、成熟期和收割期等不同生命周期时段，以及种植、施肥和田间管理时段，跟踪监测二氧化碳的排放量，同时采集每株猕猴桃果树下的土样。二氧化碳的监测主要分为对猕猴桃整株果树和其根系土壤两部分的监测，果树气体收集装置为塑料薄膜，塑料薄膜套于整株猕猴桃果树之上，用金属夹密封好，防止漏气；在塑料薄膜的最顶端设置一个采样开关，方便二氧化碳的监测。土壤气体收集装置为塑料箱，塑料箱顶部钻有小孔，并配有橡胶塞。气体收集装置如图 1-5 至图 1-7 所示。二氧化碳气体监测时间从 2014 年 5 月 30 日开始，2015 年 8 月 27 日截止，每月监测一次，每月末对 5 株猕猴桃果树进行密封，并将每株猕猴桃果树下的土壤气体收集箱安置好。做好密封工作后，关闭采气开关，塞紧橡胶塞。密封 24h 后开始监测二氧化碳气体，图 1-8、图 1-9 为猕猴桃果树和土壤二氧化碳气体监测现场图。气体监测结束后，收集猕猴桃果树的蒸腾量，并量取其体积，打开密封塑料薄膜和气体收集箱，养护猕猴桃果树。

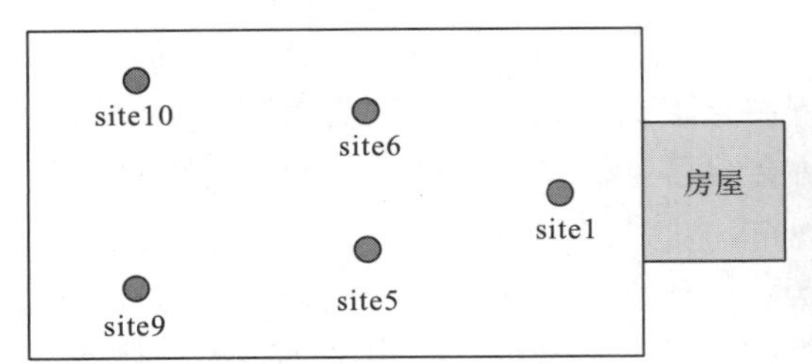

图 1-4　5 株猕猴桃果树分布图

图 1-5　气体收集装置(一)

图 1-6　气体收集装置(二)

图 1-7　土壤气体收集装置

图 1-8　果树二氧化碳监测

图 1-9　土壤二氧化碳监测

1.4.2.2　土样

5 株猕猴桃果树，其土样采集地均在距每株果树 1m 处，即以果树为圆心，半径为 1m 的圆弧上采集土样，图 1-10、图 1-11 为土样采集现场图。土样采样深度为 40cm，分别取其剖面 0～20cm 和 20～40cm 的土样进行分析，土样采集时间与二氧化碳气体监测时间同步。将每月采集的土样自然风干，碾磨成粉状，过筛(5mm)，然后用仪器测量土壤中的 TC 和 TOC 含量。

图 1-10　土样采集(一)

图 1-11　土样采集(二)

1.4.2.3　猕猴桃 TC、TOC 含量

猕猴桃果树生物量包括枝、干、叶、果实，以及根和枯枝落叶。采集 5 株猕猴桃果树的枝、干、叶、根和枯叶进行生物量监测，猕猴桃果实分成两部分，即果皮和果肉。将样品烘干(烘箱温度为 30℃)，然后用打磨机粉碎，再过筛(5mm)，取少量样品测量 TC、TOC 的含量。

1.4.3　二荆条辣椒碳排放监测

1.4.3.1　二荆条辣椒二氧化碳监测方法

均匀选取 5 株二荆条辣椒植株进行研究，分别编号为 site1、site2、site3、site4、site5，图 1-12、图 1-13 为选择研究的二荆条辣椒位置图。二荆条辣椒和猕猴桃研究方法一样，在 5 株二荆条辣椒生长期、成熟期和收割期等不同生命周期，以及种植、施肥和田间管理时段，跟踪监测二氧化碳的排放量，同时采集每株二荆条辣椒植株下的土样。二氧化碳收集方法：将顶部带有采气开关的塑料薄膜罩于 5 株二荆条辣椒植株上，做好密封工作，土壤二氧化碳收集方法和猕猴桃一样，均采用塑料箱法，如图 1-14 所示。二氧化碳气体监测时间从 2014 年 5 月 29 日开始，采样前先用塑料薄膜将二荆条辣椒植株完全密封，并放置好土壤气体收集箱，密封 24h 后开始测量，每月末测量一次，2014 年 9 月 24 日截止。二荆条辣椒二氧化碳气体监测现场如图 1-15 所示。

1.4.3.2　土样

5 株二荆条辣椒植株，其土样采集地也均在距每株辣椒树 1m 处，即在以辣椒树为圆心，半径为 1m 的圆弧上采集土样。土样采样深度为 20cm，取其剖面 0～20cm 的土样进行分析，土样采集时间与二氧化碳气体监测时间同步。将每月采集的土样自然风干，碾磨成粉状，过筛(5mm)，然后用仪器测量土壤中 TC、TOC 含量。

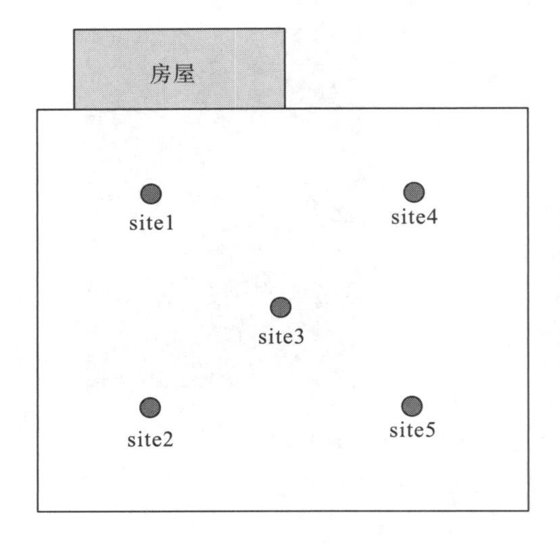

图 1-12 二荆条辣椒分布图

图 1-13 二荆条辣椒实地分布图

图 1-14 气体收集装置

图 1-15 气体监测

1.4.3.3 二荆条辣椒 TC、TOC 含量

5 株二荆条辣椒树生物量主要分为叶、果实、枝、主干和根 5 部分，图 1-16 为 site5 不同部位的生物量。生物量测定方法为：将样品烘干(烘箱温度为 30℃)，然后用打磨机粉碎，再过筛(5mm)，取不同部位少量样品测量 TC、TOC 的含量。

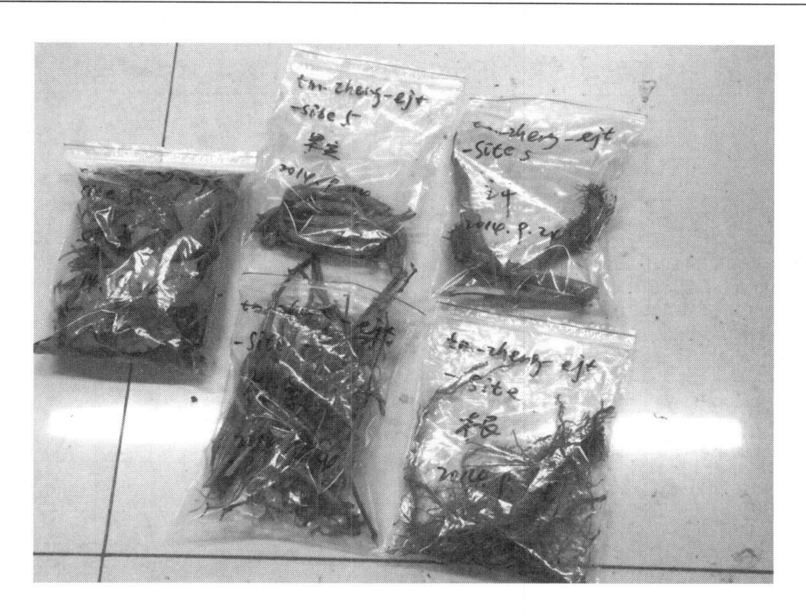

图 1-16 ejt-site5 不同部位的生物量

1.4.4 主要仪器及测定方法

便携式土壤气体通量测量系统(产地为意大利，由 WEST Systems 公司生产，型号为 WS-LI820)，采用红外分光光度法，主要用来分析 CO_2 和 CH_4 气体。TC/TOC 分析仪(品牌为 Analytik Jena AG，产地为德国；型号规格为 multi HT1300)，测定方法为燃烧法，用于土壤和植物中 TC、TOC 的测定。

1.4.5 低碳环保农业果蔬产品碳标签系统设计

1.4.5.1 系统功能

1. 建立 LCA 各个环节的数据库，对每个环节进行汇总

低碳环保农业果蔬(猕猴桃、二荆条辣椒)的 LCA 可以分为 8 个环节(阶段)：场地整理、种苗(种子和幼苗)、嫁接、田间管理(施肥、灌溉、病虫害防治)、果实收获、加工产品、消费、废物处理，即要建立 8 个基本的 LCA 环节的数据库。最多分 3 级树形结构设置：第 1 级、第 2 级和第 3 级。

第 1 级主要包括：基础设施、遗传育种、生产前准备、育苗、生产与田间管理、果蔬收获、果蔬销售、果蔬消费、果蔬废物处理、果蔬加工产品、果蔬加工产品消费、果蔬加工产品废物处理。具体 3 级果蔬 LCA 树形目录如表 1-3 所示。

表 1-3 果蔬 LCA 各个环节树形目录（三级树形目录）数据库设计

中文字段	LCA 目录编号	第 1 级 LCA 目录	第 2 级 LCA 目录	第 3 级 LCA 目录	应投入产品清单（可打√选择）	实际投入产品清单（可打√选择）	对应时间	对应时期	果蔬中文名称	果蔬英文名称	备注
英文字段	LCA Content NO.	First Level Content of LCA	Second Level Content of LCA	Third Level Content of LCA	Designed Input of Materials and Products	Real Input of Materials and Products	Timeline	Fruit Period	Fruit-vegetable Chinese Name	Fruit-vegetable English Name	Remarks
类型	数字	文本	文本	文本	文本	文本	文本	文本	文本	文本	文本
长度	4	40	40	40	256	256	40	40	30	30	256
赋值	1	基础设施	道路	水泥		无	全年	基础设施投入			
				砂石		无	全年				
			水渠	混凝土							
				砖块							
				石块							
			堡坎	混凝土							
				砖块		无	全年				
				石块			全年				
				管材							
			农房	混凝土							
				水泥							
				砖块							
				钢筋							
				防渗透							
				材料							
				木材							
				瓷砖							
				涂料							
				瓦							
				电线、网线							
				其他材料							
			仓库	混凝土							
				水泥							
				砖块							
				钢材							
				铝材							
				瓦							
				木材							
				涂料	无	全年					

续表

中文字段	LCA 目录编号	第 1 级 LCA 目录	第 2 级 LCA 目录	第 3 级 LCA 目录	应投入产品清单（可打√选择）	实际投入产品清单（可打√选择）	对应时间	对应时期	果蔬中文名称	果蔬英文名称	备注
英文字段	LCA Content NO.	First Level Content of LCA	Second Level Content of LCA	Third Level Content of LCA	Designed Input of Materials and Products	Real Input of Materials and Products	Timeline	Fruit Period	Fruit-vegetable Chinese Name	Fruit-vegetable English Name	Remarks
类型	数字	文本	文本	文本	文本	文本	文本	文本	文本	文本	文本
长度	4	40	40	40	256	256	40	40	30	30	256
赋值				其他材料	无	全年					
	2	遗传育种	遗传育种	品种改良	无	全年		种子			
			种子制种	种子制作	纸、塑料、晾晒设施、各种包装（塑料袋：聚氯乙烯）	无	10 月～次年 3 月				
			种子储存	冷库		无	全年				
				冷柜		无	全年				
				其他		无	全年				
	3	生产前准备	场地整理	测量规划			12 月～次年 2 月	果蔬生产前期准备			
				去除杂物							
				翻地							
				堆土垄							
				挖沟							
				打窝							
				场地整理、垃圾清理							
			辅助设施	修水池（灌溉用）							
				栽水泥桩							
				支撑物（铁丝、竹竿、木条等）	铁丝						
			场地整理、运输				全年				
	4	育苗	种子购买				全年	育种育苗			
			播种				2～4 月				
			育苗				2～4 月				
			幼苗管理				2～4 月				
			嫁接				2～4 月				

续表

中文字段	LCA 目录编号	第 1 级 LCA 目录	第 2 级 LCA 目录	第 3 级 LCA 目录	应投入产品清单（可打√选择）	实际投入产品清单（可打√选择）	对应时间	对应时期	果蔬中文名称	果蔬英文名称	备注
英文字段	LCA Content NO.	First Level Content of LCA	Second Level Content of LCA	Third Level Content of LCA	Designed Input of Materials and Products	Real Input of Materials and Products	Timeline	Fruit Period	Fruit-vegetable Chinese Name	Fruit-vegetable English Name	Remarks
类型	数字	文本	文本	文本	文本	文本	文本	文本	文本	文本	文本
长度	4	40	40	40	256	256	40	40	30	30	256
赋值	5	生产与田间管理	授粉				3～4 月	果蔬生产			
			保果	掐枝			3～4 月				
				留果			3～4 月				
			套袋	果蔬专用套袋			3～5 月				
			施肥管理	氮肥			全年				
				磷肥			全年				
				钾肥			全年				
				农家肥			全年				
				复合肥			全年				
				微量元素肥（如硼肥）			全年				
				叶面施肥			全年				
				其他肥料（羊粪、牛粪、鸡粪等）			全年				
				肥料运输			全年				
			灌溉管理	抽水灌溉（机器+胶管）	抽水机、塑料管道		干旱期				
				滴灌（机器+胶管）			干旱期				
				漫灌		无	干旱期				
				其他灌溉		无	干旱期				
				排水			洪水期				
			病虫害防治管理	除草剂			2～10 月				
				杀虫剂			2～10 月				
				防病药剂			2～10 月				
				其他药剂			2～10 月				
			其他管理	修枝							
				割树皮							
				造型							

续表

中文字段	LCA目录编号	第1级LCA目录	第2级LCA目录	第3级LCA目录	应投入产品清单（可打√选择）	实际投入产品清单（可打√选择）	对应时间	对应时期	果蔬中文名称	果蔬英文名称	备注
英文字段	LCA Content NO.	First Level Content of LCA	Second Level Content of LCA	Third Level Content of LCA	Designed Input of Materials and Products	Real Input of Materials and Products	Timeline	Fruit Period	Fruit-vegetable Chinese Name	Fruit-vegetable English Name	Remarks
类型	数字	文本	文本	文本	文本	文本	文本	文本	文本	文本	文本
长度	4	40	40	40	256	256	40	40	30	30	256
赋值				其他							
	6	果蔬收获	鲜果采摘				9～11月	果蔬收获			
			鲜果运输				9～11月				
	7	果蔬销售	果蔬冷藏	冷库		无	11月～次年3月	果蔬销售			
				冷柜		无	11月～次年3月				
				其他		无	11月～次年3月				
			果蔬包装	塑料袋			9月～次年3月				
				纸盒包装			9月～次年3月				
			果蔬运输		柴油货车(2t)		9月～次年3月				
	8	果蔬消费	鲜果消费				9月～次年4月				
	9	果蔬废物处理	果蔬废物收集					果蔬废物处理			
			可降解生物质处理	填埋			9月～次年3月				
				农家肥		无	9月～次年3月				
				回田		无	9月～次年3月				
			废纸处理				9月～次年3月				
			废塑料处理				9月～次年3月				
	10	果蔬加工产品	猕猴桃果蔬原料			无	9月～次年4月	猕猴桃果蔬加工产品			
			原料运输			无					
			猕猴桃果酒			无	全年				

续表

中文字段	LCA 目录编号	第 1 级 LCA 目录	第 2 级 LCA 目录	第 3 级 LCA 目录	应投入产品清单（可打√选择）	实际投入产品清单（可打√选择）	对应时间	对应时期	果蔬中文名称	果蔬英文名称	备注
英文字段	LCA Content NO.	First Level Content of LCA	Second Level Content of LCA	Third Level Content of LCA	Designed Input of Materials and Products	Real Input of Materials and Products	Timeline	Fruit Period	Fruit-vegetable Chinese Name	Fruit-vegetable English Name	Remarks
类型	数字	文本	文本	文本	文本	文本	文本	文本	文本	文本	文本
长度	4	40	40	40	256	256	40	40	30	30	256
赋值			猕猴桃红酒			无	全年				
			猕猴桃干果			无	全年				
			猕猴桃果脯			无	全年				
			猕猴桃饮料			无	全年				
			其他产品			无	全年				
	11	果蔬加工产品消费	加工产品保存、加工产品运输、加工产品销售、果蔬加工、产品消费			无	全年	猕猴桃果蔬消费			
						无	全年				
						无	全年				
						无	全年				
	12	果蔬加工产品废物处理	果蔬废物收集、可降解生物质处理、废纸处理、废塑料处理、废玻璃处理、废木头处理			无		果蔬加工产品废物处理			
				填埋		无	全年				
				农家肥		无	全年				
				回田		无	全年				
						无	全年				
						无	全年				
						无	全年				
						无	全年				

(1) 基于这 8 个基本的 LCA 环节，还可以自定义新的 LCA 环节，并生成相应的数据库。最后确定总的 LCA 环节数据库的总个数为 M。

(2) 用户根据自己种植果蔬的情况，合理选择需要的 LCA 环节，即选择不同的 LCA 环境数据库(选择 1～M)。

(3) 这是所有操作的前提和基础，可以在本系统中的“系统设置”中进行最初的操作和选择，并进行保存，以方便后续调用和汇总以及报表的生成。

(4) LCA 的布局：如图 1-17 所示，LCA 的布局为树状结构。

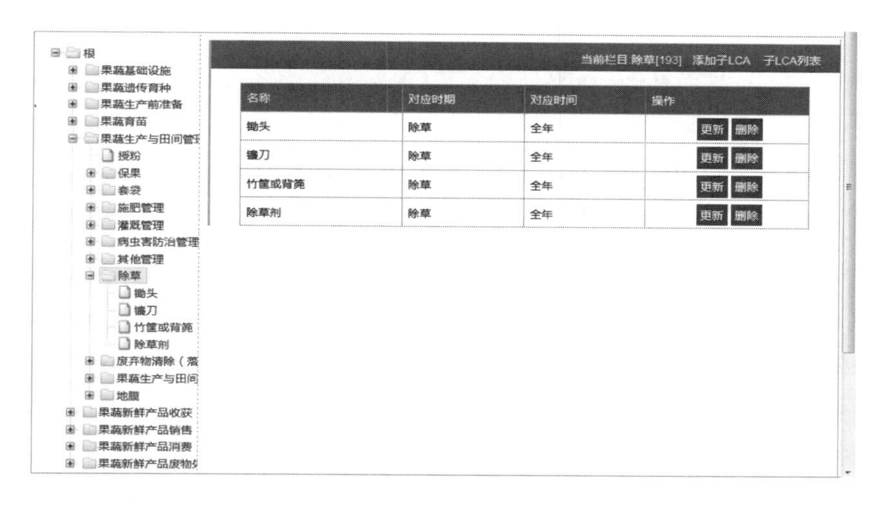

图 1-17　LCA 布局

2. 各个子系统

低碳环保农业果蔬产品碳标签系统主要包括基本设置管理子系统、碳排放标准子系统、材料信息管理子系统、监测子系统、查询统计管理子系统、用户管理子系统和系统配置子系统等 7 个子系统。

3. 主要功能

本系统是将低碳果蔬碳排放监测数据和有关碳排放计算的信息输入在线系统，从数据库中输入有关的材料碳足迹、交通运输碳足迹、水消费碳足迹、电力消费碳足迹和人力碳足迹，进行 CO_2、CH_4、TC 和 TOC 等相关数据的计算，并可以查询需要的碳排放数据。

1.4.5.2　碳标签计算引擎

基于 LCA 的理论，对各个 LCA 环节所产生的碳排放(温室气体)总量进行计算。

(1)低碳环保农业果蔬(猕猴桃、二荆条辣椒)的 LCA 可以分为 8 个环节(阶段)。

(2)每个环节的碳排放基于 3 个方面的计算得到：

①每一个生产过程又包括材料、人力、能源(水、电)、财力、碳固定(场地整理、种子阶段、生产与田间管理阶段)和碳排放，依据公式计算出相应的碳足迹($g \cdot hm^{-2} \cdot a^{-1}$)；

②每个环节中土壤的碳储存和碳排放，其中碳排放包括二氧化碳排放和甲烷排放；

③每个环节中果树(猕猴桃)或蔬菜(二荆条辣椒)的碳储存和碳排放，其中碳排放包括二氧化碳排放和甲烷排放。

(3)碳标签的汇总计算思路：

$$碳标签=二氧化碳总排放量-二氧化碳总储存量 \tag{1-34}$$

式中，二氧化碳总排放量 = 实测二氧化碳排放量 + 实测甲烷等效于二氧化碳的排放量。

1.4.5.3 数据的图示统计功能

(1)每个 LCA 环节都要汇总碳数据。

(2)同一种材料、人力、能源(水、电)、财力、碳固定(场地整理、种子阶段、生产与田间管理阶段)和碳排放的碳排放量均要在不同 LCA 环节中进行汇总,即不同类型计算公式均要在不同 LCA 环节进行汇总。

(3)生成碳排放图像:横坐标为 LCA 的各个环节,纵坐标为碳排放量(平均值)。

第 2 章　研究区域概述

猕猴桃是猕猴桃科植物猕猴桃树的果实，其维生素 C 含量在水果中名列前茅，一颗猕猴桃含维生素 C 的量是一个人一日维生素 C 需求量的两倍多，被誉为“水果之王”。猕猴桃还含有良好的可溶性膳食纤维，及具有出众抗氧化性能的植物性化学物质 SOD(superoxide dismutase，超氧化物歧化酶)。据美国农业部研究报告称，猕猴桃的综合抗氧化指数在水果中居前列，仅次于刺梨、蓝莓等小众水果，远强于苹果、梨、西瓜、柑橘等日常水果，其与蓝莓等都是第三代水果中颇具代表性的水果。

世界猕猴桃原产地在中国，特别是陕西省的秦岭北麓地区。猕猴桃生于山坡林缘或灌丛中，有些是园圃栽培，中国陕西、四川、河南等地均有分布。猕猴桃在全国有五大产区：①陕西秦岭北麓(主要是宝鸡市眉县和毗邻的周至县)；②大别山区，河南的伏牛山、桐柏山；③贵州高原及湖南省的西部；④广东河源和平县；⑤四川省的西北地区及湖北省的西南地区。而陕西省宝鸡市眉县，西安市周至县，四川省的苍溪县、安乐镇因盛产猕猴桃，成为名副其实的猕猴桃之乡，仅眉县种植面积就高达 27 万亩，占全球猕猴桃种植总面积的 1/10。猕猴桃主栽品种：①陕西省为徐香、秦美、海沃德、红阳、西选、华优、哑特、翠香、金香；②湖南省为米良一号、翠玉、楚红、丰悦、东山峰、沁香、龙藏红；③四川省为红阳、晚红、红美、红华；④湖北省为武植 3 号、通山 5 号、金魁、金艳；⑤江西省为庐山香、魁蜜、早鲜、金丰；⑥江苏省为徐香、徐冠；⑦河南省为华美 1 号、华美 2 号、郑州 90-1、郑州 90-5、华光 2 号、蜜宝；⑧浙江省为江山、早香；⑨新西兰引种品种为海沃德、黄金果。

四川省是我国猕猴桃原产地之一，也是人工栽培猕猴桃最早的省份，从 20 世纪 80 年代初至今已有 30 多年的历史。2010 年，四川省提出以每年增加 $3.3\times10^3hm^2$ 的速度，在龙门山脉发展以红肉猕猴桃为重点的 $6.67\times10^4hm^2$ 猕猴桃产业带。猕猴桃已成为四川省重要的特色水果，在推动区域农村经济发展、新农村建设及农民增收致富等方面发挥了重要作用(党寿光　等，2014)。四川省的猕猴桃产业发展前景广阔，近年来意大利、新西兰等全球猕猴桃生产、出口大国受劳动力成本上涨和病害严重等因素影响，猕猴桃产业呈现下滑趋势，为我国猕猴桃产业发展提供了机遇。目前，中国已成为全球猕猴桃生产大国。据统计，2011 年我国猕猴桃种植面积达 $11\times10^4hm^2$，产量达 110×10^4t，分别占全国水果生产面积和产量的 0.95%和 0.85%。猕猴桃被誉为“20 世纪新兴水果”，在国际水果市场上所占份额为 0.2%，远远不能满足市场需求。据联合国粮食及农业组织统计分析，国际市场每年对猕猴桃的需求量在 4×10^6t 左右，仅德国每年进口量就达 12×10^4t，西班牙年消费量超过 10^5t。目前，全球猕猴桃年产量仅 1.7×10^6t，缺口达 2.3×10^6t 左右。新西兰、智利虽然是猕猴桃出口大国，但果实成熟期与我国互补，因此在国际销售市场上与我国并不形成竞争。目前，我国年人均消费猕猴桃仅 0.84kg，四川省为 2.6kg，而新西兰年人均猕猴桃消费量达 5.1kg。随着我国经济的发展，人民生活水平的不断提高，国内猕猴桃销售市场将不断扩大。四川省将猕猴桃产业列入全省十大特色优势农业产业之一，作为重点支持的特色水果产业，其发展将成为四川省促进农民增收的重要措施之一(刘强 等，2015)。

四川省特产的二荆条辣椒与一般辣椒的辣味不同，其特点为微辣且香，二荆条辣椒作为鲜菜食用，大都采收青果，采收时间在 5 月上旬～10 月，红椒采收时间为 7～9 月。二荆条辣椒特点：①煎油色泽红亮，红油能自动向盘边溅射上爬，辣度适中，味香；②椒角细长，椒尖有“J”形弯钩，椒果外形美观、晶莹碧绿；③辣椒果皮和胎座中含有辣椒素，是辣味的来源，一般情况下，辣椒素含量因品种差异而不同，一般含量约为 17%～27%，而二荆条辣椒则高达 27%以上，每 100g 鲜椒中含胡萝卜素 1.56mg 和抗坏血酸 105mg，较一般蔬菜含量高。二荆条辣椒长势强，分枝多，果实呈长条锥形，微弯，40%以上尖端有沟，成熟系深红色，光泽好，单果重 5～8g，较耐热，香辣可口，辣味适度，油分重，含丰富的维生素 C、蛋白质、胡萝卜素、脂肪油、红色素、辣椒碱，以及挥发油、钙、磷、铁、抗坏血酸等人体必需的营养元素和物质。二荆条辣椒作为正宗川菜调料不可缺少，豆瓣和榨菜等产品必须用二荆条辣椒作为重要原料。

为方便开展研究，本书在成都平原选择研究点位。成都平原不仅普遍种植二荆条辣椒，而且现在很多地方都种植了猕猴桃。因此，在四川省都江堰市胥家镇圣寿社区 2 组选择 1 户猕猴桃种植户和 1 户二荆条辣椒种植户，进行猕猴桃和二荆条辣椒果蔬产品的碳排放监测和碳足迹核查，开展相关研究；同时，还选择成都市蒲江县鹤山镇专业种植猕猴桃的泰禾农业科技有限公司作为碳足迹的核查研究方。

本书研究开发的低碳环保农业果蔬产品碳标签系统(软件 1.0 版本)主要应用对象包括 4 户：都江堰市胥家镇邹华刚猕猴桃种植户、都江堰市胥家镇赵古福二荆条辣椒种植户、都江堰市蒲阳镇蟠龙村江余富二荆条辣椒种植户以及蒲江县专业种植猕猴桃的公司——泰禾农业科技有限公司。

2.1 进行碳排放实测和碳足迹核算的研究点位

2.1.1 研究点位

经过调研和选点，在四川省都江堰市胥家镇圣寿社区 2 组选择 1 户猕猴桃种植户和 1 户二荆条辣椒种植户，开展相关研究。

其中，猕猴桃种植专业户为邹华刚，二荆条辣椒种植散户为赵古福。猕猴桃种植场地如图 2-1 所示，二荆条辣椒种植场地如图 2-2 所示。此区域猕猴桃种植面积为 20 亩，土地属性是租赁，租赁时间是 20 年。二荆条辣椒种植面积为 2 亩，是种植户自己的土地。

图 2-1 都江堰胥家镇圣寿社区 2 组邹华刚的猕猴桃种植场地

图 2-2 都江堰胥家镇圣寿社区 2 组赵古福的二荆条辣椒种植场地

2.1.2 都江堰市自然资源

1. 地形地貌

都江堰市地质构造复杂，地貌类型多样。全市地势西北较高、东南较低，海拔为 592～4582m，最大相对高差为 3990m。龙门山脉中南段褶皱地带贯穿市境西部和北部，西北向东南依次为高山、中低山、丘陵和平原，境内地貌特征大致可概括为“五山二丘三分坝”，山区面积占 54.3%，丘陵面积占 11.5%，平坝面积占 34.2%。

2. 气候资源

都江堰市属于四川盆地亚热带湿润气候区，地处成都平原与西北高原的过渡带。气候总体特征：四季分明、气候温和、夏无酷暑、冬无严寒、无霜期长、雨量充沛、日照较少。全市多年平均降水量为 1222.2mm，降水最多的是 8 月。多年平均降水日数为 200 天，雨量多且不易蒸发，山上常云雾笼罩。

3. 水资源

都江堰市属四川盆地西缘山地丰水区，水资源十分丰富。

地表水资源总量为 $165\times10^8m^3$，主要集中在岷江干流和 13 条山地溪流中。其中，都江堰渠首多年平均径流总量为 $156\times10^8m^3$，山地溪流为 $9\times10^8m^3$。

4. 矿产、能源资源

都江堰市矿藏资源丰富，是成都市的资源富集区之一，有煤、石灰石、花岗岩、石英砂、磁铁矿、赤铁矿、菱铁矿、硫铁矿、磷铁矿等 20 多种矿藏。其中，石灰石、砂岩、大理石、花岗岩、砖瓦、水泥及黏土等建材资源储量大，开发价值高，是成都市建筑材料基地建设的资源保障。

全市水能蕴藏量为58.19×10^8kW(包括岷江正流21.4×10^8kW)，可开发量为22.77×10^8kW，是成都市重要的能源基地之一。

5. 动植物资源

都江堰市森林资源丰富，动植物种类繁多，拥有国家珍稀濒危及重点保护动植物76种。主要林木有银杏、楠木、黄心树、红豆树、高山杜鹃、珙桐、青城幽蓝等，名贵中药有川芎、天麻、黄柏、杜仲、厚朴等。青城山拥有高等植物2500种，其中珍稀植物69种，脊椎动物280多种，禽鸟200多种，爬行动物10多种，属于国家一类保护的动物有大熊猫、金丝猴、白唇鹿、野牛、白鹤、箭环蝶等。

6. 旅游资源

都江堰市是世界级的风景旅游胜地，拥有丰富的自然和人文资源。旅游资源特色突出、类型多样、格调高雅、区域面广、规模宏大，历史文化源远流长，人文景观内涵丰富。主要风景名胜区有青城山-都江堰世界文化遗产、龙池国家森林公园、龙溪-虹口自然保护区，磐若寺-莲花湖景区等。

2.1.3 都江堰市社会经济发展状况

都江堰市的经济发展，经历了传统农业型—农业、工业型—农业、工业、服务业协调发展过程，整个经济体系由单一、封闭、束缚转变为开放、协调、快速发展。特别是改革开放以来，经济上有了突飞猛进的发展，经济总量、经济结构都较以前有了根本性的变化，形成了旅游经济、工业经济、农业经济协调发展的格局和相对完善的经济体系。

都江堰市旅游业发达，为全市的支柱产业，2003年都江堰市旅游业直接收入为2.6亿元，间接收入达8.3亿元。同时，都江堰市在精密仪器、机械加工、建材、医药、电力和印刷包装等产业的带动下，工业发展势头迅猛。近年来，都江堰市农业产业化高速发展，猕猴桃、银杏、生猪、花卉、中药材(川芎、天麻)、经济作物(茶叶)等农业产品产业化效益非常明显。

2003年，全市辖17个镇、2个乡和1个科技产业开发区(管委会)。市域总人口约为64.61万人(其中，户籍总人口为59.71万人，常住流动人口为4.90万人)。2003年，全市实现地区生产总值80.11亿元。其中，第一产业10.00亿元，占12.5%；第二产业35.34亿元，占44.1%；第三产业34.77亿元，占43.4%。全市财政收入为4.95亿元，其中地方财政收入为2.49亿元。全市社会固定资产投资总额达36.2亿元，全市经济总体达到小康水平。都江堰市经济发展水平(以人均GDP计算)在成都市14个区市县中(不包括5城区)处于第7位。

2014年末，都江堰市户籍数量为24.57万户，户籍人口为61.93万人。年末全市常住人口为67.12万人，城镇化率为54.56%。全年人口自然增长率为0.65‰。全年城镇居民人均可支配收入为24201元，比上年增长12.3%，都江堰市2014年人均收入支出情况如表2-1所示；城镇居民人均消费支出为13869元，比上年增长9.2%。农村居民人均纯收入为 13266 元，比上年增长 12.5%；农村居民人均生活消费支出为 9816 元，比上年增长 9.8%。

表 2-1　都江堰市 2014 年人均收入支出情况表

指标	绝对值/元	增速/%
城镇居民人均可支配收入	24201	12.3
城镇居民人均消费支出	13869	9.2
食品类	6313	8.5
农村居民人均纯收入	13266	12.5
农村居民人均生活消费支出	9816	9.8
食品类	3695	9.9

2014 年末，全市参加城乡居民养老保险 19.24 万人，参保覆盖率达 92.9%；参加城乡居民基本医疗保险 40.51 万人，参保率达 98.3%；参加城乡居民大病医疗互助补充保险 8.32 万人，较上年增加 2.22 万人；参加城镇职工基本养老保险 16.16 万人，较上年增加 0.89 万人；参加失业保险 6.6 万人，较上年增加 0.12 万人。全年城镇登记失业率为 2.9%，新增就业 7196 人，城乡失业人员再就业 3552 人，高校毕业生就业率达 93%。对低保户、五保户、“三无人员”、孤儿等群体救助资金达 5653 万元；投入 2700 万余元，资助 1643 名重度残疾人参加社会养老保险；对老年人、学生等实施公交补贴 865 万元。

2015 年，全市牢牢把握“稳中求进、统筹发展”主基调，积极应对各种压力挑战，坚持以转变经济质量效益为中心，以改革创新为动力，深入实施“四大发展计划”，奋力稳增长促发展，持续推动经济社会稳中有进。全年实现地区生产总值 275.38 亿元，同比增长 9.5%；固定资产投资 180.14 亿元，同比增长 46%；一般公共预算收入 22.96 亿元，同比增长 19.6%；地方税收达 16.9 亿元，同比增长 20.2%；社会消费品零售总额达 108.38 亿元，同比增长 9.7%；规上工业增加值同比增长 9.7%；城镇常住居民人均可支配收入为 26307 元；农村常住居民人均可支配收入为 16506 元。都江堰市 2010～2014 年生产总值及增速对比如图 2-3 所示。

图 2-3　都江堰市 2010～2014 年生产总值及增速对比

2015 年，都江堰市现代服务业不断壮大：全年实现服务业增加值 149.71 亿元，同比增长 10.4%；成功引进川商商品交易中心等服务业项目 16 个，乐佳广场、东能财富广场等商业综合体加快建设，启动“百万平米品质酒店集群培育行动”，实施品质酒店“十个一”工程，青城六善等 3 家酒店竣工营运，明宇豪雅等 9 家酒店加快建设，青城豪生等 20 家营运酒店提档升级；深入实施“600 家服务业门店(企业)进主城区计划”，引进服务业项目 608 个；启动壹街区户外运动、江安中路风情美食特色街区建设，中国都江堰国际房车营地、国际卡丁车乐园等大型户外运动项目成功入驻；“百米生活”科技展示中心、全国呼叫中心和西南研发中心建成投运，搜啦网被评为四川电子商务创新企业，电子商务协会挂牌成立。

2015 年，都江堰市都市现代农业加快发展：全年实现农业增加值 25.37 亿元，同比增长 5%；引进玫瑰花溪谷等重大农业项目 9 个，胥家、向峨 5000 亩猕猴桃示范基地建设加快推进，成功创建四川省现代农业重点县和现代林业重点县；持续壮大农业新型经营主体，新增专合组织 25 个、成都市级龙头企业 5 家，新培育农产品加工业重点龙头企业 12 家，农产品精深加工率达 50%；积极打造绿色高端农产品品牌，完成国家地理标志保护产品认证 2 项，绿色食品认证 1 项、有机农产品认证 4 项，成功创建国家农产品质量安全县和都江堰市出口猕猴桃质量安全示范区；在北京、上海等大城市建立猕猴桃、茶叶等标准化配送店和品牌直营店，设立“三品一标”形象店。

2.1.4　胥家镇概况

胥家镇位于都江堰市区东部柏条河上游，东西最大距离为 10.4km，南北最大距离为 5.6km，东与驾虹乡、天马镇接壤，南与聚源镇相连，西与幸福镇、灌口镇为邻，北与蒲阳镇交界，面积为 40.5km^2，耕地面积为 243060 亩，为纯平原地貌，平均海拔 690m。1999 年末，胥家镇辖 14 个行政村、108 个村民组、1 个居委会及 2 个居民小组，总人口为 33835 人。

胥家镇平原区得都江堰自流灌溉之利，丘陵地区利用电力提灌，主产水稻、小麦、玉米、油菜籽等。1998 年以来，胥家镇坚持“稳粮调结构、增收奔宽裕”的指导思想，大力推广旱育秧和地堂育秧等先进技术，积极试验示范水稻抛秧技术，建立了共和村、金虹村各 1000 亩的两个乡级高产示范区，各村建立 300 亩以上的村级示范片，在共和村建立面积为 100 亩的旱育秧和抛秧示范片；相继推广了种子包衣、埋草旋耕、秸秆还田、稻草覆盖等技术；大小春收割季节，组织 20 多台收割机联合作业，机收面达 80%以上。坚持以“市场导向、科技支撑、因地制宜、区域优势和自主经营”的原则进行产业结构调整，先从荒山开发、庭院开发、田坎开发入手，再从粮经结构调整入手，抓好金山、新民、胜利三村的荒山综合利用，建成以水果、花卉、林木、畜禽为主的农业观光带；推广共和、匡家、实践三村的工贸区，大力发展加工、餐饮、服务业，拓展市场，繁荣经济；推广纪家、南海、金虹三村的无公害和反时令蔬菜种植。

1999 年调减小麦面积 2500 亩，用于发展水果、蔬菜等，全乡蔬菜种植面积达 3000 亩；水果、花卉、林木面积达 1500 亩，粮经比已调为 8∶2。重点抓金山村的荒山开发，3 家投资商已投资近 200 万元，铺设道路、建造管理工房、修筑水库、建起养殖场，栽植水果250亩、药材150亩、银杏100亩、牡丹50亩、竹子50亩、珙桐16000株、银雀2000株，带动周边群众种植水果350亩，基本形成农业旅游观光带的格局。养殖业、服务业也随农业产业结构调整而调整，已形成一村一品、一社一色的农业新格局。据年末统计，全年实现农业总产值4142万元，农民人均纯收入达2653元，总产粮食9785t。

胥家镇境内有灌天路、成汶铁路，聚胥路、蒲胥路在集镇交汇，公路总长12km，其中水泥路面6km、沥青路面6km。有村道16条，总长48km，一般宽度为6m。1998年实现村村通电话目标。随着改革开放的深入发展，乡镇企业发展速度加快，已形成以机械制造业为龙头的冶金、电子、化工、食品、日用品等工业门类，川都建工机械厂生产的“川都”牌系列搅拌机、“岷都”牌运输型拖拉机、“莱岭”牌藤器、“五六”牌预混饲料等已形成规模经营。全乡已有一定规模的企业46家，其中个体私营44家，主要工业产品除搅拌机、运输型拖拉机、藤器制品外，尚有木材制品、铝材、磁性材料、钢材、食品、化妆品等，1999年实现总产值7522万元，其中工业总产值为5815万元。

胥家镇盛产粮油和经济作物。1999年，在红砂村建起以百亩枇杷园为龙头的水果基地，带动周边农户种植各种水果300余亩；在羊合村、桂花村、歇马村建成200余亩的蔬菜基地；在新店村建保温大棚，发展反时令蔬菜；在清泉村建成珍稀动物养殖场；在场镇周围发展以盆景桩头为主的休闲农业，产业结构调整迈出坚实的步伐。据年末统计，全镇实现农业总产值4800万元，农民人均纯收入达2824元。

2.1.5 胥家镇圣寿社区概况

本书研究选择的1户猕猴桃种植户和1户二荆条辣椒种植户均位于四川省都江堰市胥家镇圣寿社区2组。胥家镇圣寿社区位于胥家镇东面，以种植业、养殖业为主要产业，2013年人均纯收入达到5100元。社区内有道路4条，灌溉沟渠3500m，社区水、电已通。社区活动中心于2003年10月修建，面积为220m^2，主要功能包括党员活动中心、村民议事中心、文化活动中心、计生服务、民政、残联、户籍、远程教育、团支部、党支部、妇联、调解、法律援助、社区警务，是村民办理政务事务及活动的场所。

圣寿社区组织健全，社区党支部、社区村委会、社区村民议事会机构健全、制度完善，作用发挥明显，社区各类组织积极开展社区服务。圣寿社区按照都江堰市委、市政府要求，大力推进“四大基础”工程，促进社区和谐发展。

截至2016年1月，圣寿社区总户数为852户，总人口为2574人，辖11个村民小组，面积为3.02km^2，耕地面积为3419亩。圣寿社区东与彭州市桂花镇接壤，南与天马镇童山社区毗邻，西、北与本镇南店社区相连。驾天路、彭青路南北贯穿而过，各组之间道路通达。社区以种植业、养殖业为主，大多数劳动力都外出打工，打工收入为主要收入来源。近两年来，猕猴桃、蔬菜种植发展迅速，猕猴桃种植面积达六七百亩，蔬菜种植面积达五六百亩，成为农民的重要收入来源。

圣寿社区提升打造圣寿园现代农业生产示范基地乡村旅游点位，将特色景点串珠成线，逐步形成精品旅游线路。打造“圣寿源”现代农业生产示范基地，培育猕猴桃、稻田鱼、胡萝卜、韭菜、生姜等绿色生态农旅产品，力争培植具有都江堰特色的生态农副产品品牌，逐步使特色生态农产品变成旅游商品。

圣寿社区 2 组面积为 381.8 亩，人口为 221 人，共 76 户，2016 年人均纯收入为 13100 元。

圣寿社区农业产业发展情况：主要以传统农业为主要产业，以经济苗木为辅，现有桂花、银杏、紫薇等苗木 2000 多亩；有规模生猪养殖场 1 处，年出栏 500 余头。主要农产品：蒲阳河以种植猕猴桃和蔬菜为主，其中猕猴桃种植面积为 480 亩。本村 2 组、3 组、4 组、5 组蔬菜种植面积为 200 亩，亩产 2000kg，总产约 400t，产值约 80 万元。产品已投放到都江堰市各大市场，深得广大市民认可、喜爱。

圣寿社区现代农业发展方向主要包括：①充分挖掘地理资源优势，做大做强蔬菜和猕猴桃产业；②拓宽视野、取新弃旧，进一步整合区域经济，大力发展以猕猴桃园区为中心的农家生态旅游业；③因地制宜、科学规划、有序发展，依据规划统筹协调，分期建设，实现产业发展的可持续性和可操作性；④优化资源配置，做好对生态环境的保护，构筑良好的发展环境，促进城乡社会、经济、环境的协调发展。

圣寿社区现代农业规划的产业空间布局形成“一线、一点、三区”的结构。一线：以彭青线为主线，发展猕猴桃种植基地。一点：以 10 组安置点为基础，打造圣寿社区旅游接待服务中心，力争建成两个三星级乡村酒店。三区：蒲阳河河边生态旅游、垂钓的休闲娱乐区；1 组、2 组、4 组、8 组猕猴桃采摘和观光区；七头山山边健康绿道旅游休闲观光区。

圣寿社区中心地区为猕猴桃科技示范区，此区带动彭青线两侧猕猴桃种植业一并发展，本村北蒲阳河河畔的蔬菜早已闻名都江堰。目前，圣寿社区农业产业已初具规模。要突出抓好基地建设，促进种植结构进一步优化，巩固和扩大原有农业规模，生猪养殖项目、蔬菜种植项目等一批农业项目要做大做强。要突出土地流转，真正实现“一村一品”的发展格局。以彭青线、蒲阳河为契机，大力发展猕猴桃产业，逐步形成生态保护、旅游观光、三产服务为一体的综合社区；生产优质蔬菜，推进现代农业发展；积极争取上级扶持，产业基地建设规模进一步巩固壮大；扎实做好土地流转，积极实行免耕直播等先进耕作技术，大力推广良种良育，在养殖业上以生猪养殖为重点。农业专业合作社带动养殖业和种植业的发展，逐步成为生猪养殖基地和有机蔬菜种植基地；社区以土地综合治理为重点，大力发展蔬菜、猕猴桃、桂花、银杏、紫薇等经济作物。2015 年，猕猴桃种植面积增加到 800 亩，产量达 800t；蔬菜种植面积达 500 亩，产量达 1500t，花木苗圃面积达 700 余亩，争取为发展农业生态旅游业打下基础。要突出招商引资，圣寿生态休闲农业基地、生态农业观光园等项目要狠抓落实，至少要承建一座三星级农家酒店，加快社区农业产业化发展进程。

2.2　只做碳足迹核算的研究点位

2.2.1　研究点位

经过调研和选点，本书研究选择成都泰禾农业科技有限公司生产的猕猴桃鲜果作为碳标签系统的应用用户，只进行猕猴桃鲜果的碳足迹核算和查证应用，原因是该公司项目负责人单位较远，工作开展不方便，因此把碳足迹监测的点位选择在都江堰胥家镇。

成都泰禾农业科技有限公司位于成都市蒲江县鹤山镇，公司地址在蒲江县鹤山镇工业大道上段3号。成都泰禾农业科技有限公司的相关信息：工商注册号为510131000029215；组织机构代码为05493924-0；统一信用代码为91510131054939240D；企业类型为有限责任公司(自然人投资或控股)；行业为农、林、牧、渔服务业；营业期限为2012-11-02～3999-01-01；核准日期为2016-10-21；登记机关为蒲江县市场和质量监督管理局；注册地址为蒲江县鹤山镇工业大道上段3号。其经营范围为农业技术推广咨询服务，有机肥料研究及销售，水果、蔬菜、坚果的种植和销售；生产、经营绿化苗木、造林苗木、经济苗木、花卉、茶叶苗(林木种子生产、经营许可证有效期至2018年5月9日)；货物进出口、技术进出口(以上经营范围法律、行政法规禁止的项目除外；法律、行政法规限制的项目取得许可后方可经营)。

成都泰禾农业科技有限公司共种植猕猴桃4681株，其中母猕猴桃树数量:公猕猴桃树数量=25∶1，整个园区占地面积为106亩。2013年开始进行场地整理并种植，2014年主要是嫁接管理，2015年开始挂果，2016年全面挂果。成都泰禾农业科技有限公司种植的部分猕猴桃果树如图2-4所示。

图2-4　成都泰禾农业科技有限公司种植的部分猕猴桃果树

2.2.2　蒲江县概况

蒲江县位于成都、眉山、雅安三市交会处，毗邻天府新区，属成都“半小时经济圈”；成蒲铁路、川藏铁路、成雅高速G108、成都经济区环线高速公路穿境而过，是“进藏入滇”要道，交通十分便利。蒲江始建于公元554年，是宋代理学家魏了翁和抗日名将李家钰的故乡。全县面积为583km^2，总人口为28万人，森林覆盖率为52.6%，地表水达到国家Ⅲ类水域标准，是国家生态县、国家循环经济示范县、全国休闲农业与乡村旅游示范县。

蒲江县紧紧围绕“四个全面”战略布局、践行“五大发展理念”，落实全市“一个目标、五维支撑、七大任务”总体思路，坚持“生态立县、产业兴县、城建靓县”，坚定实施“工业强县”战略，持续深化“三基地一新城”建设，全力推进“工业突破、城市建设、农业提升”三大攻坚，加快发展民生事业，奋力打造“美丽蒲江·绿色典范”。

通过不懈努力，蒲江特色产业发展和新型城乡形态加速转型升级。蒲江县在全国率先整县打造有机农业县，已建成首批国家级出口茶叶质量安全示范区、国家级出口猕猴桃质量安全示范区和国家地理标志产品保护示范区，首批国家有机食品生产基地建设示范县，全县农产品标准化生产覆盖率达90%以上，“蒲江雀舌”“蒲江猕猴桃”“蒲江米花糖”等获评国家地理标志保护产品、“蒲江丑柑”获国家农产品地理标志认证。坚持以“产城一体、两化互动”理念推进寿安新城、成雅新城建设。西部首个“中德(蒲江)中小企业合作园”正式启动建设，全力建设“五金智造”先锋、“绿色发展”典范、“智慧生活”样板，打造千亿级“五金小镇”。依托龙门山生态旅游综合功能区建设，实施全域景区化，启动创建石象湖-大溪谷国家级旅游度假区，推动蒲江乡村休闲旅游高端化、国际化发展。

2016年，全县实现地区生产总值118亿元，同比增长10.5%；城镇常住居民人均可支配收入为2.84万元，同比增长8.9%；农村常住居民人均可支配收入为1.81万元，同比增长9.5%。三次产业结构比为15.3:50.5:34.2。

2.2.3 蒲江县自然资源

1. 地理位置

蒲江县位于成都平原西南缘，东经103°19'～103°41'、北纬30°5'～30°21'。东西最长37km，南北最宽27.5km，总面积为583km^2。2005年，全县人口为25.75万人，耕地面积为22.37万亩。县城鹤山镇距成都市区75km。县域东邻眉山市东坡区、彭山区，西靠名山区，南接丹棱县，北接邛崃市，界长1.8km；东南缘以长秋山一线与眉山市东坡区接界，界长37.5km；南缘以界牌湾、月南山一线与丹棱县接界，界长31.4km；西南缘以陡岩山、两合水、龙潭水库一线与名山区接界，界长31.25km，北、西北、东北缘以汪染房、余大冲、刘石桥、法明寺、刘码头、石牯牛一线与邛崃市接界，界长59.3km。

2. 地形地貌

蒲江县地质构造形迹由成都凹陷、大兴隆起(隐伏背斜)和熊坡背斜组成。成都凹陷位于成都平原，北起安县，南达名山，西抵都江堰，东至金堂县。第四系沉积中心大体循大邑—安仁，经崇州市附近一线北出此段。东西两缘皆有断裂控制，西缘称邛崃-彭州断裂；东缘称成都-蒲江断裂。蒲江县境跨成都凹陷西南段之南部，所跨面积占全境的4/5。

县域东西长，南北窄，全县平均海拔为534m。地势西南高，最高处白云乡月南山海拔1022m；东北低，最低处寿安镇夏河坝海拔465m。地貌类型以浅丘为主，兼有深丘、山地、平坝。浅丘遍及县境北部和中部，面积为352.05km^2，占全县总面积的60.40%；深丘绵延于县境西南部，面积为40.50km^2，占全县总面积的6.95%；山地分布于县境南部和西南部边缘一线，面积为72.27km^2，占全县总面积的12.40%。平坝沿西北至北东流向的蒲江河、临溪河展布，呈带状平川，在县域东部与成都平原主体衔接，面积为118.04km^2，占全县总面积的20.25%。县境山丘属邛崃山脉东延余脉，有大、小五面山及长秋山。大五面山连绵于县境北部和东北部，海拔520m以上的山峰有大定、玉龙、铜鼓、棋盘、福果、金鸡洞等，最高处的金鸡洞山海拔607m；小五面山从县境西南部向东北部铺陈，横卧县境中部，海拔535m以上的山峰有九仙、红岩、金鹅、狮子、来龙、双凤、白鹤、龙头、黄鹤、钟鹤等，最高处的九仙山海拔630m。长秋山位于县境西南和南部边缘，海拔658m以上的山峰有月南、长秋、看灯、尖山寺、擦耳岩、官帽、玉芝、佛儿岩、太清观、灵鹫等，最高处的月南山海拔1022m。

3. 水资源

蒲江县主要河流有蒲江河和临溪河。蒲江河属岷江水系，县境内流程为44km，流域面积为287.5km^2。临溪河又名铁溪河，属岷江水系，古以溪旁山中有铁矿而得名，县境内穿越大、小五面山，接纳两山溪流，于五星镇上场口汇入蒲江河，流程为38.2km，流域面积为147.8km^2。

蒲江河理论蕴藏水能6002.2kW，可开发量为2732.5kW，占理论蕴藏量的45.5%。临溪河理论蕴藏水能5710kW，可开发量为2881kW，占理论蕴藏量的50.5%。县境内地表水天然资源为$4.65\times10^8m^3$，主要由降水产生，年平均降水总量为$7.56\times10^8m^3$。地下水总储量为$2.84\times10^8m^3$，可开采总量为$5522.8\times10^4m^3$，占19.45%。2005年，全县地表水资源开发利用达$1.6\times10^8m^3$，占地表水资源的34.4%。有29家单位取用地下水，年开采量达$310\times10^4m^3$，占地下水可开采量的5.6%。

4. 气候

蒲江县年平均气温为16.3℃，平坝、丘陵、山地随地势升高，夏季逐渐缩短，冬季逐渐增长；“两河”下游的寿安地区为夏季最长地区，长秋山区为冬季最长地区。县境属暖水区，“两河”平坝区水温平均比气温高2.0℃；耕作层5～20cm处，年平均地温为17.9～18.2℃，高于年平均气温1.6～1.9℃。县境内日照时数春夏足而秋冬短；降雪少，年平均降水量为1196.8mm；年平均相对湿度为85%，除5月份最低为79%外，其余月份均在80%以上；风向以东北风、西南风为主。

5. 旅游资源

蒲江属亚热带湿润季风气候，冬无严寒，夏无酷暑，气候温和，雨量充沛。境内地势平坦，南高北低，平均海拔为534m，最高为1022m，最低为465m。地貌以浅丘为主，平原、丘陵、山地面积比例为24∶54∶22。

蒲江森林资源丰富，植被属四川盆地亚热带松栎林区的盆地西部马尾松林、常绿樟、栎林小区。全县森林覆盖率达到50.8%，其中景区森林覆盖率达80.9%以上，享有“绿色蒲江、生态新城”的美誉。蒲江县内旅游资源丰富，以朝阳湖、石象湖、长滩湖、飞仙阁为主景的朝阳湖风景区，于 1986 年被评为四川省首批省级风景名胜区。飞仙阁唐代摩崖造像、道教二十四治太清观、汉代古盐井遗址、明代河沙寺大殿、古南方丝绸之路遗迹、看灯山力士造像等文化遗迹的历史文化积淀深厚。

蒲江是国家级生态示范区，县境内有三山两河，地貌类型以浅丘为主，兼有深丘、山地、平坝，气候属四川盆地中亚热带湿润气候，全年皆温和，无酷暑严寒，森林植被优良，“三湖”风景区森林覆盖率达 94.6%，自然条件优越，空气环境质量优于国家一级标准。朝阳湖景区地表水达到国家Ⅱ类水域标准，旅游主景区属湖泊山峦型自然景观群，湖泊面积为 340hm^2，有“秀甲蜀西”之誉，山水相融，坝、丘、山兼备，山势不高，可进入性强，有利于生态度假旅游项目设置，适宜不同年龄段的人群休闲度假。

蒲江县依托全县良好的生态资源和特色农产品资源，陆续打造了石象湖、朝阳湖、长滩湖、西来古镇、光明樱桃山景区、橘子红观光区、成佳茶乡等休闲旅游景区；相继推出了“中国·成都石象湖(郁金香)旅游节”“成都樱桃节”“中国·成都石象湖(百合花)旅游节”“中国采茶节”乡村旅游主题活动、西来古镇休闲游等旅游主题活动。每年 3～5 月、9～10 月分别在蒲江石象湖生态风景区内举办“郁金香”“百合花”旅游节，几十个品种的一千多万株郁金香、百合花与其他世界著名花卉向游客演绎了“欧洲的春天就在身边”和“幸福像花儿一样”的金色秋天。各类乡村旅游节利用蒲江县生态农业资源优势，充分展示了蒲江乡村生态与农业的完美结合，集生态观光、休闲旅游为一体，吸引了众多游客到蒲江赏花品果、采茶品茶，体验浓郁的乡村气息，品尝独特的农家风味。

6. 特产

蒲江县位于北纬30°，是世界公认的猕猴桃最佳种植区，生态条件优越，品种资源丰富，市场基础良好。在相关企业的带领下，在资源潜力和上市时间上，蒲江猕猴桃都可在世界上形成竞争力，发展前景广阔。县委、县政府将猕猴桃产业作为本县特色优势农业产业重点推进，坚持走高端产业之路，发展“GAP、GGAP(global good agriculture practice，全球良好农业规范)双认证”基地、推进品牌化经营，猕猴桃产业规模化、标准化、集约化、品牌化生产和经营水平不断提升，蒲江猕猴桃产业正向“全国一流”的目标和国际化道路迈进。

县境内蕴藏有煤、铁、盐卤、耐火石、天然气、矿泉水等地下矿产资源，天然气和矿泉水实现工业化开采，其余未开采。

2.2.4 蒲江县社会经济发展状况

1. 第一产业

2012 年，蒲江县实现农业总产值 256250 万元，同比增长 3.8%。蒲江县耕地面积为 23910hm^2。蒲江县粮食总产量为 120066hm^2，同比下降 0.1%，其中：水稻总产量为 79693t，同比下降 1.7%；油菜籽总产量为 18592t，同比增长 1.1%；水果总产量为 207121t，同比增长2.8%；茶叶总产量为7202t，同比增长14.1%；蔬菜总产量为183067t，与上年持平；农产品品牌优势明显。

生猪出栏达102.38万头，同比增长3.4%；家禽出栏659.82万只，同比增长3.3%。肉类总产量为84332t，同比增长5.7%。水产品产量为6500t，同比减少24.9%。

依托良好的生态本底与农产品资源优势，蒲江县继续坚持以食品饮料加工生产企业为重点，深入推进农业产业化建设，推动企业进行节能、高效、清洁生产改造，鼓励食品饮料企业参与各项国际国内标准认证，积极开展品牌创建，扩大其知名度与影响力。2013年，成都市蒲议食品有限公司的"蒲议"商标获四川省著名商标称号；四川绿昌茗茶业有限公司、中食成都冷藏物流有限公司通过食品安全管理体系认证(Food Safety Management Sagstem，FSMS)；成都市杯中缘酒业有限公司通过QMSGB/T19001-ISO9001体系认证；四川嘉竹茶业有限公司获得国际雨林联盟认证；蜡笔小新(四川)有限公司完成清洁生产改造；联想佳沃"中国猕猴桃之都"项目完成重大产业化建设，为企业的后续发展打下良好基础。至2013年底，食品饮料行业规模以上企业有四川全兴酒业有限公司、成都广泽酒业有限公司、成都派立食品有限公司、蜡笔小新(四川)有限公司、成都佳享食品有限公司等26户，年入库税金100万元以上企业11户，实现产值30.42亿元。对环境影响小、生态友好型的现代食品饮料加工产业已成为全县工业经济的重要支柱产业。

2. 第二产业

2012年，蒲江县实现工业增加值344114万元，同比增长18.0%，对地区GDP的贡献率达56.7%，拉动蒲江县经济增长7.7个百分点；工业增加值占GDP的比例达43.1%。

规模以上工业企业户数达76户，实现增加值256442万元，同比增长19.5%；实现主营业务收入599206万元，同比增长12.7%；实现利润22647万元，同比增长27.1%；实现利税35842万元，同比增长22.8%；入库税金12241万元，同比增长4.9%；经济效益综合指数达280.6%。

2013年，工业企业发展迅速，全县有工业企业384家，主要产品有电力变压器、电缆、电子元件、激光晶体材料、塑料制品、医药品、生物保健品、茶叶、果冻、米花糖(蛋苕酥)、白酒、肉制品、矿泉水、蜂王浆、服装、鞋、瓶盖、包装纸箱等100多个种类。其中有川蒲米花糖、巨丰鲜猪肉、绿昌茗茶叶、硕丰481、新朝阳杀害虫剂、佳享脆皮肠、三花茶叶、艾利克聚维酮碘溶液、蒲议蛋苕酥等9个四川省著名商标产品；有了翁茶叶、杜氏蜂王、蒲江豆腐乳、川蒲米花糖、嘉竹茶叶、巨丰鲜猪肉、绿昌茗茶叶、佳享脆皮肠、硕丰481、新朝阳杀害虫剂、艾利克聚维酮碘溶液等11个成都市著名商标产品。截至2011年底，已有嘉竹绿茶、了翁绿茶、巨丰鲜猪肉、蜀涛茶叶、绿昌茗茶叶、川蒲米花糖(蛋苕酥)、风雅电缆、希臣六味木香胶囊、双星变压器、佳享脆皮肠、硕丰481、全兴饮用矿泉水、蜡笔小新果冻、新朝阳杀害虫剂等14个产品获得了四川省名产品称号，市场知名度较高。有成都双星变压器、风雅电缆、嘉竹茶业、蒲议食品、永安制药、红日水泵等31户企业的65个名优产品进入《成都市地方名优产品推荐目录》，希臣六味木香胶囊已入选四川省新型农村合作医疗基本用药目录，泉源堂银黄颗粒入选国家基本用药目录，并被列为甲型H1N1流感诊疗方案推荐用药。

2016 年，蒲江工业企业实现入库税收 2.7 亿元，同比增长 28.6%；规模以上企业实现入库税收 1.7 亿元，同比增长 10.4%；实现全口径工业增加值 52.54 亿元，同比增长 12.6%，其中规模以上工业增加值增长 13.9%（成都市远郊区县排名第五），完成工业投资 83.93 亿元，同比增长 43.4%，完成目标进度 107.6%（成都市远郊区县排名第二），其中技改投资 72.86 亿元，同比增长 37%，完成目标进度 115.7%（成都市远郊区县排名第五）；完成亿元以上重大项目投资 29.78 亿元，完成目标进度的 149.7%（成都市远郊区县排名第六）；开工亿元以上重大项目 9 个，竣工亿元以上重大项目 5 个；重大工业注册项目开工 7 个，完成目标进度的 140%（成都市远郊区县排名第四）。

3. 第三产业

2012 年，蒲江县完成社会消费品零售总额 189998 万元，同比增长 12.2%。2012 年旅游接待人数达 765.98 万人次，同比增长 6.7%，旅游收入达 83041 万元，同比增长 15.4%。

2012 年末，金融机构各项存款余额为 1058740 万元，同比增长 23.5%，其中储蓄存款余额为 648590 万元，同比增长 29.6%；各项贷款余额为 465424 万元，同比增长 47.3%。

4. 工业经济园区

2013 年，成都合联新型产业园区建设取得长足发展，合联新型产业园区引入“政府搭台，企业办园”的建设模式，采取“配套先行，服务升级”的创新招商模式，以建设集生产、办公、交易、研发、展示、文化、生活、娱乐等功能为一体的五星级现代化生态产业园区为目标。合联新型产业园区一改传统的土地招商方式，代以厂房招商，能为企业提供高品质生活配套、全方位商务配套、多元化产业配套、一站式政务服务和管家式金牌物业。目前，产业园 A 区已经有世界 500 强的德国博世包装、博世电动工具及博世亚太研发中心进驻，未来还将会迎来 20 余家生物医药、精密制造等高科技企业落户。同时，蒲江县强力推进中德（蒲江）中小企业合作园建设；积极与省市投资促进局、经济和信息化委员会、外事侨务办等部门进行对接，争取上级部门的关心支持；在市经济和信息化委员会巡视员的带领下，赴北京拜访国家工业和信息化部中小企业司和中小企业发展促进中心、德国弗劳恩霍夫应用研究促进协会北京代表处，国家工业和信息化部对蒲江县建设中德（蒲江）中小企业合作园给予了充分的肯定。国家工业和信息化部中小企业司和中小企业发展促进中心领导也莅临蒲江县考察指导，并将中德（蒲江）中小企业合作园作为对口联系点，建立了信息定期联系机制。同时，蒲江县已与德国驻成都总领事馆、德中商会、德国弗劳恩霍夫协会、欧盟项目创新中心、德中经济友好协会、德国经济部中国事务处等行业协会和经济部门进行了对接，并建立了长效联系。

2.2.5　蒲江县猕猴桃产业概况

蒲江县属亚热带季风性湿润气候，冬无严寒，夏无酷暑，气候温和，雨量充沛，土壤以黄壤和紫色土为主，土壤质地为中壤，结构性状良好，耕作层肥力较高，营养丰富且平衡。蒲江独特的地理、气候、土壤和优良的自然生态环境十分适宜猕猴桃的生长。

蒲江县是第三代猕猴桃发展核心区，猕猴桃产业是蒲江“推进城乡一体化、建设社会主义新农村”的主要支撑产业和农业产业结构调整的重要方向。第三代猕猴桃产业拥有自主知识产权、完整产业链和先进经营管理模式，具备参与国际国内市场竞争的能力。2008年种植面积达到2.3万亩，主要以复兴乡、西来镇为中心。

蒲江县委、县政府多管齐下推进猕猴桃产业，2009年成立了猕猴桃产业推进领导小组，由县政府主要领导任组长，各相关部门负责人任成员，全面协调猕猴桃产业发展的推进工作，建立了联席会议机制。蒲江县先后制定了《蒲江县猕猴桃产业发展实施意见》和《蒲江县2010年猕猴桃产业发展方案》，形成了产业发展政策体系。

蒲江县积极采取订单、租赁、股份合作等多种方式，不断创新以“4+1”为代表的产业化经营发展模式(即以龙头企业为核心、以合作公司为利益联结方式、以金融配套为支持、以农业保险为保障和以政府统筹服务为引导的产业发展模式)，将3万余名果农组织起来开展标准化生产，为广大农民提供了种植、加工、销售等多个环节的参与机会。现已建成以复兴乡为中心，辐射带动临溪河地区及大、小五面山宜种区，发展猕猴桃种植基地6.4万亩(其中“金艳”1000亩)，2010年全县猕猴桃产量达1.8×10^4t，产值达2.8亿元，建成了由品种园、良种苗圃基地、商品果园和工程中心组成的万亩猕猴桃标准化核心示范园，总量为2500t的气调库和分选包装生产线。发展从事猕猴桃产业化经营的企业有5家，专合组织5家，其中省级重点龙头企业1家，市级示范农民专合组织2家。

蒲江猕猴桃以科技成就品质。蒲江县与中国科学院武汉植物园、四川农业大学、四川省农业科学院等重点科研单位建立了长期、稳定的合作关系，共同搭建了产、学、研一体化平台，与中国科学院武汉植物园共同成立了猕猴桃工程中心，开发了国内首个猕猴桃专利保护品种——“金艳”黄肉型猕猴桃，该品种具有外形标准美观、果实大小均匀、品质独特、丰产性高、极晚熟性、极耐储存等六大特点，是全球高端的三大黄肉品种之一。蒲江县从1999年开始实施无公害、绿色及有机猕猴桃生产基地建设，相继制定了《蒲江猕猴桃病虫害综合防治管理系统》《有机肥施用管理办法》《蒲江猕猴桃生产技术规程》《蒲江猕猴桃》等操作规程和技术标准，并编印《蒲江猕猴桃生产技术手册》下发到企业和农户，按照“四统一”要求(统一标准、统一培训、统一管理、统一检测)，全面执行猕猴桃生产技术规程，不断提高猕猴桃标准化生产程度。成立了农产品质量安全检测中心，设立农产品质量监测站，制定了标准化生产实施技术规程，加强农产品标准化及监管、监测体系建设，定期对蒲江猕猴桃质量指标进行抽样检验，对基地建设和产业发展实施全程跟踪服务，指导专合组织和龙头企业完成无公害、绿色、有机食品和GAP食品安全建设工作。

蒲江独特的地理、气候、土壤和优良的生态环境，是形成蒲江猕猴桃果形美观、香气浓郁、酸甜爽口、风味独特、营养丰富的独特优良品质的重要基础。蒲江猕猴桃已成为继蒲江雀舌后，该县又一个国家地理标志保护产品和绿色名片，形成了“金艳”“Tingo”“五面山”等一批代表蒲江优质生态农业的高端品牌，全面启动了蒲江猕猴桃商标申报工作。蒲江以蒲江猕猴桃区域品牌建设为轴心，先后举办了成都猕猴桃北京推介会、国际猕猴桃高峰论坛等国内外猕猴桃重大节会，如举办的2011成都国际猕猴桃节，不断提高蒲江猕猴桃的品牌知名度和影响力。蒲江积极开展与世界猕猴桃最大的销售公司新西兰Zespri公司、美国最大的水果分销商Dole公司的合作，通过产品互补、渠道共享、品牌合作等方式，成功实施了品牌经营战略和国际化营销，占据了覆盖北美、欧盟、俄罗斯、日本、新加坡、新西兰等国家和地区的全球化销售市场，进一步将蒲江猕猴桃向全球推广，正逐步成就蒲江猕猴桃高端品牌和高端市场。

蒲江县结合自然生态、产业优势，以土地流转和项目集中为手段，以国家出口茶叶、猕猴桃质量安全示范区建设为载体，高标准规划建设蒲江猕猴桃创新科技示范园，提升猕猴桃产业基地现代化水平，积极实施以观光走廊、风貌整治、现代农庄等为主要建设内容，打造以猕猴桃认养采摘、乡村酒店度假、现代农庄经营、节会活动等为主的国际一流水准的猕猴桃主题公园，促进一、三产业互动，提升猕猴桃产业的经济效益。

登山则情满于山，观海则意溢于海。天府之国的蒲江山水间，成就一方产业的猕猴桃林“秀色可餐”。蒲江，猕猴桃孕育生长的故乡，正在党、政、群的励精图治下，奋笔铺陈日益动人的美丽画图。按照“西部第一、全国领先”的目标，蒲江制定了《蒲江县现代农业发展规划》，对种植基地、企业集群发展、加工能力建设、品牌建设、市场物流和一、三产业融合发展制定了奋斗目标，明确了工作重点和推进措施。

在蒲江，猕猴桃在勤劳睿智的蒲江人民汗水浇灌下，产业化经营优势日益凸显，产业综合效益最大化日渐增强，小小猕猴桃正在为富甲一方花开花落、吐露芬芳。蒲江与猕猴桃，猕猴桃与蒲江，正牵手走向全川、全国，甚至全世界！

第 3 章　猕猴桃碳标签实测结果

3.1　猕猴桃果树、土壤 CO_2 排放量

5 株猕猴桃果树（site1、site5、site6、site9、site10）及土壤 CO_2 排放量分别如图 3-1～图 3-5 所示。5 株猕猴桃果树及土壤 CO_2 平均排放量如图 3-6、图 3-7 所示，可以看到，猕猴桃果树 CO_2 平均排放量均为负值，随时间变化不明显，其多项式相关性系数较低（R^2 = 0.0493），而土壤 CO_2 平均排放量随时间变化的相关性系数较高（R^2 = 0.4019）。

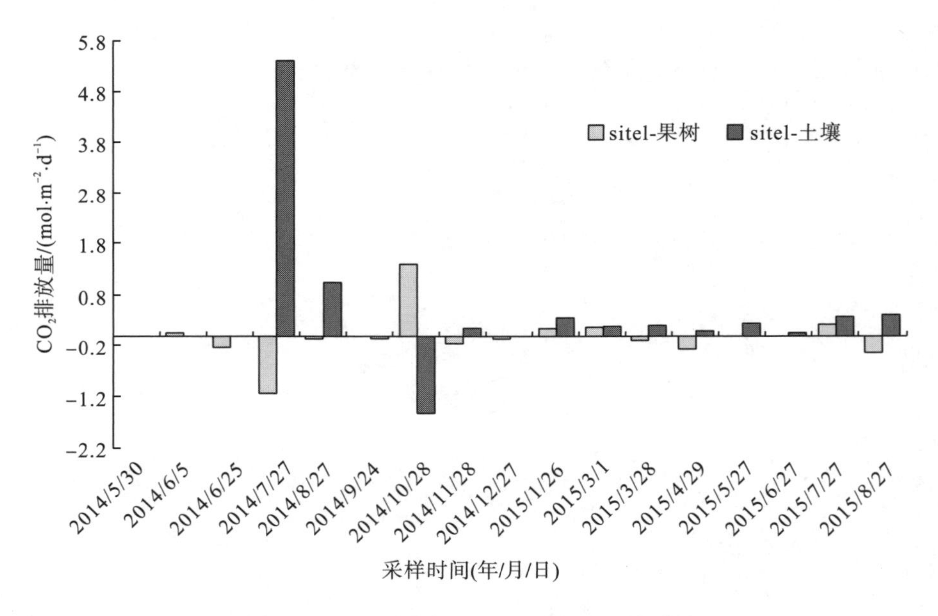

图 3-1　site1 猕猴桃果树、土壤 CO_2 排放量

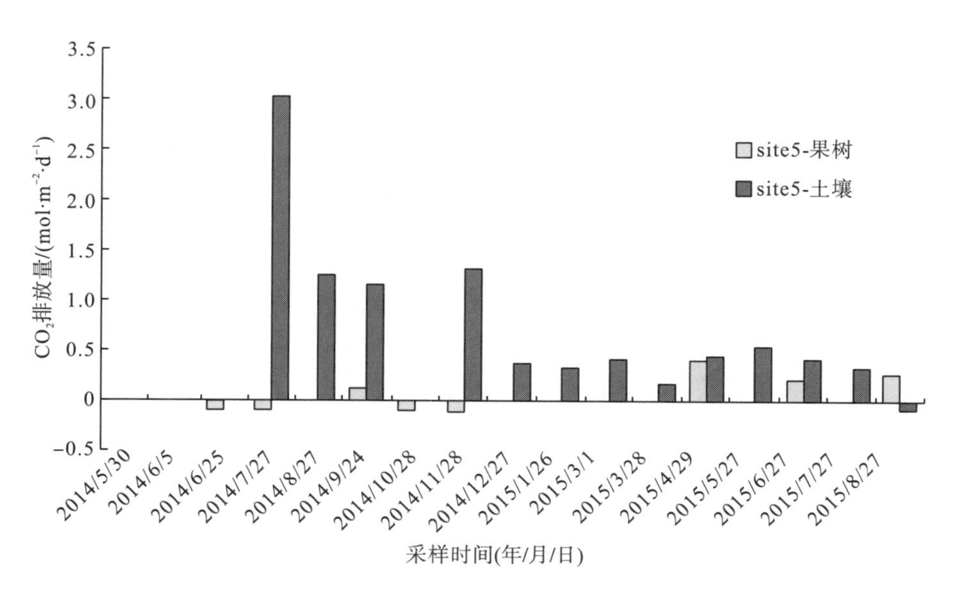

图 3-2　site5 猕猴桃果树、土壤 CO_2 排放量

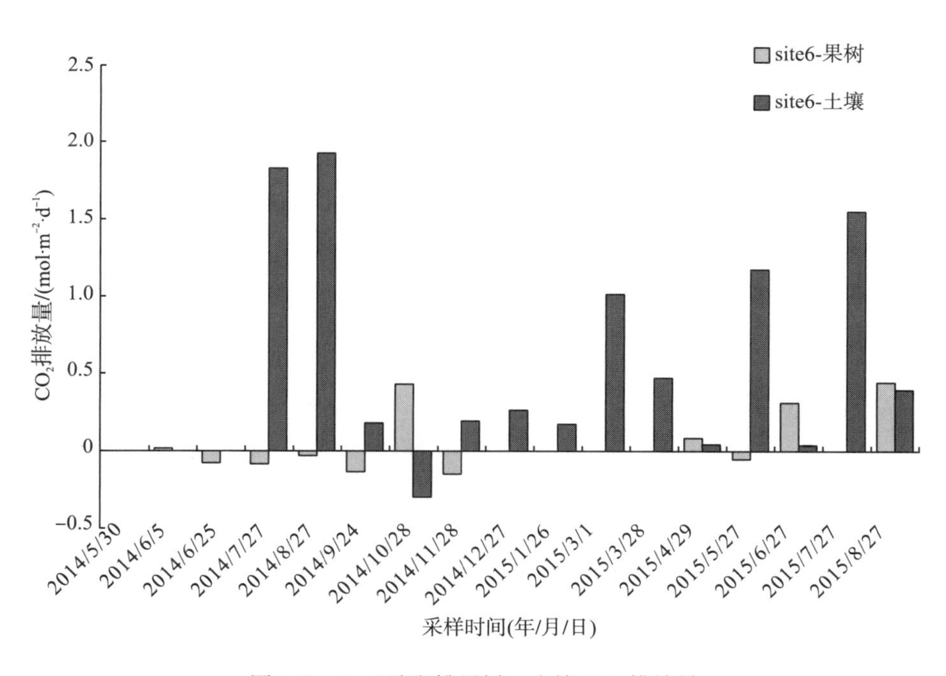

图 3-3　site6 猕猴桃果树、土壤 CO_2 排放量

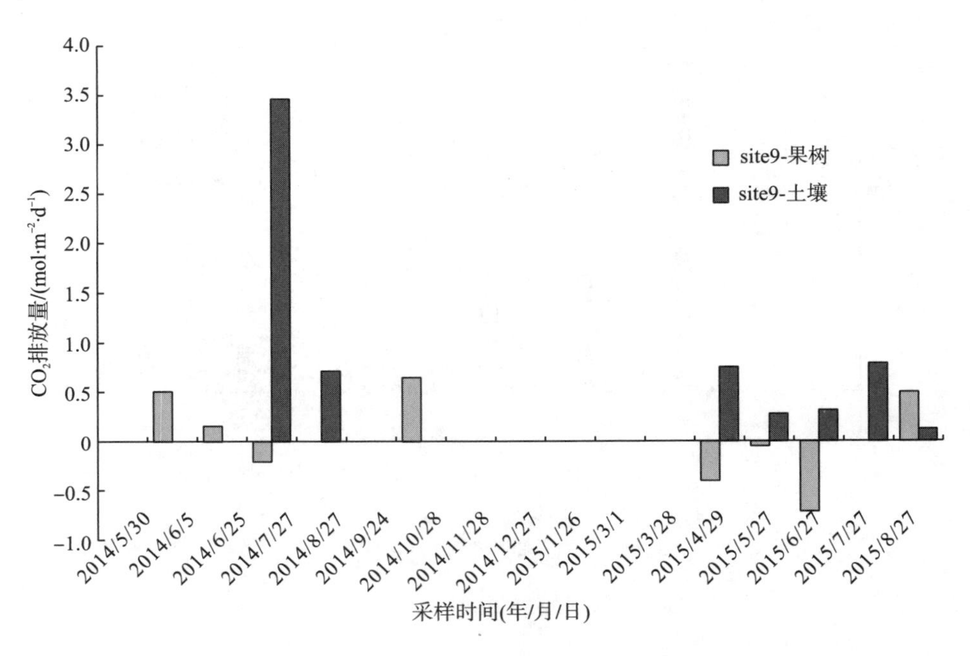

图 3-4 site9 猕猴桃果树、土壤 CO_2 排放量

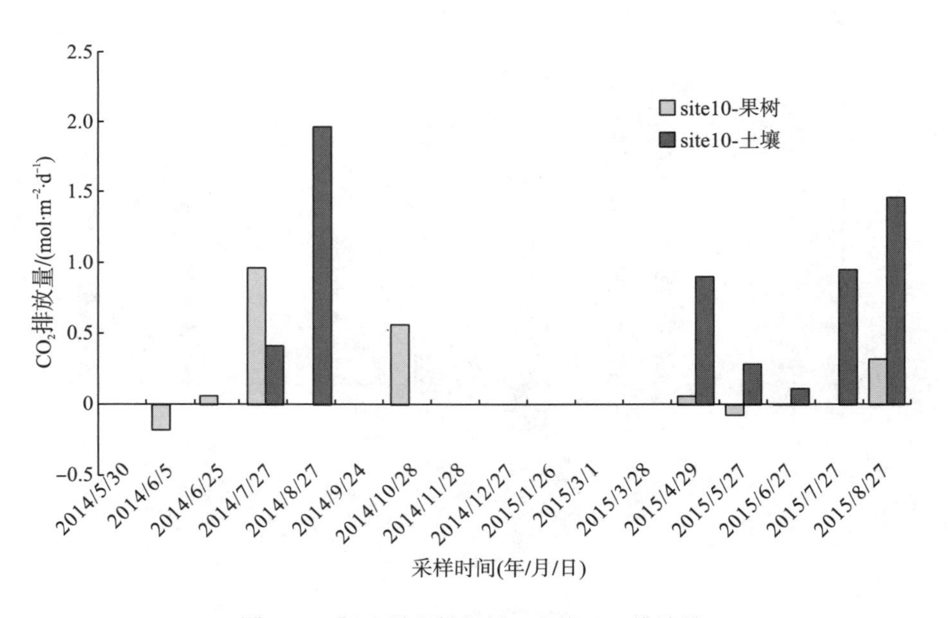

图 3-5 site10 猕猴桃果树、土壤 CO_2 排放量

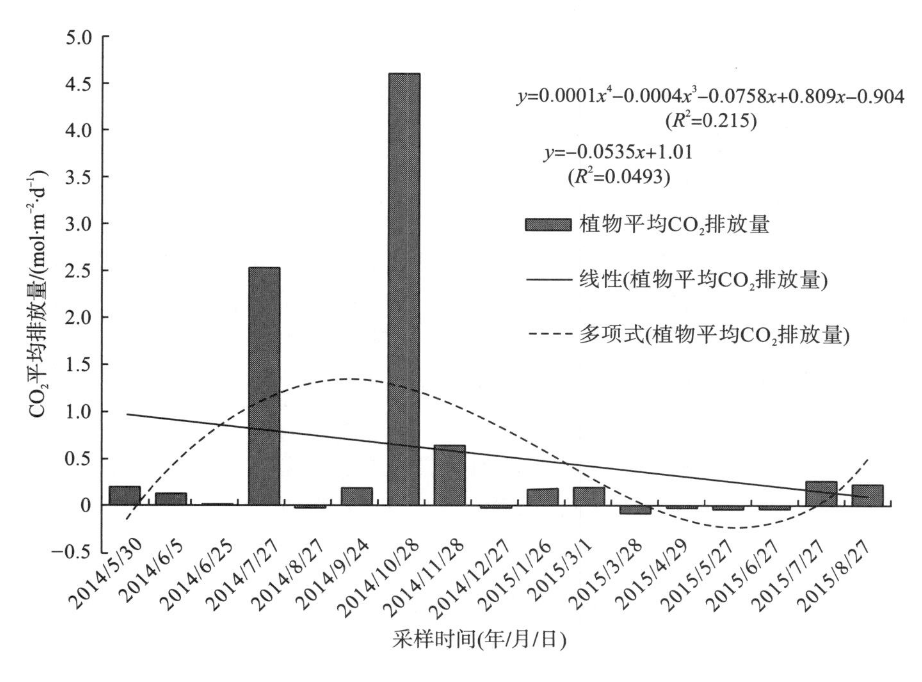

图 3-6　猕猴桃果树 CO_2 平均排放量

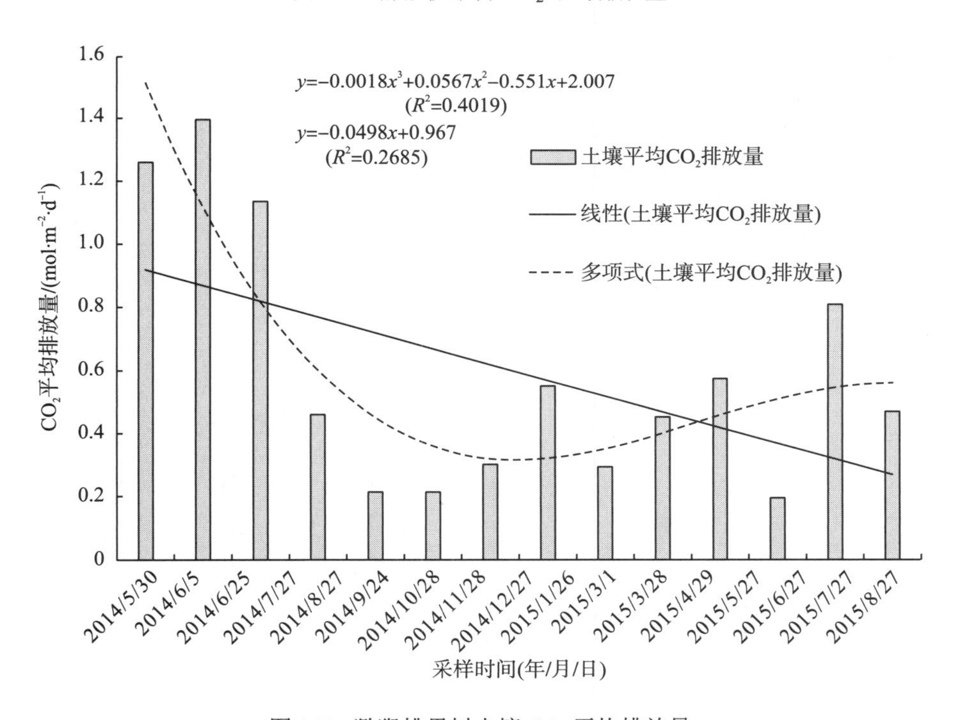

图 3-7　猕猴桃果树土壤 CO_2 平均排放量

(1) 5 株猕猴桃果树 (site1、site5、site6、site9、site10) CO_2 排放量分别为 1921.5 $mg·m^{-2}·d^{-1}$、2100.2 $mg·m^{-2}·d^{-1}$、1609.8 $mg·m^{-2}·d^{-1}$、6308.4 $mg·m^{-2}·d^{-1}$，2401.8 $mg·m^{-2}·d^{-1}$，平均值为

2868.3 $mg·m^{-2}·d^{-1}$。

胥家镇 20 亩猕猴桃种植的生产与田间管理 LCA 期间，猕猴桃果树的 CO_2 总排放量为 1959.9 $kg·a^{-1}$，CO_2 总排放强度为 1470.29 $kg·a^{-1}·hm^{-2}$，即胥家镇 20 亩猕猴桃种植的生产与田间管理 LCA 期间，猕猴桃果树的 CO_2 总排放量为 1.96$t·a^{-1}$，CO_2 总排放强度为 1.47 $t·a^{-1}·hm^{-2}$。

(2) 种植 5 株猕猴桃果树的土壤(site1、site5、site6、site9、site10) CO_2 排放量分别为 23220.2 $mg·m^{-2}·d^{-1}$、32992.7 $mg·m^{-2}·d^{-1}$、28221.7 $mg·m^{-2}·d^{-1}$、28223.1 $mg·m^{-2}·d^{-1}$、26819.6 $mg·m^{-2}·d^{-1}$。胥家镇 20 亩猕猴桃种植的生产与田间管理 LCA 期间，种植猕猴桃果树土壤的 CO_2 总排放量为 135825.80 $kg·a^{-1}$，二氧化碳总排放强度为 101894.82 $kg·a^{-1}·hm^{-2}$，即胥家镇 20 亩猕猴桃种植的生产与田间管理 LCA 期间，种植猕猴桃果树土壤的 CO_2 总排放量为 135.83$t·a^{-1}$，CO_2 总排放强度为 101.89$t·a^{-1}·hm^{-2}$。

(3) 胥家镇 20 亩猕猴桃种植的生产与田间管理 LCA 期间，种植猕猴桃果树与土壤的 CO_2 总排放量为 137.79$t·a^{-1}$，即二氧化碳总排放强度为 103.36$t·a^{-1}·hm^{-2}$。

3.2 猕猴桃果树 TC、TOC 含量

5 株猕猴桃果树不同部位 TC、TOC 平均含量如图 3-8 所示，4 株(由于 site10 当年挂果量少，到成熟的时候已经没有果子了)猕猴桃果实 TC、TOC 平均含量如图 3-9 所示。猕猴桃果树的 TC 和 TOC 平均含量分别为 24.8311 $g·kg^{-1}$、19.4486 $g·kg^{-1}$。其中，地上部分(不含猕猴桃果实)的 TC 和 TOC 平均含量分别为 20.7511 $g·kg^{-1}$、15.7586 $g·kg^{-1}$，地下部分(根系)的 TC 和 TOC 平均含量分别为 4.08 $g·kg^{-1}$、3.69 $g·kg^{-1}$。

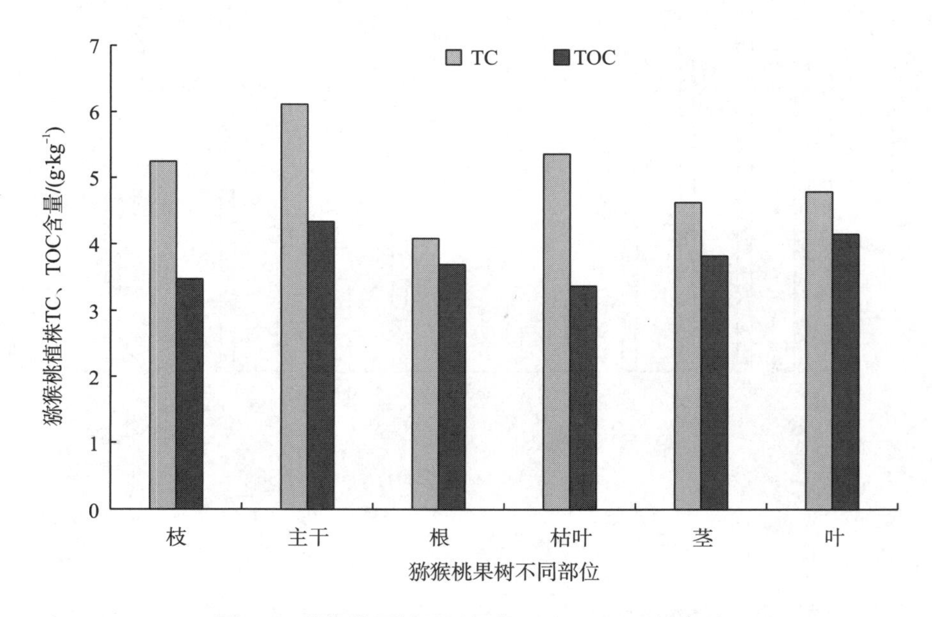

图 3-8 猕猴桃果树不同部位 TC、TOC 平均含量

此次试验的 20 亩猕猴桃产量为 17500kg，尽管想要获取整株猕猴桃的生物量，但却因没有得到种植户的同意而无法获取，因此猕猴桃植株的生物量以秦岭北麓猕猴桃主栽区的 5 年成熟的“华优”猕猴桃为参考，“华优”猕猴桃每株的平均生物量为 7.206 kg(井赵斌等，2016)。其中，每株地上生物量为 5.53kg，每株地下生物量为 1.676kg，地下生物量/地上生物量=0.3。经计算，得到胥家镇 20 亩猕猴桃果园的猕猴桃植株(不含果实)的固碳(以 TC 计)量为 133.75kg[其中，猕猴桃果树地上部分的固碳(以 TC 计)量为 126.228 kg，地下部分固碳(以 TC 计)量为 7.52 kg]，猕猴桃鲜果的固碳(以 TC 计)量为 75.075 kg，猕猴桃植株和猕猴桃果实的总固碳(以 TC 计)量为 208.83 kg，即猕猴桃果树的固碳(以 TC 计)量为 $0.21t{\cdot}a^{-1}$，即 $0.16t{\cdot}a^{-1}{\cdot}hm^{-2}$。

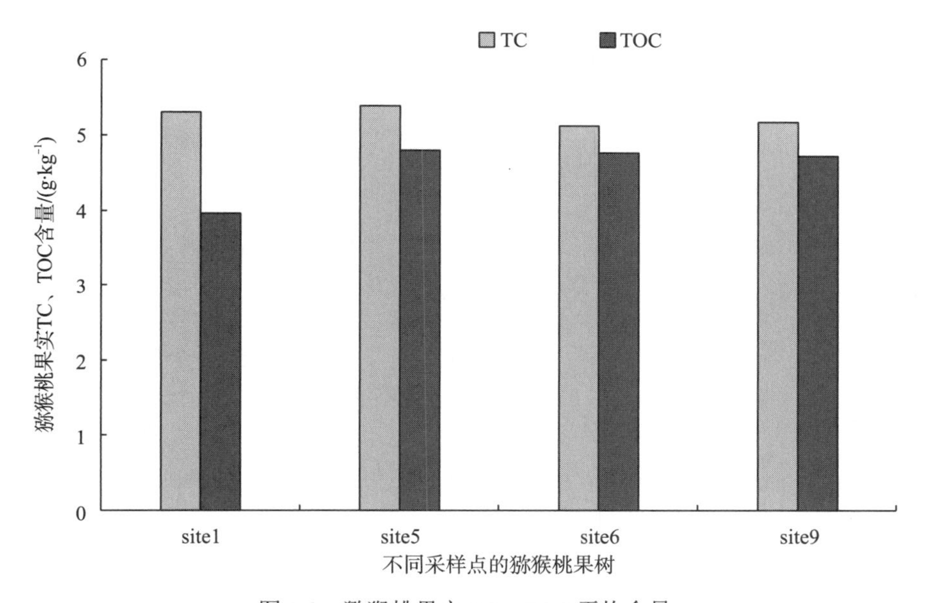

图 3-9　猕猴桃果实 TC、TOC 平均含量

将 TC 转换为 CO_2，则猕猴桃植株和鲜果的固碳量(以 kg CO_2-eq 计)为 765.694 kg CO_2-eq$\cdot a^{-1}$，即猕猴桃植株和鲜果的固碳强度(以 kg CO_2-eq 计)为 574.41 kg CO_2-eq/a。也就是说，猕猴桃植株和鲜果的固碳量(以 tCO_2-eq 计)为 0.765694 tCO_2-eq$\cdot a^{-1}$，即猕猴桃植株和鲜果的固碳强度(以 tCO_2-eq 计)为 0.57 tCO_2-eq$\cdot a^{-1}$。

目前，国内还没有关于猕猴桃固碳的相关研究。

3.3　猕猴桃土壤 TC、TOC 含量

site1、site5、site6、site9 和 site10 5 株猕猴桃果树的土壤 0～20cm、20～40cm 处 TC、TOC 含量如图 3-10～图 3-19 所示。2014～2015 年，5 株猕猴桃果树土壤 TC、TOC 平均含量如图 3-20 所示。

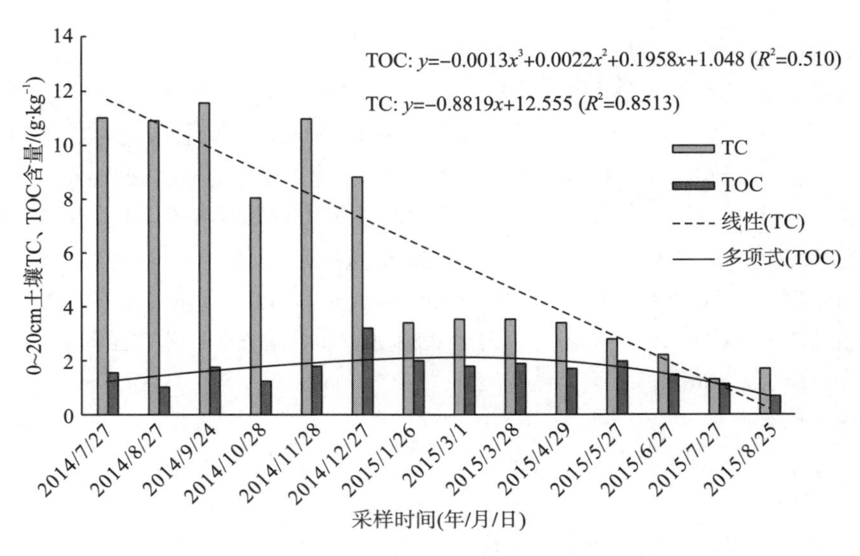

图 3-10 site1 0～20cm 土壤 TC、TOC 含量

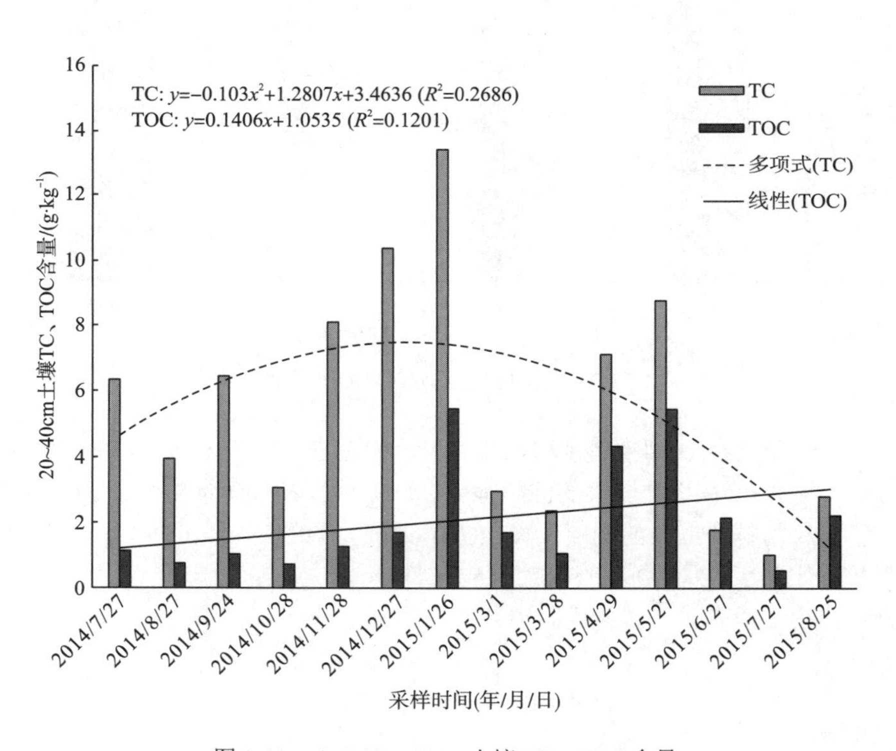

图 3-11 site1 20～40cm 土壤 TC、TOC 含量

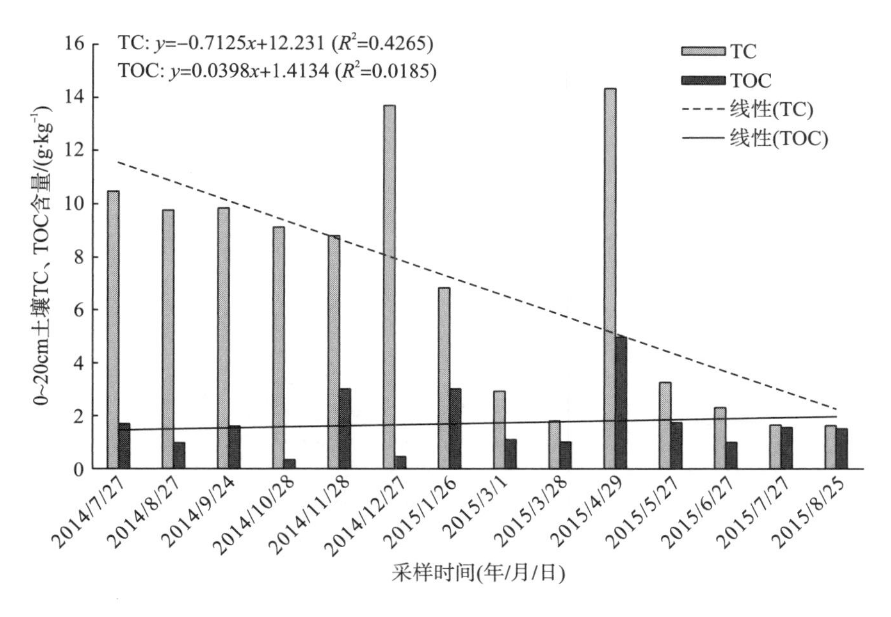

图 3-12　site5 0～20cm 土壤 TC、TOC 含量

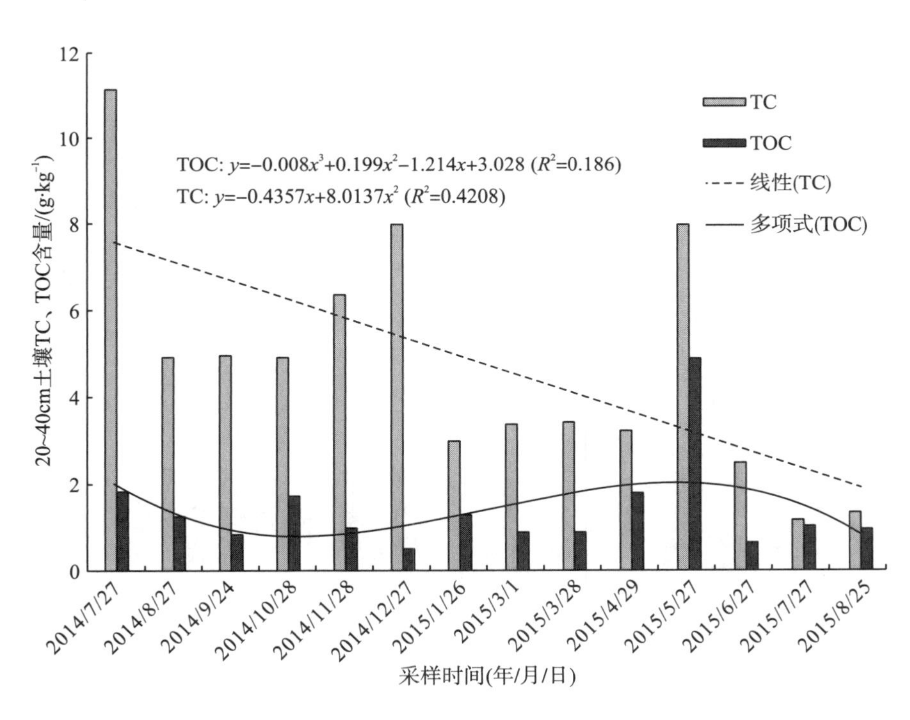

图 3-13　site5 20～40cm 土壤 TC、TOC 含量

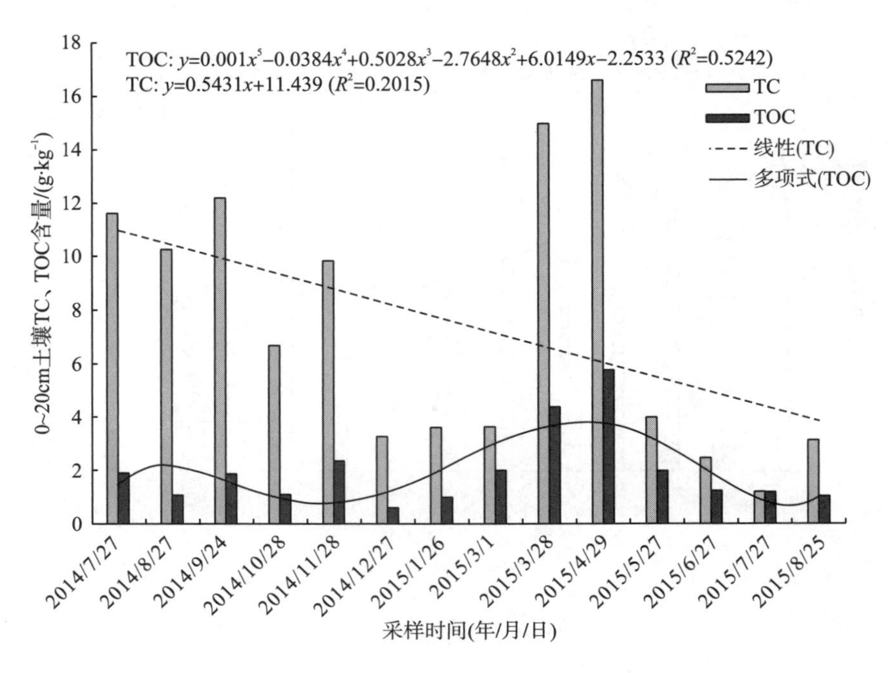

图 3-14　site6 0～20cm 土壤 TC、TOC 含量

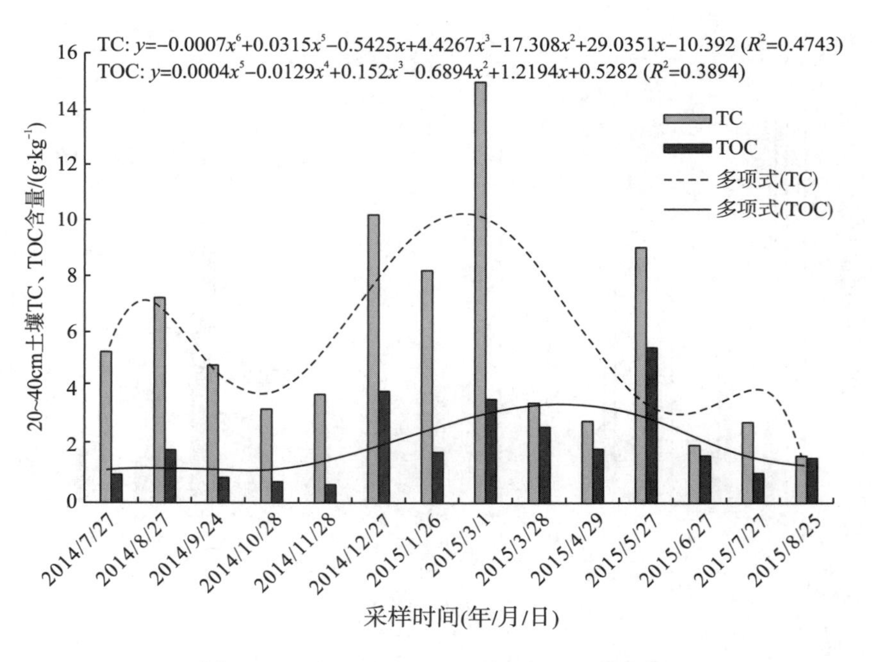

图 3-15　site6 20～40cm 土壤 TC、TOC 含量

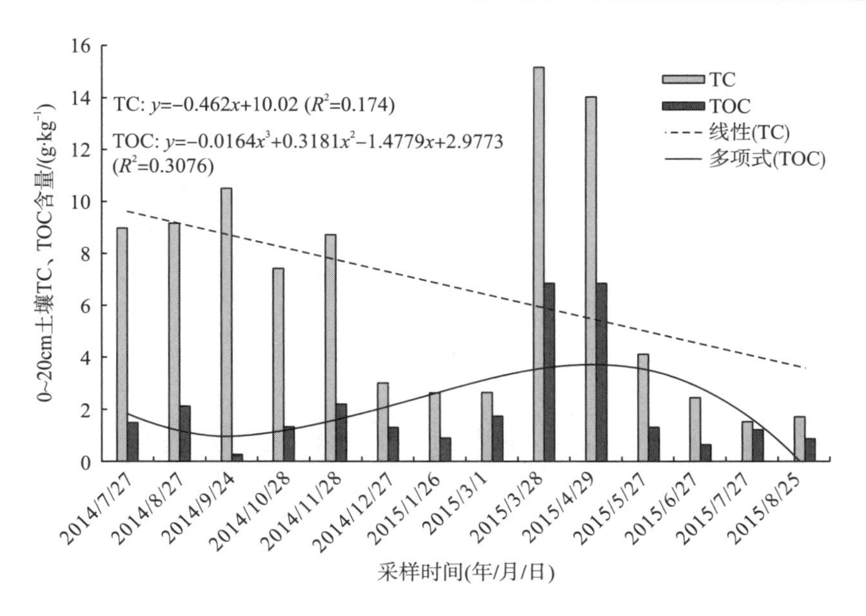

图 3-16　site9 0～20cm 土壤 TC、TOC 含量

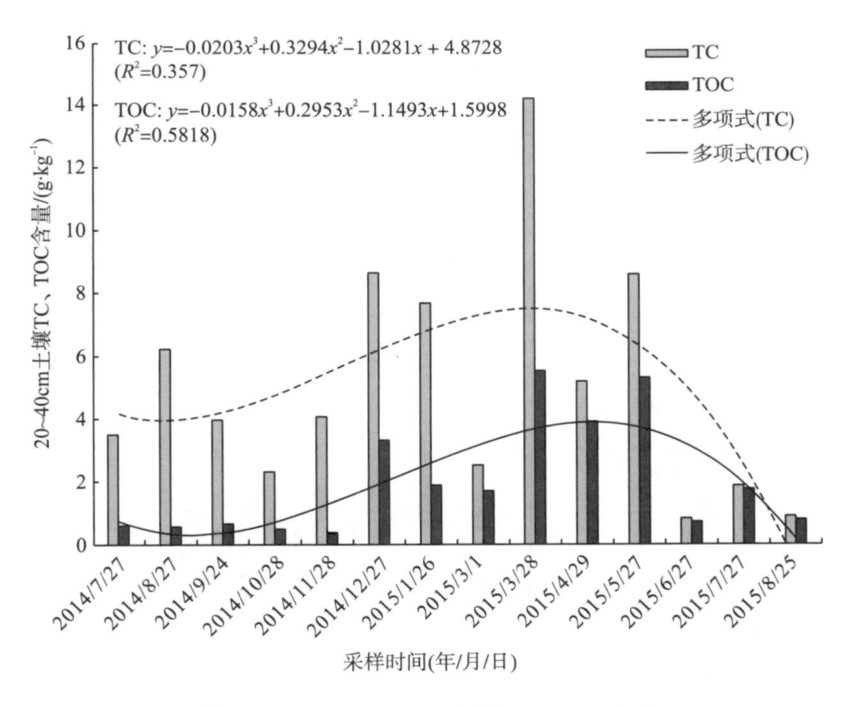

图 3-17　site9 20～40cm 土壤 TC、TOC 含量

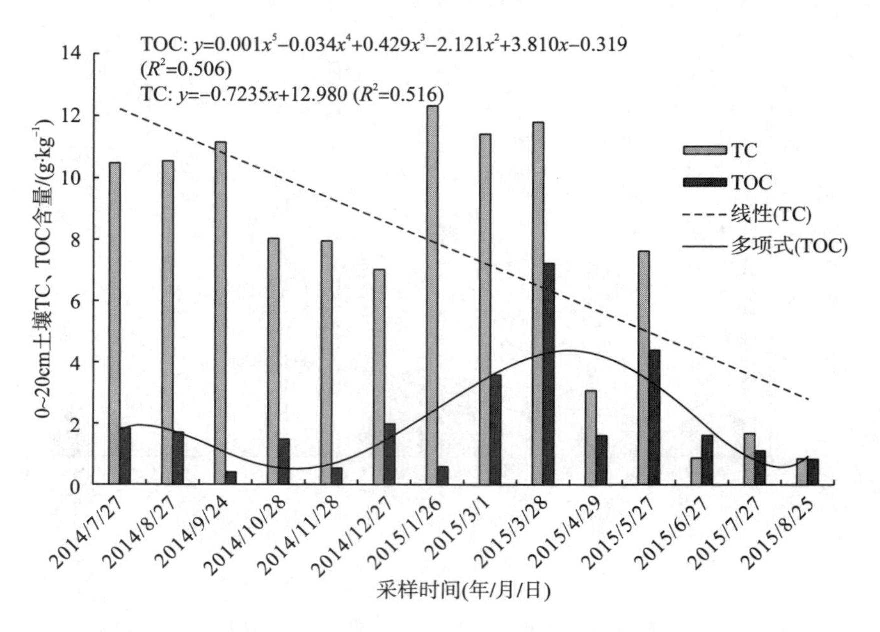

图 3-18 site10 0～20cm 土壤 TC、TOC 含量

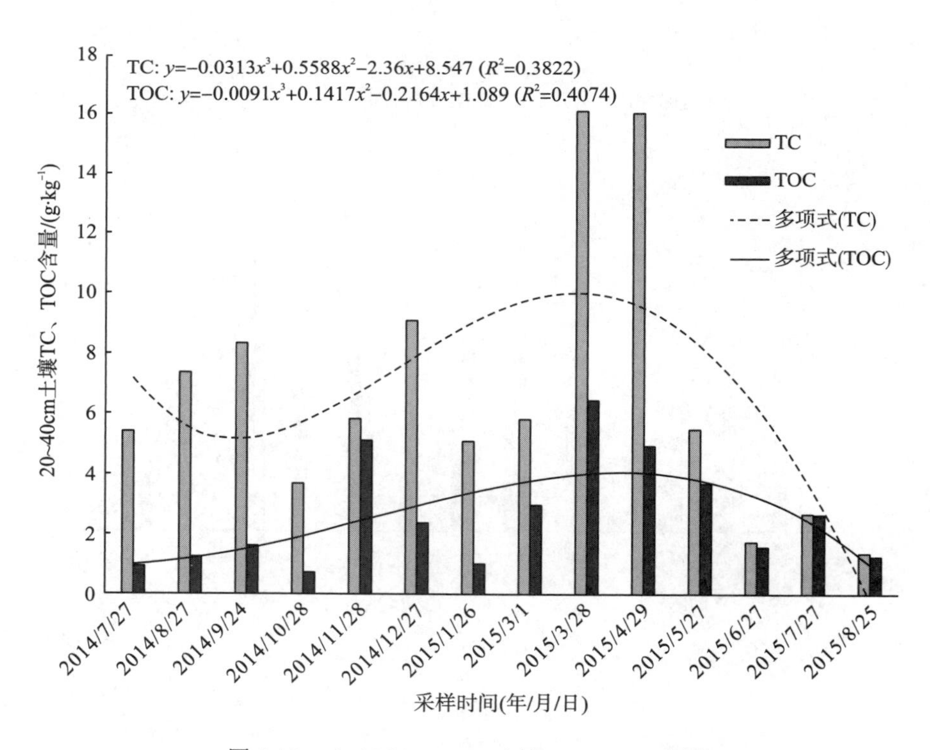

图 3-19 site10 20～40cm 土壤 TC、TOC 含量

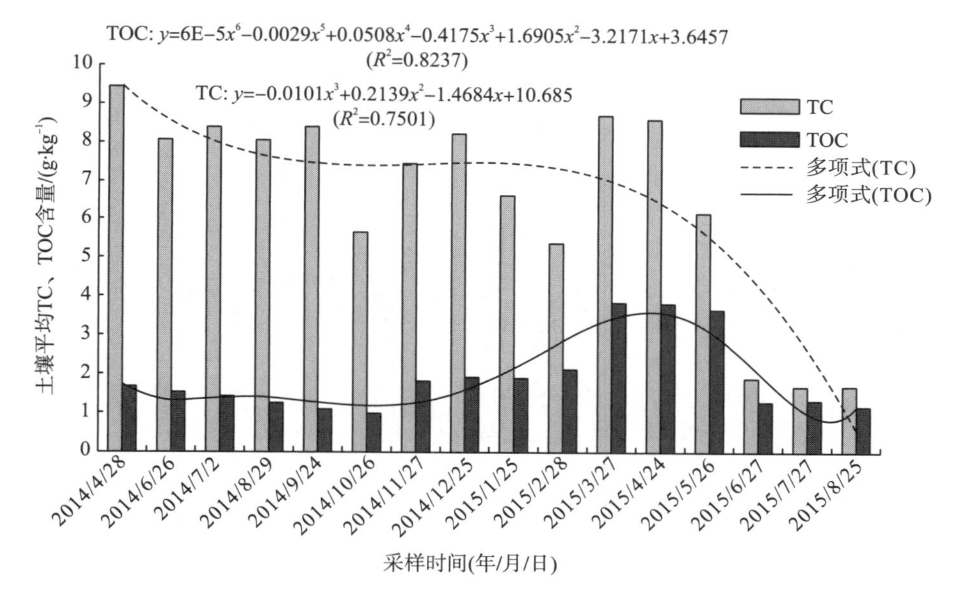

图 3-20　5 株猕猴桃土壤 TC、TOC 平均含量

3.4　猕猴桃土壤固碳能力

1. 猕猴桃土壤固碳能力

site1、site5、site6、site9、site10 猕猴桃土壤固碳能力如图 3-21～图 3-25 所示，种植 5 株猕猴桃土壤的平均固碳能力如图 3-26 所示。5 株猕猴桃土壤采样点的土壤平均固碳能力为 0.7618 $kg·m^{-2}$。

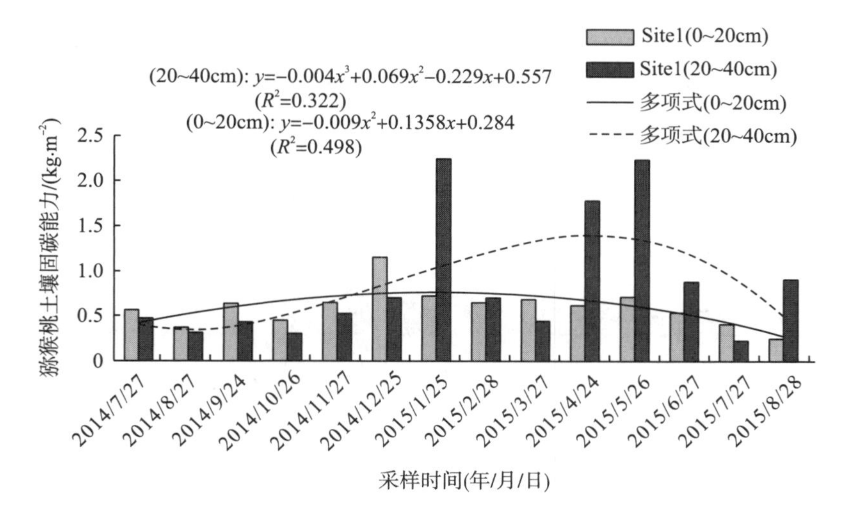

图 3-21　Site1 土壤固碳能力

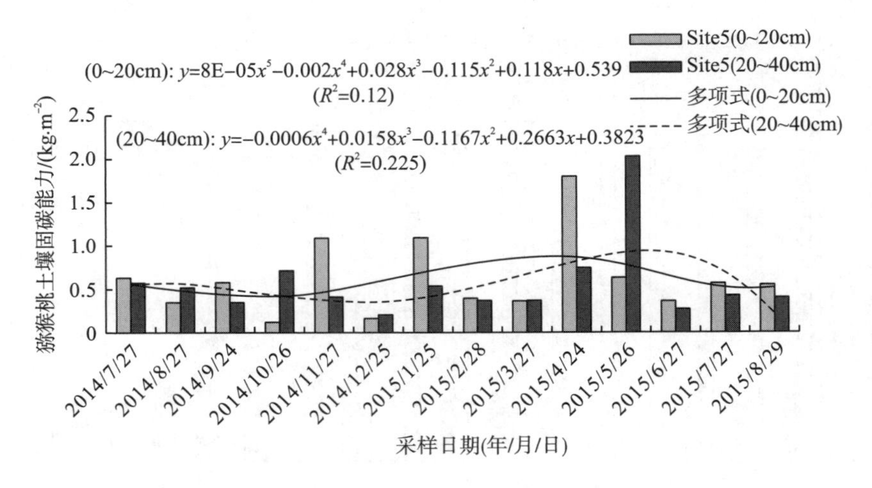

图 3-22 Site5 土壤固碳能力

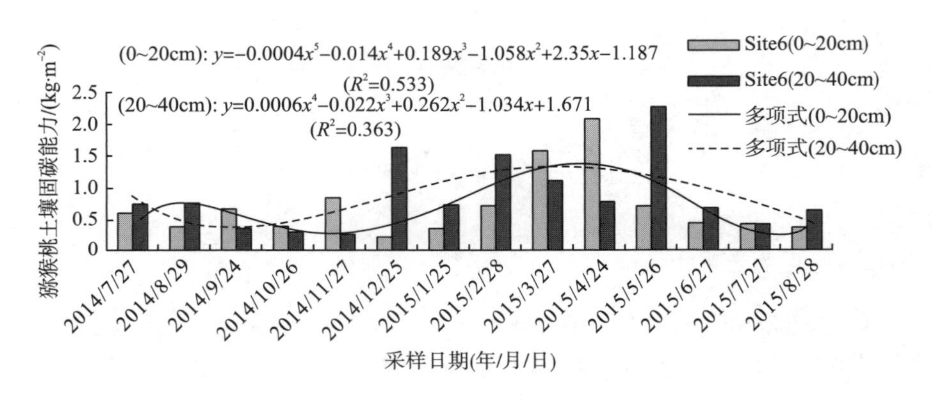

图 3-23 Site6 土壤固碳能力

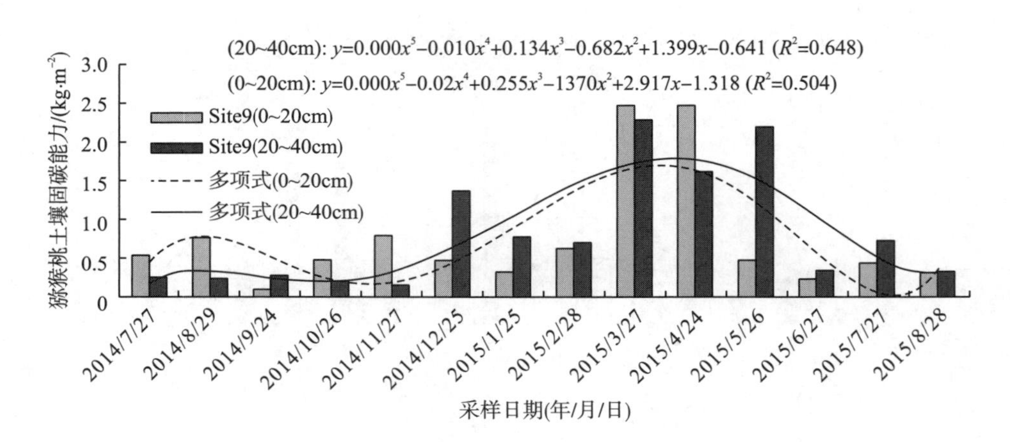

图 3-24 Site9 土壤固碳能力

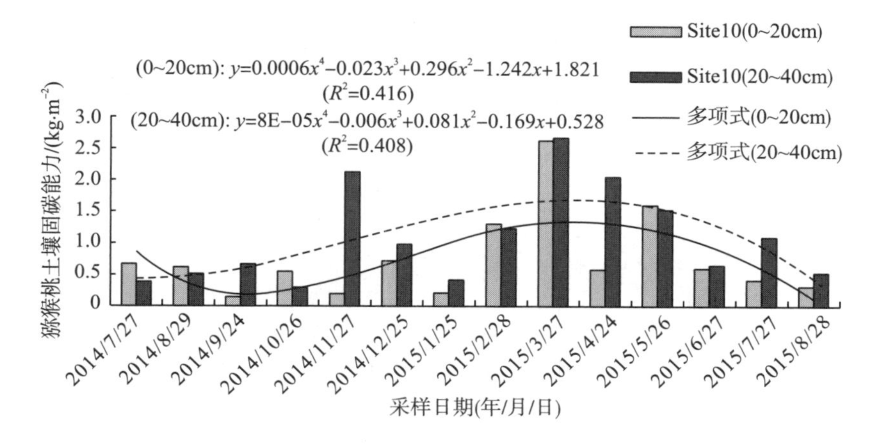

图 3-25 Site10 土壤固碳能力

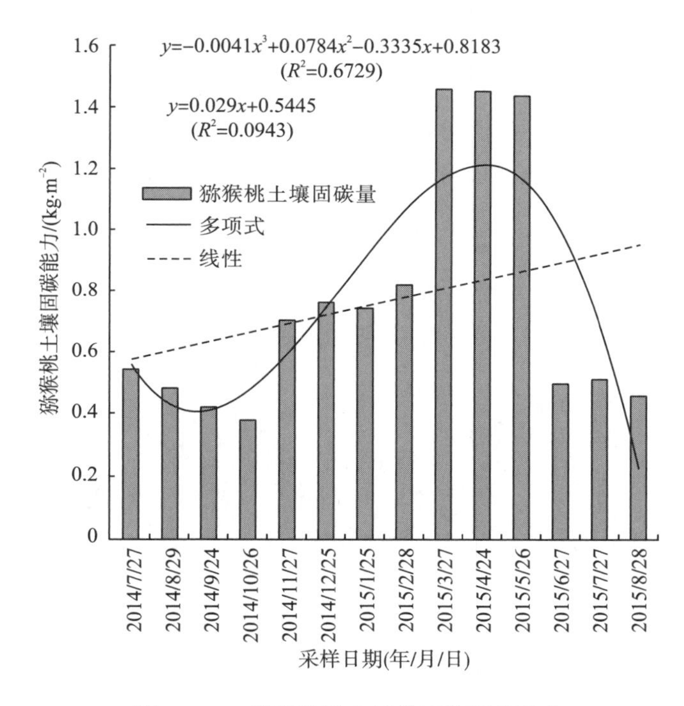

图 3-26 5 株猕猴桃土壤的平均固碳能力

猕猴桃种植面积为 20 亩，即 1.333hm^2。猕猴桃土壤固碳（以 TOC 计）总量为 305865.64 $kg·a^{-1}$，即猕猴桃土壤固碳（以 TOC 计）量为 229404.9651 $kg·a^{-1}·hm^{-2}$。也就是说，猕猴桃土壤固碳（以 TOC 计）总量为 305.87 $t·a^{-1}$，即猕猴桃土壤固碳（以 TOC 计）量为 229.40 $t·a^{-1}·hm^{-2}$。

将 TOC 转换为 CO_2，则猕猴桃土壤固碳（以 CO_2-eq 计）量为 1121507.357 $kg·a^{-1}$，即猕猴桃土壤固碳（以 CO_2-eq 计）量为 1121.5 $t·a^{-1}$，即 841.34$t·a^{-1}·hm^{-2}$。

根据式(1-13)～式(1-15)，可计算得到 5 个猕猴桃土壤采样点的土壤月平均固碳能力为 0.00709 $kg \cdot m^{-2}$。

20 亩猕猴桃土壤固碳（以 CO_2-eq 计）量为 126587.28 $kg \cdot a^{-1}$，即 94940.7 $kg \cdot a^{-1} \cdot hm^{-2}$，即胥家镇 20 亩猕猴桃种植 LCA 各个环节过程期间，猕猴桃土壤固碳（以 CO_2-eq 计）量为 126.59 $t \cdot a^{-1}$，即 94.94$t \cdot a^{-1} \cdot hm^{-2}$。

3.5 猕猴桃碳标签

猕猴桃种植面积为 20 亩，猕猴桃果树数量为 1100 株，单株猕猴桃所占水平方向的面积平均为 7.069m^2（以平均半径范围为 1.5m 计）。

1. 猕猴桃果树和土壤的二氧化碳排放

20 亩猕猴桃果树每年排放的 CO_2 总量为 1959.9 kg，猕猴桃种植土壤排放的 CO_2 总量为 135825.8 kg。

猕猴桃果树和土壤的 CO_2 总排放量为 137785.7 $kg \cdot a^{-1}$，即 103339.5 $kg \cdot a^{-1} \cdot hm^{-2}$。也就是说，猕猴桃果树和土壤的 CO_2 总排放量为 137.79 $t \cdot a^{-1}$，即 103.34 $t \cdot a^{-1} \cdot hm^{-2}$。

2. 猕猴桃土壤的固碳量

将 TOC 转为 CO_2，则猕猴桃土壤的固碳（以 CO_2-eq 计）总量为 126587.28$kg \cdot a^{-1}$，即 94940.7 $kg \cdot a^{-1} \cdot hm^{-2}$，通过换算，猕猴桃土壤的固碳（以 CO_2-eq 计）总量为 126.59$t \cdot a^{-1}$，即 94.94$t \cdot a^{-1} \cdot hm^{-2}$。

3. 猕猴桃果树和果实的固碳量

猕猴桃果树的平均 TC 含量为 24.8311 $g \cdot kg^{-1}$，猕猴桃鲜果果实平均 TC 含量为 4.29 $g \cdot kg^{-1}$。猕猴桃产量为 875kg·亩$^{-1}$，猕猴桃鲜果的总产量为 17500 kg。

因此，猕猴桃植株固碳（以 TC 计）总量为 133.75 kg，猕猴桃鲜果果实固碳（以 TC 计）总量为 75.075 kg，即猕猴桃果树和果实固碳（以 TC 计）总量为 208.83$kg \cdot a^{-1}$。通过换算，猕猴桃果树和果实固碳（以 TC 计）总量为 0.21 $t \cdot a^{-1}$，即 0.16 $t \cdot a^{-1} \cdot hm^{-2}$。

将 TOC 转为 CO_2，猕猴桃果树和果实固碳（以 CO_2-eq 计）总量为 765.694 $kg \cdot a^{-1}$，即 574.41 $kg \cdot a^{-1} \cdot hm^{-2}$。也就是说，猕猴桃果树和果实固碳（以 CO_2-eq 计）总量为 0.765694 $t \cdot a^{-1}$，即 0.57 $t \cdot a^{-1} \cdot hm^{-2}$。

4. 猕猴桃鲜果的碳标签

猕猴桃碳标签（以 kg CO_2-Eq 计）为 0.58$kg \cdot kg^{-1}$ 猕猴桃鲜果，即每生产 1 kg 猕猴桃鲜果，排放 0.58 kg CO_2。

目前，有关水果碳标签的报道如表 3-1 所示。

表 3-1　全球的水果碳标签

产品(1kg)	碳标签 (kg CO_2-Eq)	数据库来源 (Ecoinvent 2016)	指标依据 (IPCC 2001)	备注
猕猴桃鲜果 (Kiwifruit, fresh grade for market)	0.584957	无	实测，1 年	猕猴桃，本书研究，中国四川省都江堰市胥家镇
kiwi//[GLO] kiwi production	0.451995	Ecoinvent 3.3	GWP 20a(IPCC, 2001)	猕猴桃，全球
kiwi//[GLO] market for kiwi	0.613215	Ecoinvent 3.3	GWP 20a(IPCC, 2001)	猕猴桃，全球
banana//[CO] banana production	0.055517096	Ecoinvent 3.3	GWP 20a(IPCC, 2001)	香蕉，哥伦比亚
banana//[CR] banana production	0.045595543	Ecoinvent 3.3	GWP 20a(IPCC, 2001)	香蕉，哥斯达黎加
banana//[EC] banana production	0.22107245	Ecoinvent 3.3	GWP 20a(IPCC, 2001)	香蕉，厄瓜多尔
banana//[IN] banana production	0.23707707	Ecoinvent 3.3	GWP 20a(IPCC, 2001)	香蕉，印度
palm fruit bunch//[GLO] market for palm fruit bunch	0.637574	Ecoinvent 3.3	GWP 20a(IPCC, 2001)	棕榈果，全球
palm fruit bunch//[ID] palm fruit bunch production	1.221212	Ecoinvent 3.3	GWP 20a(IPCC, 2001)	棕榈果，印度尼西亚
palm fruit bunch//[MY] palm fruit bunch production	0.947324	Ecoinvent 3.3	GWP 20a(IPCC, 2001)	棕榈果，马来西亚
palm fruit bunch//[RoW] palm fruit bunch production	0.309921	Ecoinvent 3.3	GWP 20a(IPCC, 2001)	棕榈果，世界其他地区
peach//[GLO] market for peach	0.46163593	Ecoinvent 3.3	GWP 20a(IPCC, 2001)	桃，全球
peach//[RoW] peach production	0.39565598	Ecoinvent 3.3	GWP 20a(IPCC, 2001)	桃，世界其他地区
peanut//[RoW] peanut production	2.0987617	Ecoinvent 3.3	GWP 20a(IPCC, 2001)	花生，世界其他地区
peanut seed, at farm//[RoW] peanut seed production, at farm	2.8883545	Ecoinvent 3.3	GWP 20a(IPCC, 2001)	花生，世界其他地区
peanut seed, for sowing//[RoW] peanut seed production, for sowing	2.8100652	Ecoinvent 3.3	GWP 20a(IPCC, 2001)	花生，世界其他地区
peanut seed, at farm//[GLO] market for peanut seed, at farm	2.7378438	Ecoinvent 3.3	GWP 20a(IPCC, 2001)	花生，全球
peanut seed, for sowing//[GLO] market for peanut seed, for sowing	2.8280303	Ecoinvent 3.3	GWP 20a(IPCC, 2001)	花生，全球
peanut//[GLO] market for peanut	1.671575	Ecoinvent 3.3	GWP 20a(IPCC, 2001)	花生，全球
pear//[GLO] market for pear	0.42465783	Ecoinvent 3.3	GWP 20a(IPCC, 2001)	梨，全球
pear//[AR] pear production	0.22770925	Ecoinvent 3.3	GWP 20a(IPCC, 2001)	梨，阿根廷
pear//[BE] pear production	-0.008104304	Ecoinvent 3.3	GWP 20a(IPCC, 2001)	梨，比利时
pear//[CN] pear production	0.25600535	Ecoinvent 3.3	GWP 20a(IPCC, 2001)	梨，中国
pear//[RoW] pear production	0.38730182	Ecoinvent 3.3	GWP 20a(IPCC, 2001)	梨，世界其他地区
linseed seed, at farm//[GLO] market for linseed seed, at farm	1.1401861	Ecoinvent 3.3	GWP 20a(IPCC, 2001)	亚麻籽，全球
fruit tree seedling, for planting//[CH] fruit tree seedling production, for plating	0.704598	Ecoinvent 3.3	GWP 20a(IPCC, 2001)	以 1 个 unit 为基准，不是产品重量，瑞士
fruit tree seedling, for planting//[GLO] market for fruit tree seedling, for planting	1.346541	Ecoinvent 3.3	GWP 20a(IPCC, 2001)	以 1 个 unit 为基准，不是产品重量，全球
fruit tree seedling, for planting//[RoW] fruit tree seedling production, for plating	1.344165	Ecoinvent 3.3	GWP 20a(IPCC, 2001)	以 1 个 unit 为基准，不是产品重量，世界其他地区

目前，关于猕猴桃碳标签的报道极少，Ecoinvent 3.3 数据库中只有两个数据，以 IPCC 2001 年颁布的气候变化中的指标（GWP 20a）为准（IPCC 2001）：①生产 1kg 猕猴桃（kiwi//[GLO] kiwi production：全球范围内的猕猴桃产品）为 0.451995 kg CO_2-Eq；②生产 1kg 猕猴桃产品（kiwi//[GLO] market for kiwi：全球范围内的猕猴桃市场）为 0.613215kg CO_2-Eq（Ecoinvent 2016）。可见，本书研究的猕猴桃鲜果碳标签（0.584957 kg CO_2-Eq）位于这 2 个已经公开数据之间。同时，本书研究猕猴桃鲜果碳标签还高于香蕉、桃和梨的碳标签。

本书研究的猕猴桃鲜果碳标签仅仅反映了猕猴桃 1 年的全程实测数据，还需要长期监测，才能获得更为精准的猕猴桃碳标签数据，希望政府部门能继续资助本书研究的进一步的开展。

第 4 章　二荆条辣椒碳标签实测结果

4.1　二荆条辣椒、土壤 CO_2 排放量

二荆条辣椒 site1、site2、site3、site4、site5 植株、土壤 CO_2 排放量如图 4-1～图 4-5 所示，5 株二荆条辣椒植株、土壤 CO_2 平均排放量如图 4-6、图 4-7 所示。

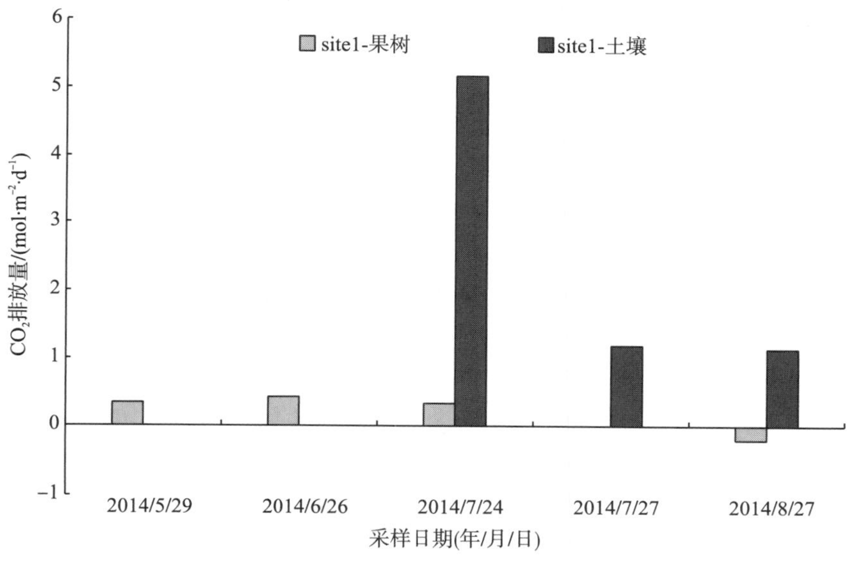

图 4-1　site1 植株、土壤 CO_2 排放量

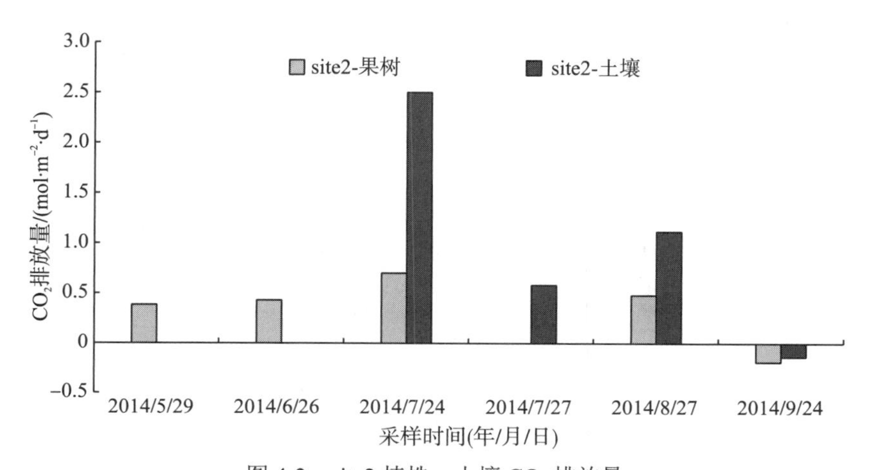

图 4-2　site2 植株、土壤 CO_2 排放量

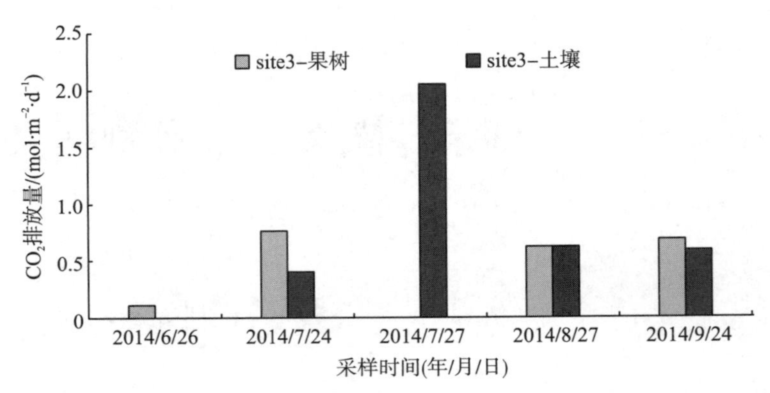

图 4-3 site3 植株、土壤 CO_2 排放量

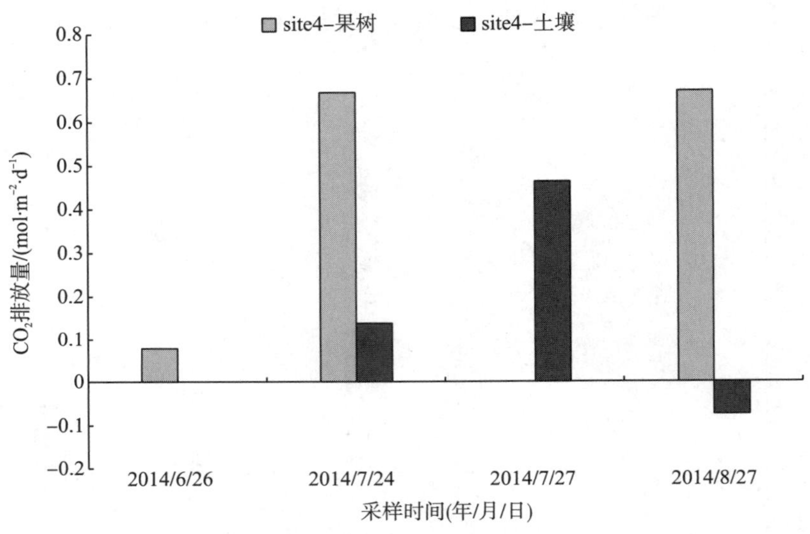

图 4-4 site4 植株、土壤 CO_2 排放量

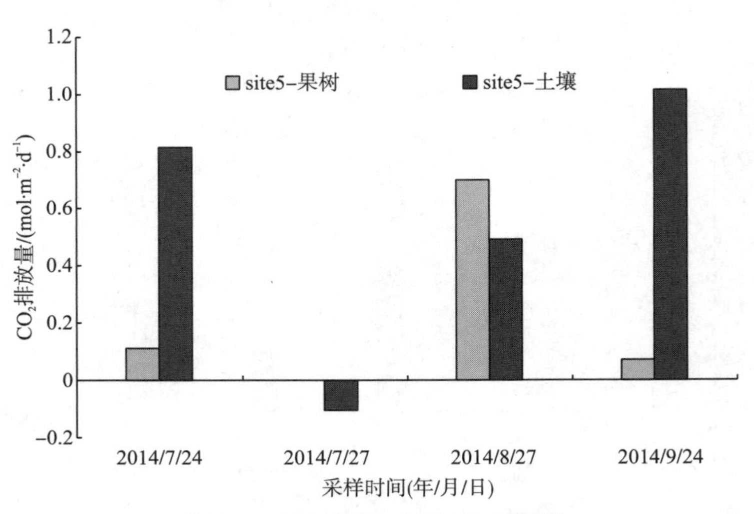

图 4-5 site5 植株、土壤 CO_2 排放量

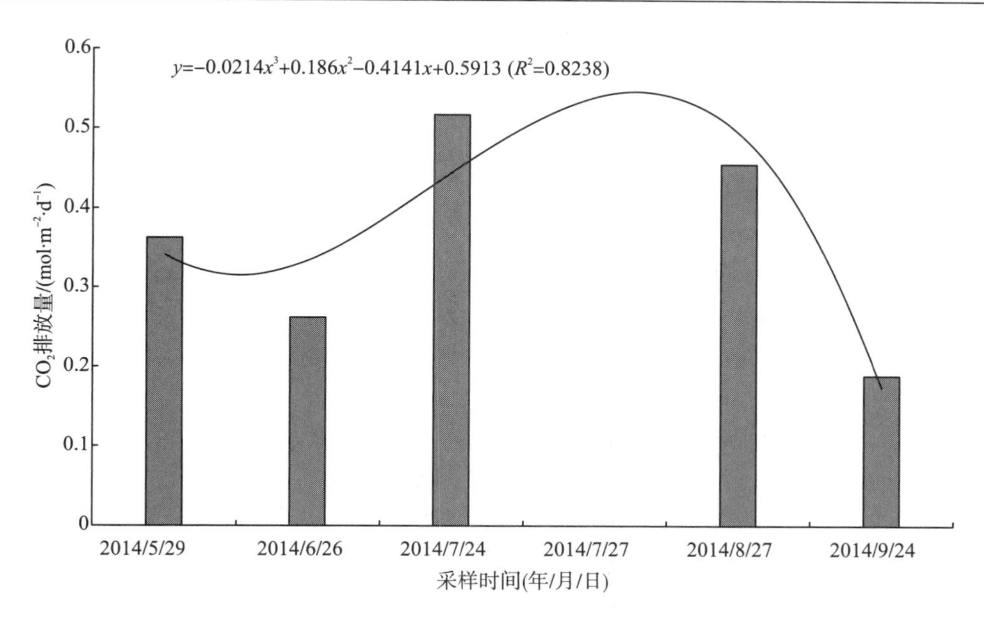

图 4-6　植株 CO_2 平均排放量

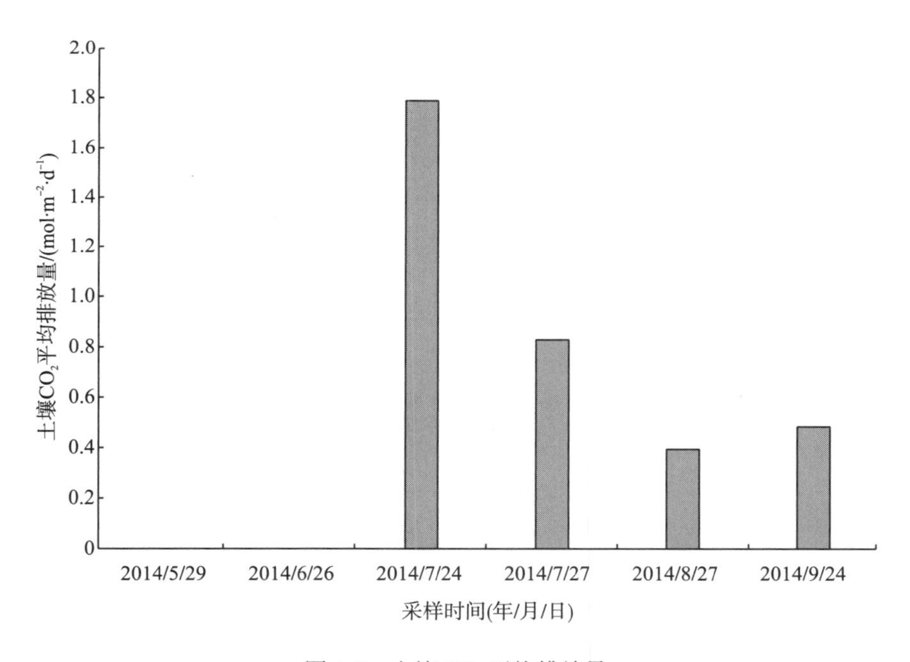

图 4-7　土壤 CO_2 平均排放量

(1) 5 株二荆条辣椒(site1、site2、site3、site4、site5) CO_2 排放量及平均值分别为 $9.9g·m^{-2}·d^{-1}$、$22.1\ g·m^{-2}·d^{-1}$、$22.1\ g·m^{-2}·d^{-1}$、$17.9\ g·m^{-2}·d^{-1}$、$20.8\ g·m^{-2}·d^{-1}$、$18.6\ g·m^{-2}·d^{-1}$。平均单株二荆条辣椒植株面积为 0.11775 m^2，郁闭度为 0.6。胥家镇 2 亩二荆条辣椒种植的生产与田间管理 LCA 期间，二荆条辣椒植株的 CO_2 总排放量为 $648.64kg·a^{-1}$，CO_2 总排放强度为 $4866.05\ kg·a^{-1}·hm^{-2}$，即胥家镇 2 亩二荆条辣椒种植的生产与田间管理 LCA 期间，

二荆条植株的 CO_2 总排放量为 0.65 $t \cdot a^{-1}$，即 4.87 $t \cdot a^{-1} \cdot hm^{-2}$。

(2) 种植 5 株二荆条辣椒的土壤(site1、site2、site3、site4、site5) CO_2 排放量及平均值分别为 137.1 $g \cdot m^{-2} \cdot d^{-1}$、80.1 $g \cdot m^{-2} \cdot d^{-1}$、22.6 $g \cdot m^{-2} \cdot d^{-1}$、1.4 $g \cdot m^{-2} \cdot d^{-1}$、28.8 $g \cdot m^{-2} \cdot d^{-1}$、54.0 $g \cdot m^{-2} \cdot d^{-1}$。测定土壤 CO_2 的盒子的平均密封周期是 3d。因此，每个土壤采样点的 CO_2 排放通量平均值为 18.0 $g \cdot m^{-2} \cdot d^{-1}$。

胥家镇 2 亩二荆条辣椒种植的生产与田间管理 LCA 期间，种植二荆条辣椒的土壤 CO_2 总排放量为 8765.87 $kg \cdot a^{-1}$，CO_2 总排放强度为 65760.47 $kg \cdot a^{-1} \cdot hm^{-2}$，即胥家镇 2 亩二荆条辣椒种植的生产与田间管理 LCA 期间，二荆条植株土壤的 CO_2 总排放量为 8.77$t \cdot a^{-1}$，CO_2 总排放强度为 65.76$t \cdot a^{-1} \cdot hm^{-2}$。

(3) 胥家镇 2 亩二荆条辣椒种植的生产与田间管理 LCA 期间，二荆条辣椒植株与土壤的 CO_2 总排放量为 9414.51 $kg \cdot a^{-1}$，CO_2 总排放强度为 70609.00 $kg \cdot a^{-1} \cdot hm^{-2}$。也就是说，二荆条辣椒植株与土壤的 CO_2 总排放量为 9.41 $t \cdot a^{-1}$，即 70.61 $t \cdot a^{-1} \cdot hm^{-2}$。

4.2 二荆条辣椒植株 TC、TOC 含量

5 株二荆条辣椒植株不同部位 TC、TOC 含量如图 4-8 和图 4-9 所示。二荆条辣椒植株 TC 含量平均值为 19.564 $g \cdot kg^{-1}$，TOC 含量平均值为 15.911 $g \cdot kg^{-1}$。二荆条辣椒植株主干、根、枝条和鲜辣椒果实的 TC 平均含量分别为：5.538 $g \cdot kg^{-1}$、4.08 $g \cdot kg^{-1}$、5.46 $g \cdot kg^{-1}$、4.487 $g \cdot kg^{-1}$。二荆条辣椒植株主干、根、枝条和鲜辣椒果实的 TOC 平均含量分别为 4.908 $g \cdot kg^{-1}$、3.69$g \cdot kg^{-1}$、3.77 $g \cdot kg^{-1}$、3.543 $g \cdot kg^{-1}$。

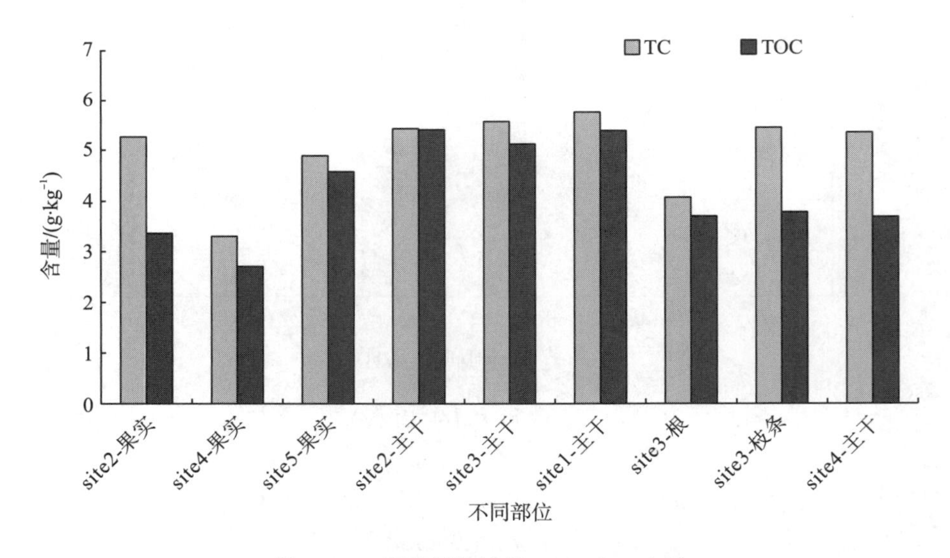

图 4-8 二荆条辣椒植株 TC、TOC 含量

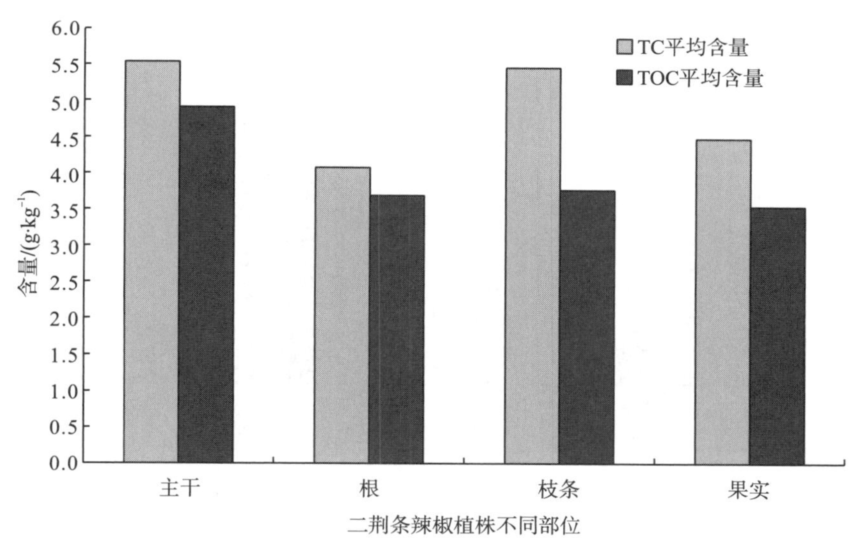

图 4-9　二荆条辣椒植株不同部位的 TC、TOC 平均含量

2 亩地共有二荆条辣椒 1978 株，产量为 700 千克·亩$^{-1}$，二荆条鲜辣椒总产量为 1400 kg。二荆条辣椒植株固碳(以 TC 计)量为 301.21 kg·a^{-1}·hm^{-2}。也就是说，二荆条辣椒植株固碳(以 TC 计)量为 0.04t·a^{-1}，即 0.3t·a^{-1}·hm^{-2}。

将 TC 转换为二氧化碳，二荆条辣椒植株与果实的总固碳量(以 CO_2-eq 计)为 147.222 kg CO_2-eq·a^{-1}，即二荆条辣椒植株与果实的总固碳量为 1104.44 kg CO_2-eq·a^{-1}·hm^{-2}。也就是说，二荆条辣椒植株与果实固碳总量为 0.147 t CO_2-eq·a^{-1}，即 1.1 t CO_2-eq·a^{-1}·hm^{-2}。

4.3　二荆条辣椒土壤 TC、TOC 含量

二荆条辣椒树 site1、site2、site3、site4、site5 土壤 TC、TOC 含量如图 4-10～图 4-14 所示。二荆条辣椒土壤 TC、TOC 平均含量如图 4-15 所示。

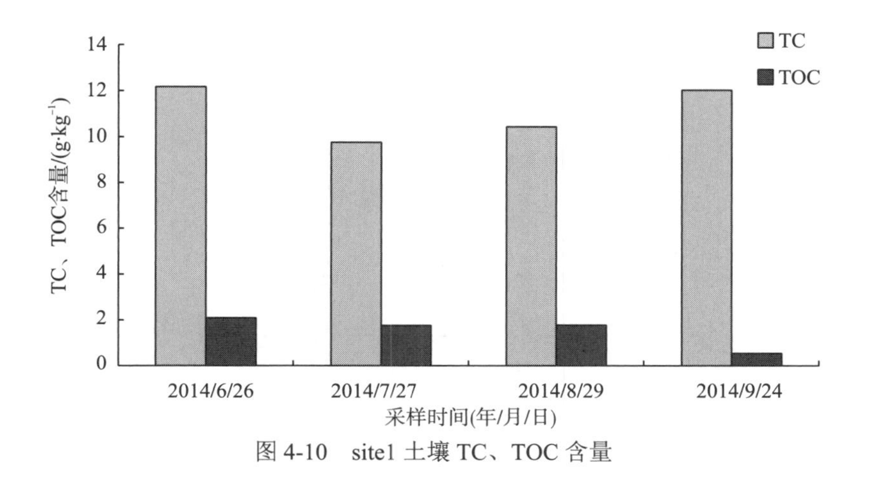

图 4-10　site1 土壤 TC、TOC 含量

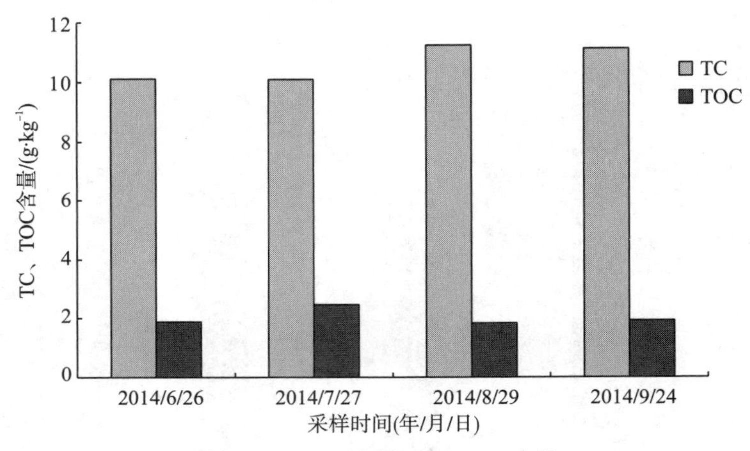

图 4-11 site2 土壤 TC、TOC 含量

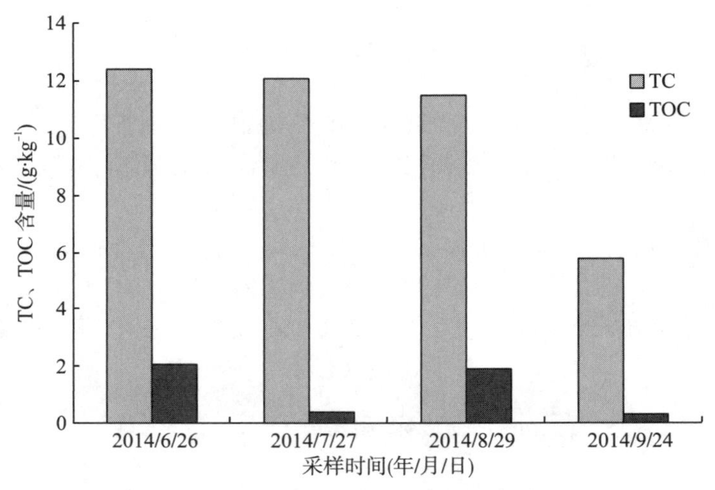

图 4-12 site3 土壤 TC、TOC 含量

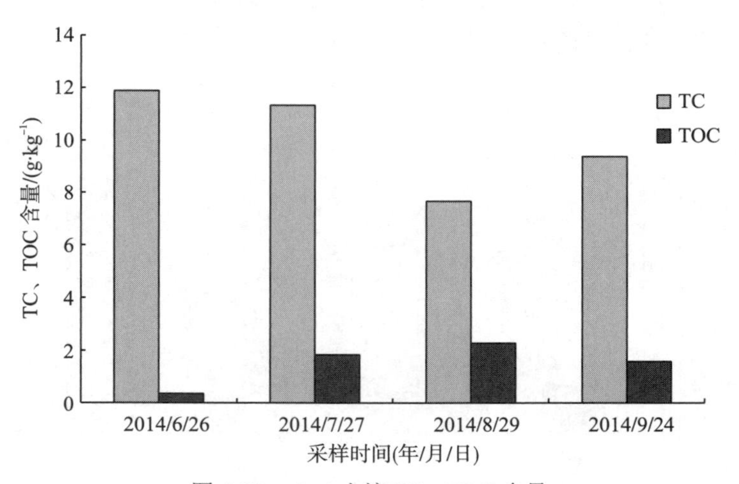

图 4-13 site4 土壤 TC、TOC 含量

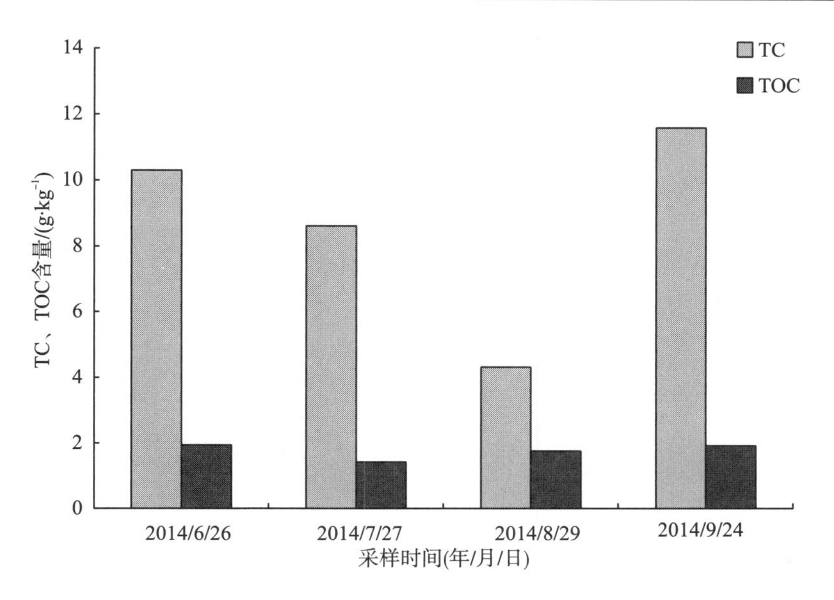

图 4-14　site5 土壤 TC、TOC 含量

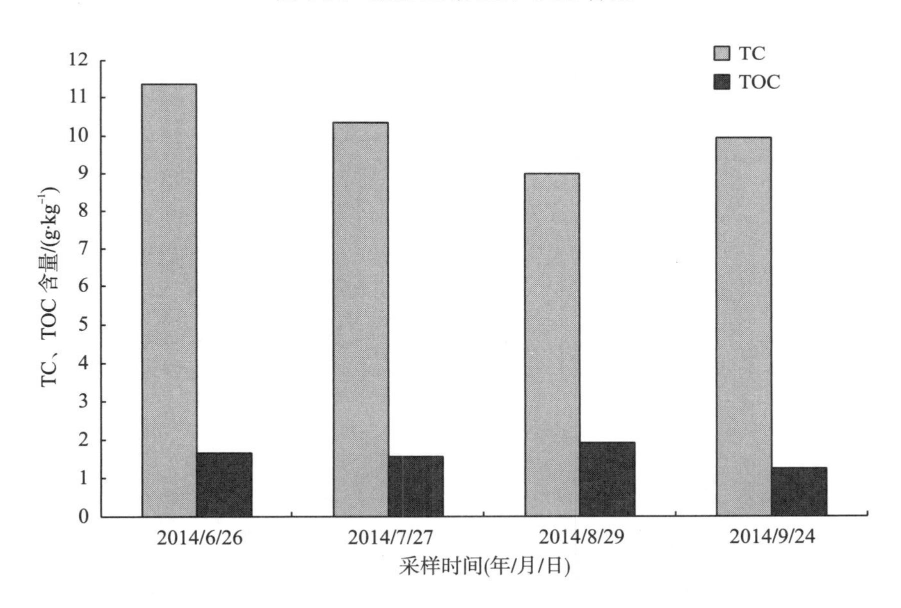

图 4-15　土壤 TC、TOC 平均含量

4.4　二荆条辣椒土壤固碳能力

二荆条辣椒植株 site1、site2 、site3、site4、site5 土壤固碳能力如图 4-16～图 4-20 所示。

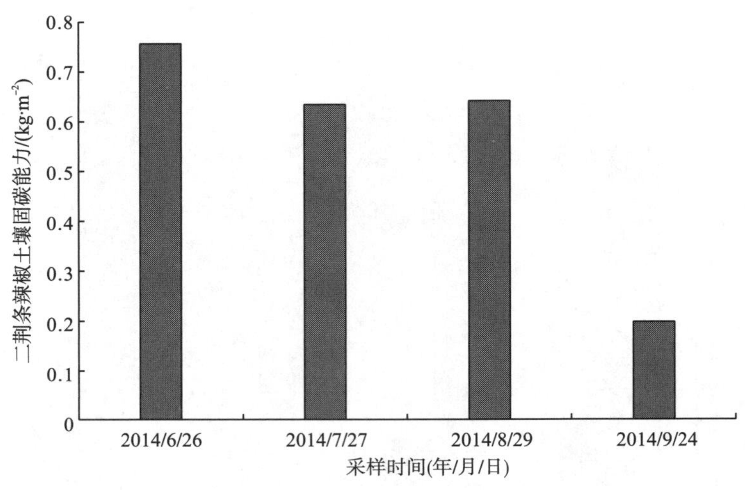

图 4-16　site1 土壤固碳能力

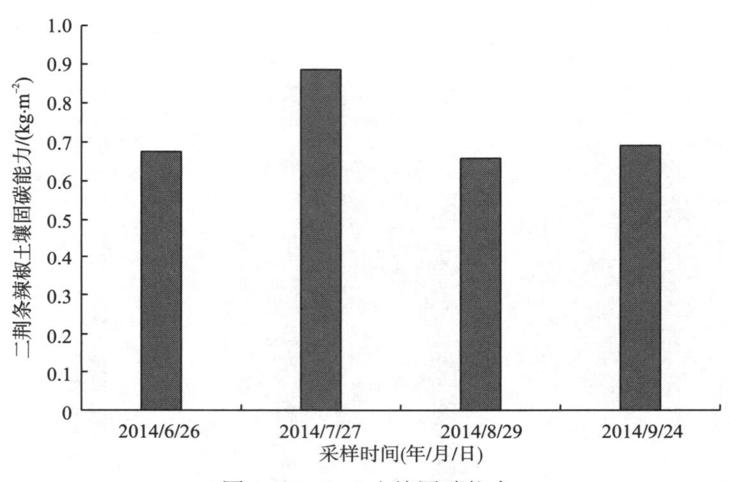

图 4-17　site2 土壤固碳能力

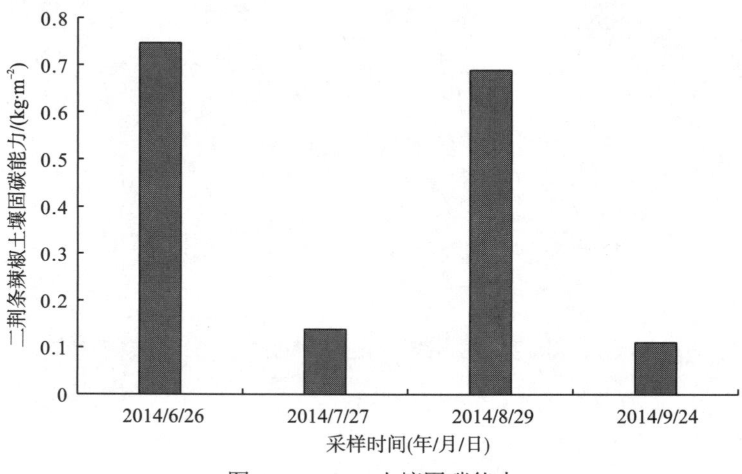

图 4-18　site3 土壤固碳能力

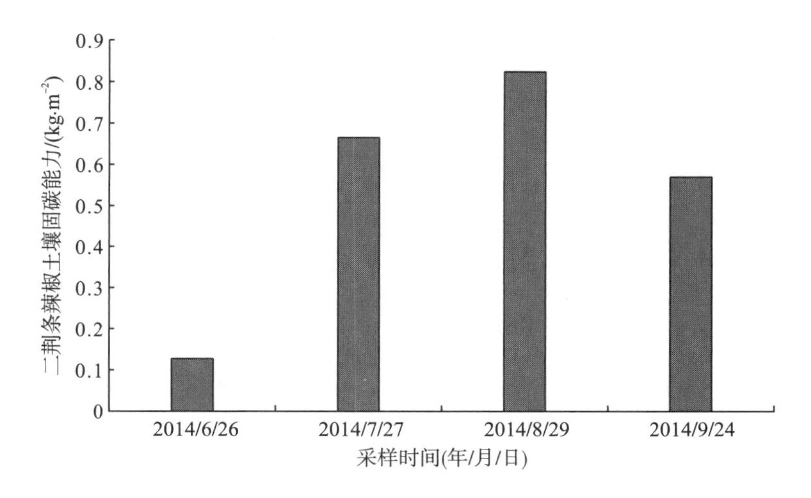

图 4-19　site4 土壤固碳能力

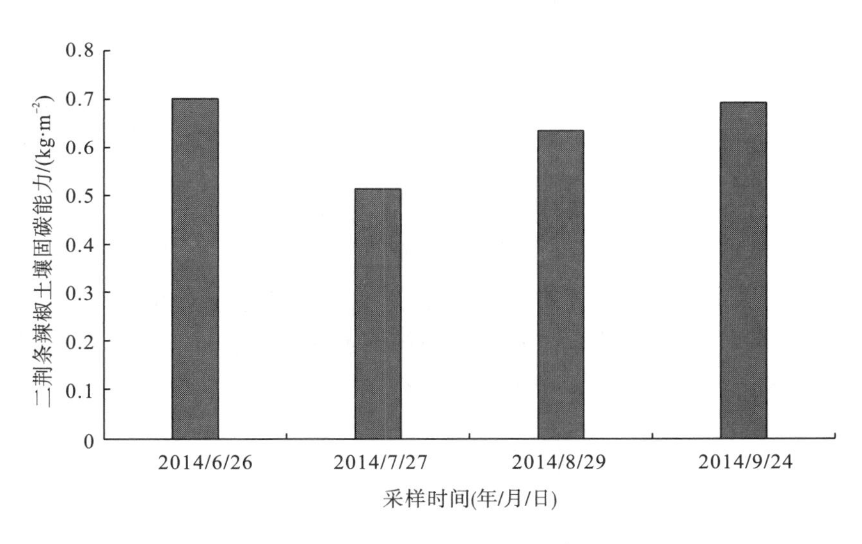

图 4-20　site5 土壤固碳能力

根据式(1-12)～式(1-14)，可计算得到 5 个二荆条辣椒土壤采样点的月平均土壤固碳能力为 0.005003 $kg·m^{-2}$。二荆条辣椒种植面积为 2 亩，即 0.1333hm^2，因此，二荆条辣椒土壤固碳(以 TOC 计)量为 2436.2 $kg·a^{-1}$，等价于 18271.96 $kg·a^{-1}·hm^{-2}$，即胥家镇 2 亩二荆条辣椒种植 LCA 各个环节中，二荆条辣椒土壤固碳(以 TOC 计)量为 2.44 $t·a^{-1}$，二荆条辣椒土壤固碳(以 TOC 计)量为 18.27 $t·a^{-1}·hm^{-2}$。

由此可知，二荆条辣椒土壤固碳量(以 CO_2-eq 计)为 8932.72 kg CO_2-eq·a^{-1}，即 66995.57 kg CO_2-eq·$a^{-1}·hm^{-2}$。通过换算，二荆条辣椒土壤固碳(以 CO_2-eq 计)量为 8.93t CO_2-eq·a^{-1}，即 67.00 t CO_2-eq·$a^{-1}·hm^{-2}$。

4.5 二荆条辣椒碳标签

二荆条辣椒种植面积为 2 亩，二荆条辣椒植株为 1978 株，单株猕猴桃所占水平方向的平均面积为 0.196 m^2(平均半径约为 0.25m)，种植时间平均为 5 个月。

1. 二荆条辣椒植株和土壤的 CO_2 排放

二荆条辣椒植株排放的 CO_2 总量为 648.64 $kg·a^{-1}$，二荆条辣椒植株土壤排放的 CO_2 总量为 8765.87$kg·a^{-1}$。

二荆条辣椒植株和土壤的 CO_2 总排放量为 9414.51 $kg·a^{-1}$，即 70609.00 $kg·a^{-1}·hm^{-2}$。通过换算，二荆条辣椒和土壤的 CO_2 总排放为 9.41 $t·a^{-1}$，即 70.61 $t·a^{-1}·hm^{-2}$。

2. 二荆条辣椒土壤的固碳量

种植二荆条辣椒土壤的固碳量平均为 0.005003 $kg·m^{-2}$，因此，二荆条辣椒土壤固碳量(以 CO_2-eq 计)为 8932.72 kg CO_2-eq·a^{-1}，即 66995.57 kg CO_2-eq·$a^{-1}·hm^{-2}$。也就是说，二荆条辣椒土壤固碳(以 CO_2-eq 计)量为 8.93 t CO_2 eq·a^{-1}，即 67.00 t CO_2-eq·$a^{-1}·hm^{-2}$。

3. 二荆条辣椒植株和二荆条鲜辣椒的固碳量

二荆条辣椒植株固碳(以 TC 计)总量为 33.87kg，二荆条辣椒鲜果实固碳(以 TC 计)总量为 6.2813 kg，即二荆条植株和鲜果实的固碳(以 CO_2-eq 计)总量为 147.222 kg CO_2·eq·a^{-1}。通过换算，二荆条植株和鲜果实的固碳(以 CO_2- eq 计)总量为 0.147 t $CO_2·a^{-1}$，即 1.1 t $CO_2·a^{-1}·hm^{-2}$。

4. 二荆条鲜辣椒的碳标签

二荆条辣椒植株和土壤的 CO_2 净排放量为 334.571 kg，二荆条辣椒产量为 1400 kg。因此，二荆条鲜辣椒碳标签(以 CO_2-eq 计) 为 0.238979 $kg·kg^{-1}$，即每生产 1 kg 二荆条鲜辣椒，排放 0.238979 kg CO_2。

目前，有关蔬菜碳标签的报道如表 4-1 所示。

表 4-1 全球的蔬菜碳标签

产品(1kg)	碳标签(kg CO_2-Eq)	数据库来源(Ecoinvent 2016)	指标依据(IPCC 2001)	备注
二荆条鲜辣椒(Pepper Erjingtiao)，fresh grade for market	0.238979	无	实测，5～9 月	二荆条辣椒，本书研究，中国四川省都江堰市胥家镇
green bell pepper//[GLO] green bell pepper production	0.910845	Ecoinvent 3.3	GWP 20a(IPCC, 2001)	甜椒，全球
green bell pepper//[GLO] market for green bell pepper	1.10239	Ecoinvent 3.3	GWP 20a(IPCC, 2001)	甜椒，全球

续表

产品(1kg)	碳标签 (kg CO_2-Eq)	数据库来源 (Ecoinvent 2016)	指标依据 (IPCC 2001)	备注
tomato, fresh grade//[NL] tomato production, fresh grade, in heated greenhouse	1.0358672	Ecoinvent 3.3	GWP 20a (IPCC, 2001)	西红柿，荷兰
tomato, fresh grade//[ES] tomato production, fresh grade, in unheated greenhouse	0.3436563	Ecoinvent 3.3	GWP 20a (IPCC, 2001)	西红柿，西班牙
tomato, fresh grade//[MX] tomato production, fresh grade, open field	0.20467488	Ecoinvent 3.3	GWP 20a (IPCC, 2001)	西红柿，墨西哥
tomato seedling, for planting//[GLO] market for tomato seedling, for planting	0.037623966	Ecoinvent 3.3	GWP 20a (IPCC, 2001)	西红柿，全球
tomato, fresh grade//[GLO] market for tomato, fresh grade	0.54414731	Ecoinvent 3.3	GWP 20a (IPCC, 2001)	西红柿，全球
tomato, processing grade//[GLO] market for tomato, processing grade	0.23666318	Ecoinvent 3.3	GWP 20a (IPCC, 2001)	西红柿，全球
cauliflower//[GLO] cauliflower production	0.35249197	Ecoinvent 3.3	GWP 20a (IPCC, 2001)	花椰菜，全球
cabbage red//[GLO] cabbage red production	0.29218159	Ecoinvent 3.3	GWP 20a (IPCC, 2001)	卷心菜，全球
cabbage white//[GLO] cabbage white production	0.28429071	Ecoinvent 3.3	GWP 20a (IPCC, 2001)	卷心菜，全球
oat grain, feed//[GLO] market for oat grain, feed	0.73587279	Ecoinvent 3.3	GWP 20a (IPCC, 2001)	燕麦，全球
oat grain//[GLO] market for oat grain	0.65990418	Ecoinvent 3.3	GWP 20a (IPCC, 2001)	燕麦，全球
oat seed, for sowing//[GLO] market for oat seed, for sowing	0.69615405	Ecoinvent 3.3	GWP 20a (IPCC, 2001)	燕麦，全球
oat seed, Swiss integrated production, at farm//[GLO] market for oat seed, Swiss integrated production, at farm	0.66725634	Ecoinvent 3.3	GWP 20a (IPCC, 2001)	燕麦，全球
pea seed, for sowing//[GLO] market for pea seed, for sowing	0.50456446	Ecoinvent 3.3	GWP 20a (IPCC, 2001)	豌豆，全球
pea seed, organic, for sowing//[GLO] market for pea seed, organic, for sowing	0.85289671	Ecoinvent 3.3	GWP 20a (IPCC, 2001)	豌豆，全球
potato planting//[CH] potato planting	69.20317	Ecoinvent 3.3	GWP 20a (IPCC, 2001)	土豆，瑞士
potato, organic//[CH] potato production, organic	0.1338486	Ecoinvent 3.3	GWP 20a (IPCC, 2001)	土豆，瑞士
potato, Swiss integrated production//[CH] potato production, Swiss integrated production, intensive	0.090586459	Ecoinvent 3.3	GWP 20a (IPCC, 2001)	土豆，瑞士
potato//[CA-QC] potato production	0.24615628	Ecoinvent 3.3	GWP 20a (IPCC, 2001)	土豆，加拿大魁北克省
potato//[CN] potato production	0.27710011	Ecoinvent 3.3	GWP 20a (IPCC, 2001)	土豆，中国
potato//[IN] potato production	0.38097534	Ecoinvent 3.3	GWP 20a (IPCC, 2001)	土豆，印度
potato//[RU] potato production	0.16379382	Ecoinvent 3.3	GWP 20a (IPCC, 2001)	土豆，俄罗斯
potato//[UA] potato production	0.22133234	Ecoinvent 3.3	GWP 20a (IPCC, 2001)	土豆，乌克兰
potato//[US] potato production	0.19749502	Ecoinvent 3.3	GWP 20a (IPCC, 2001)	土豆，美国

续表

产品(1kg)	碳标签 (kg CO_2-Eq)	数据库来源 (Ecoinvent 2016)	指标依据 (IPCC 2001)	备注
potato seed, at farm//[GLO] potato seed production, at farm	0.14894392	Ecoinvent 3.3	GWP 20a(IPCC, 2001)	土豆，全球
potato seed, for setting//[GLO] potato seed production, for setting	0.34092631	Ecoinvent 3.3	GWP 20a(IPCC, 2001)	土豆，全球
potato seed, organic, at farm//[CH] potato seed production, organic, at farm	0.1866287	Ecoinvent 3.3	GWP 20a(IPCC, 2001)	土豆，瑞士
potato seed, organic, for setting//[CH] potato seed production, organic, for setting	0.3248967	Ecoinvent 3.3	GWP 20a(IPCC, 2001)	土豆，瑞士
potato seed, Swiss integrated production, at farm//[CH] potato seed production, Swiss integrated production, at farm	0.14089622	Ecoinvent 3.3	GWP 20a(IPCC, 2001)	土豆，瑞士
potato seed, Swiss integrated production, for setting//[CH] potato seed production, Swiss integrated production, for setting	0.17497377	Ecoinvent 3.3	GWP 20a(IPCC, 2001)	土豆，瑞士
potato starch//[DE] potato starch production	0.62608692	Ecoinvent 3.3	GWP 20a(IPCC, 2001)	土豆，丹麦
palm fruit bunch//[GLO] market for palm fruit bunch	0.637574	Ecoinvent 3.3	GWP 20a(IPCC, 2001)	棕榈果，全球
palm fruit bunch//[ID] palm fruit bunch production	1.221212	Ecoinvent 3.3	GWP 20a(IPCC, 2001)	棕榈果，印度尼西亚
palm fruit bunch//[MY] palm fruit bunch production	0.947324	Ecoinvent 3.3	GWP 20a(IPCC, 2001)	棕榈果，马来西亚
palm fruit bunch//[RoW] palm fruit bunch production	0.309921	Ecoinvent 3.3	GWP 20a(IPCC, 2001)	棕榈果，世界其他地区
fruit tree seedling, for planting//[CH] fruit tree seedling production, for plating	0.704598	Ecoinvent 3.3	GWP 20a(IPCC, 2001)	以 1 个 unit 为基准，不是产品重量，瑞士
fruit tree seedling, for planting//[GLO] market for fruit tree seedling, for planting	1.346541	Ecoinvent 3.3	GWP 20a(IPCC, 2001)	以 1 个 unit 为基准，不是产品重量，全球
fruit tree seedling, for planting//[RoW] fruit tree seedling production, for plating	1.344165	Ecoinvent 3.3	GWP 20a(IPCC, 2001)	以 1 个 unit 为基准，不是产品重量，世界其他地区

目前，还未见关于二荆条辣椒碳标签的报道，Ecoinvent 3.3 数据库中只有 2 个关于甜椒的数据：以 IPCC 2001 年颁布的气候变化中的指标(GWP 20a)为准(IPCC 2001)：①生产 1kg 的甜椒(green bell pepper//[GLO] green bell pepper production：全球范围内的钟型甜椒)为 0.910845 kg CO_2-Eq；②生产 1kg 的甜椒产品(green bell pepper//[GLO] market for green bell pepper：全球范围内的钟型甜椒)为 1.10239 kg CO_2-Eq(Ecoinvent 2016)。可见，本书研究的二荆条鲜辣椒碳标签(0.238979kgCO_2-Eq)低于甜椒的碳标签值，是甜椒的 0.22～0.26 倍，比甜椒碳标签低近 80%。

同时，通过比较发现，本书研究的二荆条鲜辣椒碳标签(0.238979 kg CO_2-eq)大于大部分土豆(potato//[CN] potato production(中国的)0.27710011、potato//[IN] potato production（印度的）0.38097534、potato//[RU] potato production（俄罗斯的）0.16379382、potato//[UA] potato production（乌克兰的）0.22133234、potato//[US] potato production（美国的）0.19749502）的碳标签；低于卷心菜和花椰菜的碳标签；高于中国的土豆碳标签；略高于墨西哥田间种植的西红柿碳标签（tomato, fresh grade//[MX] tomato production, fresh grade, open field（墨西哥的）0.20467488），低于田间种植的西红柿碳标签（tomato, fresh grade//[GLO] market for tomato, fresh grade（全球的）0.54414731），也低于温室大棚种植的西红柿碳标签（tomato, fresh grade//[NL] tomato production, fresh grade, in heated greenhouse（荷兰的）1.0358672；tomato, fresh grade//[ES] tomato production, fresh grade, in unheated greenhouse（西班牙的）0.3436563）。大棚种植西红柿的碳标签是田间种植二荆条鲜辣椒碳标签的 1.4～4.3 倍。

本书研究的二荆条鲜辣椒碳标签仅仅反映了二荆条辣椒 1 个生产周期（5～9 月）的实测数据，还需要长期监测，才能获得更为精确的二荆条辣椒碳标签数据，希望政府部门能继续资助本书研究的进一步地开展。

第 5 章　农业果蔬产品碳足迹核算与查证标准

四川农业果蔬产品碳足迹的核算主要包括材料碳足迹、材料运输碳足迹(交通运输碳足迹)、人力碳足迹(人力生态碳足迹)、水消费碳足迹、电力消费碳足迹 5 个内容，公式见 1.4.1.12 节。

产品碳足迹的查证在国际上尚未有一致性准则，参考最权威的英国 Carbon Trust 和国际 UKAS(United Kingdom Accreditation Service，英国皇家认可委员会)的产品碳足迹查证标准，本章整理了国外相关产品碳足迹核算标准，建立了适合四川省猕猴桃鲜果农产品碳足迹核算的标准指南。

5.1　猕猴桃各个 LCA 环节碳足迹核算与查证参考指南

根据研究区域实情，四川省都江堰市胥家镇邹华刚家的猕猴桃鲜果产品的 LCA 主要包括：场地整理阶段、种苗阶段、嫁接阶段、生产与田间管理阶段、果实收获阶段、销售阶段和消费后废弃物处理阶段。

现就四川省都江堰市胥家镇邹华刚家的猕猴桃鲜果产品的碳足迹核算和查证参考指南做详细阐述。

5.1.1　猕猴桃场地整理阶段 LCA 环节

猕猴桃场地整理阶段 LCA 环节主要包括去除杂物、翻地、测量规划、修水池、栽水泥桩、挖土垄、挖沟、垃圾清理这些环节。

1. 材料碳足迹

猕猴桃场地整理阶段 LCA 环节中，材料碳足迹如图 5-1 所示。其中，测量规划为 $0.058\ g{\cdot}hm^{-2}{\cdot}a^{-1}$，栽水泥桩为 $0.390\ g{\cdot}hm^{-2}{\cdot}a^{-1}$，修水池为 $0.530\ g{\cdot}hm^{-2}{\cdot}a^{-1}$，翻地为 $0.719\ g{\cdot}hm^{-2}{\cdot}a^{-1}$，去除杂物为 $1.905\ g{\cdot}hm^{-2}{\cdot}a^{-1}$，垃圾清理为 $3.174\ g{\cdot}hm^{-2}{\cdot}a^{-1}$，材料消耗过程的碳足迹为 $6.776\ g{\cdot}hm^{-2}{\cdot}a^{-1}$。

2. 人力碳足迹

猕猴桃场地整理阶段 LCA 环节中，在场地整理过程中，人力的食物消费碳足迹如图 5-2 所示，饮用水消费碳足迹如图 5-3 所示，人力碳足迹如图 5-4 所示。其中，人力的

食物消费碳足迹为 7.8×10^{-3} $g\cdot hm^{-2}\cdot a^{-1}$，饮用水消费碳足迹为 1.17×10^{3} $g\cdot hm^{-2}\cdot a^{-1}$，人力碳足迹为 1.17×10^{3} $g\cdot hm^{-2}\cdot a^{-1}$。

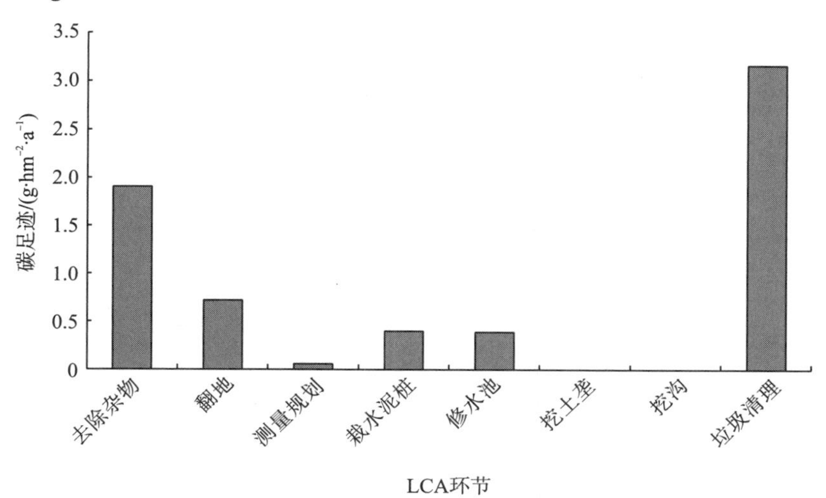

图 5-1　猕猴桃场地整理阶段 LCA 环节材料碳足迹

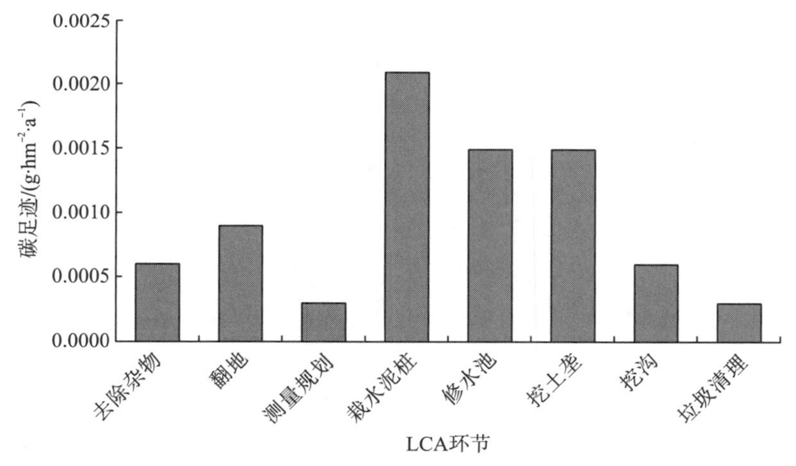

图 5-2　猕猴桃场地整理阶段 LCA 环节人力的食物消费碳足迹

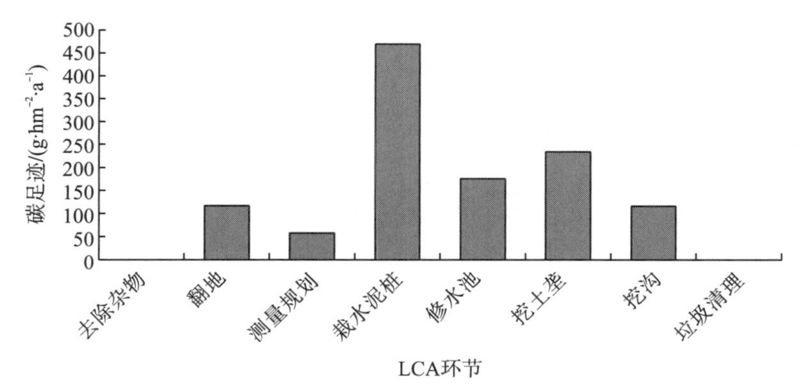

图 5-3　猕猴桃场地整理阶段 LCA 环节人力饮用水消费碳足迹

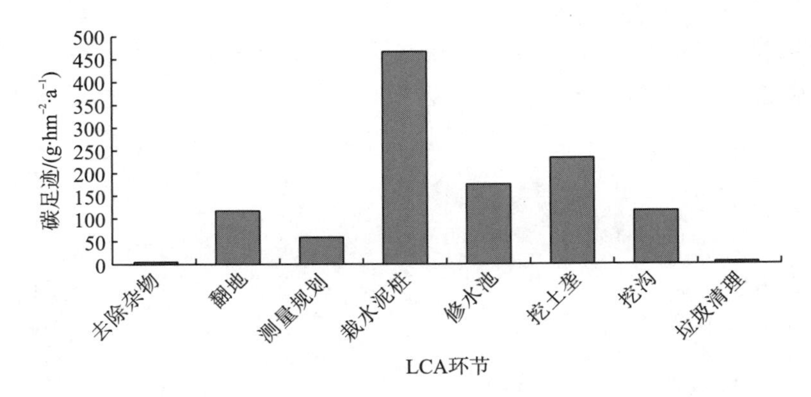

图 5-4 猕猴桃场地整理阶段 LCA 环节人力碳足迹

3. 材料运输碳足迹

猕猴桃场地整理阶段 LCA 环节中，所需材料需要进行运输，材料运输碳足迹为 9171.538 $g·hm^{-2}·a^{-1}$，如图 5-5 所示。

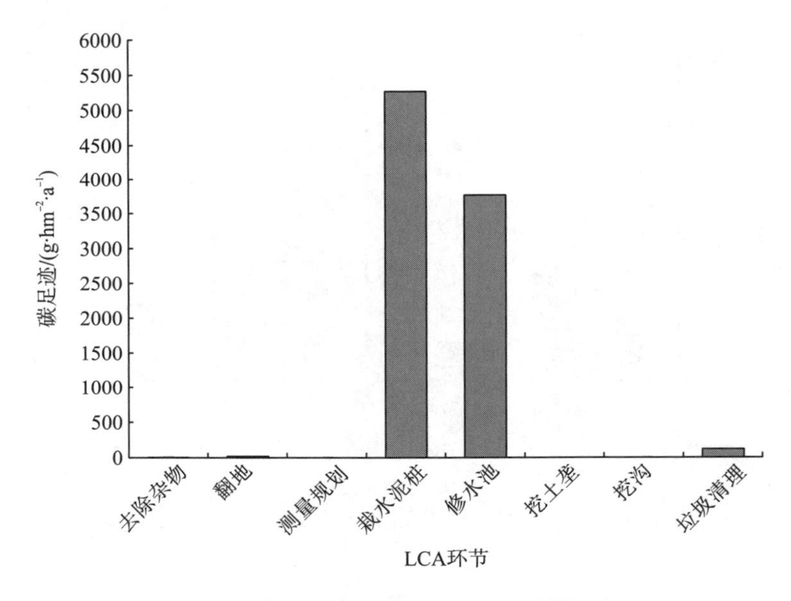

图 5-5 猕猴桃场地整理阶段 LCA 环节材料运输碳足迹

4. 水消费碳足迹

猕猴桃场地整理阶段 LCA 环节中水消费碳足迹为 $4.58×10^{-4}$ $g·hm^{-2}·a^{-1}$，如图 5-6 所示。

5. 猕猴桃场地整理阶段 LCA 碳足迹汇总

猕猴桃场地整理阶段 LCA 环节中，碳足迹汇总如图 5-7 所示。猕猴桃场地整理阶段 LCA 碳足迹汇总为 10348.71 $g·hm^{-2}·a^{-1}$。其中，材料碳足迹为 6.776 $g·hm^{-2}·a^{-1}$，人力碳足迹为 1170.4 $g·hm^{-2}·a^{-1}$，材料运输碳足迹为 9171.538 $g·hm^{-2}·a^{-1}$，水消费碳足迹为 $4.58×10^{-4}$ $g·hm^{-2}·a^{-1}$，电力消费碳足迹为 0 $g·hm^{-2}·a^{-1}$。可见，材料运输碳足迹所占比例最大，占猕猴桃场地整理阶段 LCA 环节碳足迹的 88.6%。

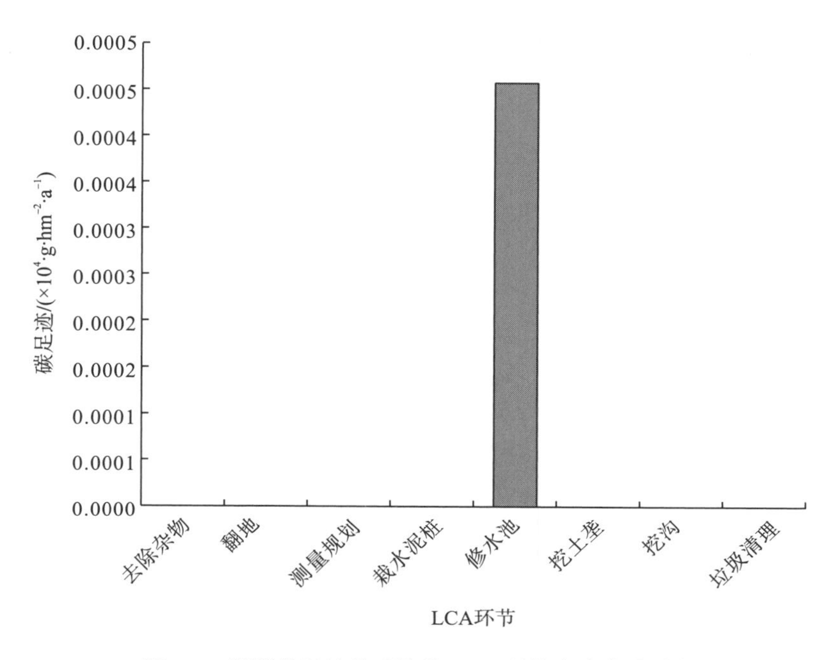

图 5-6　猕猴桃场地整理阶段 LCA 环节水消费碳足迹

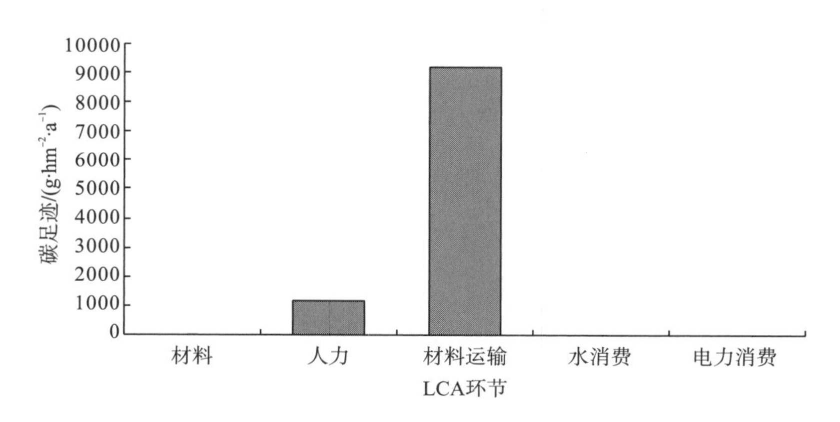

图 5-7　猕猴桃场地整理阶段 LCA 环节碳足迹汇总

6. 猕猴桃场地整理阶段 LCA 费用

猕猴桃场地整理阶段 LCA 环节中，所需各项费用如图 5-8 所示，总计费用为 75204.47 元，其中。去除杂物费用为 839.41 元、翻地费用为 486.47 元、测量规划费用为 177.34 元、栽水泥桩费用为 62156.04 元、修水池费用为 5966.97 元、挖土垄费用为 4512.8 元、挖沟费用为 980 元、垃圾清理费用为 85.44 元。可见，费用最多的是栽水泥桩，主要包括购买水泥和钢筋，占猕猴桃场地整理阶段 LCA 环节总费用的 82.65%，说明猕猴桃种植前期主要投入就是栽水泥桩。整个猕猴桃生产地为 20 亩，则猕猴桃场地整理阶段 LCA 环节费用为 3760.22 元/亩。

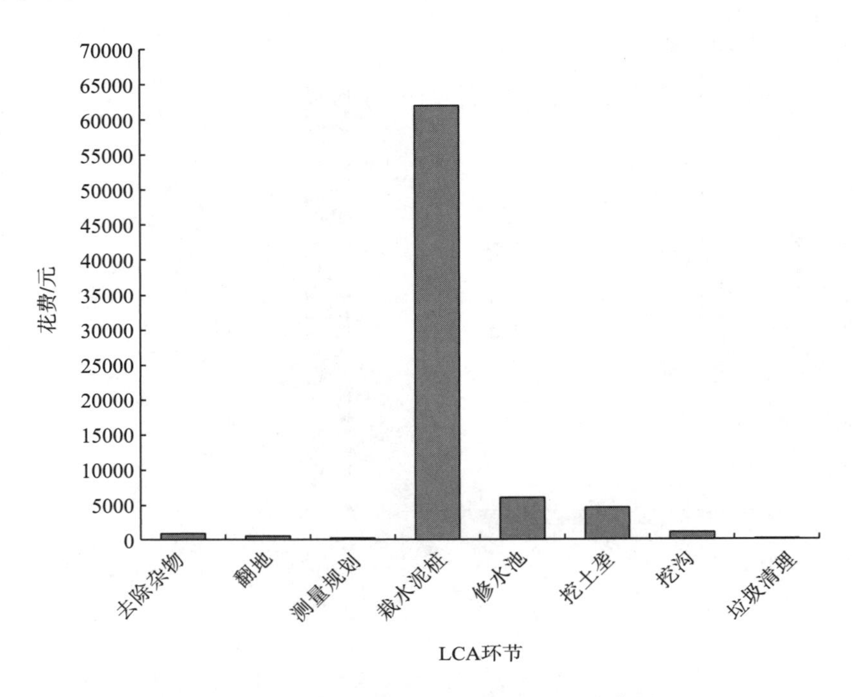

图 5-8 猕猴桃场地整理阶段 LCA 环节费用

5.1.2 猕猴桃嫁接阶段 LCA 环节

1. 材料碳足迹

猕猴桃嫁接阶段 LCA 环节中，材料碳足迹如图 5-9 所示。其中，幼苗自购为 0.1218 $g\cdot hm^{-2}\cdot a^{-1}$，幼苗嫁接为 23.91 $g\cdot hm^{-2}\cdot a^{-1}$，幼苗废弃物处理为 8.912 $g\cdot hm^{-2}\cdot a^{-1}$，材料碳足迹为 32.9438 $g\cdot hm^{-2}\cdot a^{-1}$。

2. 人力碳足迹

猕猴桃嫁接阶段 LCA 环节中，进行嫁接的过程中，人力的食物消费碳足迹为 2.98×10^{-3} $g\cdot hm^{-2}\cdot a^{-1}$（图 5-10），饮用水消费碳足迹为 175.56 $g\cdot hm^{-2}\cdot a^{-1}$（图 5-11），人力碳足迹为 175.56 $g\cdot hm^{-2}\cdot a^{-1}$（图 5-12）。

3. 材料运输碳足迹

猕猴桃嫁接阶段 LCA 环节中，所需材料需要进行运输，材料运输碳足迹为 1092.3 $g\cdot hm^{-2}\cdot a^{-1}$，如图 5-13 所示。

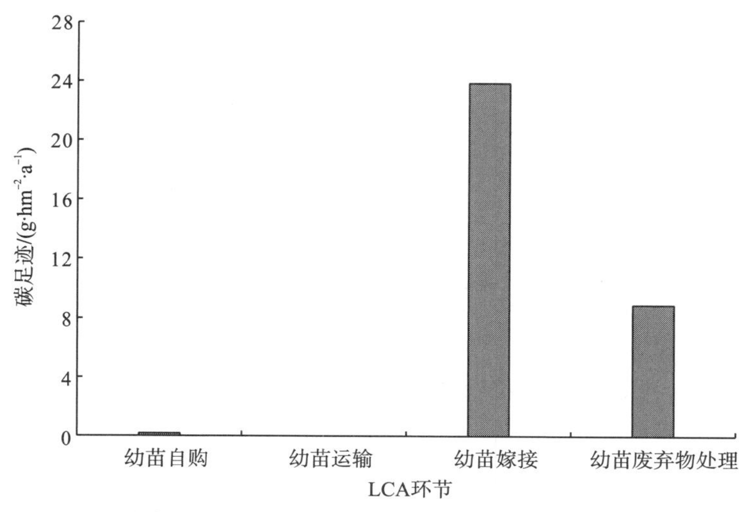

图 5-9　猕猴桃嫁接阶段 LCA 环节材料碳足迹

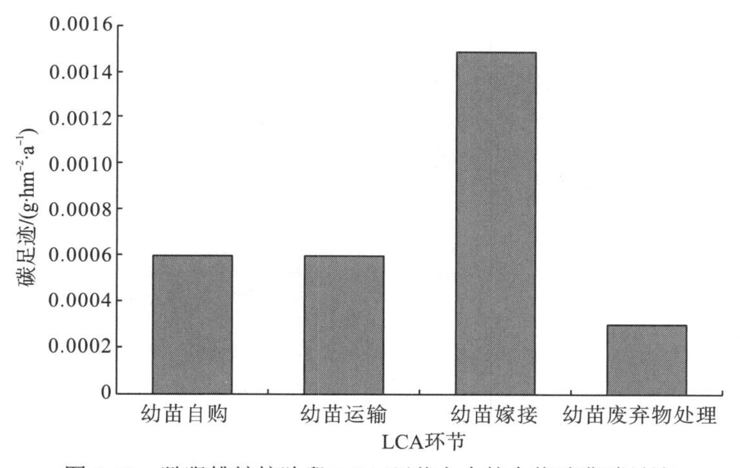

图 5-10　猕猴桃嫁接阶段 LCA 环节人力的食物消费碳足迹

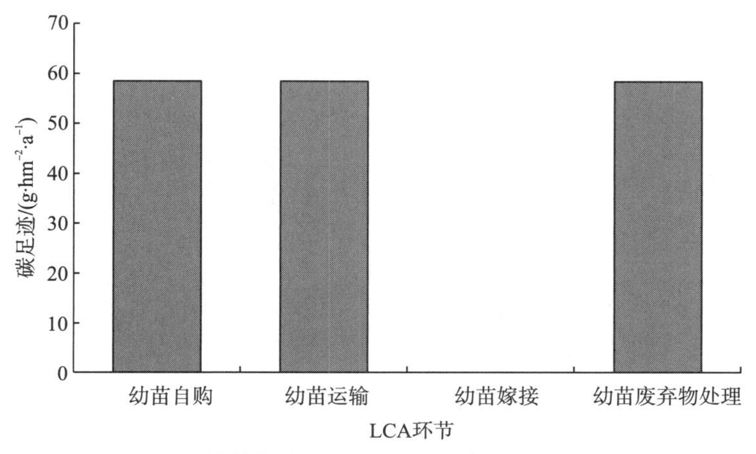

图 5-11　猕猴桃嫁接阶段 LCA 环节人力的饮用水消费碳足迹

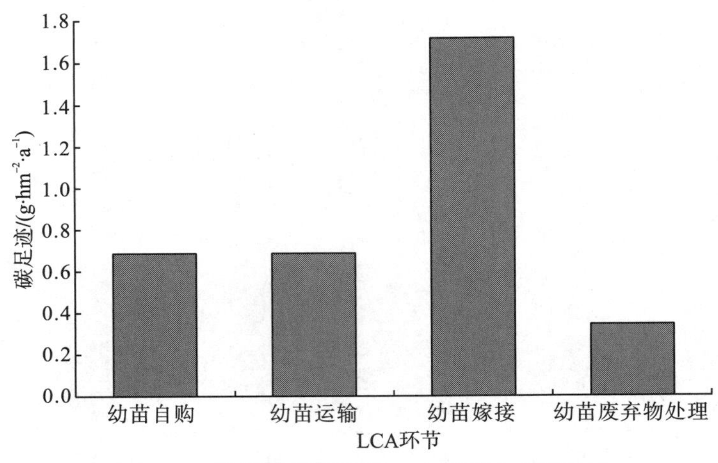

图 5-12 猕猴桃嫁接阶段 LCA 环节人力碳足迹

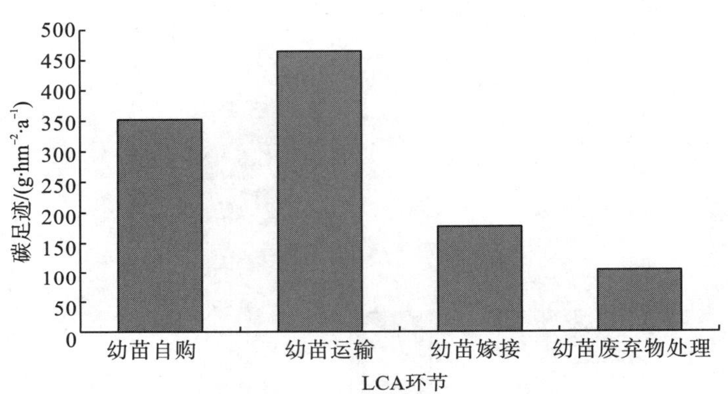

图 5-13 猕猴桃嫁接阶段 LCA 环节材料运输碳足迹

4. 水消费碳足迹

猕猴桃嫁接阶段 LCA 环节中，水消费碳足迹为 0.010 g·hm^{-2}·a^{-1}，如图 5-14 所示。

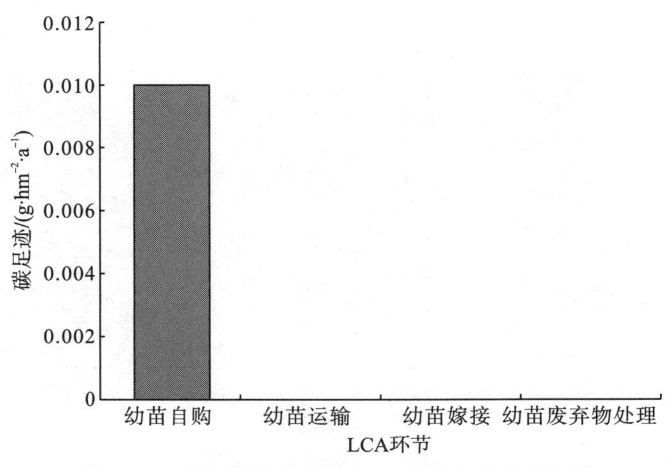

图 5-14 猕猴桃嫁接阶段 LCA 环节水消费碳足迹

5. 猕猴桃嫁接阶段 LCA 碳足迹汇总

猕猴桃嫁接阶段 LCA 环节碳足迹为 1300.8138 $g·hm^{-2}·a^{-1}$(图 5-15)。其中，材料碳足迹为 32.9438 $g·hm^{-2}·a^{-1}$，人力碳足迹 175.56 $g·hm^{-2}·a^{-1}$，材料运输碳足迹为 1092.3 $g·hm^{-2}·a^{-1}$，水消费碳足迹为 0.010 $g·hm^{-2}·a^{-1}$，电力消费碳足迹为 0 $g·hm^{-2}·a^{-1}$。可见，材料运输碳足迹占比最大，占猕猴桃嫁接阶段 LCA 环节生态足迹的 83.97%。

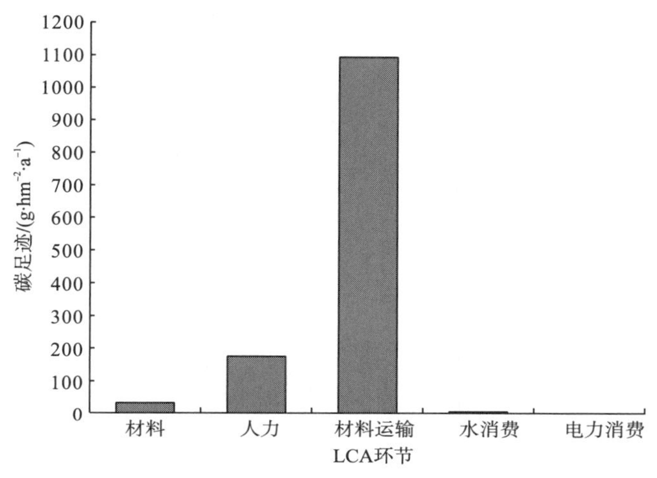

图 5-15　猕猴桃嫁接阶段 LCA 环节生态碳足迹

6. 猕猴桃嫁接阶段 LCA 费用

猕猴桃嫁接阶段 LCA 环节中，所需费用如图 5-16 所示，总计费用为 17909.58 元。其中，幼苗自购费用 12873.0 元、幼苗运输费用 1385.28 元、幼苗嫁接费用 3471.4 元、幼苗废弃物处理费用 179.9 元。可见，费用最多的是幼苗自购，占猕猴桃嫁接阶段 LCA 环节总费用的 71.88%，幼苗嫁接费用占 19.38%，说明猕猴桃幼苗自购投入是非常关键的投入。

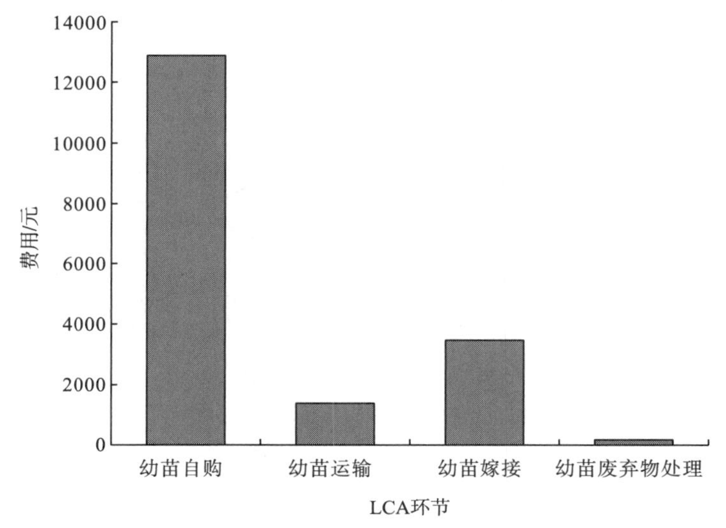

图 5-16　猕猴桃嫁接阶段 LCA 环节费用

整个猕猴桃生产面积为 20 亩，则猕猴桃嫁接阶段 LCA 环节费用为 895.479 元·亩$^{-1}$。

5.1.3 猕猴桃生产与田间管理阶段 LCA 环节

1. 材料碳足迹

猕猴桃生产与田间管理阶段 LCA 环节中，材料碳足迹如图 5-17 所示。其中，套果实保护袋碳足迹为 0.212 g·hm^{-2}·a^{-1}，其余皆为 0 g·hm^{-2}·a^{-1}，因此材料碳足迹为 0.212 g·hm^{-2}·a^{-1}。

2. 人力碳足迹

猕猴桃生产与田间管理阶段 LCA 环节中，人力的食物消费碳足迹为 0.004 g·hm^{-2}·a^{-1}（图 5-18），饮用水消费碳足迹为 1228.92 g·hm^{-2}·a^{-1}（图 5-19），人力垃圾生态碳足迹为 0.0004 g·hm^{-2}·a^{-1}，人力碳足迹为 1228.9244 g·hm^{-2}·a^{-1}（图 5-20）。

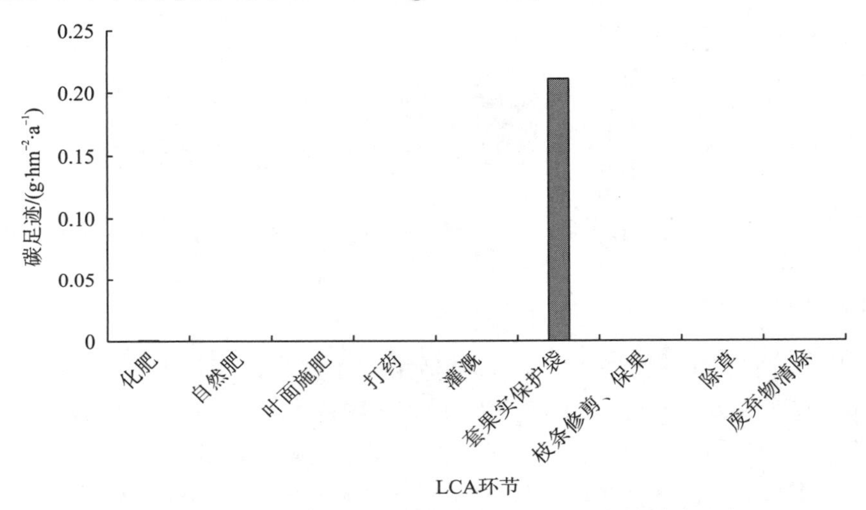

图 5-17 猕猴桃生产与田间管理阶段 LCA 环节材料碳足迹

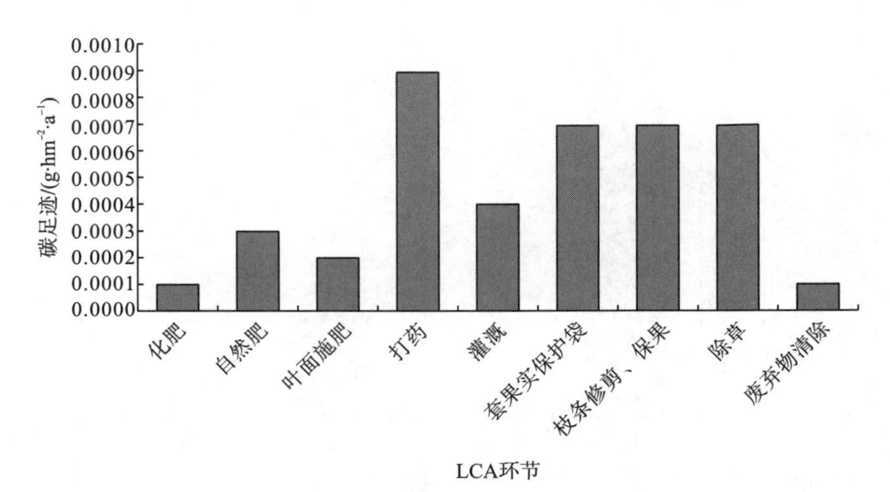

图 5-18 猕猴桃生产与田间管理阶段 LCA 环节人力的食物消费碳足迹

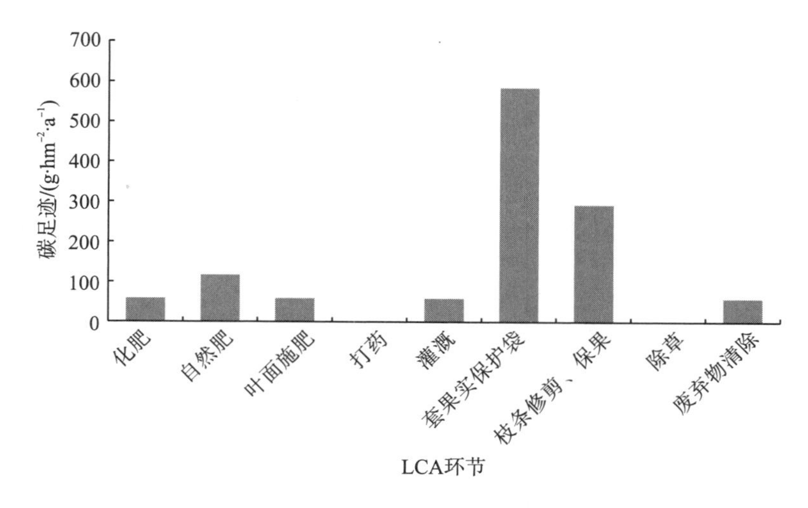

图 5-19　猕猴桃生产与田间管理阶段 LCA 环节人力饮用水消费碳足迹

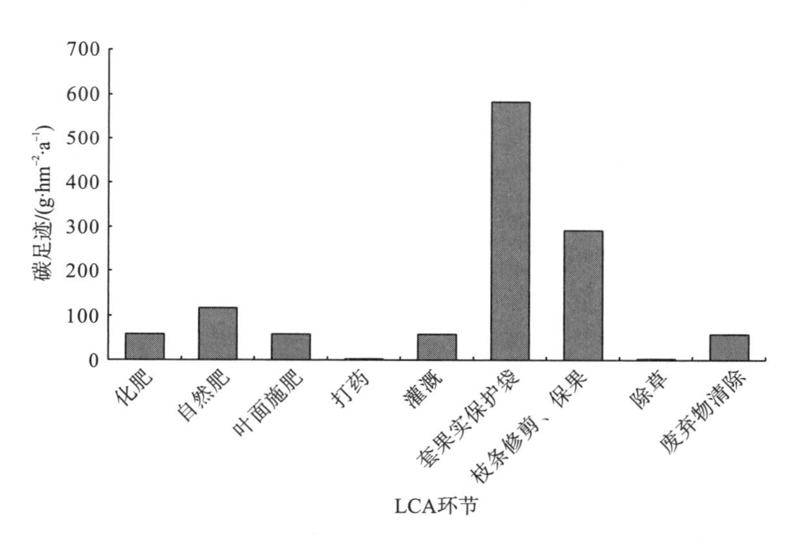

图 5-20　猕猴桃生产与田间管理阶段 LCA 环节人力碳足迹

3. 材料运输碳足迹

猕猴桃生产与田间管理阶段 LCA 环节中，所需材料需要进行运输，材料运输碳足迹为 330.3 $g{\cdot}hm^{-2}{\cdot}a^{-1}$(图 5-21)，其中，化肥碳足迹为 17.03 $g{\cdot}hm^{-2}{\cdot}a^{-1}$，自然肥碳足迹为 233.919 $g{\cdot}hm^{-2}{\cdot}a^{-1}$，叶面施肥碳足迹为 2.34 $g{\cdot}hm^{-2}{\cdot}a^{-1}$，打药碳足迹为 1.54 $g{\cdot}hm^{-2}{\cdot}a^{-1}$，灌溉碳足迹为 46.78 $g{\cdot}hm^{-2}{\cdot}a^{-1}$，套果实保护袋碳足迹为 3.62 $g{\cdot}hm^{-2}{\cdot}a^{-1}$，枝条修剪、保果碳足迹为 0 $g{\cdot}hm^{-2}{\cdot}a^{-1}$，除草碳足迹为 0.011 $g{\cdot}hm^{-2}{\cdot}a^{-1}$，废弃物清除碳足迹为 25.06 $g{\cdot}hm^{-2}{\cdot}a^{-1}$。

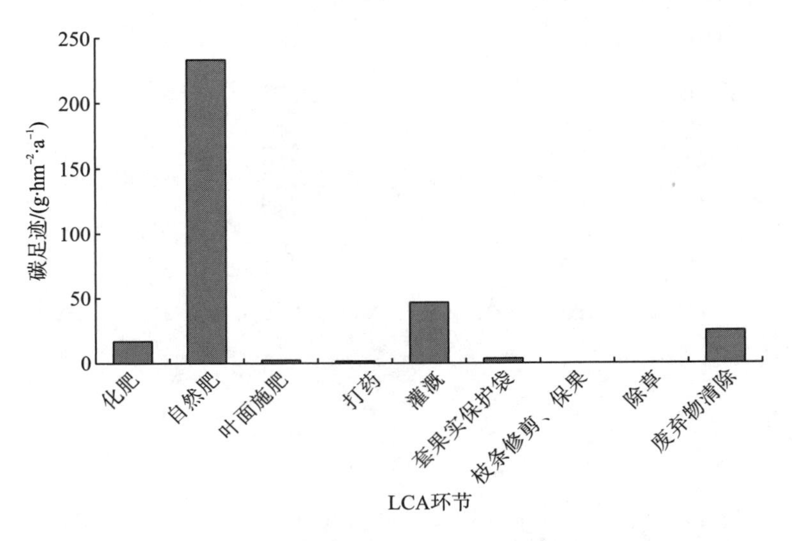

图 5-21　猕猴桃生产与田间管理阶段 LCA 环节材料运输碳足迹

4. 水消费碳足迹

猕猴桃生产与田间管理阶段 LCA 环节中，水消费碳足迹为 1.08 $g·hm^{-2}·a^{-1}$，几乎均为化肥的水消费碳足迹(图 5-22)。

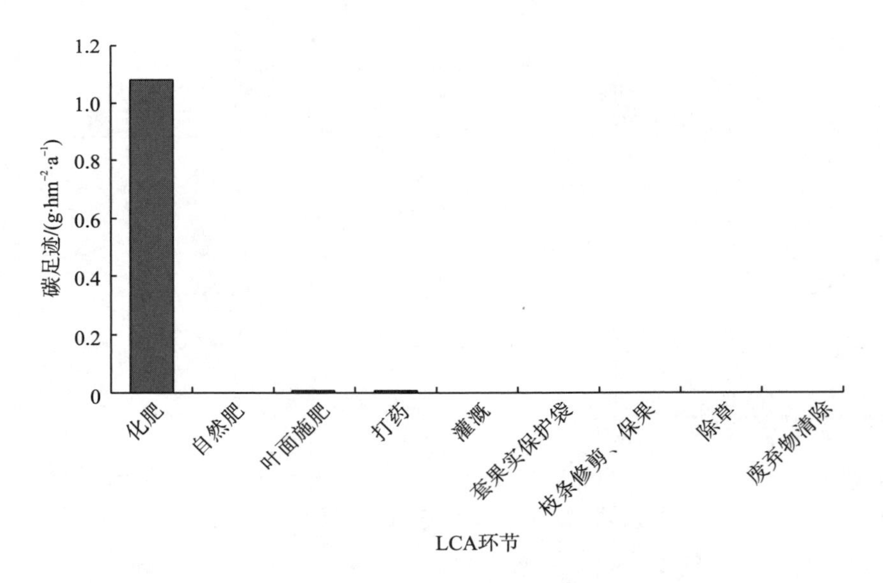

图 5-22　猕猴桃生产与田间管理阶段 LCA 环节水消费碳足迹

5. 猕猴桃生产与田间管理阶段 LCA 碳足迹汇总

猕猴桃生产与田间管理阶段 LCA 环节碳足迹汇总如图 5-23 所示。猕猴桃生产与田间管理阶段 LCA 碳足迹汇总为 1560.529 $g·hm^{-2}·a^{-1}$，其中，材料碳足迹为 0.212 $g·hm^{-2}·a^{-1}$，人力碳足迹为 1228.92 $g·hm^{-2}·a^{-1}$，材料运输碳足迹为 330.3 $g·hm^{-2}·a^{-1}$，水消费碳足迹为

1.08 $g·hm^{-2}·a^{-1}$，电力消费碳足迹为 0.017 $g·hm^{-2}·a^{-1}$。可见，人力碳足迹所占比例最大，占猕猴桃生产与田间管理阶段 LCA 环节碳足迹的 78.8%，其次为材料运输碳足迹，占 21.2%。

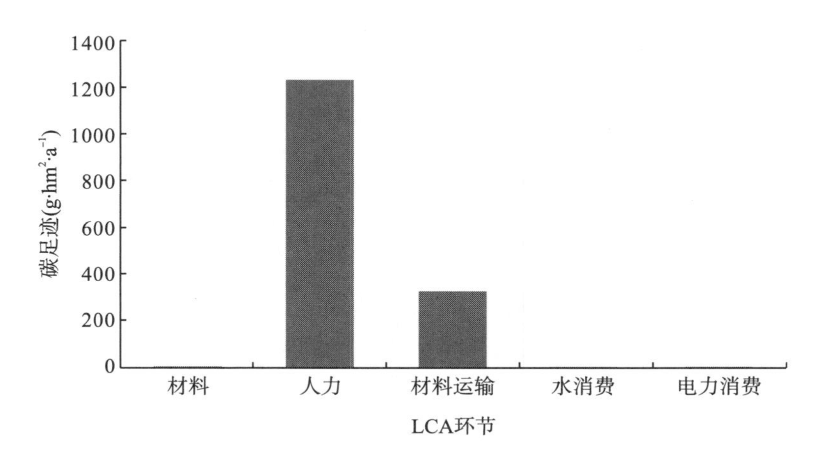

图 5-23　猕猴桃生产与田间管理阶段 LCA 环节碳足迹汇总

6. 猕猴桃生产与田间管理阶段 LCA 环节费用

猕猴桃生产与田间管理阶段 LCA 环节中，所需费用如图 5-24 所示，总计费用为 22429.5 元。其中，化肥费用为 14550.4 元，自然肥费用为 615.9 元，叶面施肥费用为 388.1 元，打药费用为 1430 元，灌溉费用为 3042.3 元，套果实保护袋费用为 2160.1 元，枝条修剪、保

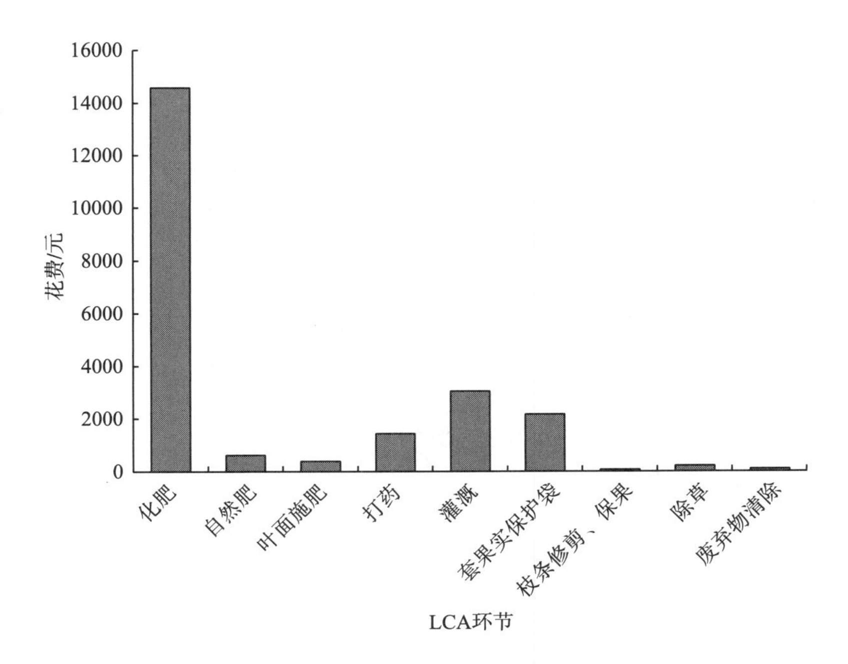

图 5-24　猕猴桃生产与田间管理阶段 LCA 环节费用

果费用为 12 元，除草费用为 160 元，废弃物清除费用为 70.7 元。可见，费用最多的前 4 位分别为：化肥费用、灌溉费用、套果实保护袋费用和打药费用，分别占猕猴桃生产和田间管理阶段 LCA 环节总费用的 64.9%、13.6%、9.6%和 6.4%，说明猕猴桃生产与田间管理主要费用为施肥费用、保果费用和排灌费用。整个猕猴桃种植面积为 20 亩，猕猴桃生产与田间管理阶段 LCA 环节费用为 1121.5 元/亩。

7. 猕猴桃生产与田间管理阶段 LCA 环节土壤固碳能力

1）猕猴桃生产与田间管理阶段 LCA 环节土壤 TOC 含量

对猕猴桃土壤进行采样，测定 TOC 含量，猕猴桃土壤 TOC 含量如图 5-25 所示，TOC 平均含量为 2.006 $g \cdot kg^{-1}$，最小值为 0.98 $g \cdot kg^{-1}$，最大值为 3.8 $g \cdot kg^{-1}$，标准偏差为 1.045 $g \cdot kg^{-1}$。

2）猕猴桃生产与田间管理阶段 LCA 环节土壤固碳能力

猕猴桃生产与田间管理阶段 LCA 环节猕猴桃土壤固碳能力如图 5-26 所示。猕猴桃土壤固碳平均能力为 1.44 $kg \cdot m^{-2}$，最小值为 0.765 $kg \cdot m^{-2}$，最大值为 2.937 $kg \cdot m^{-2}$，标准偏差为 1.045 $kg \cdot m^{-2}$。

3）猕猴桃生产与田间管理阶段 LCA 环节猕猴桃植株 CO_2 释放能力

猕猴桃生产与田间管理阶段 LCA 环节猕猴桃植株 CO_2 释放能力如图 5-27 所示。猕猴桃植株 CO_2 平均释放能力为 0.0289 $kg \cdot m^{-2}$，最小值为 0.00019 $kg \cdot m^{-2}$，最大值为 0.143 $kg \cdot m^{-2}$，标准偏差为 0.033 $kg \cdot m^{-2}$。

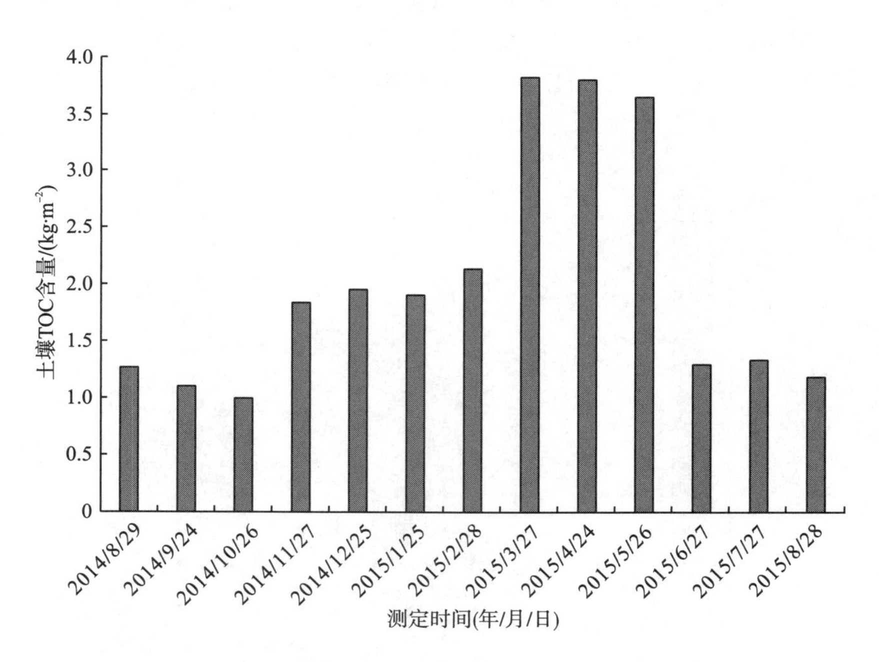

图 5-25 猕猴桃生产与田间管理阶段 LCA 环节土壤 TOC 含量

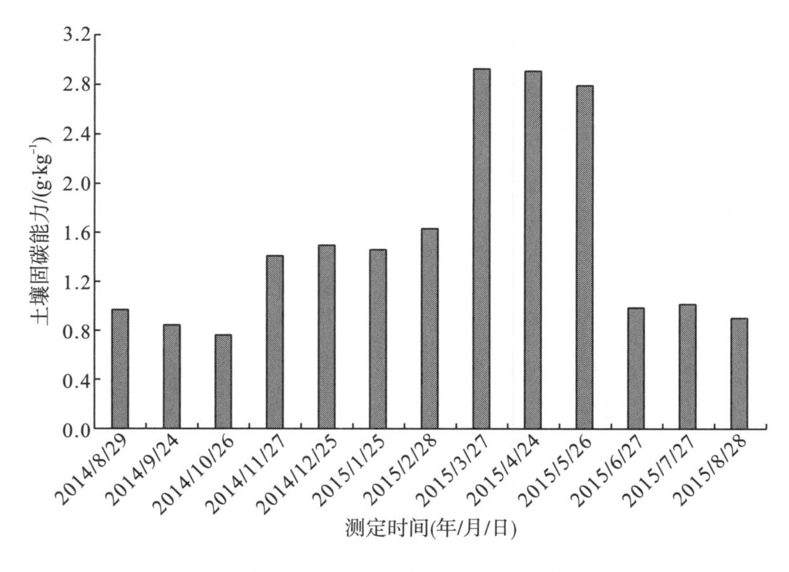

图 5-26　猕猴桃生产与田间管理阶段 LCA 环节土壤固碳能力

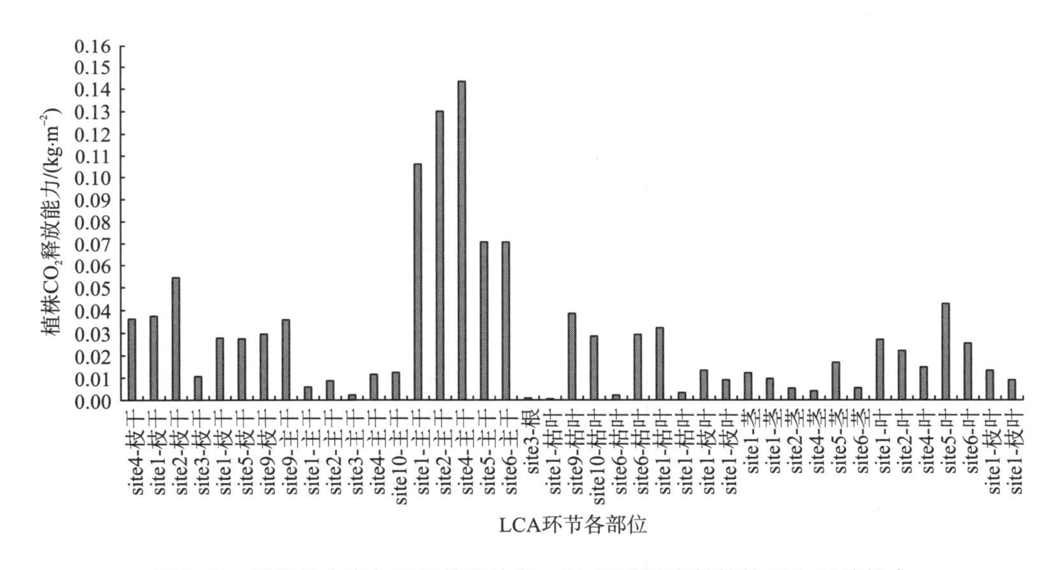

图 5-27　猕猴桃生产与田间管理阶段 LCA 环节猕猴桃植株 CO_2 释放能力

5.1.4　猕猴桃果实收获阶段 LCA 环节

1. 材料碳足迹

猕猴桃果实收获阶段 LCA 环节，材料碳足迹如图 5-28 所示。其中，果实采摘的碳足迹为 0.9793 $g·hm^{-2}·a^{-1}$，鲜果堆放的碳足迹为 4.5×10^{-5} $g·hm^{-2}·a^{-1}$，废弃物清除的碳足迹为 0 $g·hm^{-2}·a^{-1}$，材料碳足迹为 0.9793 $g·hm^{-2}·a^{-1}$。

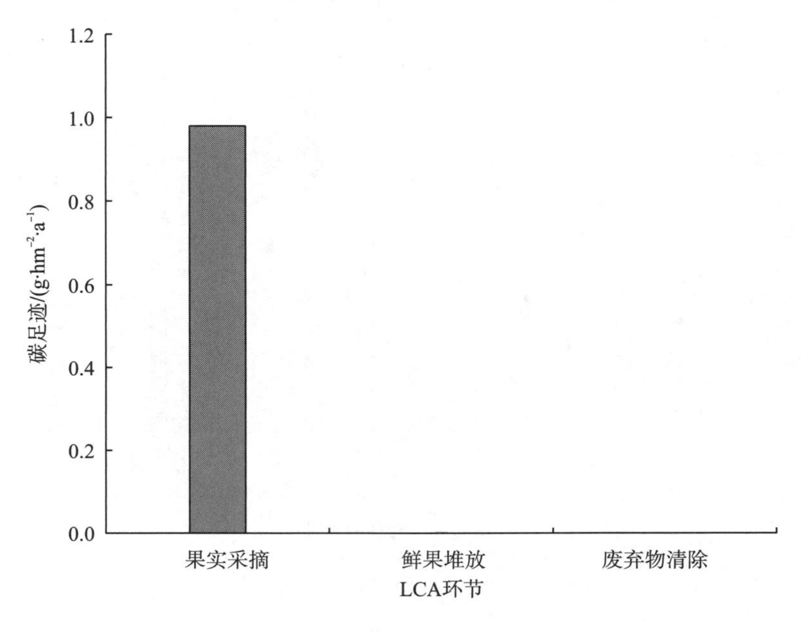

图 5-28 猕猴桃果实收获阶段 LCA 环节材料碳足迹

2. 人力碳足迹

猕猴桃果实收获 LCA 环节中，进行场地整理过程中，人力的食物消费碳足迹为 1.09×10^{-3} g·hm^{-2}·a^{-1}(图 5-29)，饮用水消费碳足迹为 994.84 g·hm^{-2}·a^{-1}(图 5-30)，人力垃圾碳足迹为 994.84 g·hm^{-2}·a^{-1}，人力碳足迹为 1989.68 g·hm^{-2}·a^{-1}(图 5-31)。

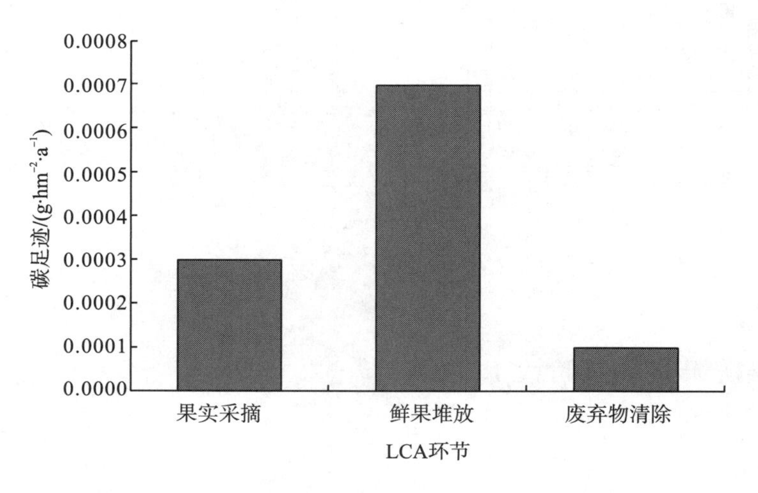

图 5-29 猕猴桃果实收获阶段 LCA 环节人力的食物消费碳足迹

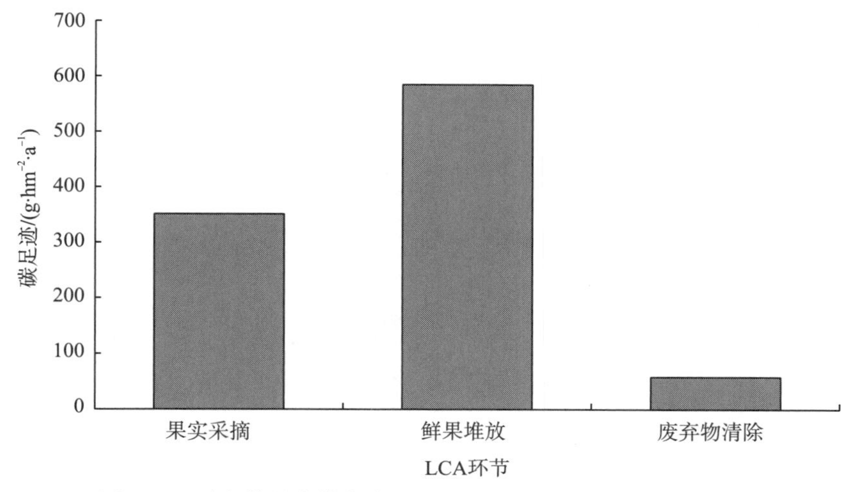

图 5-30　猕猴桃果实收获阶段 LCA 环节人力饮用水消费碳足迹

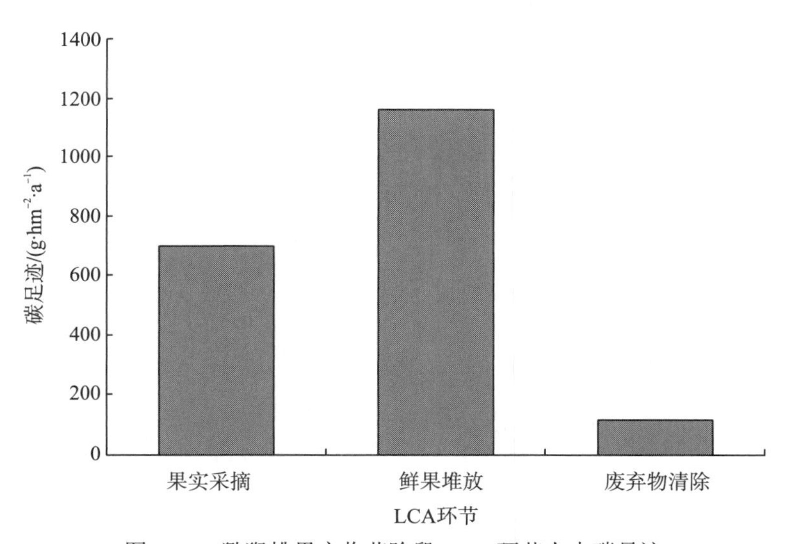

图 5-31　猕猴桃果实收获阶段 LCA 环节人力碳足迹

3. 材料运输碳足迹

猕猴桃果实收获阶段 LCA 环节中，所需材料需要进行运输，材料运输碳足迹如图 5-32 所示。其中，果实采摘碳足迹为 0.11 $g·hm^{-2}·a^{-1}$，鲜果堆放碳足迹为 16.40 $g·hm^{-2}·a^{-1}$，废弃物清除碳足迹为 0.47 $g·hm^{-2}·a^{-1}$，材料运输碳足迹为 16.98 $g·hm^{-2}·a^{-1}$。

4. 猕猴桃果实收获阶段 LCA 生态碳足迹汇总

猕猴桃果实收获阶段 LCA 环节碳足迹汇总如图 5-33 所示。猕猴桃果实收获阶段 LCA 碳足迹约为 2007.64 $g·hm^{-2}·a^{-1}$，其中，材料碳足迹为 0.9793 $g·hm^{-2}·a^{-1}$，人力碳足迹为 1989.68 $g·hm^{-2}·a^{-1}$，材料运输碳足迹为 16.98 $g·hm^{-2}·a^{-1}$，水消费碳足迹为 0 $g·hm^{-2}·a^{-1}$，电力消费碳足迹为 0 $g·hm^{-2}·a^{-1}$。可见，人力碳足迹占比最大，占猕猴桃果实收获阶段 LCA 环节足迹的 99.1%。

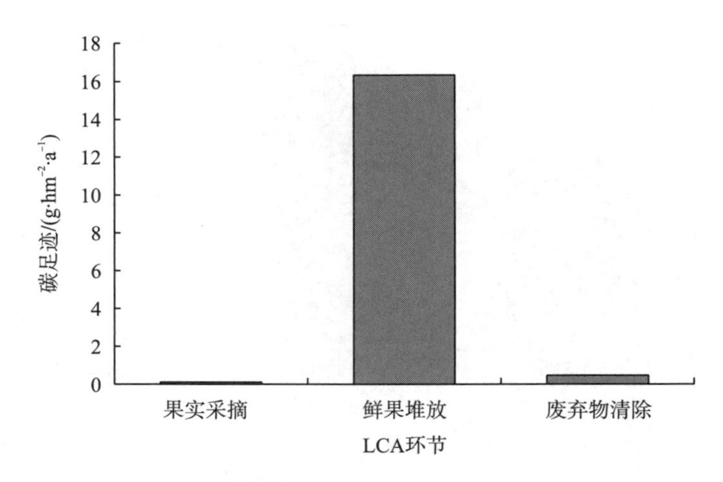

图 5-32 猕猴桃果实收获阶段 LCA 环节材料运输碳足迹

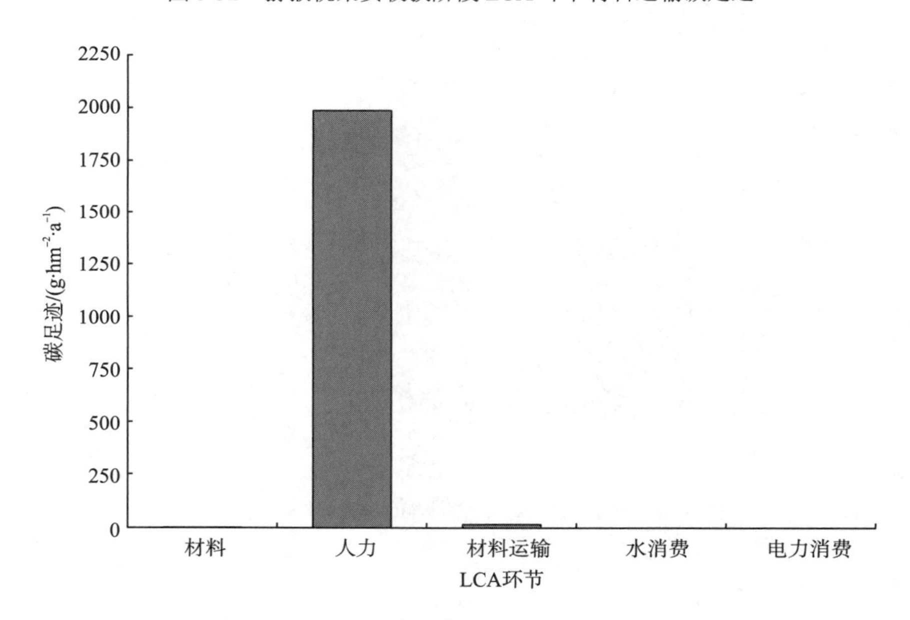

图 5-33 猕猴桃果实收获阶段 LCA 环节碳足迹汇总

5. 猕猴桃果实收获 LCA 费用

猕猴桃果实收获 LCA 环节中，所需费用如图 5-34 所示，总计费用为 9889.2 元。其中，果实采摘费用 1069 元，鲜果堆放费用 8660 元，废弃物清除费用 160.2 元。可见，费用最多的是鲜果堆放，主要是人力将鲜果运送到储存地，占猕猴桃果实收获 LCA 环节总费用的 87.57%。整个猕猴桃生产地面积为 20 亩，则猕猴桃果实收获 LCA 环节费用为 494.46 元/亩。

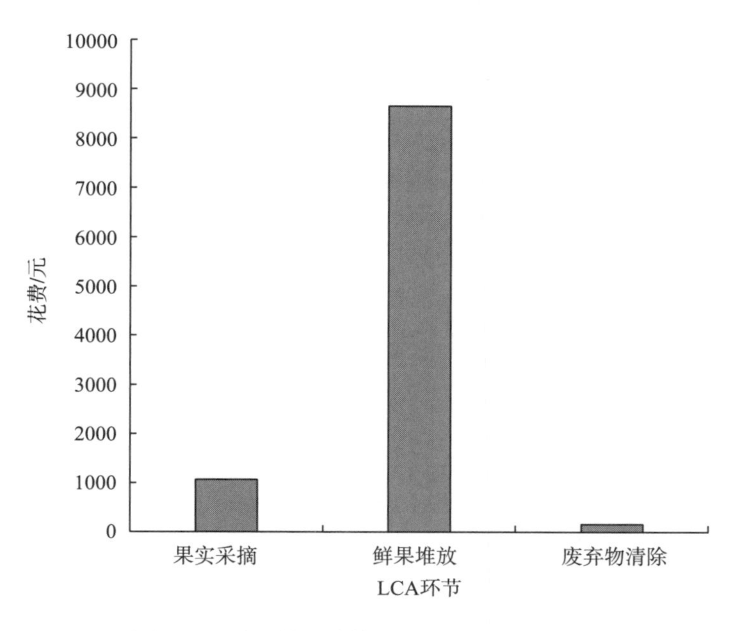

图 5-34 猕猴桃果实收获阶段 LCA 环节费用

5.1.5 猕猴桃鲜果产品销售阶段 LCA 环节

1. 材料碳足迹

猕猴桃鲜果产品销售阶段 LCA 环节中，材料碳足迹为 2.39 $g \cdot hm^{-2} \cdot a^{-1}$，如图 5-35 所示。

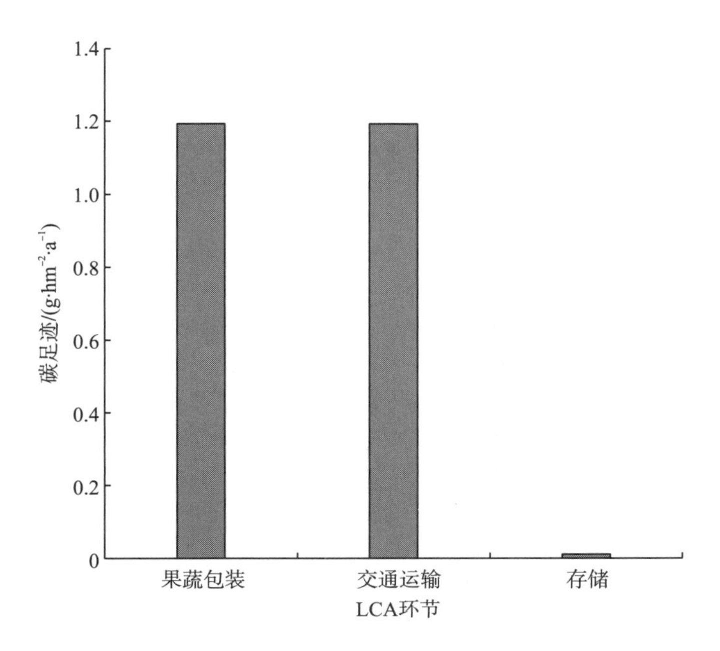

图 5-35 猕猴桃鲜果产品销售阶段 LCA 环节材料碳足迹

2. 人力碳足迹

猕猴桃鲜果产品销售阶段 LCA 环节中，人力的食物消费碳足迹为 0.00557 $g \cdot hm^{-2} \cdot a^{-1}$（图 5-36），人力饮用水消费碳足迹为 532 $g \cdot hm^{-2} \cdot a^{-1}$（图 5-37），人力垃圾碳足迹为 0.00079 $g \cdot hm^{-2} \cdot a^{-1}$，人力碳足迹为 532.0064 $g \cdot hm^{-2} \cdot a^{-1}$（图 5-38）。

3. 材料运输碳足迹

猕猴桃鲜果产品销售阶段 LCA 环节中，所需材料需要进行运输，材料运输碳足迹为 3675 $g \cdot hm^{-2} \cdot a^{-1}$，其中果蔬包装碳足迹为 93 $g \cdot hm^{-2} \cdot a^{-1}$、交通运输碳足迹为 3582 $g \cdot hm^{-2} \cdot a^{-1}$（图 5-39）。

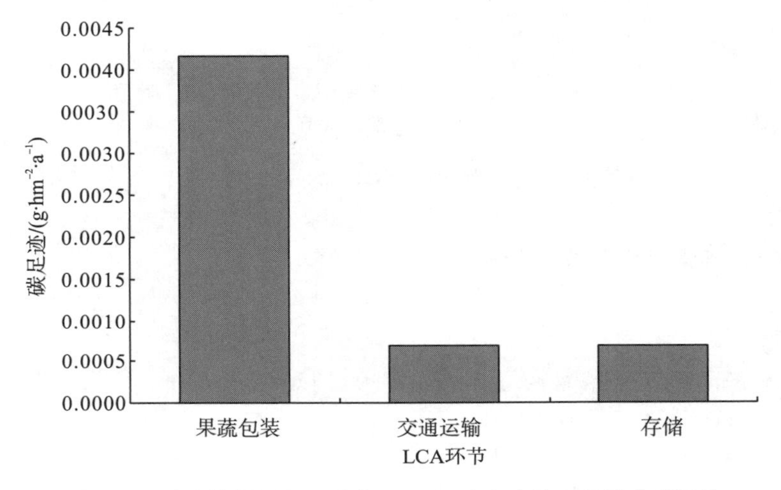

图 5-36 猕猴桃鲜果产品销售 LCA 环节人力的食物消费碳足迹

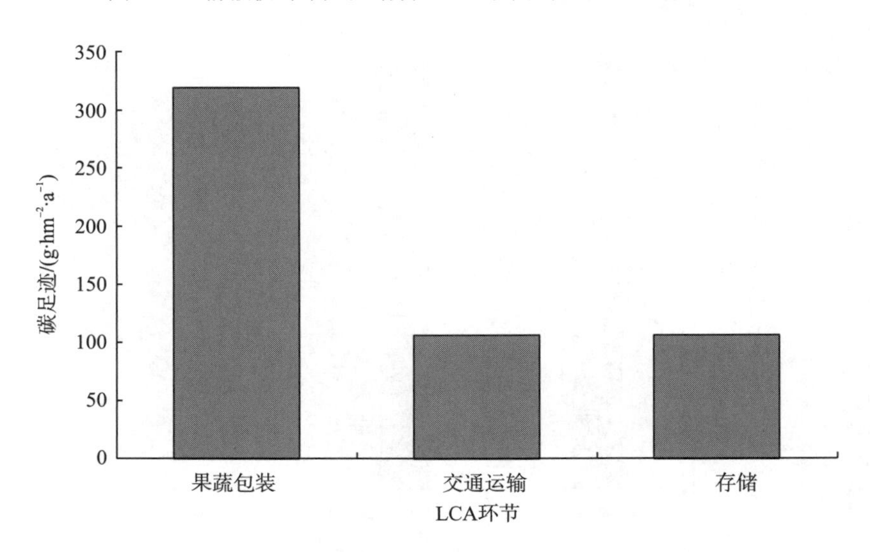

图 5-37 猕猴桃鲜果产品销售 LCA 环节人力饮用水消费碳足迹

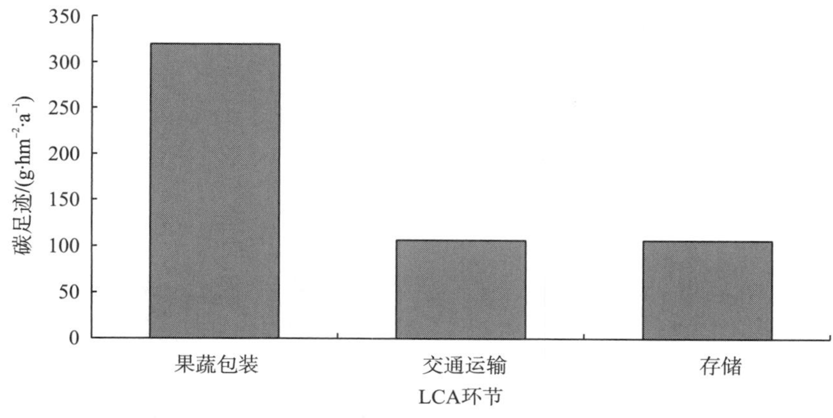

图 5-38 猕猴桃鲜果产品销售阶段 LCA 环节人力碳足迹

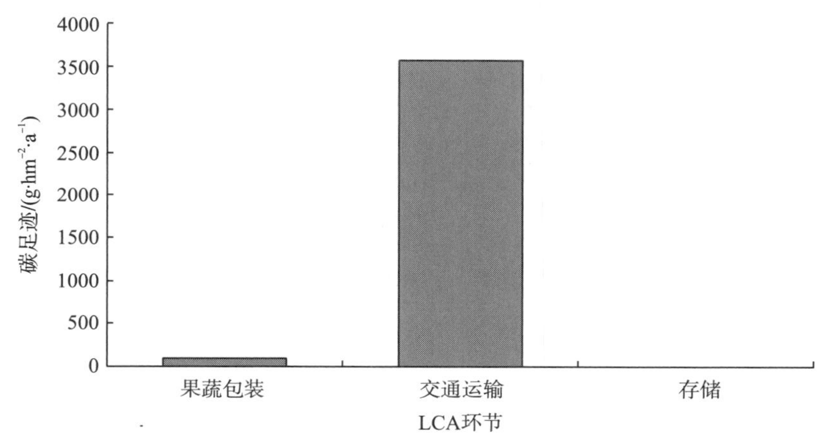

图 5-39 猕猴桃鲜果产品销售阶段 LCA 环节交通运输碳足迹

4. 电力消费碳足迹

猕猴桃鲜果产品销售阶段 LCA 环节中，电力消费碳足迹为 0.083 $g·hm^{-2}·a^{-1}$，全部为存储过程消耗的电力(图 5-40)。

5. 猕猴桃鲜果产品销售阶段 LCA 碳足迹汇总

猕猴桃鲜果产品销售阶段 LCA 环节中，碳足迹汇总如图 5-41 所示。猕猴桃鲜果产品销售阶段 LCA 环节碳足迹汇总为 4209.5 $g·hm^{-2}·a^{-1}$，其中，材料碳足迹为 2.39 $g·hm^{-2}·a^{-1}$，人力碳足迹 532.0064 $g·hm^{-2}·a^{-1}$，材料运输碳足迹为 3675 $g·hm^{-2}·a^{-1}$，水消费碳足迹为 0 $g·hm^{-2}·a^{-1}$，电力消费碳足迹为 0.083 $g·hm^{-2}·a^{-1}$。可见，交通运输产生的碳足迹和人力碳足迹所占比例最大，分别占猕猴桃鲜果产品销售阶段 LCA 环节碳足迹的 87.3%、12.6%。

6. 猕猴桃鲜果产品销售阶段 LCA 费用

猕猴桃鲜果产品销售阶段 LCA 环节中，所需费用如图 5-42 所示，总计费用为 9439.4

元，其中，果蔬包装费用为 8041.8 元、交通运输费用为 1189.6 元、存储费用为 208 元。可见，费用最多的是果蔬包装环节，主要是纸盒、竹筐等包装材料所需费用，占猕猴桃鲜果产品销售 LCA 环节中总费用的 85.2%。整个猕猴桃生产地面积为 20 亩，则猕猴桃鲜果产品销售阶段 LCA 环节费用为 471.97 元/亩。

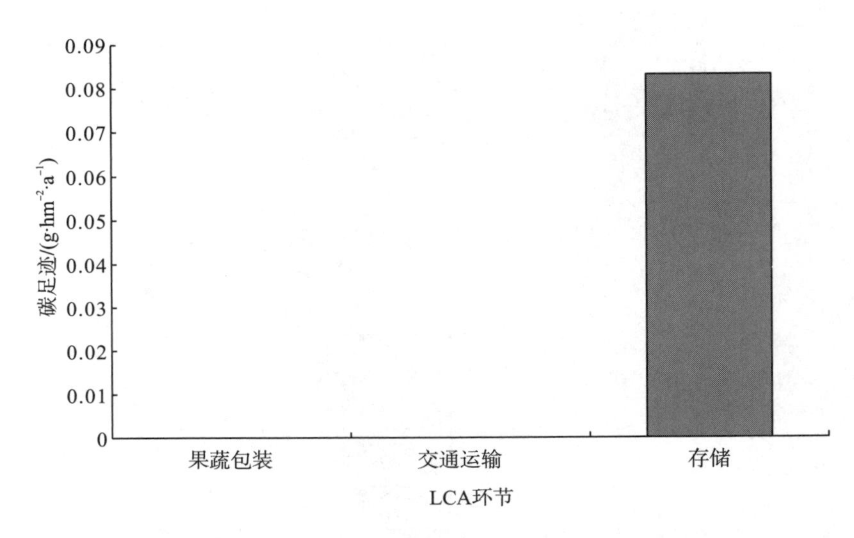

图 5-40 猕猴桃鲜果产品销售 LCA 环节电力消费碳足迹

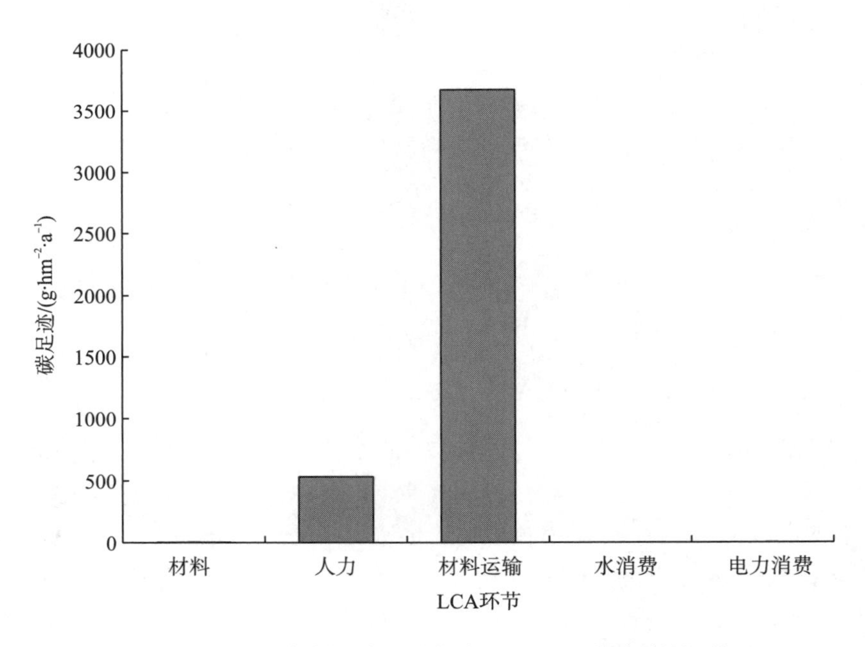

图 5-41 猕猴桃鲜果产品销售阶段 LCA 环节碳足迹汇总

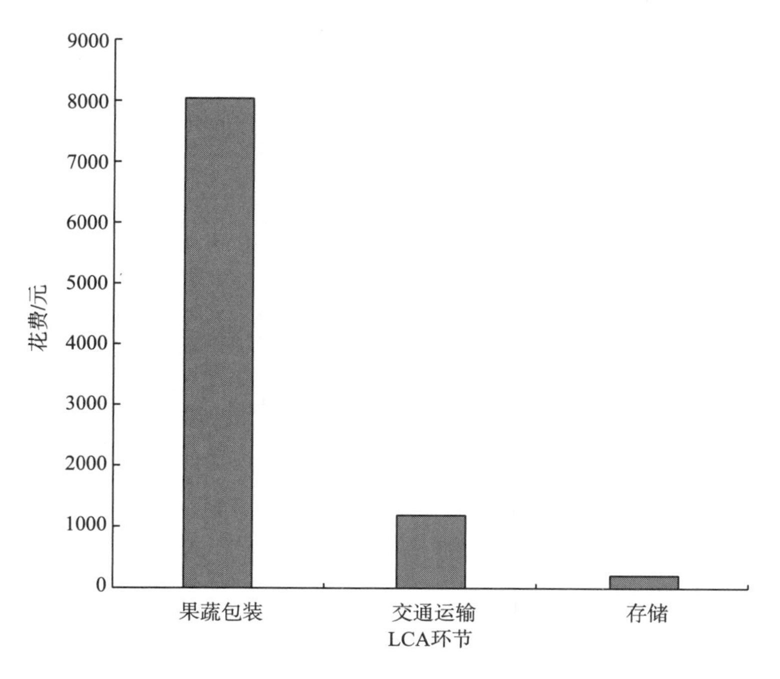

图 5-42　猕猴桃鲜果产品销售阶段 LCA 环节费用

5.1.6　猕猴桃鲜果产品消费后废物处理阶段 LCA 环节

1. 材料碳足迹

猕猴桃鲜果产品消费后废物处理阶段 LCA 环节中，材料碳足迹为 2.057 $g·hm^{-2}·a^{-1}$（图 5-43）。

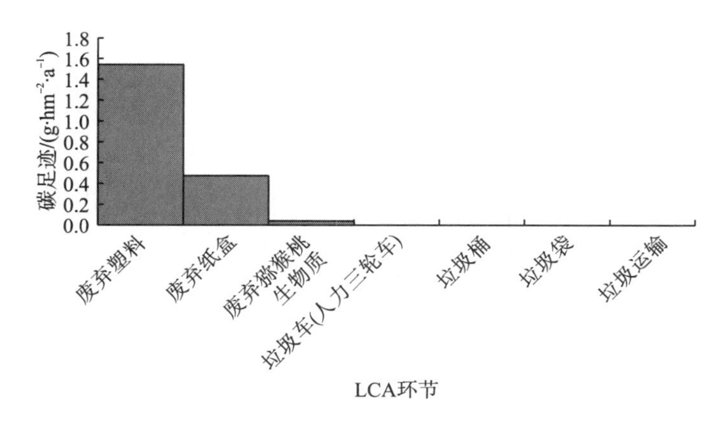

图 5-43　猕猴桃鲜果产品消费后废物处理阶段 LCA 环节材料碳足迹

2. 人力碳足迹

猕猴桃鲜果产品消费后废物处理 LCA 环节人力碳足迹汇总如图 5-44 所示。其中，人力的食物消费碳足迹为 2.09×10^{-3} $g\cdot hm^{-2}\cdot a^{-1}$，饮用水消费碳足迹为 0 $g\cdot hm^{-2}\cdot a^{-1}$，人力垃圾碳足迹为 7.97×10^{-5} $g\cdot hm^{-2}\cdot a^{-1}$，人力碳足迹为 2.17×10^{-3} $g\cdot hm^{-2}\cdot a^{-1}$。

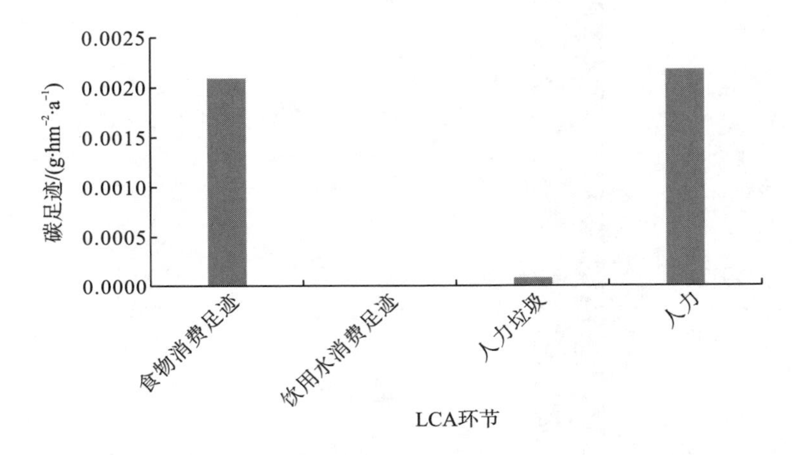

图 5-44　猕猴桃鲜果产品消费后废物处理 LCA 环节人力碳足迹

3. 材料运输碳足迹

猕猴桃鲜果产品消费后废物处理阶段 LCA 环节中，所需材料需要进行运输，材料运输碳足迹为 148.5 $g\cdot hm^{-2}\cdot a^{-1}$(图 5-45)。

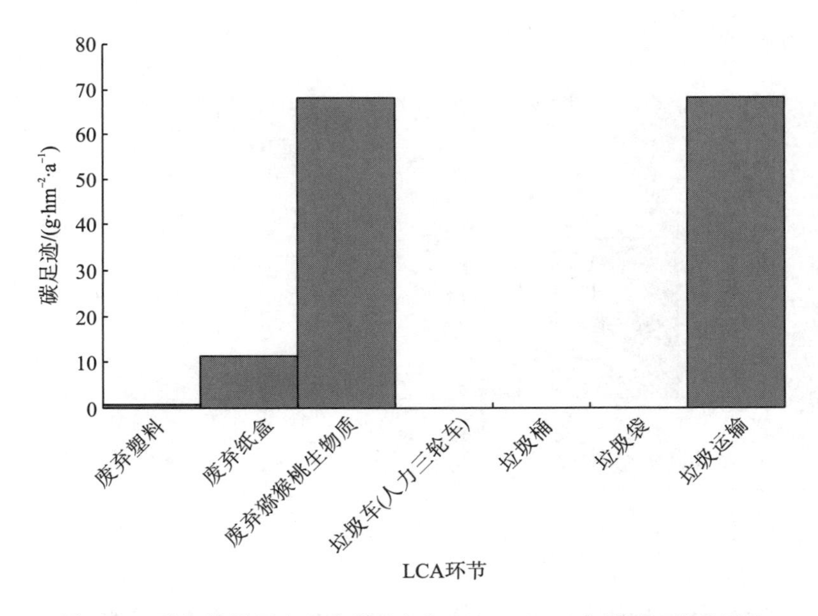

图 5-45　猕猴桃鲜果产品消费后废物处理 LCA 环节材料运输碳足迹

4. 猕猴桃鲜果产品消费后废物处理阶段 LCA 碳足迹汇总

猕猴桃鲜果产品消费后废物处理阶段 LCA 环节中，碳足迹汇总如图 5-46 所示。猕猴桃鲜果产品消费后废物处理阶段 LCA 碳足迹汇总为 150.56 $g{\cdot}hm^{-2}{\cdot}a^{-1}$。其中，材料碳足迹为 2.057 $g{\cdot}hm^{-2}{\cdot}a^{-1}$，人力碳足迹为 2.17×10^{-3} $g{\cdot}hm^{-2}{\cdot}a^{-1}$，材料运输碳足迹为 148.5 $g{\cdot}hm^{-2}{\cdot}a^{-1}$，水消费碳足迹为 0 $g{\cdot}hm^{-2}{\cdot}a^{-1}$，电力消费碳足迹为 0 $g{\cdot}hm^{-2}{\cdot}a^{-1}$。可见，材料运输碳足迹所占比例最大，占猕猴桃鲜果产品消费后废物处理阶段 LCA 环节碳足迹的 98.6%。

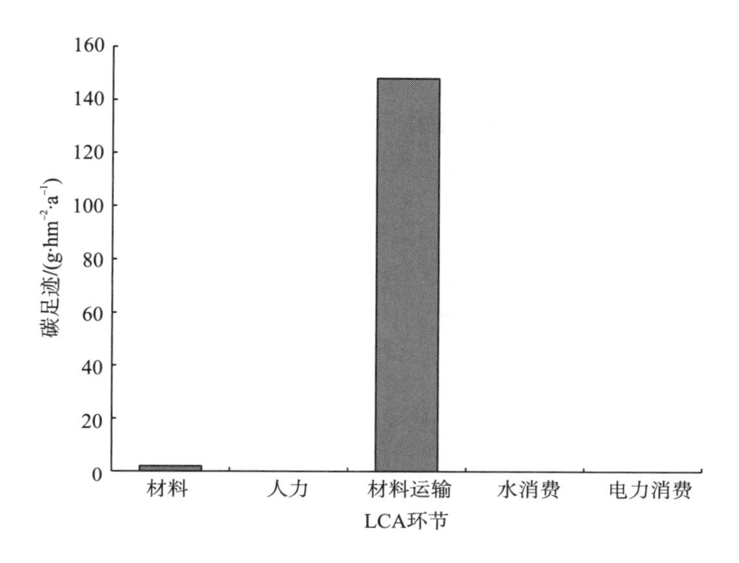

图 5-46　猕猴桃鲜果产品消费后废物处理阶段 LCA 环节碳足迹汇总

5. 猕猴桃鲜果产品消费后废物处理阶段 LCA 费用

猕猴桃鲜果产品消费后废物处理阶段 LCA 环节中，所需费用如图 5-47 所示，总计费用为−129.2 元，其中废弃塑料−49.8 元、废弃纸盒−98.4 元，即这些废弃物能拿去卖钱，可得到一定的收入。

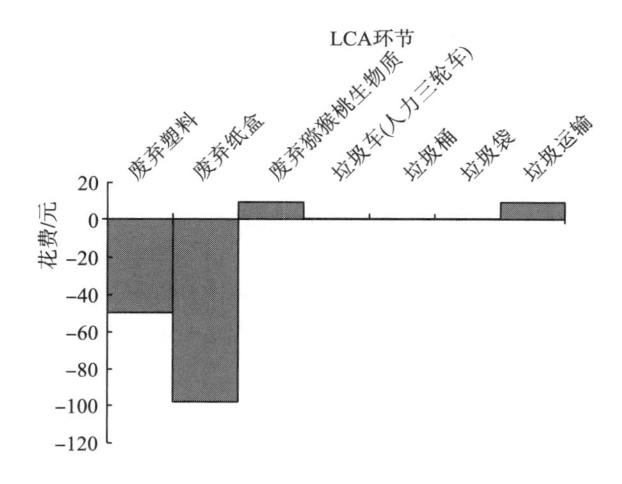

图 5-47　猕猴桃鲜果产品消费后废物处理阶段 LCA 环节费用

5.1.7 猕猴桃鲜果产品所有 LCA 环节汇总

1. 猕猴桃鲜果 LCA 碳足迹汇总

猕猴桃鲜果产品生命周期过程的碳足迹汇总如图 5-48 所示。猕猴桃鲜果产品生命周期过程中，CO_2 总排放量为 19577.3528 g·hm^{-2}·a^{-1}，其中，场地整理 10348.31 g·hm^{-2}·a^{-1}（占 52.86%）、嫁接阶段 1300.8138 g·hm^{-2}·a^{-1}（占 6.64 %）、生产与田间管理阶段 1560.529 g·hm^{-2}·a^{-1}（占 7.97%）、猕猴桃果实收获阶段为 2007.64 g·hm^{-2}·a^{-1}（占 10.25%）、猕猴桃鲜果产品销售阶段 4209.5 g·hm^{-2}·a^{-1}（占 21.50%）、鲜果消费后的废物处理阶段 150.56 g·hm^{-2}·a^{-1}（占 0.77%）。可见，场地整理阶段、猕猴桃鲜果产品销售阶段、猕猴桃果实收获阶段 3 个 LCA 环节 CO_2 排放排名前三名，累计占 84.61%。

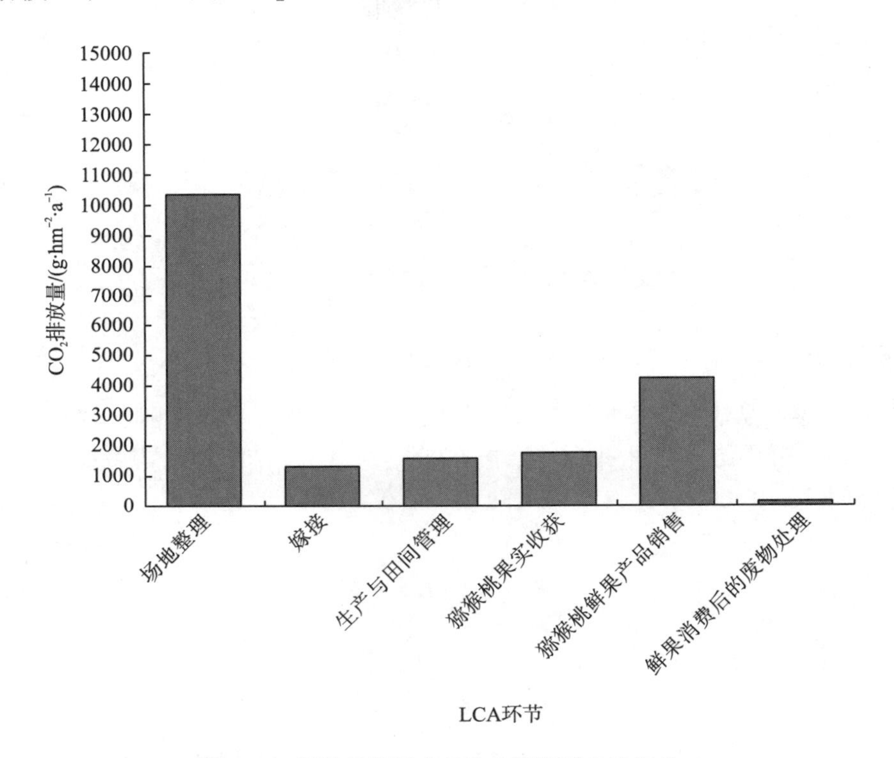

图 5-48 猕猴桃鲜果产品生命周期碳足迹汇总 1

从碳足迹类型出发，猕猴桃鲜果产品生命周期过程的碳足迹汇总如图 5-49 所示。猕猴桃鲜果产品生命周期过程中，材料碳足迹为 45.3581 g·hm^{-2}·a^{-1}、人力碳足迹为 5096.17 g·hm^{-2}·a^{-1}、材料运输碳足迹为 14434.618 g·hm^{-2}·a^{-1}、水消费碳足迹为 1.09 g·hm^{-2}·a^{-1}、电力消费碳足迹为 0.1 g·hm^{-2}·a^{-1}。其中，材料运输碳足迹占 73.73%，人力碳足迹占 26.03%，为主要碳足迹贡献者。

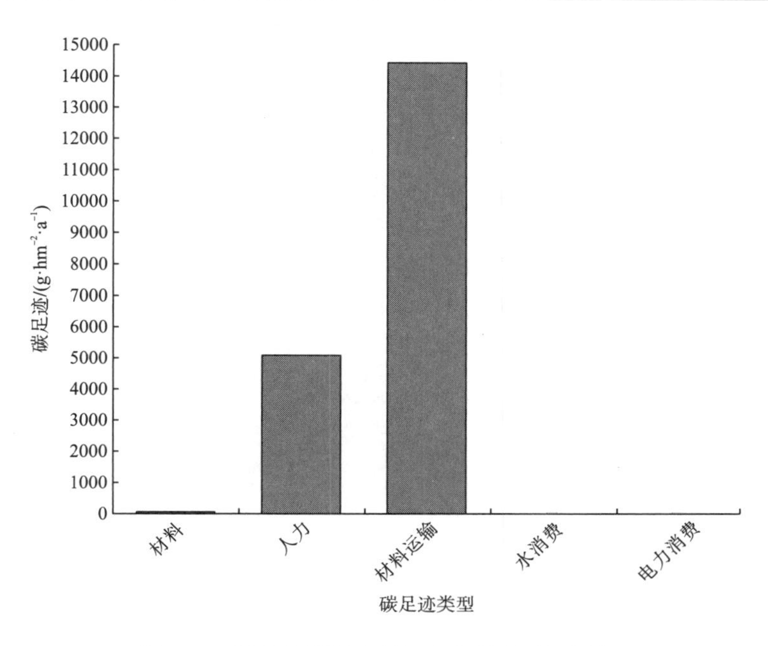

图 5-49　猕猴桃鲜果产品生命周期碳足迹汇总 2

若扣除人力碳足迹的话，猕猴桃鲜果产品生命周期 LCA 环节碳足迹汇总如图 5-50 所示。可见，材料运输碳足迹为主要碳足迹贡献环节。由于目前大部分产品碳标签都没有考虑人力碳足迹因素，因此本书也仅仅是做了一个有益的探索，至于以后是否要增加人力碳足迹，还需要进一步研究和探索。

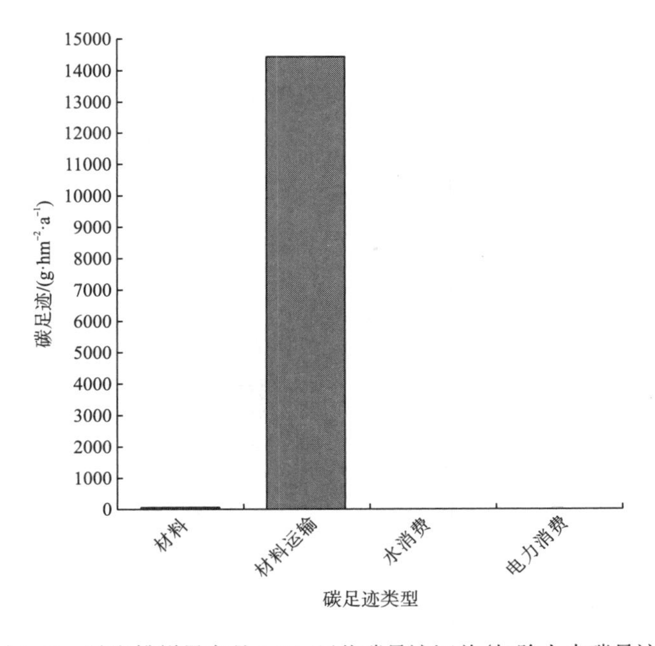

图 5-50　猕猴桃鲜果产品 LCA 环节碳足迹汇总(扣除人力碳足迹)

2. 猕猴桃鲜果产品 LCA 环节费用投入

猕猴桃鲜果产品 LCA 环节中，所需投入费用如图 5-51 所示，总计费用为 134742.95 元。其中，场地整理费用为 75204.47 元(占总投入费用的 55.81%)、嫁接阶段费用为 17909.58(占总投入费用的 13.29%)、生产与田间管理阶段费用为 22429.5 元(占总投入费用的 16.65%)、果实收获阶段费用为 9889.2 元(占总投入费用的 7.34%)、猕猴桃鲜果产品销售阶段费用为 9439.4 元(占总投入费用的 7.01%)、鲜果消费后的废物处理阶段费用为−129.2 元。可见，费用最多的是场地整理，为载水泥桩和搭建铁丝网，主要包括购买水泥和钢筋。

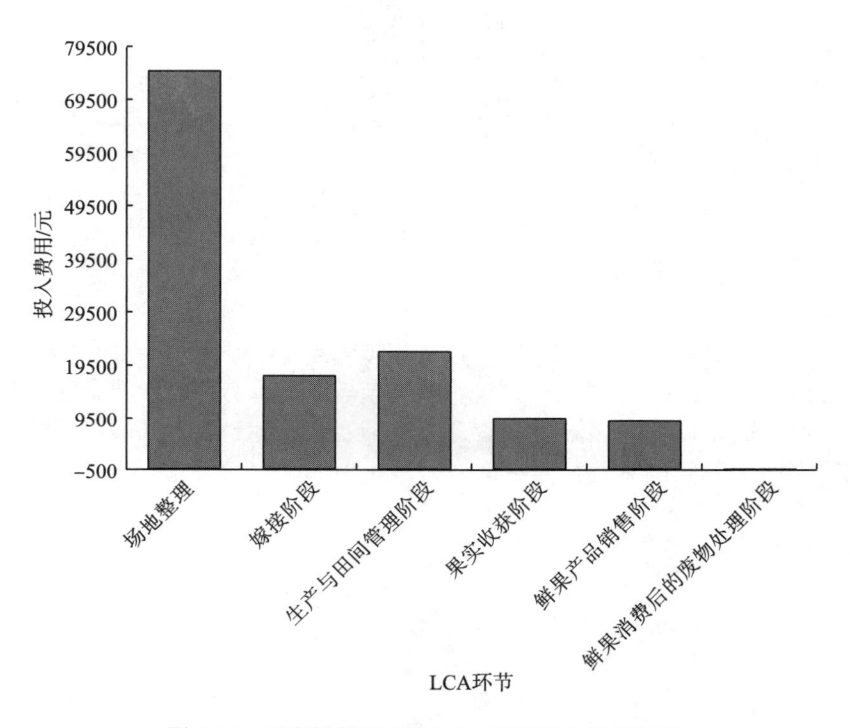

图 5-51 猕猴桃鲜果产品 LCA 环节投入费用汇总

整个猕猴桃种植面积为 20 亩，则平均每亩投入 6737 元。

猕猴桃鲜果生产若按 10 年为一个评估年限，费用投入和盈利结果如表 5-1 所示。10 年内总投入 432605.45 元，10 年内总收入为 1925000 元(产量为 875kg·亩$^{-1}$·a^{-1}，单价为 20 元·kg^{-1})，10 年盈利为 1492394.55 元，投入为 2163.0 元·亩$^{-1}$·a^{-1}，则每年盈利为 149239.455 万元，有 20 亩猕猴桃，则盈利为：7462.0 元·亩$^{-1}$·a^{-1}，即投入为 2163.0 元·亩$^{-1}$·a^{-1}，盈利为 7462.0 元·亩$^{-1}$·a^{-1}，投资：效益=1：3.4。这 20 亩租赁用来生产猕猴桃的土地，在租赁期内(20 年内)，其盈利能保持在 7462.0 元·亩$^{-1}$·a^{-1}。

表 5-1　猕猴桃鲜果生产 LCA 环节 10 年费用评估

猕猴桃鲜果产品 LCA 环节	总投入/元									
	第 1 年	第 2 年	第 3 年	第 4 年	第 5 年	第 6 年	第 7 年	第 8 年	第 9 年	第 10 年
场地整理	75204.47	0.0	0.0	0.0	0.0	0.0	0.0	0.0	0.0	0.0
嫁接阶段	17909.58	0.0	0.0	0.0	0.0	0.0	0.0	0.0	0.0	0.0
生产与田间管理阶段	22429.5	22429.5	22429.5	22429.5	22429.5	22429.5	22429.5	22429.5	22429.5	22429.5
果实收获阶段	0.0	0.0	0.0	0.0	9889.2	9889.2	9889.2	9889.2	9889.2	9889.2
鲜果产品阶段	0.0	0.0	0.0	0.0	9439.4	9439.4	9439.4	9439.4	9439.4	9439.4
鲜果消费后的废物处理阶段	0.0	0.0	0.0	0.0	−129.2	−129.2	−129.2	−129.2	−129.2	−129.2
总投入	115543.55	22429.5	22429.5	22429.5	41628.9	41628.9	41628.9	41628.9	41628.9	41628.9
总收入	0.0	0.0	0.0	0.0	175000.0	350000.0	350000.0	350000.0	350000.0	350000.0
盈亏	−115543.55	−22429.5	−22429.5	−22429.5	133371.1	308371.1	308371.1	308371.1	308371.1	308371.1

5.1.8　猕猴桃鲜果产品所有 LCA 环节——碳标签

(1) 考虑人力碳足迹。猕猴桃种植面积为 20 亩，年产量为 875kg·亩$^{-1}$·a^{-1}，年总产量为 17500 kg·a^{-1}。根据 5.1.1～5.1.7 节的内容，对猕猴桃鲜果实 LCA 生态碳足迹汇总进行分析，取猕猴桃鲜果实所有 LCA 环节汇总的碳足迹作为计算碳标签的依据，即猕猴桃鲜果实所有 LCA 环节汇总的碳足迹为 19577.3528 g·hm^{-2}·a^{-1}，因此，基于 5 种碳足迹(材料碳足迹、人力碳足迹、材料运输碳足迹、水消费碳足迹、电力消费碳足迹)的碳标签为

$$\frac{19577.3528}{1.333\times17500\times1000}=0.0008392\text{kg}\cdot\text{kg}^{-1} \tag{5-1}$$

即每生产 1kg 鲜猕猴桃果实，排放的 CO_2 为 0.0008392 kg。

这里计算得到的猕猴桃碳标签(0.0008393 kg CO_2-eq)比前面实测计算的碳标签值要低得多，主要原因是实测数据是以月为基本监测单位，而不是每天进行监测(每天进行监测是不可能实现的)，因而实测的误差很大。

取本次猕猴桃鲜果产品碳足迹核算的结果(0.0008392 kg CO_2-eq)作为本书研究项目猕猴桃鲜果的碳标签。研究目标中的猕猴桃碳标签应为：0.0008392 kg CO_2-eq，即每年生产 1kg 鲜猕猴桃果实，排放的 CO_2 为 0.8392 g CO_2-eq，相比其他水果，属于典型的低碳水果农产品，但更为详细的猕猴桃鲜果碳标签以及有关猕猴桃加工产品碳标签的研究还会在将来继续开展，并进行连续的监测和评估。

(2) 不考虑人力碳足迹。猕猴桃种植面积为 20 亩(即 1.333 hm^2)，产量为 875kg·亩$^{-1}$·a^{-1}，总产量为 17500kg·a^{-1}。根据 5.7 节的内容，对猕猴桃鲜果实 LCA 碳足迹汇总进行分析，取

猕猴桃鲜果实所有LCA环节汇总的碳足迹作为计算碳标签的依据。当不考虑人力碳足迹（扣除人力碳足迹 5.0966×10^3 $g\cdot hm^{-2}\cdot a^{-1}$），LCA 环节汇总的碳足迹为 14480.7528 $g\cdot hm^{-2}\cdot a^{-1}$。因此，基于4种碳足迹的碳标签为

$$\frac{14480.7528}{1.333\times17500}=0.000621kg\cdot kg^{-1} \tag{5-2}$$

即每生产1kg鲜猕猴桃果实，排放的 CO_2 为0.000621 kg。当不考虑人力碳足迹时，猕猴桃碳标签为 0.000621 kg CO_2-eq，即每生产 1kg 鲜猕猴桃果实，排放的 CO_2 为 0.621g CO_2-eq，相比其他水果，属于典型的低碳水果农产品，但更为详细的猕猴桃鲜果碳标签以及有关猕猴桃加工产品碳标签还应在将来继续开展研究，并进行连续的监测和评估。

5.2 二荆条辣椒各个LCA环节碳足迹核算与查证参考指南

根据研究区域实情，四川省都江堰市胥家镇圣寿社区2社赵古福家的二荆条鲜辣椒产品的LCA过程主要包括：场地整理阶段、种苗阶段、生产与田间管理阶段、收获阶段、销售阶段和消费后废弃物处理阶段。

现就四川省都江堰市胥家镇赵古福家的二荆条鲜辣椒产品的碳足迹核算和查证参考指南进行详细阐述。

5.2.1 二荆条辣椒场地整理阶段LCA环节

二荆条辣椒场地整理阶段LCA环节主要包括去除杂物等、翻地+打窝、测量规划、挖土垄、挖沟、场地整理和垃圾清理这些环节。

1. 材料碳足迹

二荆条辣椒场地整理阶段LCA环节中，材料碳足迹如图5-52所示。其中，去除杂物碳足迹等为 0 $g\cdot hm^{-2}\cdot a^{-1}$，测量规划碳足迹为 0 $g\cdot hm^{-2}\cdot a^{-1}$，翻地+打窝碳足迹为 0.017 $g\cdot hm^{-2}\cdot a^{-1}$，挖土垄碳足迹为0.636 $g\cdot hm^{-2}\cdot a^{-1}$，挖沟碳足迹为1.27 $g\cdot hm^{-2}\cdot a^{-1}$，场地整理和垃圾清理碳足迹为0 $g\cdot hm^{-2}\cdot a^{-1}$，材料碳足迹为1.923 $g\cdot hm^{-2}\cdot a^{-1}$。

2. 人力碳足迹

二荆条辣椒场地整理阶段LCA环节中，进行场地整理过程中，人力的食物消费碳足迹为 6.46×10^{-4} $g\cdot hm^{-2}\cdot a^{-1}$（图5-53），人力饮用水消费碳足迹为64.3 $g\cdot hm^{-2}\cdot a^{-1}$（图5-54），人力垃圾碳足迹为 7.97×10^{-5} $g\cdot hm^{-2}\cdot a^{-1}$，人力碳足迹为64.3 $g\cdot hm^{-2}\cdot a^{-1}$（图5-55）。

3. 材料运输生态足迹

二荆条辣椒场地整理阶段LCA环节中，所需材料需要进行运输，材料运输碳足迹为7.32 $g\cdot hm^{-2}\cdot a^{-1}$（图5-56）。

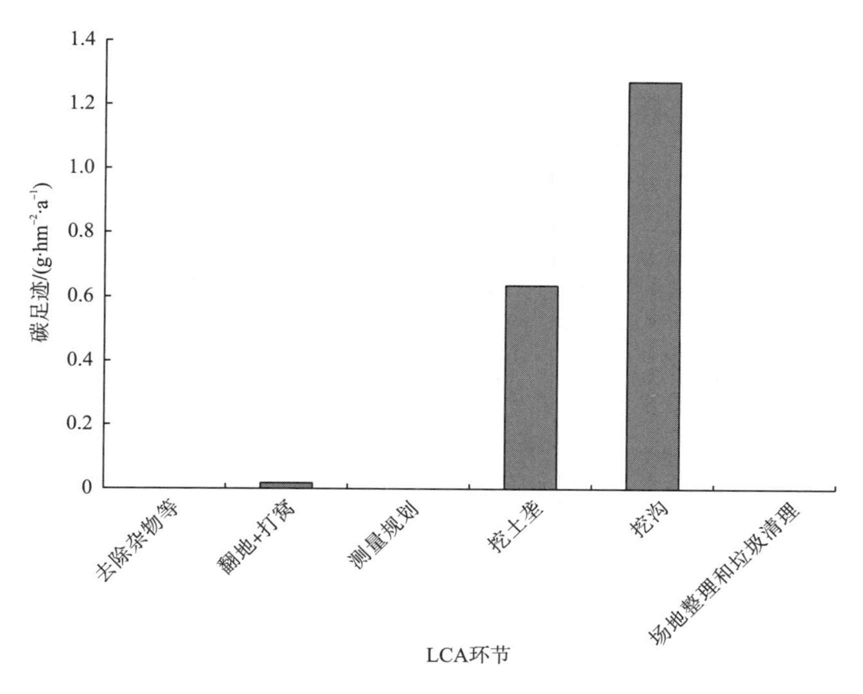

图 5-52　二荆条辣椒场地整理 LCA 环节材料碳足迹

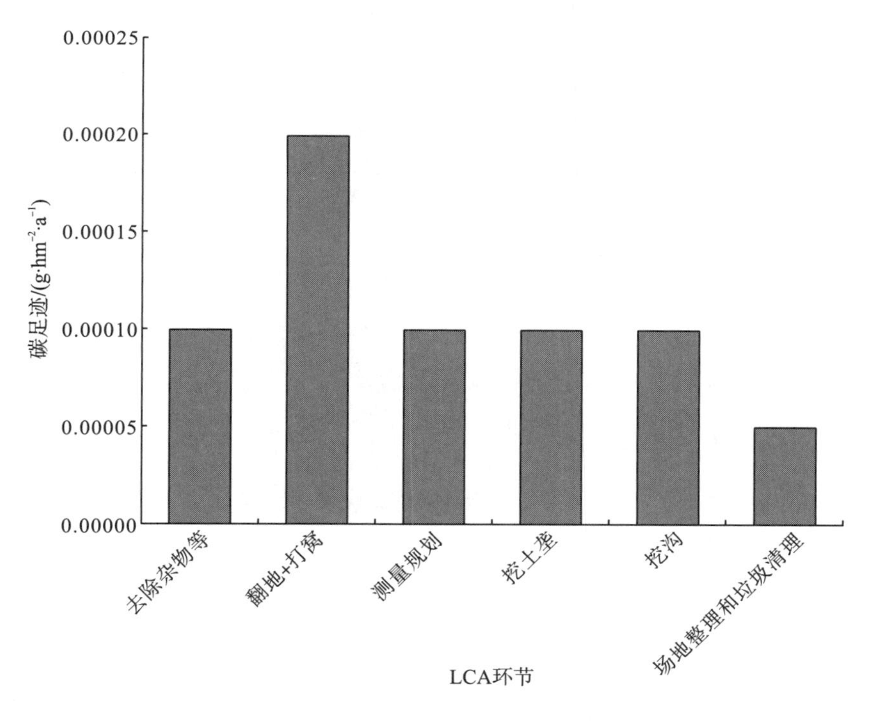

图 5-53　二荆条辣椒场地整理阶段 LCA 环节人力的食物消费碳足迹

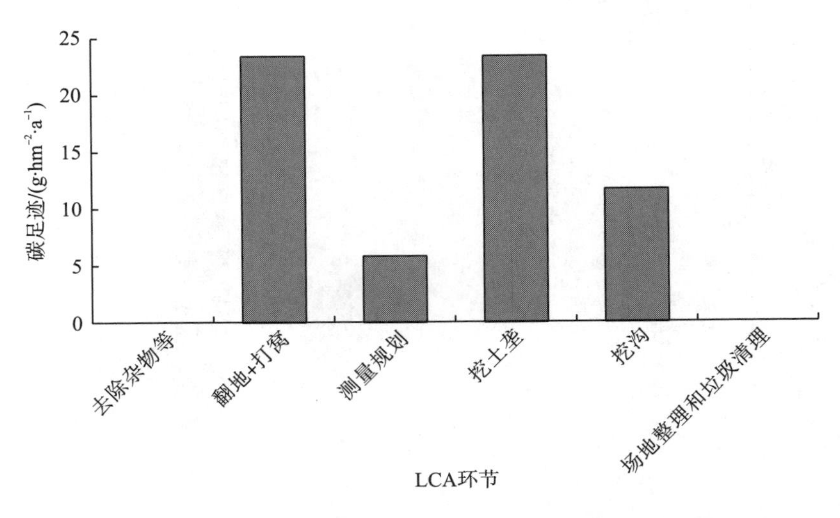

图 5-54 二荆条辣椒场地整理阶段 LCA 环节人力饮用水消费碳足迹

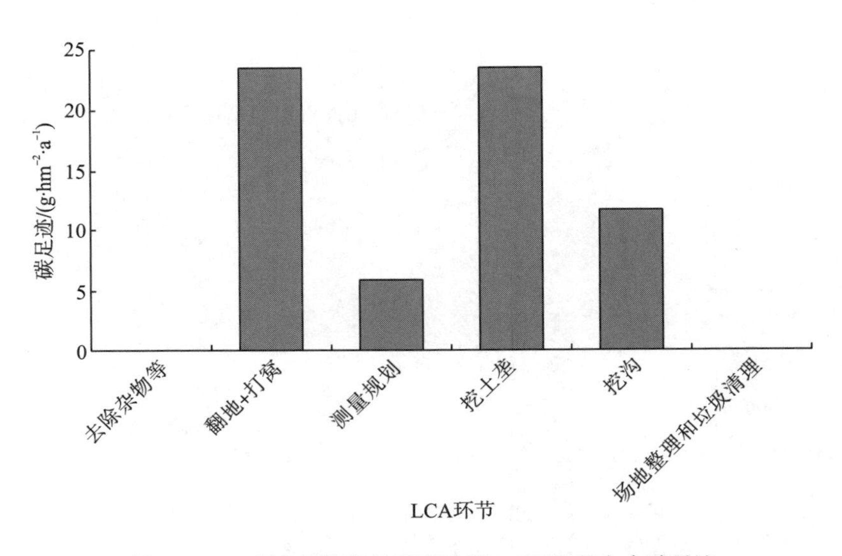

图 5-55 二荆条辣椒场地整理阶段 LCA 环节人力碳足迹

4. 二荆条辣椒场地整理 LCA 生态碳足迹汇总

二荆条辣椒场地整理阶段 LCA 环节中，碳足迹汇总如图 5-57 所示。二荆条辣椒场地整理 LCA 碳足迹汇总为 73.543 $g{\cdot}hm^{-2}{\cdot}a^{-1}$，其中，材料碳足迹为 1.923 $g{\cdot}hm^{-2}{\cdot}a^{-1}$，人力碳足迹为 64.3 $g{\cdot}hm^{-2}{\cdot}a^{-1}$，材料运输碳足迹为 7.32 $g{\cdot}hm^{-2}{\cdot}a^{-1}$，水消费碳足迹为 0 $g{\cdot}hm^{-2}{\cdot}a^{-1}$，电力消费碳足迹为 0 $g{\cdot}hm^{-2}{\cdot}a^{-1}$。可见，人力碳足迹所占比例最大，占二荆条辣椒场地整理 LCA 环节碳足迹的 87.43%。

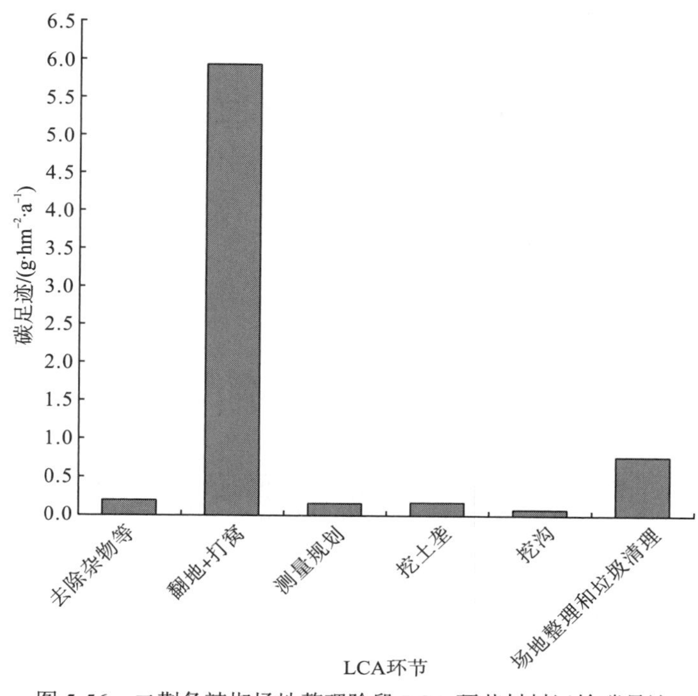

图 5-56 二荆条辣椒场地整理阶段 LCA 环节材料运输碳足迹

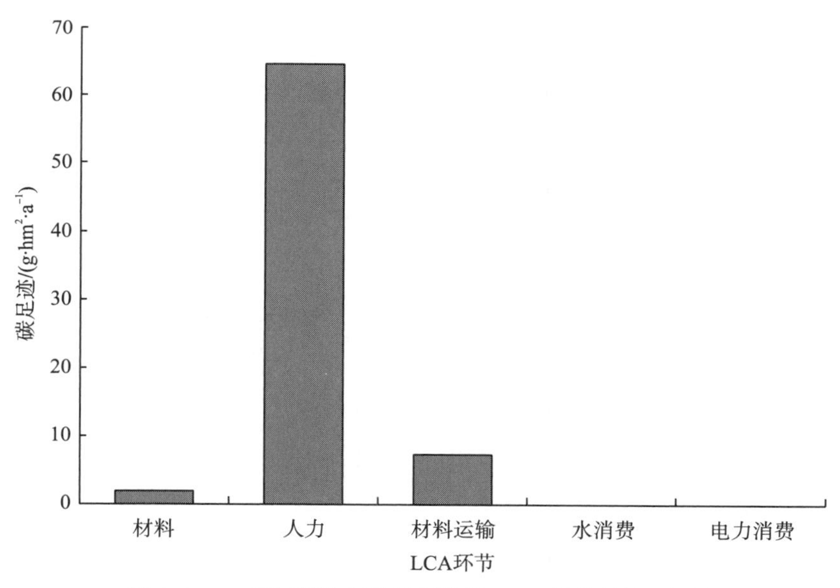

图 5-57 二荆条辣椒场地整理阶段 LCA 环节碳足迹汇总

5. 二荆条辣椒场地整理阶段 LCA 费用

二荆条辣椒场地整理阶段 LCA 环节中，所需费用如图 5-58 所示，总计费用为 169.3 元，其中，去除杂物等费用为 45 元、翻地+打窝费用为 60.4 元、测量规划费用为 20 元、挖土垄费用为 12.8 元、挖沟费用为 0 元、垃圾清理费用为 31.1 元。可见，费用最多的是翻地+

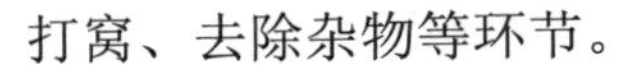
打窝、去除杂物等环节。

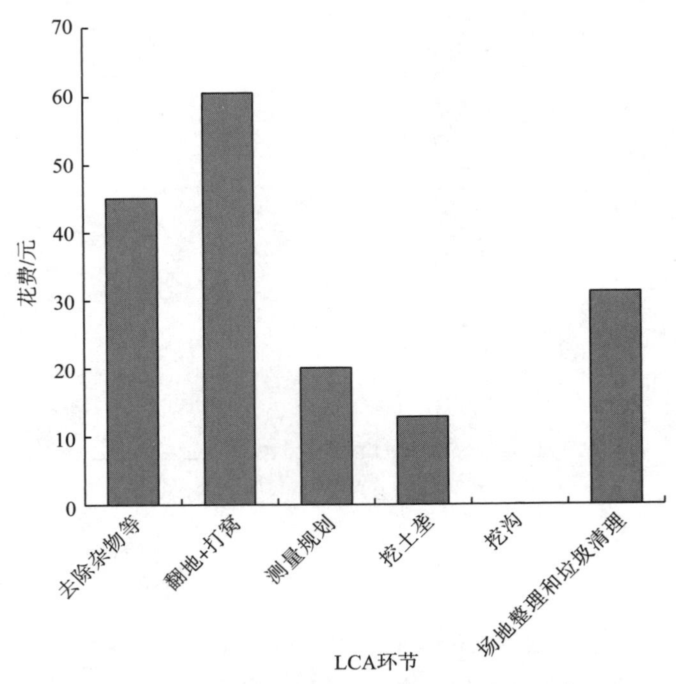

图 5-58 二荆条辣椒场地整理阶段 LCA 环节费用

整个二荆条辣椒生产面积为 2 亩，则二荆条辣椒场地整理 LCA 费用为 84.65 元·亩$^{-1}$。

5.2.2 二荆条辣椒种苗阶段 LCA 环节

1. 材料碳足迹

二荆条辣椒种苗阶段 LCA 环节中，材料碳足迹如图 5-59 所示。其中，整理土地碳足迹为 0.092 g·hm^{-2}·a^{-1}，播种碳足迹为 0 g·hm^{-2}·a^{-1}，浇水碳足迹为 0 g·hm^{-2}·a^{-1}，施肥碳足迹为 0 g·hm^{-2}·a^{-1}，铺塑料薄膜碳足迹为 0.229 g·hm^{-2}·a^{-1}，种苗阶段垃圾清理碳足迹为 0 g·hm^{-2}·a^{-1}，材料碳足迹为 0.321 g·hm^{-2}·a^{-1}。

2. 人力碳足迹

二荆条辣椒嫁接阶段 LCA 环节中，进行嫁接阶段过程中，人力的食物消费碳足迹为 7.95×10^{-4} g·hm^{-2}·a^{-1}(图 5-60)，人力饮用水消费碳足迹为 11.7 g·hm^{-2}·a^{-1}(图 5-61)，人力垃圾碳足迹为 3.41×10^{-5} g·hm^{-2}·a^{-1}，人力碳足迹为 11.7 g·hm^{-2}·a^{-1}(图 5-62)。

3. 材料运输碳足迹

二荆条辣椒种苗阶段 LCA 环节中，所需材料需要进行运输，材料运输碳足迹为 3.198 g·hm^{-2}·a^{-1}(图 5-63)。

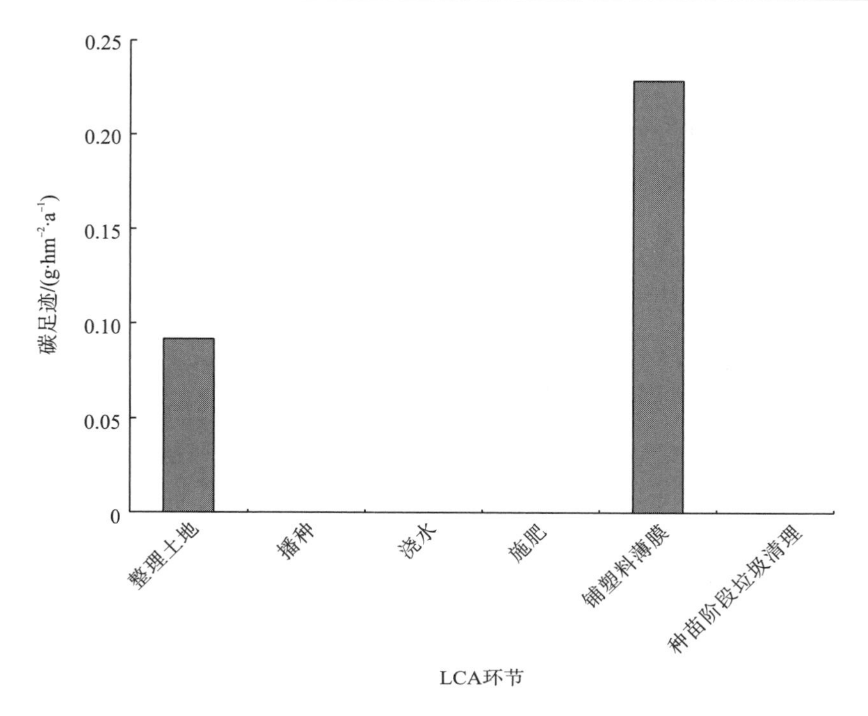

图 5-59　二荆条辣椒嫁接阶段 LCA 环节材料碳足迹

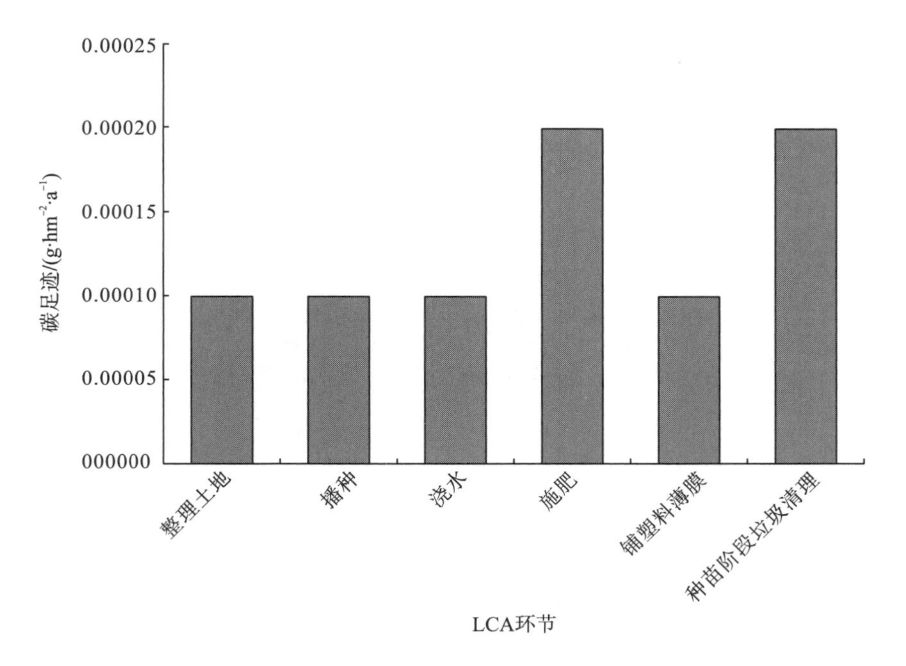

图 5-60　二荆条辣椒种苗阶段 LCA 环节人力的食物消费碳足迹

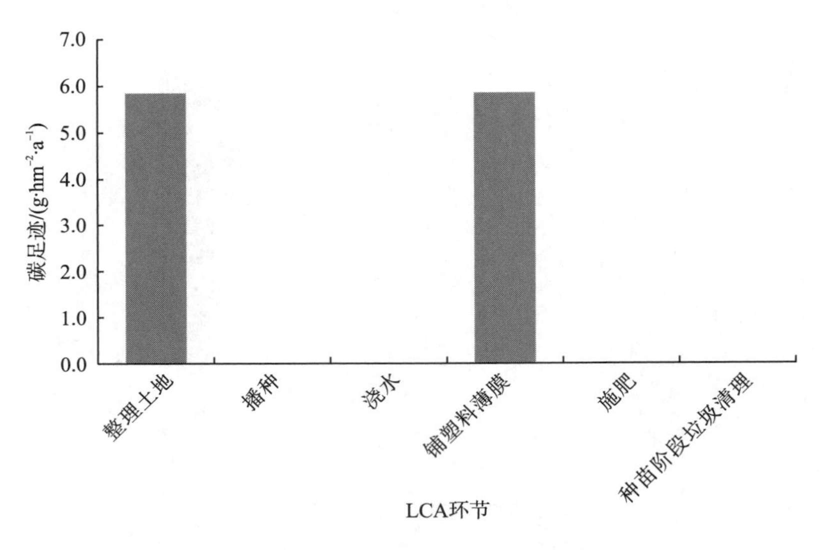

图 5-61 二荆条辣椒种苗阶段 LCA 环节人力饮用水消费碳足迹

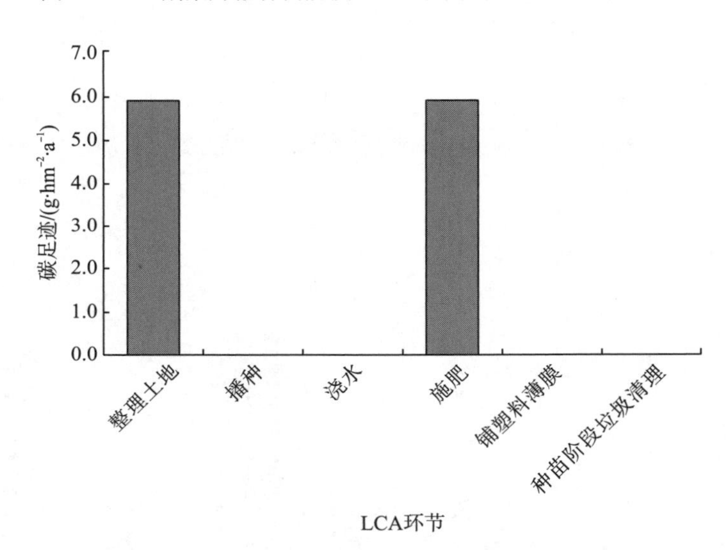

图 5-62 二荆条辣椒种苗阶段 LCA 环节人力碳足迹

4. 水消费生态足迹

二荆条辣椒种苗阶段 LCA 环节中，水消费碳足迹如图 5-64 所示，主要是浇水环节，为 0.0015 $g·hm^{-2}·a^{-1}$，其余均为 0 $g·hm^{-2}·a^{-1}$。可见，水消费碳足迹为 0.0015 $g·hm^{-2}·a^{-1}$。

5. 二荆条辣椒种苗阶段 LCA 碳足迹汇总

二荆条辣椒种苗阶段 LCA 环节中，碳足迹汇总如图 5-65 所示。二荆条辣椒种苗阶段 LCA 碳足迹汇总为 15.2205 $g·hm^{-2}·a^{-1}$，其中材料碳足迹为 0.321 $g·hm^{-2}·a^{-1}$，人力碳足迹为 11.7 $g·hm^{-2}·a^{-1}$，材料运输碳足迹为 3.198 $g·hm^{-2}·a^{-1}$，水消费碳足迹为 0.0015 $g·hm^{-2}·a^{-1}$，电

力消费碳足迹为 0 $g \cdot hm^{-2} \cdot a^{-1}$。可见，人力碳足迹所占比例最大，占二荆条辣椒嫁接阶段 LCA 环节碳足迹的 76.87%。

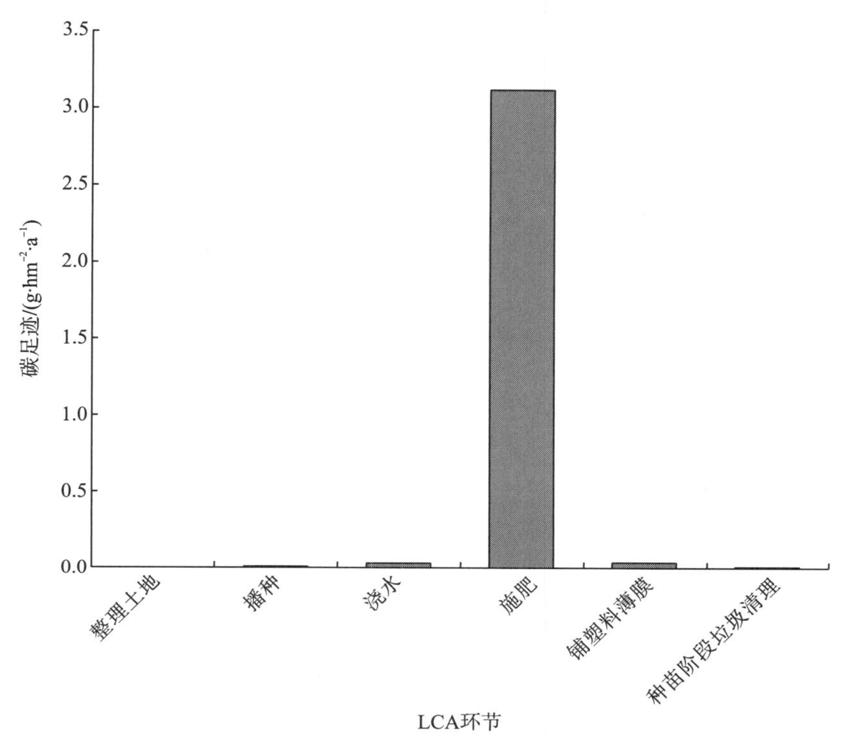

图 5-63　二荆条辣椒种苗阶段 LCA 环节的材料运输碳足迹

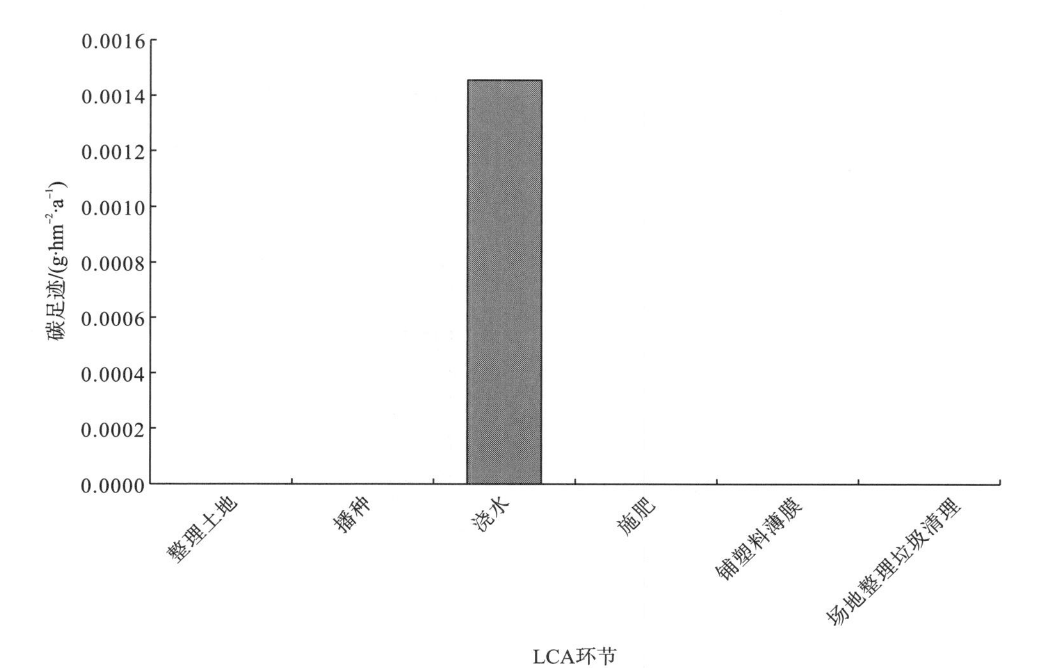

图 5-64　二荆条辣椒种苗阶段 LCA 环节水消费碳足迹

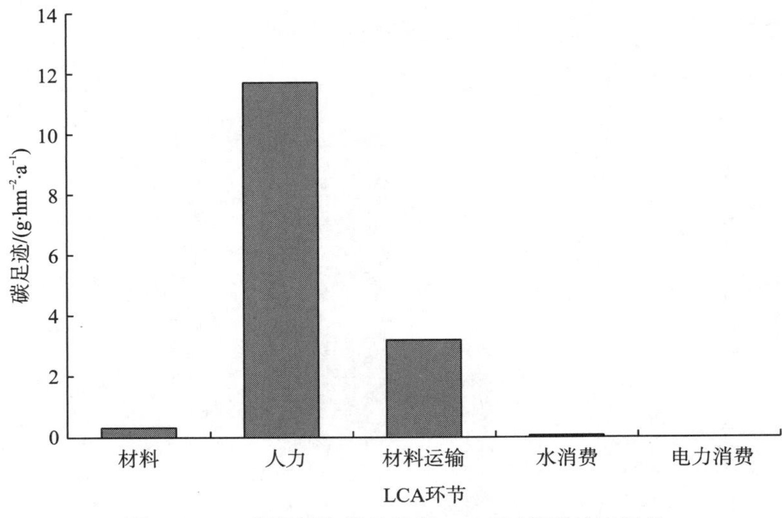

图 5-65 二荆条辣椒嫁接阶段 LCA 环节碳足迹汇总

6. 二荆条辣椒种苗阶段 LCA 费用

二荆条辣椒种苗阶段 LCA 环节中，所需费用如图 5-66 所示，总计费用为 721.27 元，其中，整理土地费用为 0 元、播种费用为 24 元、浇水费用为 79.87 元、施肥费用为 233.2 元、铺塑料薄膜费用为 384 元、场地整理垃圾清理费用为 0.2 元。可见，费用最多的是铺塑料薄膜(占 53.24%)，其次是施肥(占 32.33%)。整个二荆条辣椒生产地为 2 亩，则二荆条辣椒种苗阶段 LCA 环节费用为 360.635 元/亩。

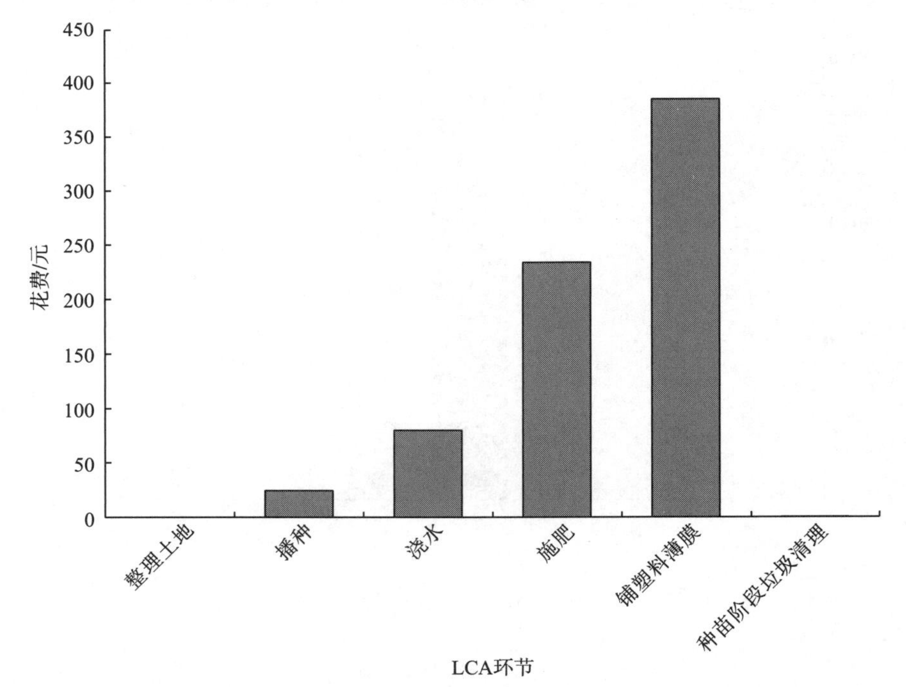

图 5-66 二荆条辣椒种苗阶段 LCA 环节费用

5.2.3　二荆条辣椒生产与田间管理阶段 LCA 环节

1. 材料碳足迹

二荆条辣椒生产与田间管理阶段 LCA 环节中，材料碳足迹为 65.2499 $g\cdot hm^{-2}\cdot a^{-1}$（图 5-67）。

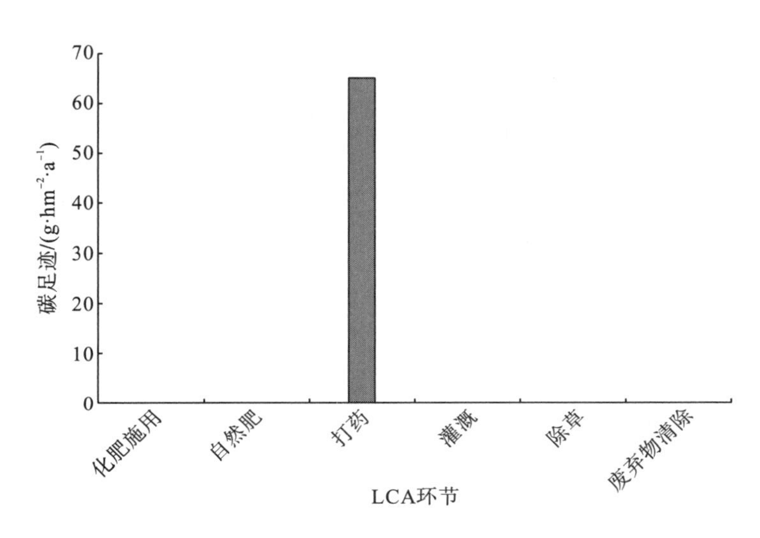

图 5-67　二荆条辣椒生产与田间管理阶段 LCA 环节材料碳足迹

2. 人力碳足迹

二荆条辣椒生产与田间管理阶段 LCA 环节中，进行生产与田间管理时，人力的食物消费碳足迹为 0.0048 $g\cdot hm^{-2}\cdot a^{-1}$（图 5-68），饮用水消费碳足迹为 87.78 $g\cdot hm^{-2}\cdot a^{-1}$（图 5-69），人力垃圾碳足迹为 0.0008 $g\cdot hm^{-2}\cdot a^{-1}$，人力碳足迹为 87.7856 $g\cdot hm^{-2}\cdot a^{-1}$（图 5-70）。

3. 材料运输碳足迹

二荆条辣椒生产与田间管理阶段 LCA 环节中，所需材料需要进行运输，材料运输碳足迹为 12.3456 $g\cdot hm^{-2}\cdot a^{-1}$，其中，化肥碳足迹为 12.33 $g\cdot hm^{-2}\cdot a^{-1}$，打药碳足迹为 0.0156 $g\cdot hm^{-2}\cdot a^{-1}$（图 5-71）。

4. 水消费碳足迹

二荆条辣椒生产与田间管理阶段 LCA 环节中，水消费碳足迹如图 5-72 所示，水消费碳足迹为 0.0165 $g\cdot hm^{-2}\cdot a^{-1}$，其中，化肥施用和自然肥施用碳足迹为 0 $g\cdot hm^{-2}\cdot a^{-1}$、打药碳足迹为 2.19×10^{-5} $g\cdot hm^{-2}\cdot a^{-1}$、灌溉碳足迹为 0.0165 $g\cdot hm^{-2}\cdot a^{-1}$、除草碳足迹为 1.099×10^{-5} $g\cdot hm^{-2}\cdot a^{-1}$、废弃物清除碳足迹为 0 $g\cdot hm^{-2}\cdot a^{-1}$。

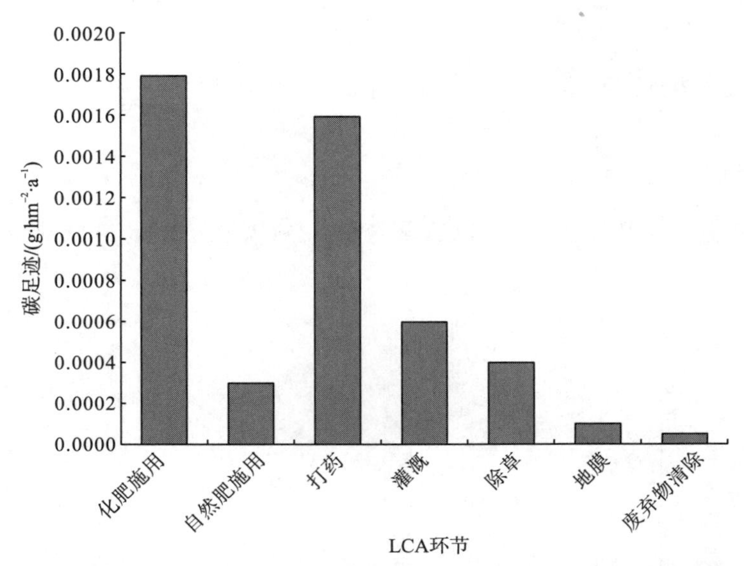

图 5-68　二荆条辣椒生产与田间管理阶段 LCA 环节人力的食物消费碳足迹

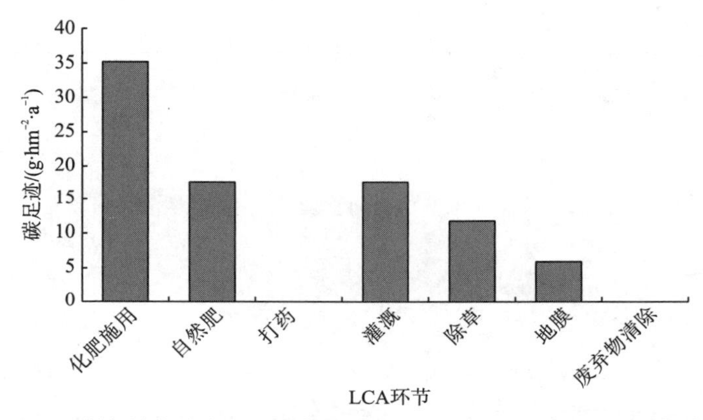

图 5-69　二荆条辣椒生产与田间管理阶段 LCA 环节人力饮用水消费碳足迹

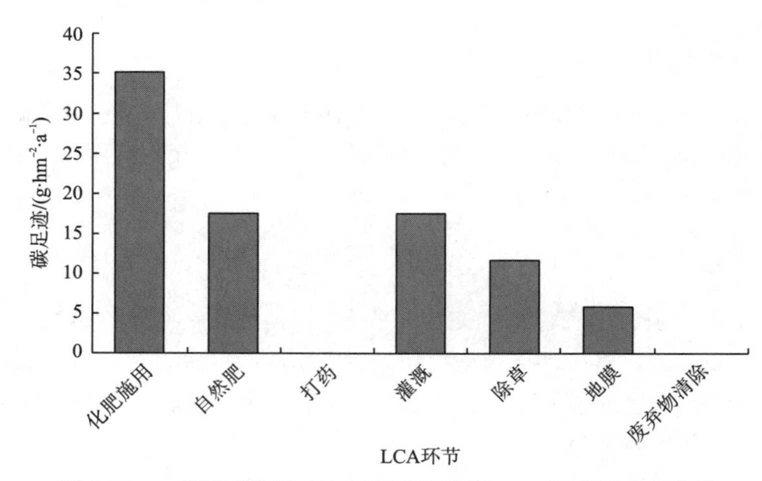

图 5-70　二荆条辣椒生产与田间管理阶段 LCA 环节人力碳足迹

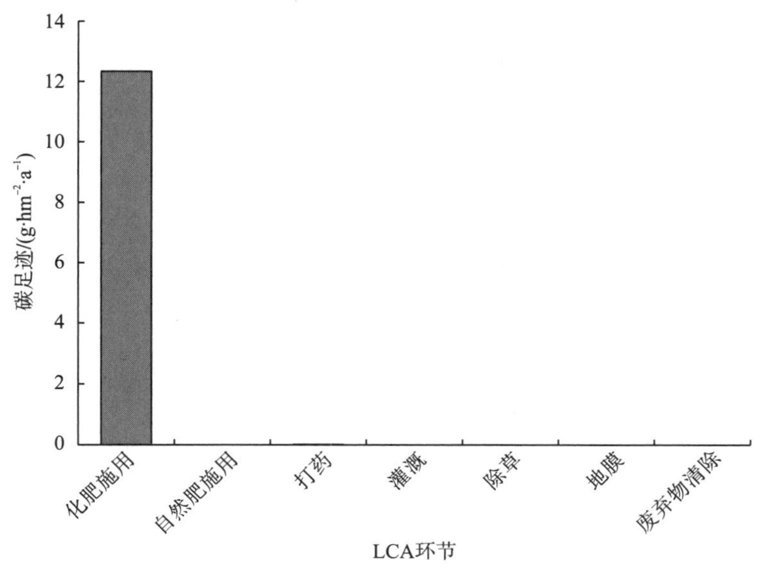

图 5-71　二荆条辣椒生产与田间管理阶段 LCA 环节材料运输碳足迹

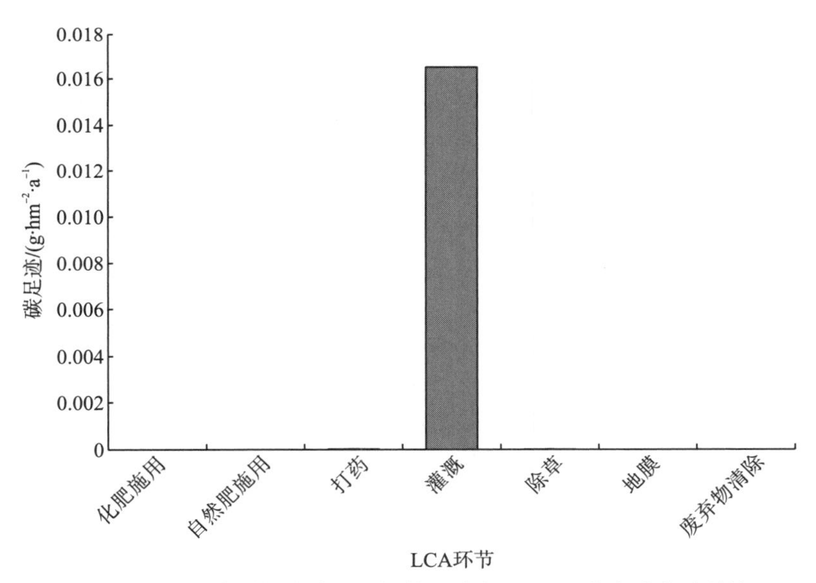

图 5-72　二荆条辣椒生产与田间管理阶段 LCA 环节水消费碳足迹

5. 二荆条辣椒生产与田间管理阶段 LCA 生态碳足迹汇总

二荆条辣椒生产与田间管理阶段 LCA 环节中，生态碳足迹汇总如图 5-73 所示。二荆条辣椒生产与田间管理阶段 LCA 环节生态碳足迹汇总为 165.3976 $g·hm^{-2}·a^{-1}$，其中材料碳足迹为 65.2499 $g·hm^{-2}·a^{-1}$，人力碳足迹为 87.7856 $g·hm^{-2}·a^{-1}$，材料运输碳足迹为 12.3456 $g·hm^{-2}·a^{-1}$，水消费碳足迹为 0.0165 $g·hm^{-2}·a^{-1}$，电力消费碳足迹为 0 $g·hm^{-2}·a^{-1}$。可见，人力碳足迹所占比例最大，占二荆条辣椒生产与田间管理阶段 LCA 环节生态碳足迹的 53.08%。

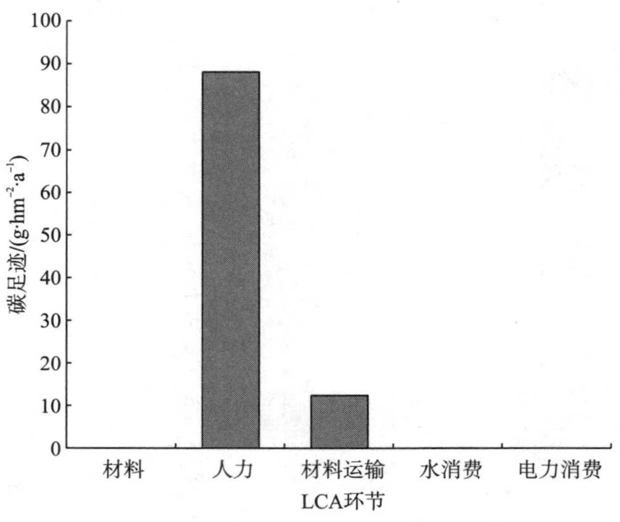

图 5-73 二荆条辣椒生产与田间管理阶段 LCA 环节碳足迹汇总

6. 二荆条辣椒生产与田间管理阶段 LCA 费用

二荆条辣椒生产与田间管理阶段 LCA 环节中，所需费用如图 5-74 所示，总计费用为 836.81 元，其中地膜费用为 388.85 元，化肥施用费用为 150.96 元、自然肥费用为 0 元、打药费用为 210 元、灌溉费用为 40 元、除草费用为 47 元、废弃物清除费用为 0 元。可见，费用最多的前 3 个环节分别为地膜、打药和化肥施用，共占二荆条辣椒生产与田间管理阶段 LCA 环节总费用的 89.60%，说明二荆条辣椒田间与生产管理主要费用为地膜费用、打药费用和化肥施用费用。整个二荆条辣椒生产地为 2 亩，则二荆条辣椒生产与田间管理阶段 LCA 环节费用为 418.41 元/亩。

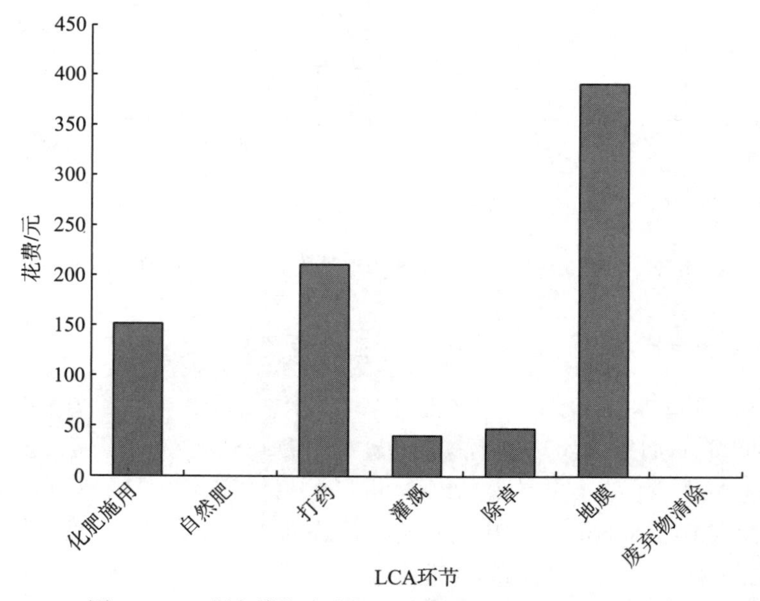

图 5-74 二荆条辣椒生产与田间管理阶段 LCA 环节费用

7. 二荆条辣椒生产与田间管理阶段 LCA 环节土壤固碳能力

1）二荆条辣椒生产与田间管理阶段 LCA 环节土壤 TOC 含量

在二荆条辣椒生产与田间管理阶段 LCA 环节，对二荆条辣椒土壤进行采样（0～40cm 深度），测定 TOC 含量，二荆条辣椒土壤 TOC 含量如图 5-75 所示，TOC 平均含量为 1.6 $g \cdot kg^{-1}$，最小值为 1.25 $g \cdot kg^{-1}$，最大值为 1.91$g \cdot kg^{-1}$，标准偏差为 0.272$g \cdot kg^{-1}$。

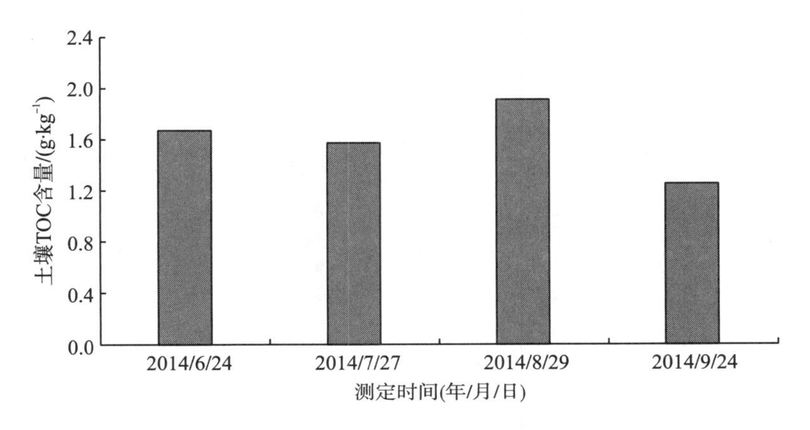

图 5-75　二荆条辣椒生产与田间管理阶段 LCA 环节土壤 TOC 含量

2）二荆条辣椒生产与田间管理阶段 LCA 环节土壤固碳能力

在二荆条辣椒生产与田间管理阶段 LCA 环节，二荆条辣椒土壤固碳能力如图 5-76 所示。二荆条辣椒土壤固碳平均能力为 1.24 $kg \cdot m^{-2}$，最小值为 0.96 $kg \cdot m^{-2}$，最大值为 1.47 $kg \cdot m^{-2}$，标准偏差为 0.21 $kg \cdot m^{-2}$。

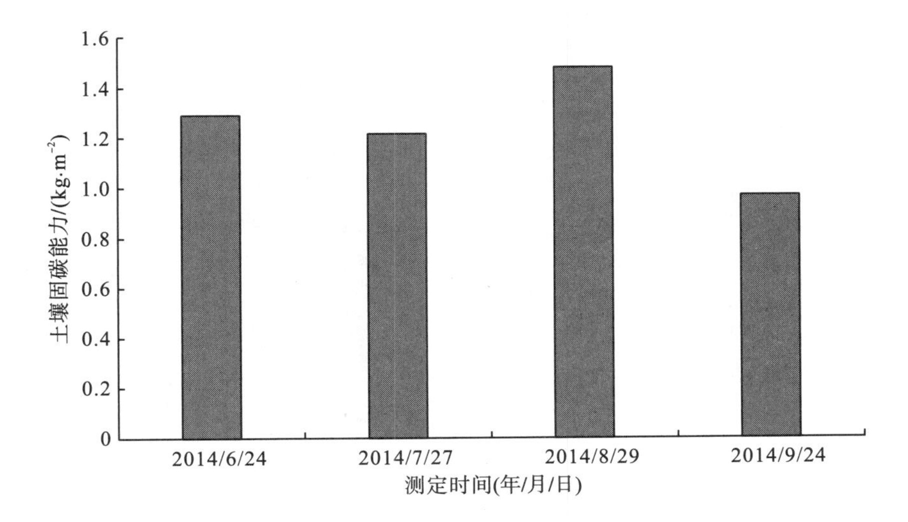

图 5-76　二荆条辣椒生产与田间管理阶段 LCA 环节土壤固碳能力

3）二荆条辣椒生产与田间管理阶段 LCA 环节植株 CO_2 释放能力

在二荆条辣椒生产与田间管理阶段 LCA 环节，二荆条辣椒植株 CO_2 释放能力如图 5-77 所示。二荆条辣椒植株 CO_2 平均释放能力为 0.437mol·m^{-2}·d^{-1}，最小值为 0.189mol·m^{-2}·d^{-1}，最大值为 0.83 mol·m^{-2}·d^{-1}，标准偏差为 0.229 mol·m^{-2}·d^{-1}。

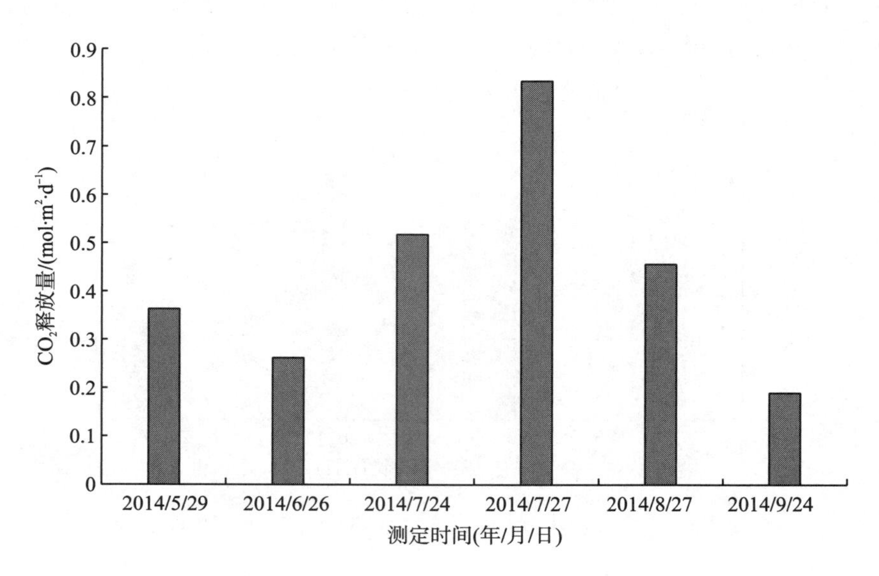

图 5-77 二荆条辣椒生产与田间管理阶段 LCA 环节植株 CO_2 释放能力

4）二荆条辣椒生产与田间管理阶段 LCA 环节植株 CH_4 释放能力

二荆条辣椒生产与田间管理阶段 LCA 环节植株 CH_4 释放能力如图 5-78 所示。二荆条辣椒植株 CH_4 平均释放能力为−0.257 mol·m^{-2}·d^{-1}，最小值为−0.95mol·m^{-2}·d^{-1}，最大值为 0.23mol·m^{-2}·d^{-1}，标准偏差为 0.444 mol·m^{-2}·d^{-1}，可认为二荆条辣椒不排放 CH_4。

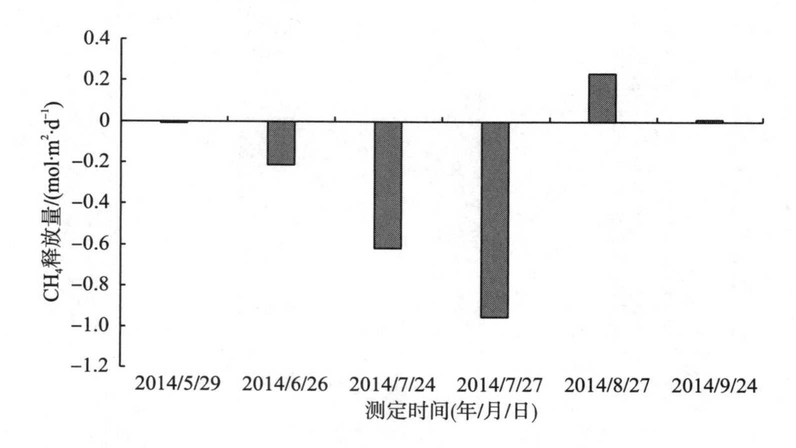

图 5-78 二荆条辣椒生产与田间管理阶段 LCA 环节植株 CH_4 释放能力

5) 二荆条辣椒生产与田间管理阶段 LCA 环节植株 TOC 含量

二荆条辣椒生产与田间管理阶段 LCA 环节植株 TOC 含量如图 5-79 所示。二荆条辣椒植株平均固碳能力(TOC 含量)为 $4.19g\cdot kg^{-1}$，最小值为 $2.7\ g\cdot kg^{-1}$，最大值为 $5.42\ g\cdot kg^{-1}$，标准偏差为 $0.985g\cdot kg^{-1}$。

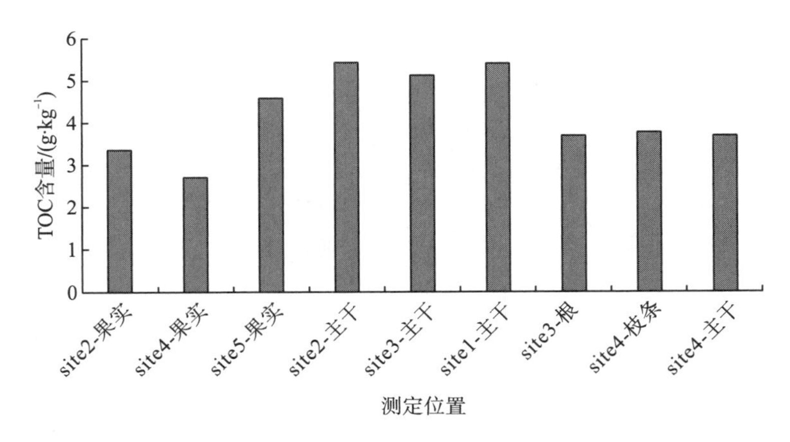

图 5-79 二荆条辣椒生产与田间管理阶段 LCA 环节植株 TOC 含量

6) 二荆条辣椒生产与田间管理阶段 LCA 环节植株 CO_2 释放能力

二荆条辣椒生产与田间管理阶段 LCA 环节植株 CO_2 释放能力如图 5-80 所示。二荆条辣椒植株 CO_2 平均释放能力为 $0.0288\ kg\cdot m^{-2}$，最小值为 $0.0125\ kg\cdot m^{-2}$，最大值为 $0.055kg\cdot m^{-2}$，标准偏差为 $0.0166\ kg\cdot m^{-2}$。

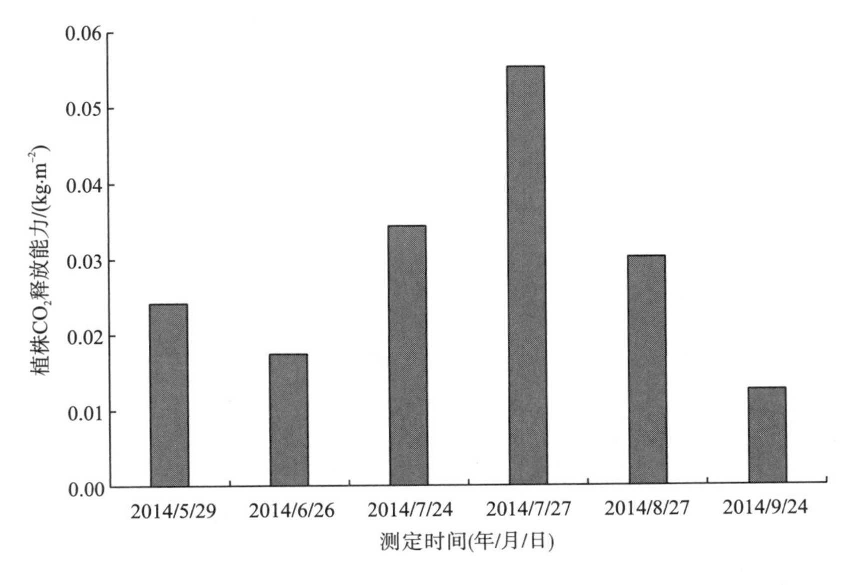

图 5-80 二荆条辣椒生产与田间管理阶段 LCA 环节植株 CO_2 释放能力

5.2.4 二荆条辣椒果实收获阶段 LCA 环节

1. 材料碳足迹

二荆条辣椒果实收获阶段 LCA 环节中，材料碳足迹为 0 $g·hm^{-2}·a^{-1}$。

2. 人力碳足迹

二荆条辣椒果实收获阶段 LCA 环节中，进行场地整理过程中，人力的食物消费碳足迹为 $6.59×10^{-4}$ $g·hm^{-2}·a^{-1}$(图 5-81)，人力饮用水消费碳足迹为 87.78 $g·hm^{-2}·a^{-1}$(图 5-82)，人力垃圾碳足迹为 $6.26×10^{-5}$ $g·hm^{-2}·a^{-1}$，人力碳足迹为 87.78 $g·hm^{-2}·a^{-1}$(图 5-83)。

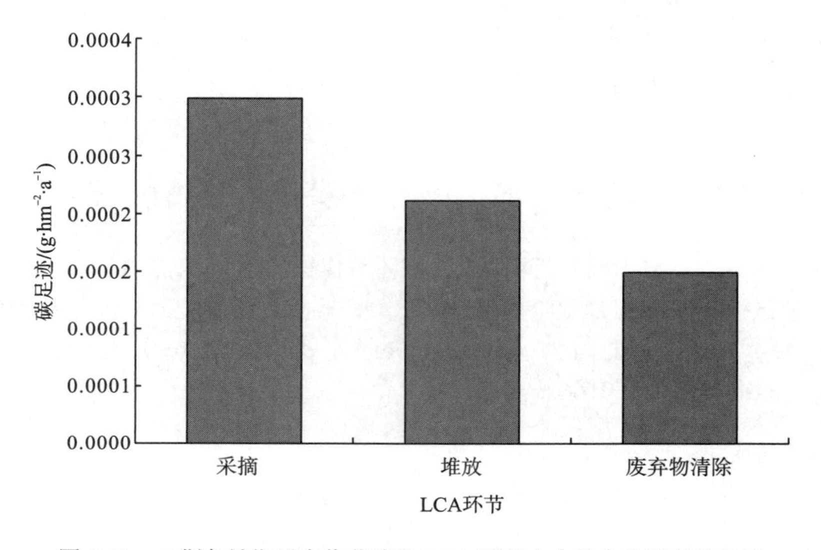

图 5-81 二荆条辣椒果实收获阶段 LCA 环节人力的食物消费碳足迹

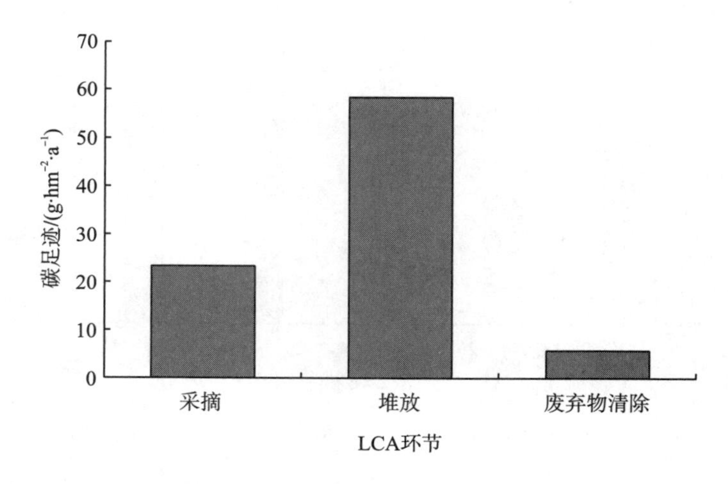

图 5-82 二荆条辣椒果实收获 LCA 环节人力饮用水消费碳足迹

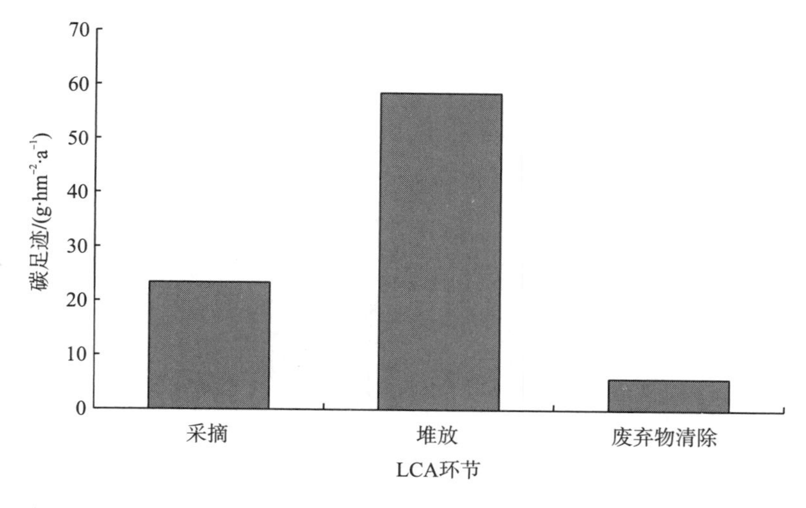

图 5-83　二荆条辣椒果实收获 LCA 环节人力碳足迹

3. 二荆条辣椒果实收获 LCA 碳足迹汇总

二荆条辣椒果实收获阶段 LCA 环节中，碳足迹汇总如图 5-84 所示，为 87.78 $g·hm^{-2}·a^{-1}$，其中材料碳足迹为 0 $g·hm^{-2}·a^{-1}$，人力碳足迹为 87.78 $g·hm^{-2}·a^{-1}$，材料运输碳足迹为 0 $g·hm^{-2}·a^{-1}$，水消费碳足迹为 0 $g·hm^{-2}·a^{-1}$，电力消费碳足迹为 0 $g·hm^{-2}·a^{-1}$。可见，人力碳足迹所占比例最大，占 100%。

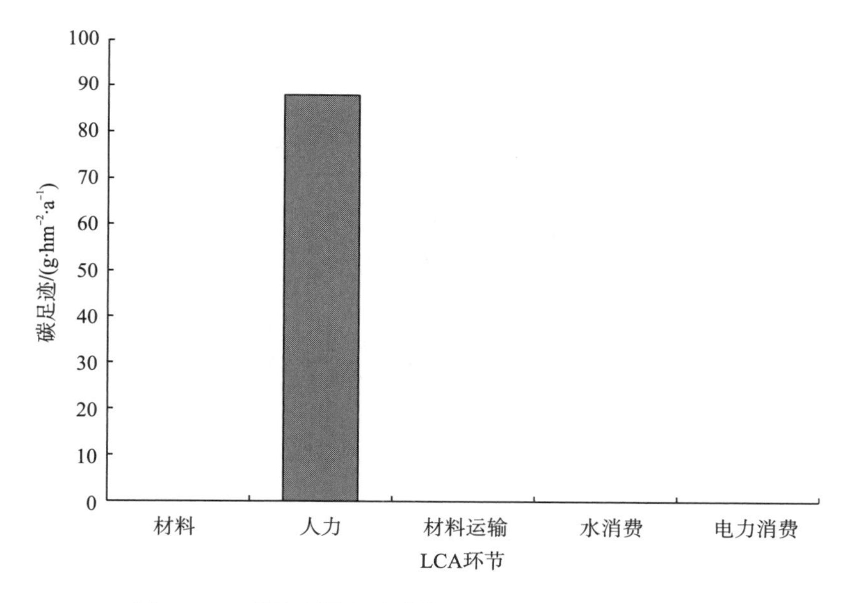

图 5-84　二荆条辣椒果实收获阶段 LCA 环节碳足迹汇总

4. 二荆条辣椒果实收获阶段 LCA 费用

二荆条辣椒果实收获阶段 LCA 环节中，所需费用如图 5-85 所示，总计费用为 430 元，其中，二荆条辣椒采摘为 130 元、鲜辣椒堆放为 300 元、废弃物清除为 0 元。可见，费用最多的是鲜辣椒堆放，占二荆条辣椒果实收获 LCA 环节总费用的 69.77%。整个二荆条辣椒生产面积为 2 亩，则二荆条辣椒果实收获 LCA 环节费用为 215 元/亩。

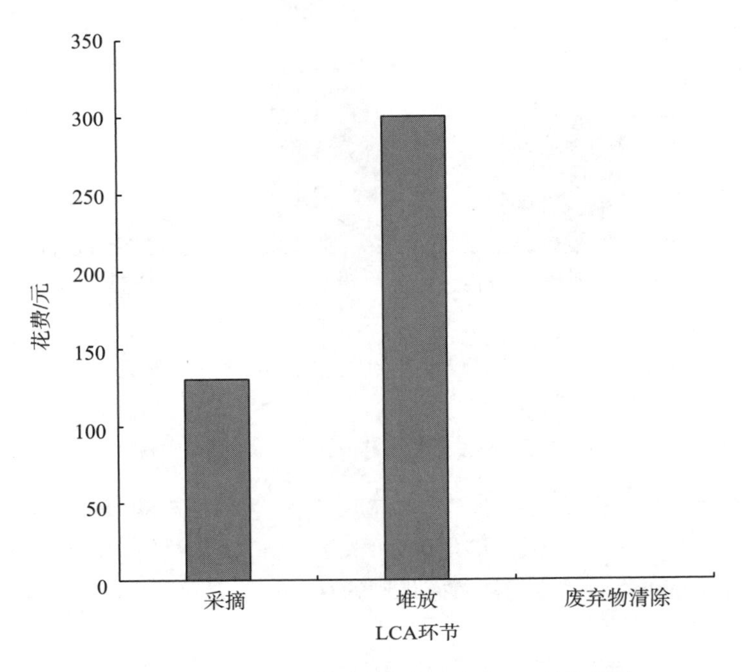

图 5-85 二荆条辣椒果实收获阶段 LCA 环节费用

5.2.5 二荆条辣椒产品销售阶段 LCA 环节

1. 材料碳足迹

二荆条鲜辣椒销售阶段 LCA 环节中，材料碳足迹为 0 $g·hm^{-2}·a^{-1}$。

2. 人力碳足迹

二荆条鲜辣椒销售阶段 LCA 环节中，人力的食物消费碳足迹为 $1.39×10^{-3}$ $g·hm^{-2}·a^{-1}$（图 5-86），饮用水消费碳足迹为 40.964 $g·hm^{-2}·a^{-1}$（图 5-87），人力碳足迹为 40.965 $g·hm^{-2}·a^{-1}$（图 5-88）。

3. 材料运输碳足迹

二荆条辣椒销售阶段 LCA 环节中，材料运输碳足迹如图 5-89 所示。材料运输碳足迹为 24.408 $g·hm^{-2}·a^{-1}$，其中二荆条青辣椒碳足迹为 1.095 $g·hm^{-2}·a^{-1}$，二荆条红辣椒碳足迹为 23.3 $g·hm^{-2}·a^{-1}$，存储碳足迹为 0 $g·hm^{-2}·a^{-1}$，废弃物处理碳足迹为 0.013 $g·hm^{-2}·a^{-1}$。

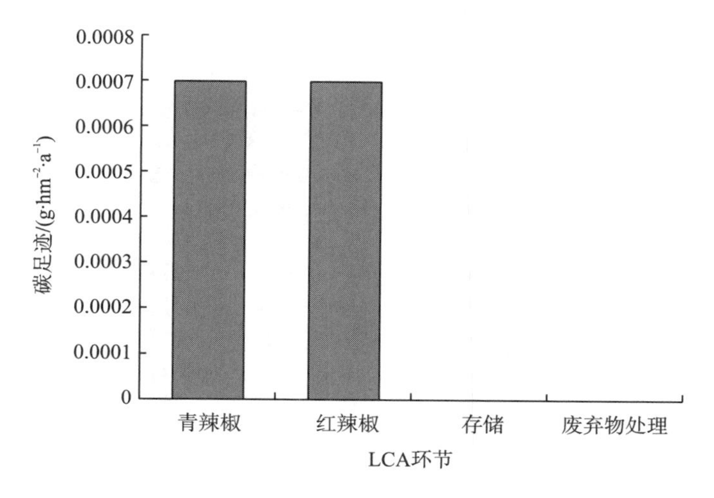

图 5-86　二荆条辣椒产品销售阶段 LCA 环节人力的食物消费碳足迹

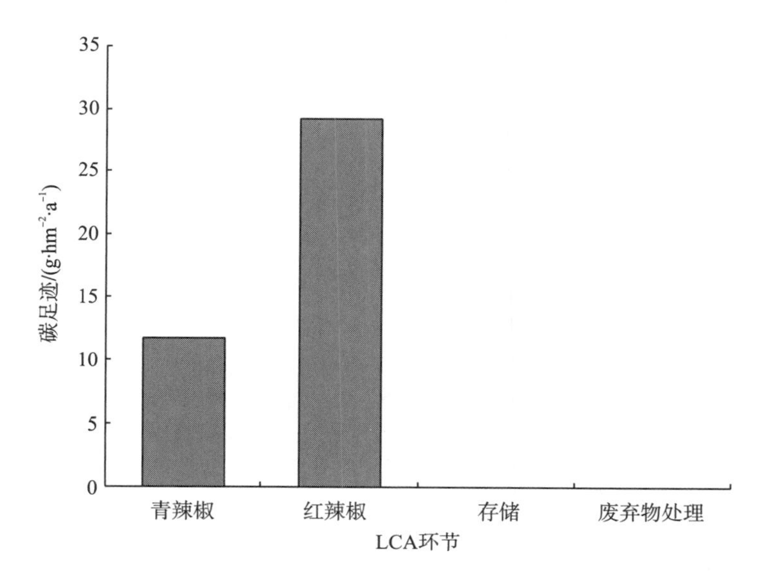

图 5-87　二荆条辣椒产品销售阶段 LCA 环节人力饮用水消费碳足迹

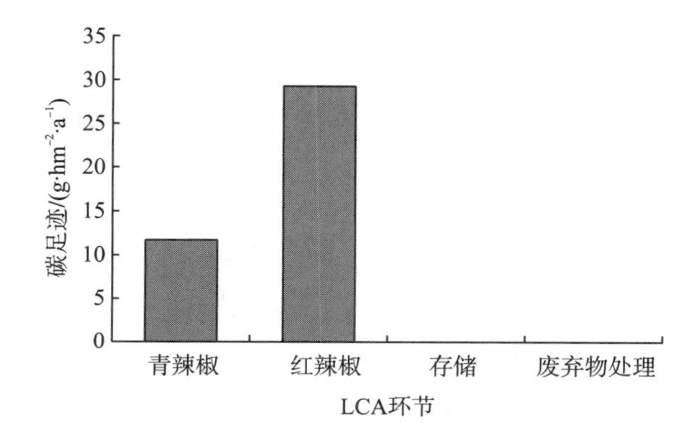

图 5-88　二荆条辣椒产品销售阶段 LCA 环节人力碳足迹汇总

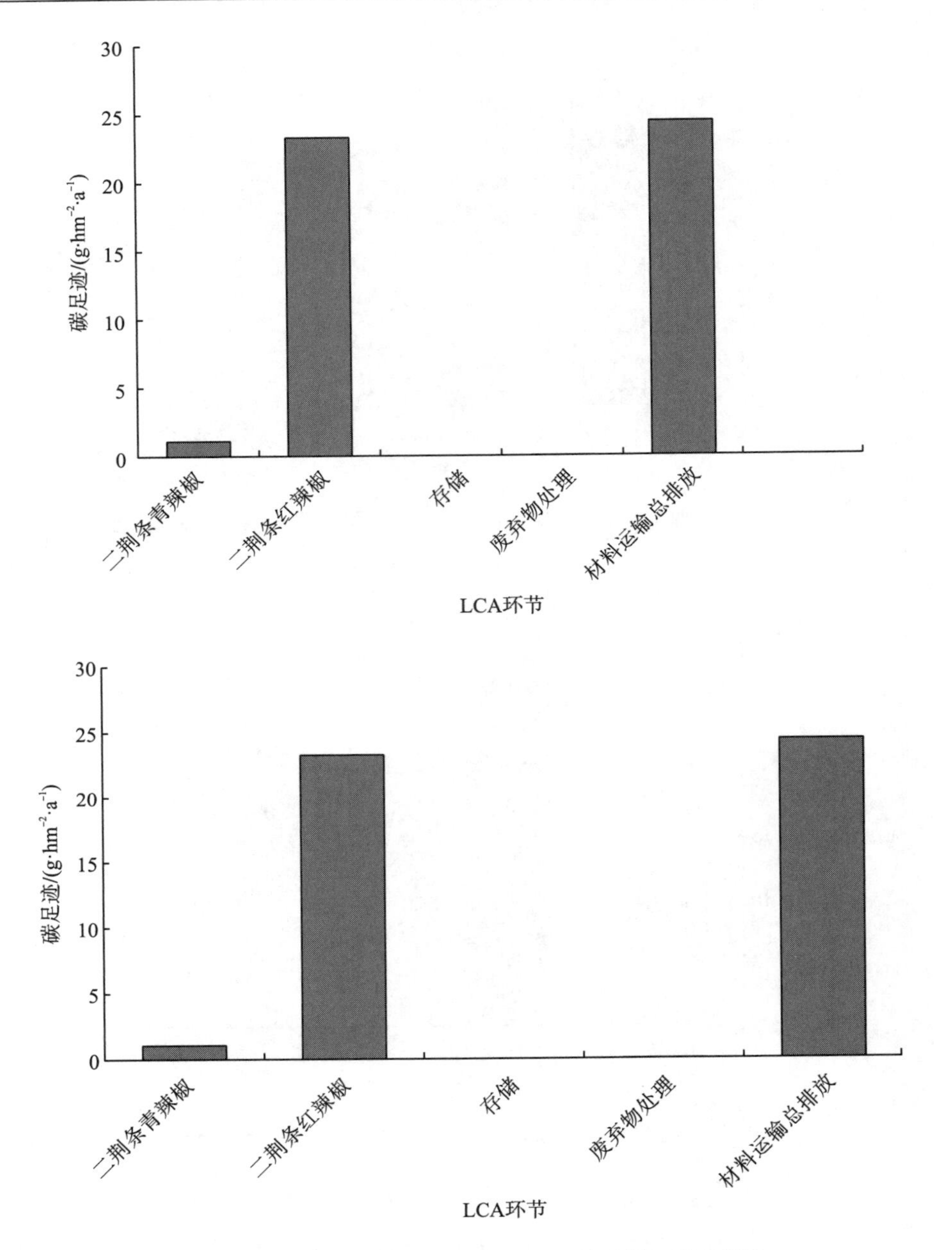

图 5-89 二荆条辣椒销售阶段 LCA 环节材料运输碳足迹

4. 二荆条辣椒产品销售阶段 LCA 碳足迹汇总

二荆条鲜辣椒销售阶段 LCA 环节中，碳足迹汇总如图 5-90 所示。二荆条辣椒产品阶段 LCA 环节碳足迹汇总为 65.373 $g·hm^{-2}·a^{-1}$，其中，材料碳足迹为 0 $g·hm^{-2}·a^{-1}$，人力碳足迹为 40.965 $g·hm^{-2}·a^{-1}$，材料运输碳足迹为 24.408 $g·hm^{-2}·a^{-1}$，水消费碳足迹为 0 $g·hm^{-2}·a^{-1}$，电力消费碳足迹为 0 $g·hm^{-2}·a^{-1}$。可见，人力碳足迹所占比例最大，占二荆条鲜辣椒销售 LCA 环节碳足迹的 62.66%。

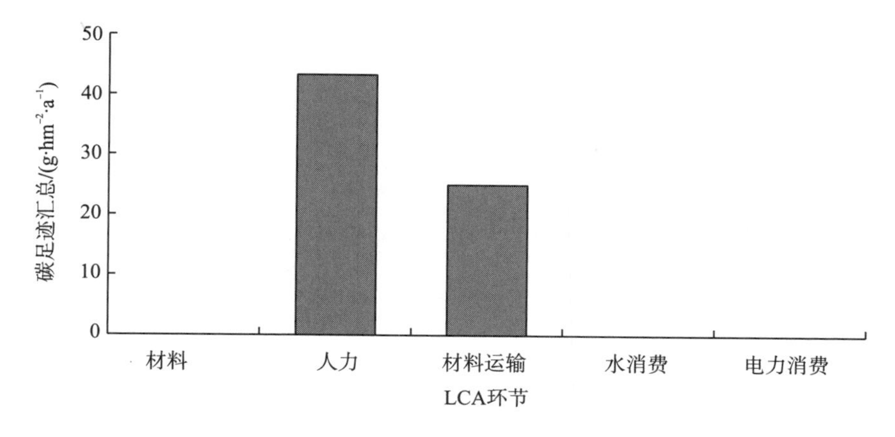

图 5-90　二荆条鲜辣椒销售 LCA 环节碳足迹汇总

5. 二荆条鲜辣椒销售阶段 LCA 费用

二荆条鲜辣椒销售阶段 LCA 环节中，所需费用如图 5-91 所示，总计费用为-9212.19 元，其中，青辣椒费用为-239.8 元、红辣椒费用为-9096.4 元、存储费用为 124 元、废弃物处理费用为 0.01 元。整个二荆条辣椒生产面积为 2 亩，则二荆条辣椒产品阶段 LCA 环节费用为-4606.095 元/亩。

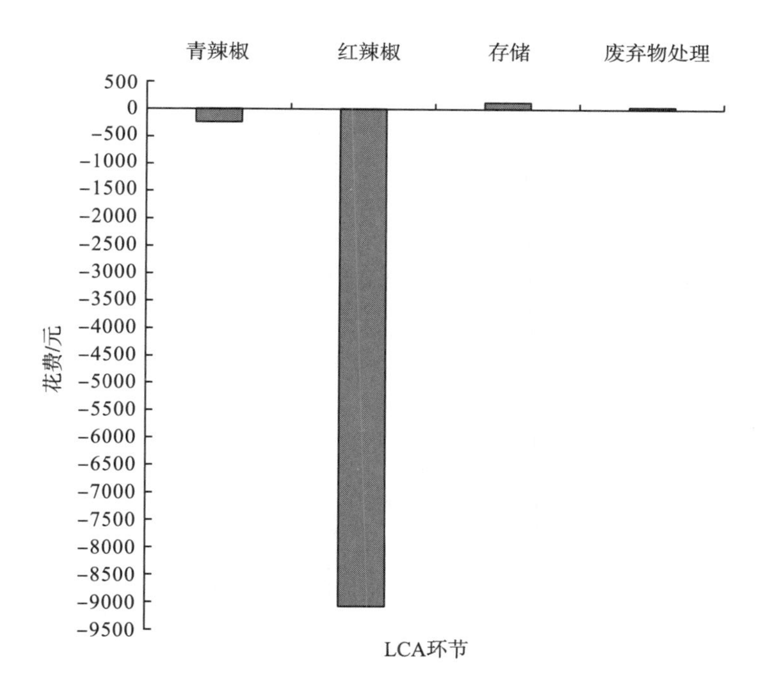

图 5-91　二荆条鲜辣椒销售阶段 LCA 环节费用

5.2.6 二荆条辣椒消费后废物处理阶段 LCA 环节

1. 材料碳足迹

二荆条辣椒消费后废物处理阶段 LCA 环节中，材料碳足迹为 53.4 $g·hm^{-2}·a^{-1}$，如图 5-92 所示。

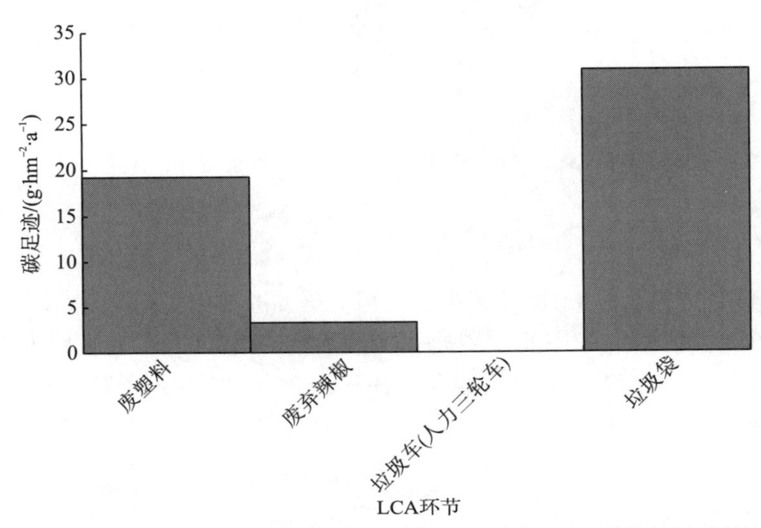

图 5-92 二荆条辣椒鲜果产品消费后废物处理阶段 LCA 环节材料碳足迹

2. 人力碳足迹

二荆条辣椒鲜果消费后废物处理阶段 LCA 环节中，人力碳足迹汇总如图 5-93 所示。人力的食物消费碳足迹为 $9.94×10^{-5}$ $g·hm^{-2}·a^{-1}$，饮用水消费碳足迹为 5.852 $g·hm^{-2}·a^{-1}$，人力垃圾足迹为 $1.14×10^{-5}$ $g·hm^{-2}·a^{-1}$，人力碳足迹为 5.852 $g·hm^{-2}·a^{-1}$。

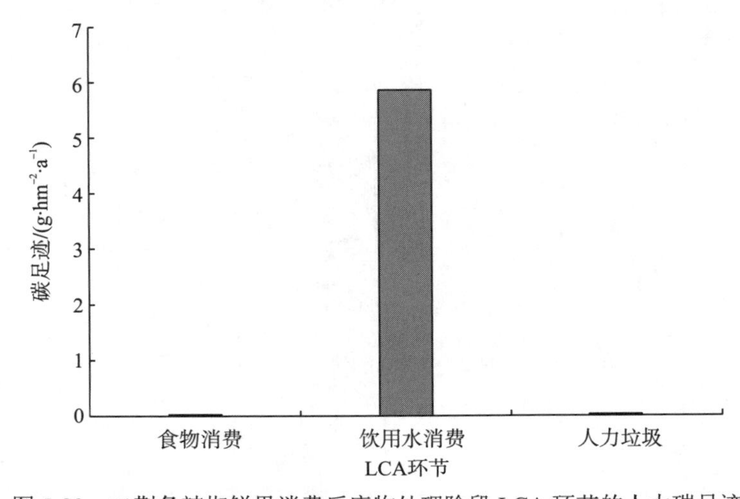

图 5-93 二荆条辣椒鲜果消费后废物处理阶段 LCA 环节的人力碳足迹

3. 材料运输碳足迹

二荆条辣椒鲜果消费后废物处理阶段 LCA 环节中，所需材料需要进行运输，材料运输碳足迹为 0.046 $g \cdot hm^{-2} \cdot a^{-1}$，如图 5-94 所示。

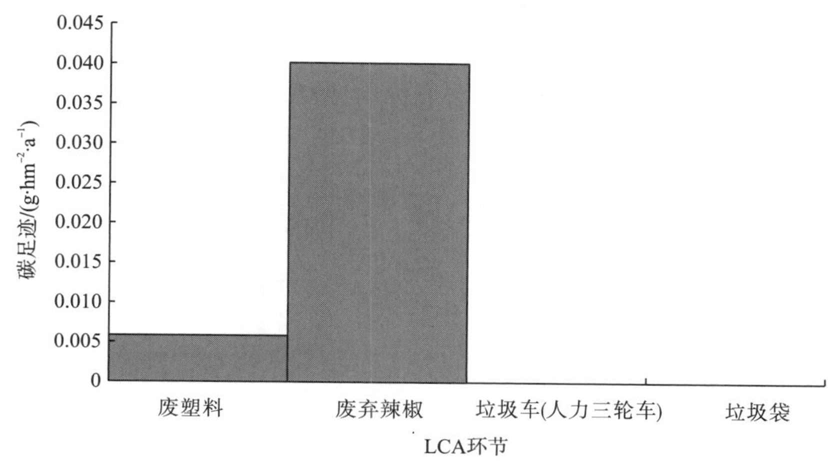

图 5-94 二荆条辣椒消费后废物处理阶段 LCA 环节材料运输碳足迹

4. 二荆条辣椒 LCA 生态碳足迹汇总

二荆条辣椒消费后废物处理阶段 LCA 环节中，碳足迹汇总如图 5-95 所示。二荆条辣椒消费后废物处理阶段 LCA 环节碳足迹汇总为 59.298 $g \cdot hm^{-2} \cdot a^{-1}$，其中，材料碳足迹为 53.4 $g \cdot hm^{-2} \cdot a^{-1}$，人力碳足迹为 5.852 $g \cdot hm^{-2} \cdot a^{-1}$，材料运输碳足迹为 0.046 $g \cdot hm^{-2} \cdot a^{-1}$，水消费碳足迹为 0 $g \cdot hm^{-2} \cdot a^{-1}$，电力消费碳足迹为 0 $g \cdot hm^{-2} \cdot a^{-1}$。可见，材料碳足迹所占比例最大，为 90.1%。

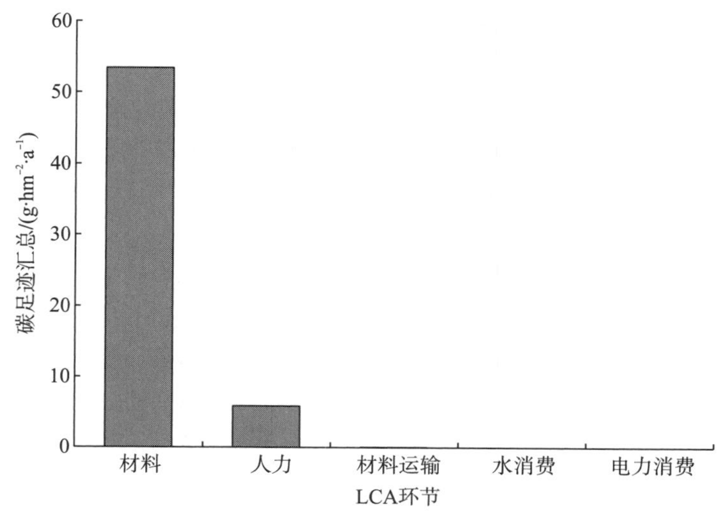

图 5-95 二荆条辣椒消费后废物处理阶段 LCA 环节碳足迹汇总

5. 二荆条辣椒消费后废物处理阶段 LCA 费用

二荆条辣椒消费后废物处理阶段 LCA 环节中，所需费用如图 5-96 所示，总计费用为 0.29 元，主要为垃圾车(人力三轮车)的费用。

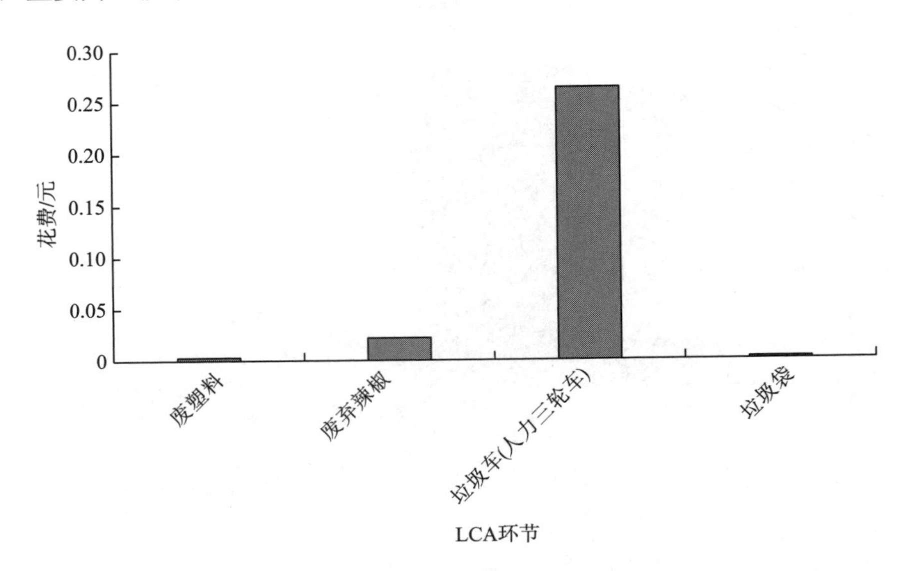

图 5-96 二荆条辣椒消费后废物处理阶段 LCA 环节费用

5.2.7 二荆条辣椒产品所有 LCA 环节汇总

1. 二荆条辣椒 LCA 碳足迹汇总

二荆条辣椒 LCA 环节碳足迹汇总如图 5-97 所示。二荆条辣椒 LCA 环节 CO_2 排放总量为 466.6121 $g \cdot hm^{-2} \cdot a^{-1}$，其中，场地整理碳足迹为 73.543 $g \cdot hm^{-2} \cdot a^{-1}$(占 15.76%)、种苗阶段碳足迹为 15.2205 $g \cdot hm^{-2} \cdot a^{-1}$(占 3.26%)、生产与田间管理阶段碳足迹为 165.3976 $g \cdot hm^{-2} \cdot a^{-1}$(占 35.45%)、二荆条辣椒果实收获阶段碳足迹为 87.78 $g \cdot hm^{-2} \cdot a^{-1}$(占 18.81%)、二荆条辣椒销售阶段碳足迹为 65.373 $g \cdot hm^{-2} \cdot a^{-1}$(占 14.01%)、消费后的废物处理阶段碳足迹为 59.288 $g \cdot hm^{-2} \cdot a^{-1}$(占 12.71%)。可见，生产与田间管理阶段、辣椒果实收获、场地整理阶段和辣椒销售阶段 4 个 LCA 环节 CO_2 碳足迹排名前四名，累计为 84.03%。

从碳足迹类型出发，二荆条辣椒 LCA 碳足迹汇总如图 5-98 所示。可知，材料碳足迹为 120.8939 $g \cdot hm^{-2} \cdot a^{-1}$(占 25.91%)、人力碳足迹为 298.3826 $g \cdot hm^{-2} \cdot a^{-1}$(占 63.95%)、材料运输(能源消耗)碳足迹为 47.3176 $g \cdot hm^{-2} \cdot a^{-1}$(占 10.14%)、水消费碳足迹为 0.018 $g \cdot hm^{-2} \cdot a^{-1}$(占 0.003%)、电力消费碳足迹为 0 $g \cdot hm^{-2} \cdot a^{-1}$。人力碳足迹为主要碳足迹贡献者。

若扣除人力碳足迹的话，二荆条辣椒 LCA 环节碳足迹汇总如图 5-99 所示。可见，扣除人力碳足迹之后的碳足迹主要为材料运输碳足迹和材料碳足迹，分别占 28.13%和 71.86%，共计占 99.99%。由于目前大部分产品碳标签都没有考虑人力碳足迹因素，因此本书研究也仅仅做了一个有益的探索，至于以后是否要增加人力碳足迹，还需要进一步研究和探索。

在二荆条生产与田间管理阶段，二荆条辣椒的固碳和 CO_2 释放能力如表 5-1 所示。土壤固碳能力为 0.99 kg·m^{-2}，植株固碳能力(TOC 含量)为 0.0667 g·a^{-1}，植株 CO_2 释放能力为 0.0289 g·a^{-1}·株$^{-1}$，土壤 CO_2 排放量为 0.88mol·m^{-2}·d^{-1}，植株 CO_2 排放量为 0.4376mol·m^{-2}·d^{-1}。

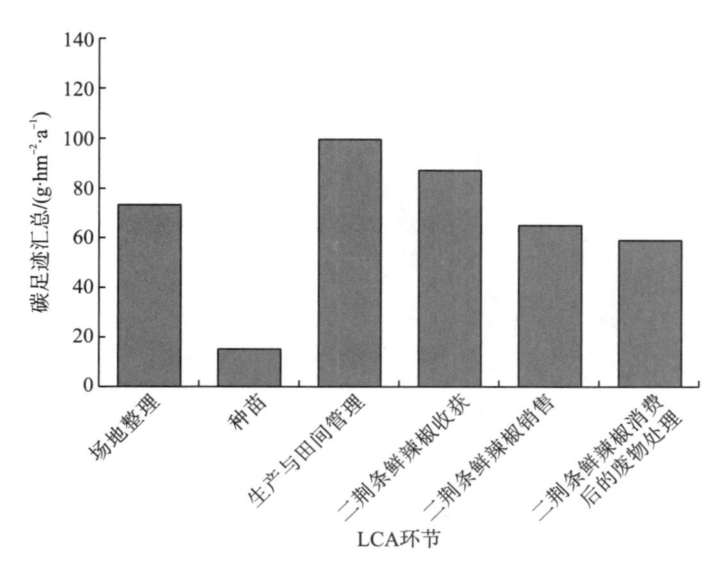

图 5-97　二荆条辣椒 LCA 环节碳足迹汇总 1

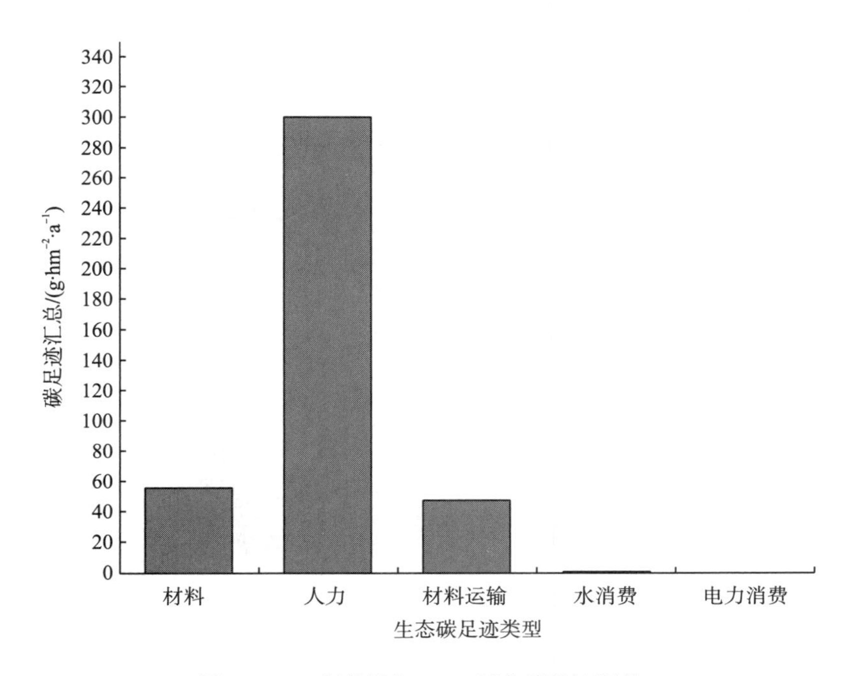

图 5-98　二荆条辣椒 LCA 环节碳足迹汇总 2

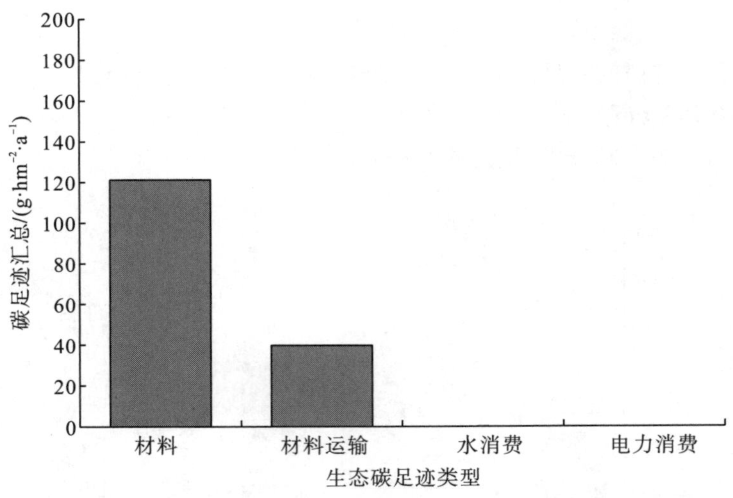

图 5-99　二荆条辣椒 LCA 环节碳足迹汇总（扣除人力碳足迹）

表 5-1　二荆条辣椒生产与田间管理阶段的固碳和 CO_2 释放能力

土壤固碳能力 /($kg \cdot m^{-2}$)	植株固碳能力 /($g \cdot a^{-1}$)	植株 CO_2 释放能力 /($g \cdot a^{-1} \cdot$ 株$^{-1}$)	土壤 CO_2 排放量 /($mol \cdot m^{-2} \cdot d^{-1}$)	植物 CO_2 排放量 /($mol \cdot m^{-2} \cdot d^{-1}$)
0.99	0.0667	0.0289	0.88	0.4376

2. 二荆条鲜辣椒产品 LCA 费用投入

二荆条鲜辣椒鲜果产品 LCA 环节中，所需投入费用如图 5-100 所示。

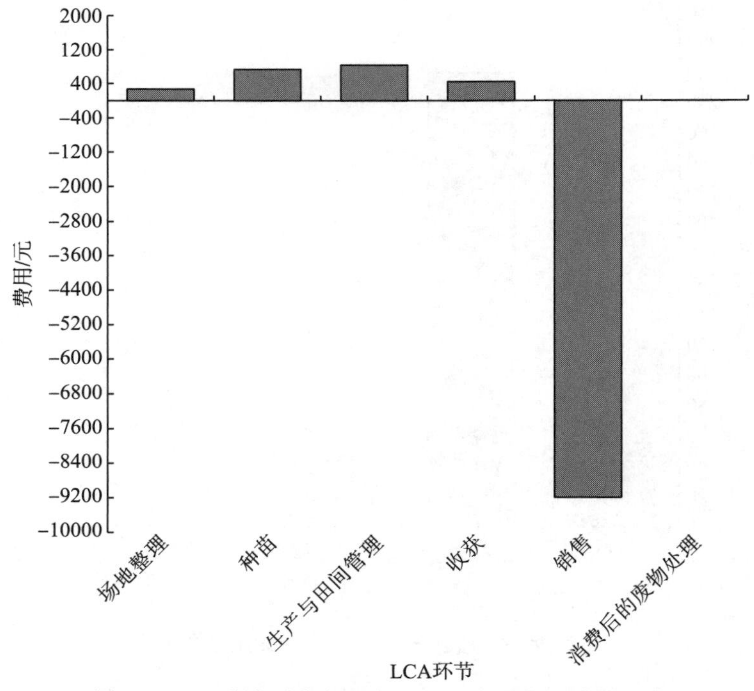

图 5-100　二荆条辣椒鲜果产品 LCA 环节投入费用汇总

二荆条辣椒鲜果生产若按 5 年作为一个评估年限，费用投入和盈利结果如表 5-3 所示。即 5 年内总投入 10786.9 元，5 年内总收入为 46064.5 元，5 年盈利为 35277.6 元。现有 2 亩二荆条辣椒，则每亩每年盈利为 3527.76 元·亩$^{-1}$·a^{-1}，投资∶效益=1∶3.27。

表 5-3 二荆条辣椒生产 LCA 环节 5 年费用评估

二荆条辣椒产品 LCA 环节	总投入/元				
	第 1 年	第 2 年	第 3 年	第 4 年	第 5 年
场地整理	169.3	169.3	169.3	169.3	169.3
种苗	721.27	721.27	721.27	721.27	721.27
生产与田间管理	836.81	836.81	836.81	836.81	836.81
二荆条鲜辣椒收获	430.0	430.0	430.0	430.0	430.0
二荆条鲜辣椒销售	−9212.9	−9212.9	−9212.9	−9212.9	−9212.9
二荆条鲜辣椒消费后的废物处理	0.29	0.29	0.29	0.29	0.29
总投入/元	2157.38	2157.38	2157.38	2157.38	2157.38
总收入/元	9212.9	9212.9	9212.9	9212.9	9212.9
盈亏/元	7055.52	7055.52	7055.52	7055.52	7055.52

5.2.8 二荆条鲜辣椒鲜产品所有 LCA 环节汇总——碳标签

1. 考虑人力生态足迹

二荆条辣椒种植面积为 2 亩，年产量 S 为 700kg·亩$^{-1}$·a^{-1}，总产量为 1400 kg^{-1}·a^{-1}。根据 5.2.1～5.2.7 节的内容，对二荆条辣椒 LCA 环节碳足迹汇总进行分析，取二荆条辣椒产品所有 LCA 环节汇总的碳足迹作为计算碳标签的依据，即二荆条辣椒产品所有 LCA 环节汇总的碳足迹为 466.6121 g·hm^{-2}·a^{-1}。因此，基于 5 种碳足迹(材料生态足迹、人力碳足迹、材料运输碳足迹、水消费碳足迹、电力消费碳足迹)的碳标签为

$$\frac{466.6121}{0.1333\times1400\times1000}=0.002500\,\mathrm{kg}\cdot\mathrm{kg}^{-1} \tag{5-3}$$

即每生产 1kg 二荆条辣椒，排放 CO_2 0.002500 kg。

这里计算得到的二荆条辣椒碳标签(0.002500 kg CO_2-eq)比前面实测计算的碳标签值要低得多，主要原因是实测数据是以月为基本监测单位，而不是每天进行监测，因为每天进行监测是不可能实现的，所以实测的误差很大。

取本次二荆条辣椒碳足迹核算的结果(0.002500 kg CO_2-eq)作为本书研究二荆条辣椒的碳足迹。即本书中的二荆条辣椒碳足迹应为：0.002500 kg CO_2-eq，即每生产 1kg 二荆条辣椒，排放的 CO_2 为 2.500 g CO_2-eq，相比其他蔬菜，属于典型的低碳蔬菜农产品，但更为详细的二荆条辣椒碳足迹，以及有关二荆条辣椒的加工产品碳标签还应在将来继续开展研究，并进行连续的监测和评估。

2. 不考虑人力碳足迹

二荆条种植面积为 2 亩，年产量为 $700\text{kg}\cdot\text{亩}^{-1}\cdot\text{a}^{-1}$，年总产量为 $1400\text{kg}\cdot\text{a}^{-1}$。不考虑人力碳足迹，二荆条辣椒所有 LCA 环节汇总的 CO_2 碳足迹为 168.2295 $\text{g}\cdot\text{hm}^{-2}\cdot\text{a}^{-1}$，因此，基于 4 种碳足迹(材料碳足迹、材料运输碳足迹、水消费碳足迹、电力消费碳足迹)的碳标签为

$$\frac{168.2295}{0.1333\times1400\times1000}=0.000901\,\text{kg}\cdot\text{kg}^{-1} \tag{5-4}$$

即每生产 1kg 二荆条辣椒，排放的 CO_2 为 0.000901 kg。当不考虑碳足迹时，二荆条辣椒碳标签为 0.000901 kg CO_2-eq，即每生产 1kg 二荆条辣椒，排放的 CO_2 为 0.901 g CO_2-eq，相比其他蔬菜，属于典型的低碳蔬菜农产品，但更为详细的二荆条辣椒碳标签以及有关二荆条辣椒加工产品的碳标签还应在将来继续开展研究，并进行连续的监测和评估。

第 6 章 四川省农业果蔬产品类别规则制定的制度初探

农业是温室气体重要排放源，联合国粮食和农业组织指出，耕地释放的温室气体超过全球人为温室气体排放总量的 30%，相当于 1.5×10^{10}t CO_2。农业较易遭受气候变化影响，近年频发的局部自然灾害严重影响农业可持续发展，为应对气候变化，推进低碳农业发展已经成为国际社会和各国政府关注的焦点之一。

据世界银行研究报告称，如果碳关税全面实施，中国制造将可能面临平均 26%的关税，而出口量可能因此下滑 21%，农产品出口企业应提早准备应对措施。我国已是世界第五大农产品出口国，但 90%以上都是碳排放较高的中小企业。同时，农产品出口结构不合理现象突出，如宁波地区蔬菜、水产品等劳动密集型农产品占出口主导地位，而这些都被认为是具有高碳特征的农产品，在出口贸易中更容易遭遇低碳壁垒(凤凰网财经，2016)。

在国际贸易商品分类中，农产品一般分为 7 类：①谷物饲料，包括大米、小麦、玉米等粗细粮和其他饲料粮；②动植物油；③食品、饮料和调味料，包括食糖、咖啡、可可、茶叶以及胡椒等调味料；④蔬菜、水果；⑤酒和烟草；⑥非食用农业原料，包括棉花、黄红麻、蚕茧等纤维产品和橡胶等原料商品；⑦畜产品，包括畜禽的肉、蛋、乳等。前 6 类属于植物性产品，第 7 类属于动物性产品。此外，还有些未归类的产品和杂项产品。在联合国粮食和农业组织的统计资料中，渔产品和林产品是单独分类的，但也统计在农产品之内。

本书所研究的农产品分类，是根据 PCR(product category rule，产品类别规则)，对猕猴桃和二荆条辣椒农产品排放的温室气体(CO_2 和 CH_4)对环境的影响(Kg CO_2-eq))进行分类，即以农产品生命周期评价各个环节对环境气候的影响作为基本分类原则，并对各国对应的有关碳标签进行比较分析。

6.1 农产品的含义

近年来，随着经济全球化的发展，国际农产品贸易往来日益频繁，然而由于农产品含义不明晰，各国之间、甚至国内各部门之间农产品分类相对混乱，农业相关工作效率低、国际农产品贸易摩擦不断等问题十分普遍。

6.1.1 国内对农产品含义的认识

1. 农产品内涵的争论

明晰的农产品内涵是农产品分类工作开展的前提，《中华人民共和国农产品质量安全法》将农产品定义为“来源于农业的初级产品，即在农业活动中获得的植物、动物、微生物及其产品”。该法在产业来源上对农产品内涵进行规范，但并未对初级产品具体内涵进行更为深入的阐述。那么，法律规定的初级产品是否包含经过初加工的农产品？如果包含，又该如何区分农产品涉及的加工是属于工业加工还是农业初加工？国内大部分文献将经过初加工的农产品划入农产品内涵中(北京农业大学，1985；安建 等，2006；杜国明，2008)，初加工的方式主要包括分拣、去皮、剥壳等。而从农产品范围的角度来看，农产品往往被定义为广义与狭义两种。广义农产品主要指人类有意识地利用动植物来获取食物和其他物质资料的经济活动的产物(翟虎渠，2001)，狭义农产品主要指农业生产的直接产物(张汉林，2003；中国大百科全书总编辑委员会，2009)。

2. 农产品外延的分歧

农产品外延的分歧是研究农产品含义的另一个关注点，其最主要的问题是农产品是否包含不可食用产品。部分文献强调农产品供食用的特点(国家认证认可监督管理委员会等，2011)，然而更多文献偏向将不可食用产品也划归于农产品范围内(卢良恕，2002；钱永忠 等，2005)。结合农产品贸易现状和已有文献，将不可食用部分也划入农产品含义之内更符合现实。因此，农产品主要指满足人类生存和生产需求的第一产业产物，包含可食用部分和不可食用部分。

6.1.2 国外对农产品含义的认识

关于农产品含义的争论不仅在国内存在严重分歧，国际上也存在较大差异。如美国农业部主要从产业源角度对农产品进行定义，认为来源于耕作、放牧及任何同类或类似活动的产品均属于农产品。同时，美国农业部列举了部分农产品(鲜活鸡肉、鲜活鱼等)的存储形态及条件。《加拿大农产品法》第二条第二款将“农产品”定义为动植物及其产品，包括饮料、食品等加工产品。此定义几乎包含了自然界中所有生物及其产品，较为宽泛，且把食品、饮料这些需经加工的产品也归于农产品一类。日本《农林产品标准和正确标识法》结合农产品基本特征与产业来源对农产品含义进行阐述，该法中的农产品既包括食物、饮料等经过加工的农产品，也包括直接来源于农业的产品或以其为原料、成分的产品。

国际上对农产品内涵主要依据产品来源与其物理特性进行阐述，而在关于农产品外延的讨论方面，主流的界定方法是将不可食用农产品也包含在内，这与中国农产品含义的研究情况类似。

6.2 农产品的分类

20 世纪初，国际组织开始尝试制定统一的农产品分类标准以促进国际农产品贸易发展，这些标准主要依据产品属性、产业来源、加工方法等对农产品进行分类。国内外农产品含义研究的分歧主要集中在农产品内涵与外延的讨论上，即初加工农产品和不可食用农产品是否包含在农产品范围内，以及如何确认农产品初加工方式。目前，国际上普遍认为农产品内涵应通过产品基本属性、产业来源等界定，农产品含义中应包含初加工及不可食用农产品，但有关初加工的具体定义仍存在较大分歧，主要包括分拣、剥壳、切割等。

农业作为基础产业，为人类生存和发展提供基础物质资料，农产品种类多、属性差异大等特点对农产品分类工作造成一定困难。目前，农产品分类工作相对混乱，仅中国国内就存在多种分类标准，因此科学整理、比较研究不同农产品分类方法具有十分重要的现实与理论意义(张玉娥 等，2016；王莉婷 等，2017)。

6.2.1 农产品分类的国际现状

目前，国际上通行的产品分类目录及农产品分类主要有以下几类(Ingwersen et al.，2014；张艳琦 等，2014；王莉婷 等，2017)。

6.2.1.1 《国际标准产业分类》

《国际标准产业分类》(International Standard of Industrial Classification of All Economic Activities，ISIC)，是指人类的全部经济活动的国际标准产业(行业)分类，是基于经济活动的一种分类。第二次世界大战后，因世界经济恢复和发展的需要，联合国统计署于 1948 年制定了全部经济活动的《国际标准产业分类》(第一版)，并建议联合国所有成员国的政府积极采用全部经济活动的国际标准产业分类作为各国的国家标准。《国际标准产业分类》编码系统的总体结构由一位大写英文字母和四位数字组成，其中大写英文字母表示大类，第一位、第二位数字表示类，第三位数字表示大组，第四位数字表示组。

6.2.1.2 《商品名称和编码协调系统》

《商品名称和编码协调系统》(The Harmonized Commodity Description and Coding System，HS)，简称“协调制度”。HS 由国际关税合作理事会组织制定，1988 年 1 月 1 日正式批准实施。它的应用方向是满足海关对外贸易统计和货运公司的需要，是税则目录和统计目录合一的商品分类目录，主要适用于国际间进出口商品的关税征收和统计。

HS 的总体结构有 3 个部分：①归类总规则，共六条，规定了分类原则和方法，以保证对 HS 使用和解释的一致性，使某一具体商品能够始终归入一个唯一编码；②类(section)、章(chapter)、目(heading)和子目(sub-heading)注释，严格界定了相应的商品范围，阐述专用术语的定义或区分某些商品的技术标准及界限；③按顺序编排的目与子目编码及条文，采用六位编码，将所有商品分为 21 类、97 章，章下再分为目和子目。编码前两位数代表“章”，前四位数代表“目”，第五、六位数字代表“子目”。

HS 的产品分类体系把农产品分为四大类：①动物及动物产品；②植物产品；③动植物油脂及其分解物、食用油脂调制品；④调制食品、饮料、酒类、醋及烟草。

6.2.1.3 《国际贸易标准分类》

《国际贸易标准分类》(Standard International Trade Classification，SITC)，是由联合国统计署组织制定的贸易分类目录，1988 年与 HS 一起在国际范围内正式实施。其分类对象只涉及可运输的商品，仅用于国际贸易中可运输物品的专门统计。其分类原则是按商品的特性及其原材料、工艺过程和加工处理程度、市场需求情况和用途、在国际贸易中的重要性及对技术发展的作用，并兼顾了产业源的原则。

该标准目录的编码结构采用 5 位阿拉伯数字的层次码表示，目录包含 10 大类、67 章、261 个组、1033 个分组，共 3118 个基础类目，任何一个基础分类均可根据各国需要进行细分。

在《国际贸易标准分类》中，农产品分为三大类：①食品及主要供食用的活动物，包括渔业产品在内；②饮料及烟草；③非食用原料，包括木材等林产品在内。

6.2.1.4 乌拉圭回合的《实施卫生与植物卫生措施协议》《农产品协议》

《实施卫生与植物卫生措施协议》(Agreement on the Application of Sanitary and Phytosanitary Measures，SPS)是在乌拉圭回合中达成的一项新协议，隶属于 WTO(World Trade Organization，世界贸易组织)多边货物贸易协议项下。

1994 年达成乌拉圭回合《农产品协议》，《实施卫生与植物卫生措施协议》是与《农产品协议》相伴生的产物，并构成《农产品协议》的一个重要组成部分。

《农产品协议》是乌拉圭回合的一大贡献，它把长期游离于 GATT(General Agreement on Tariffs and Trade，《关税与贸易总协定》)体制之外的占世界贸易总额 13% 的农产品贸易纳入多边贸易体制轨道。依照 GATT 所要求的尽可能仅以关税作为保护手段的原则，《农产品协议》中极其重要的举措之一就是建立“单一关税制”(tariff-only regime，即关税化)。由此，各国广泛使用的对农产品的所有保护措施，包括数量限制(quantitative restrictions)、差价税(variable levies)、进口禁令(import bans)或其他非关税措施，全部以进口关税取而代之。关税化的过程彻底改变了反对进口农产品的世界范围内存在的保护性壁垒结构。

但与此同时，由于GATT第20条(b)项承认各国政府在保护人类、动物或植物的生命与健康所必需的情况下，具有限制贸易的权利，因而许多国家担心在关税化后，由于农产品的非关税措施被禁止采用，可能会导致一些国家对贸易不合理地使用动植物限制措施以变相地限制农产品贸易。《实施卫生与植物卫生措施协议》就是为了消除这种威胁而制定的。从《农产品协议》序言及其第14条的表述中可知，《实施卫生与植物卫生措施协议》本身就构成了《农产品协议》的一项内容。

乌拉圭回合的《农产品协议》排除了水产品，并非忽视水产品的重要作用，而是基于水产品的生产及其贸易多样性、复杂性以及对相关环境和生物保护的考虑。

6.2.1.5　《主要产品分类》

联合国统计署制定的《主要产品分类》(Central Product Classification，CPC)是为了协调已有的、用于各种目的的产品分类目录，并针对HS、SITC使用的局限性，满足对全部产品进行统一分类的需要和设想，在1977年的联合国统计署第29届会议上，讨论并通过了该目录，定名为《主要产品分类》1.0版，1988年正式公布使用。

CPC的分类原则是按产品的物理性质、加工工艺、用途等基本属性和产品的产业源来划分的。其编码系统采用了层次数字码，且完全是十进制的编码体系，分5个层次，由5位数字组成，从左至右，第一位数字标识为各个大部类，编码为0～9；第二位数字标识为部类(由前两位数识别)，每个部类下可分成10个部类；第三位数字标识为大类(由前三位数识别)，每个部类可分成10个大类；第四位数字标识为中类(由前四位数识别)，每个大类可分成10个中类；第五位数字标识为小类(由五位数识别)，每个中类可分成10个小类。CPC的编码系统使用了10个大部类、71个部类、294个大类、1162个中类和2093个小类，共有3630个类目。

《主要产品分类》中，农产品包含在两个大部类的9个大类里，即0大部类“农林渔业产品”中的01种植业产品、02活的动物和动物产品、03森林产品和森林采伐产品、04鱼和其他渔业产品，2大部类“食品、饮料和烟草”中的21肉、鱼、水果、蔬菜、油脂类，22乳制品，23谷物碾磨加工品、淀粉和淀粉制品及其他食品，24饮料，25烟草制品。CPC的“21”部类下所列的类目，全部指的是加工品，未加工或粗加工的产品列入0大部类。

6.2.1.6　对比分析上述国际通行产品分类体系下的农产品分类

HS的产品分类包含21个大类，共97章；SITC包含10类，共67章；CPC包含10个大部类，共71个部类。《农产品协议》包含HS分类编码体系下的前24章(水产品除外)，以及HS中第24章以后的农产品。

表6-1列出了几种国际通行产品分类体系下涉及的农产品分类情况。

表 6-1 几种国际通行产品分类体系下涉及的农产品分类情况

分类体系	产品代码范围	产品名称
HS	1类(1～5章)	活动物；动物产品
	2类(6～14章) 3类(15章)	植物产品，动植物油、脂、蜡；精制食用油脂
	4类(16～24章)	食品；饮料、酒及醋；烟草及制品
SITC	0类(00～09章)	食品及活动物
	1类(11～12章) 2类(21～23章，26～29章)	饮料及烟类、非食用原料(燃料除外)
	4类(41～43章)	矿物燃料、润滑油及有关原料
CPC	0大部类(01～04部类) 2大部类(21～25部类)	农林渔业产品、食品、饮料和烟草
《农产品协议》	HS第1章～第24章(水产品除外)	鱼及鱼类产品
	协调税目29.05.43，	甘露醇
	协调税目29.05.44	清凉茶醇
	协调税目38.09.10	整理剂
	协调税目38.23.60	子目号29、05、44以外的清凉茶醇
	协调税号33.01	香油精
	协调税号35.01～35.05 协调税号40.01～41.03	白蛋白，改性淀粉，胶 兽皮与革制品
	协调税号43.01	生毛皮
	协调税号50.01～50.03	生丝与丝废料
	协调税号51.01～51.03	羊毛与动物毛
	协调税号52.01～52.03	原棉、废料与经过梳理的棉纱
	协调税号53.01	生麻
	协调税号53.02	生大麻纤维

通过表6-1中对几种国际通行产品分类体系的分析比较可以看出，其适用范围、分类对象、分类原则、代码结构等尽管具有不同的特点，但其分类都具有较高的科学性和实用性，较大程度上可以协调一致、兼容对照使用。例如，CPC的每个小类包括一个或几个完整的HS六位数的细类商品，HS和SITC的基本类目存在对应的关系。在SITC标准目录中有同HS的代码对照表；在CPC中有同HS、SITC的代码对照表。

CPC、HS和SITC在分类中都引入了按产业来源划分类别的原则，它们与ISIC之间均有对应关系。

CPC协调了国际上几种主要产品分类和国际标准产业分类。在编制CPC时，吸取了ISIC的第三次修订版、HS和SITC中的分类原则，确保了CPC与ISIC、HS、SITC的分类协调一致、相互兼容，起到了协调各种国际产品分类和国际标准产业分类的核心作用。

6.2.2　农产品分类的国内现状

本章通过分析国内外不同分类体系下农产品分类的应用及发展现状，对比分析目前广泛使用的农产品分类方法，为研究我国农产品分类的统一标准奠定了基础(张艳琦 等，2014)。

6.2.2.1　《中华人民共和国海关统计商品目录》

《中华人民共和国海关统计商品目录》是在国际关税合作理事会组织制定的 HS 的基础上，结合我国进出口产品监管的需要编制的。海关总署税则司 1988 年直接采用了HS，在 HS 六位代码基础上，扩展一层两位，共四层八位，全数字，增加了第七、八两位代码和两章内容，形成了《中华人民共和国海关统计商品目录》，针对进出口主要产品类别，主要用于货物进出口管理领域。

由于《中华人民共和国海关统计商品目录》直接采用 HS，所以其中包含的农产品为前 24 章，分为四大类：第一类为动物及动物产品；第二类为植物产品；第三类为动植物油脂及其分解物、食用油脂调制品；第四类为调制食品、饮料、酒类、醋及烟草。

6.2.2.2　《统计用产品分类目录》

《统计用产品分类目录》是以《国民经济行业分类》为基础编制。该目录是对社会经济活动中的实物类产品和服务类产品进行的统一分类和编码，适用于以实物类产品和服务类产品为对象的所有统计调查活动。该目录的框架结构采用《国民经济行业分类》大类的框架，第一层产品及代码与行业大类原则上保持一致。该目录的基本分类与代码分为五层，每层码段为两位代码，用阿拉伯数字表示，共有十位代码。

6.2.2.3　《全国主要产品分类与代码》

《全国主要产品分类与代码》(GB/T7635—2002)是以联合国统计署制定的 CPC 为基础，结合我国实际情况制定的产品分类码。标准实施以来，在很大程度上为国民经济统一核算、全国工业普查、物资管理等的工农业产品信息统计、信息交换，以及资源共享等提供了依据和保证，起到了十分重要的作用，已成为我国经济管理方面的一项重要基础标准，它是我国信息标准化的重要基础标准之一。该标准在联合国制定的 CPC 基础上，结合我国实际，扩展了一层三位，共六层八位，全数字，针对主要产品与服务的类别，主要用于统计领域。

该标准的前五层代码基本采用 CPC，农产品包含在两个大部类的 9 个部类里。在 CPC 的基础上，修改了部分产品类别的名称。

0 大部类“农林(牧)渔业产品；中药”中有 01 种植业产品、02 活的动物和动物产品、03 森林产品和森林采伐产品、04 鱼和其他渔业产品。其中，0 大部类的名称是在 CPC 的该大部类名称基础上增加了“(牧)；中药”的内容形成。2 大部类“加工食品、饮料和烟草”中有 21 肉、鱼、水果、蔬菜、油脂等类加工品，22 乳制品，23 谷物碾磨加工品、淀粉和淀粉制品、其他食品，24 饮料，25 烟草制品。其中，CPC 的 21 部类名称是“肉、鱼、水果、蔬菜、油脂类”，该部类下所列类目全部指的是加工品，为方便理解和使用，在 CPC 的 21 部类名称基础上增加了“等类加工品”的内容。

6.2.2.4 对比分析上述国内几种产品分类目录(标准)

表 6-2 列出了几种国内常用产品分类目录(标准)中涉及的农产品分类情况。

表 6-2 几种国内常用分类目录(标准)下的农产品分类

分类标准	产品代码范围	产品名称
《中华人民共和国海关统计商品目录》	1 类(1～5 章)	活动物；动物产品
	2 类(6～14 章)	植物产品
	3 类(15 章)	动植物油、脂、蜡；精制食用油脂
	4 类(16～24 章)	食品；饮料、酒及醋；烟草及制品
《统计用产品分类目录》	01 大类	农业产品
	02 大类	林业产品
	03 大类	饲养动物及其产品
	04 大类	渔业产品
	13 大类	农副食品，动植物油制品
	14 大类	食品及加工盐
	15 大类	饮料、酒及酒精
	16 大类	烟草制品
《全国主要产品分类与代码》	01 部类	种植业产品
	02 部类	活的动物和动物产品
	03 部类	森林产品和森林采伐产品
	04 部类	鱼和其他渔业产品
	21 部类	肉、鱼、水果、蔬菜、油脂类加工品
	22 部类	乳制品
	23 部类	谷物碾磨加工品、淀粉、淀粉制品；其他食品
	24 部类	饮料
	25 部类	烟草制品

通过表 6-2 中对几种国内常用产品分类目录(标准)及农产品分类的分析比较可以看出，各产品分类目录(标准)虽然适用范围、分类对象、分类原则、代码结构等方面具有不同的特点，但其分类都建立在国际通行的产品分类体系 HS、ISIC、CPC 基础上，具有较高的科学性和实用性。

《中华人民共和国海关统计商品目录》下的农产品分类只是针对进出口主要产品类别，主要用于货物进出口管理领域；《统计用产品分类目录》的大类采用《国民经济行业分类》的大类，农产品分类是按产业的分类。只有《全国主要产品分类与代码》是在 CPC 这种综合了贸易和产业两种分类的分类体系基础上产生的，更是在 CPC 的基础上，结合我国实际，扩展了一层三位，共六层八位。该标准的产品分类将贸易中的物流和产业中的产品按照先农、林、渔业，后工业；先原料，后加工产品的大概顺序，大致按产业发展的历史变革过程，制定出的产品分类标准。

6.3 我国种植业农产品分类现状

种植业是我国农业的第一大产业，2009 年种植业产值占农业总产值的 50.71%，其产品种类繁多、产品属性和特征复杂，并且地域跨度广、用途多样、称谓习惯差异大。同时，我国对种植业产品的管理涉及农业、粮食、林业、供销、轻工、商业、质检、卫生、工商等多个部门，以质量安全分段管理为主的客观现实短期内无法改变。因此，很难形成一个普遍认同的产品分类标准，从而造成产品范围不明晰，在生产、贸易、科研和管理方面可能会导致产品判定的交叉或真空。尤其在贯彻、实施《中华人民共和国农产品质量安全法》和《中华人民共和国食品安全法》(本文中简称“两法”)过程中，因产品界定不清而缺乏监管归口依据的情况屡见不鲜，一定程度上削弱了政府在农产品质量安全监管中的公信力，阻碍了“两法”有效、顺畅、全面地落实。

对于农产品和食品的概念，钱永忠等已做了精辟的论证，两概念互有交叉，农产品侧重于生产环节，食品重在加工过程(钱永忠 等，2005)。目前，“两法”已颁布实施多年，各部门对食品安全的依法行政意识日益增强，除了质量安全标准和信息公布统一遵循《中华人民共和国食品安全法》，农产品和食品分别依“两法”进行管理(信春鹰，2009)。虽然农产品和食品的区分已日渐清晰，但食用初级农产品加工到什么程度算作食品范畴，依然是制约“分段监管”权责归属的瓶颈，尤其在没有具体标准或规范性文件予以详细说明或无产品列表的现状下，“两法”中概括性、原则性的定义仍可能被不同利益方差异化解读。

6.3.1 种植业和种植业产品

种植业一般指通过栽培或采集植物及微生物而获得产品的产业，是农业的一部分，但就我国现行的法规、标准和管理体系，“农业”至少有 3 个层次的解释。①狭义概念上与种植业等同。②《中华人民共和国农业法》所指“农业”为广义概念，即“种植业、林业、畜牧业和渔业等产业，包括与其直接相关的产前、产中、产后服务”；在新修订的《国民经济行业分类》中，则继续延续“小农业”的分类思路，仅指种植业。而在实际的行政管理和产业体系中，农业包括种植业、畜牧业和渔业，林业则是独立的产业和系统。③联合国统计委员会《国际标准产业分类》第四版中，农业只包含种植业和畜牧业。

种植业产品的概念离不开对“农产品”的解释。《中华人民共和国农产品质量安全法》首次将农产品定义列入法律条款“来源于农业的初级产品，即在农业活动中获得的植物、动物、微生物及其产品”，概括性地给出了农产品的来源、范围、层次、种类等要素。种植业产品包含在其中，应指植物性或微生物农产品，但一些关键性的概念仍不明晰，如农业活动、初级产品及产品用途等。

6.3.2 初级农产品

《中华人民共和国农产品质量安全法》提出的“初级产品”在《经济大辞典·农业经济卷》中定义为“初级产业产出的未加工或只经初加工的农、林、牧、渔、矿等产品”，但“初加工”涉及的加工方式和程度无法确定(杜国明，2008)。部分标准尝试解释相关概念，如《初级农产品安全区域化管理体系要求》(GB/T26407—2011)中的“初级农产品”定义，但其仅简单重复了“两法”中相关表述：《超市销售生鲜农产品基本要求》(GB/T22502—2008)将“生鲜农产品”解释为“通过种植、养殖、采收、捕捞等产生，未经加工或经初级加工，供人食用的新鲜农产品”，生鲜农产品应包含在初级农产品中。但“初加工”与“初步加工”一样无法明确加工方式和程度。此外，产品用途也是决定农产品分类的重要因素，一般来说，农产品主要用于食用或加工原料。但由于食用和药用在法理上要严格鉴别，因此中草药原料有别于普通农产品；用于繁殖的种质材料作为农业投入品，同时也可能是农业活动的直接产物。

在实际农业生产和质量安全管理中，“两法”所指“初级产品”不能简单理解为农业生产的直接产物，应包括初步、简单的加工因素，如分拣、去皮、剥壳、粉碎、清洗、切割、冷冻、打蜡、分级、包装等(安建 等，2006)。初级农产品的概念应建立在广义农业基础上，可定义为：在栽培、养殖、采集、捕捞、狩猎等农业生产活动中直接获得的植物、动物和微生物产品，或经过初步、简单的加工措施仍保持产品自然性状和化学性质的产品。作为食用、药用、饲用、繁殖、观赏、加工原料、兼用或其他用途的产品统称，本书所论述的种植业产品仅指初级农产品。

6.3.3 我国种植业产品分类的标准现状

在国家和行业层面，种植业产品分类标准可以分为3个层次：①涵盖种植业产品的综合性产品分类体系；②专门性种植业产品分类标准；③产品标准和其他标准中包含的分类要素。虽然这样的标准构架并不是专门规划的，但却在客观上构成了指导种植业产品分类的标准层次。

1. 我国主要的综合性产品分类体系

目前，国际通用的产品分类主要有联合国统计委员会颁布的《主要产品分类》(CPC)、世界海关组织颁布的《商品名称及编码协调系统》(HS)、国际食品法典委员会(CAC)颁布的《食品与动物饲料分类标准》，以及以ISIC为代表的产业分类。我国已将上述体系不同程度地转化吸收，形成了专门用途的国家标准或行业标准化文件。

《全国主要产品分类与代码》是在我国加入WTO的大背景下，为与国际通行产品目录协调一致、非等效采用 CPC 建立起的分类编码标准体系，主要服务于经济管理和国内外贸易与物流。种植业产品包含在《全国主要产品分类与代码 第 1 部分：可运输产品》(GB/T 7635.1—2002)中，涉及两个大部类 6 个部类 16 个大类。《进出口税则》(简称《税则》)和《中华人民共和国海关统计商品目录》(简称《海关目录》)，是 1992 年开始以 HS 为基础编制，专用于进出口商品分类和征税的部门规范，主要考虑商品的原料属性以及商品的用途、性能和加工程度，两者分类目录基本一致，以《税则》为例，种植业产品涉及 3 类 12 章。《统计用产品分类目录》(简称《统计目录》)于 2010 年正式发布，是统计部门对社会经济活动中实物类和服务类产品的统一分类与编码，是《国民经济行业分类》的延续，在全部 30015 个实物类产品中，农、林、牧、渔业产品有 1527 个、工业产品 28028 个。其中“01 农业产品”类目沿用了小农业概念，仅指种植业产品，但比本书论述的“种植业产品”范围要小，还应包括部分林业产品和农副食品，总共涉及 3 个一级类和 24 个二级类。

目前，上述分类或多或少地会作为日常农产品质量安全管理依据，但各标准对种植业产品和初级农产品的理解和分类原则差异很大，“多头管理”催生“多重标准”，而“多重标准”又加剧了“分段管理”界定的不确定性。从农产品质量安全管理角度出发，上述 3 个体系对种植业产品的分类主要体现出以下特点和突出问题(毛雪飞 等，2012)。

(1)没有独立的初级农产品概念。有种植业产品或植物产品的分类，但产品范围比本书所指“种植业初级农产品”要窄，仅指直接收获的产品，基本不包含加工因素。

(2)对农产品和食品进行分类时考虑了加工因素，但初级加工和深加工之间界限不明晰。集中体现在蔬菜和水果的冷藏、干燥、冷冻、脱水、切分，芽苗蔬菜的发芽，坚果的沤皮、去壳，谷物和杂粮的脱粒、碾、磨，棉、麻的捻、梳，以及产品的包装等，如《全国主要产品分类与代码》将包装净含量不超过 3kg 的茶叶划为食品，超过 3kg 划为种植业产品。

(3)对类别和产品的命名没有完全兼顾我国农业生产和管理习惯，如《全国主要产品分类与代码》和《税则》中部分名称过长、繁冗或不常见，因此在实际中难以通用。

(4)各标准对中药和种子、种苗等特殊产品的分类原则和方法明显不同，如《全国主要产品分类与代码》将中药单独作为大类与种植业产品并列，包含植物、动物、矿物药材和饮片、成药，而《税则》和《统计目录》均将植物性中药原料划入植物产品或种植业产品。《全国产品分类》中种子和种苗都纳入“01 种植业产品”，谷物、杂粮、油料等种子先纳入相应产品大类或中类再独立分类，蔬菜种子和林木种苗等则有单独大类收纳；《税则》将种子和种苗都纳入“植物产品”，但按产品形态将种子(12.09)与种苗(06.01 和 06.02)分开；《统计目录》中除林木种苗纳入“林业产品”，其他种子和种苗都在“农业产品”中，但缺少蔬菜种子，谷物、杂粮、油料等在产品最后一级分类按用途分为种用和其他。

(5)各标准对食用菌、薯类、干豆类、香辛料、水生蔬菜、大豆、花生、饲料作物等易交叉的产品分类不尽相同或与我国生产和管理习惯有异，如干豆类，在《全国主要产品分类与代码》和《税则》中属于蔬菜，《统计目录》中则在蔬菜之外独立分类，而按我国消费习惯多作为杂粮，其中大豆一般归入油料。

2. 专门性种植业产品分类标准

目前，专门对种植业产品进行分类的行业标准有 6 项，涉及香辛料、粮食、蔬菜、热带水果和烟草等产品，另有食品用香料和营林产品两项标准中涉及部分种植业产品；此外，农业部门还发布了《禾谷类杂粮作物分类与术语》(NY/T1294—2007)、《用于农药最大残留限量标准制定的作物分类》(2010 年)用于作物分类，可以延伸到产品分类，其中后者借鉴了 CAC 作物分类体系。总体来看，现有标准已覆盖了大部分种植业产品，只有棉、麻、观赏植物、饲料作物等产品未涉及，虽然这些标准为农产品质量安全管理提供了一定的分类参考，但各标准自成体系，依然存在不少问题。①制标主体分散、标准形式各异。总共 10 项标准的制定部门多达 6 个，涉及农、粮、林、供销、烟草、轻工等。标准名称上分类、分类与代码、分类与术语、名称与编码等五花八门，标准形式没有固定规范。②分类原则多样并且多数没有考虑产品的加工因素以及初级农产品与食品的区别。③同物不同类的情况为数不少，但各标准之间难以对等转换和查询。④分类层数差别大，产品编码规则不统一，并且多数标准没有产品通用名称与别称、俗称的对照表。

3. 产品标准等包含的分类信息

产品标准是农业标准体系中的重要组成部分，也是农产品质量安全管理的重要支撑，不仅规定了质量要求，而且是安全限量指标和检测方法的载体。据不完全统计，现行的种植业初级农产品标准逾 500 项(不包括观赏植物和种质材料)，基本覆盖了大宗优势农产品。其中超过 150 项对产品进行了分类，虽然分类范围小，但更多地来自国内生产、加工、贸易习惯。除了专门的产品分类信息，无公害食品、绿色食品系列产品标准对类别繁杂的蔬菜、水果等分类制标，如《绿色食品 多年生蔬菜》《无公害食品 落叶核果类果品》，农兽药残留、重金属、微生物、污染物限量及检测方法等标准也包含一些产品分类信息。

从整体来看，上述产品分类信息缺乏统一规划，产品范围和在分类体系中的层次可大可小，从大类、中类、小类到细类都有(以《全国主要产品分类与代码》为标准)。以玉米为例，除了国家标准《玉米》(GB1353—2009)，饲料用玉米、食用玉米、糯玉米、高油玉米、发酵用玉米、优质蛋白玉米、爆裂玉米、高淀粉玉米、笋玉米等专门用途、特殊品种都有国家或行业产品标准。若不加以限制，以后还可能无休止地分类、细化，并且部分标准重复制定、指标不一，如糯玉米、高油玉米等。同时，制标部门和产品层次各不相同，各标准间分类原则差异大，涉及生物学属性、感官特征、品质属性、质量、规格特征、用途等，造成标准间产品分类信息无法对接、分类不明确的问题依然突出。

6.3.4　四川省蔬菜和水果清单

四川省常见蔬菜和水果清单如表 6-3 所示。目前还没有相应的碳标签研究数据，因此开展四川省，特别是以彭州市为代表的蔬菜基地的碳标签推广工作，具有重要意义和价值。

表 6-3　四川省常见蔬菜和水果清单

序号	编码	名称	类型
1	A001001	大白菜	蔬菜
2	A001002	莲花白	蔬菜
3	A001003	韭菜	蔬菜
4	A001004	芹菜	蔬菜
5	A001006	油菜	蔬菜
6	A001007	菜花	蔬菜
7	A001008	西兰花	蔬菜
8	A001010	黄瓜	蔬菜
9	A001011	豆角	蔬菜
10	A001012	茄子	蔬菜
11	A001013	辣椒	蔬菜
12	A001014	西红柿	蔬菜
13	A001015	马铃薯	蔬菜
14	A001016	胡萝卜	蔬菜
15	A001017	白萝卜	蔬菜
16	A001018	冬瓜	蔬菜
17	A001019	南瓜	蔬菜
18	A001020	莴笋	蔬菜
19	A001021	洋葱	蔬菜
20	A001022	大蒜	蔬菜
21	A001023	莲藕	蔬菜
22	A001024	大葱	蔬菜
23	A001025	蒜薹	蔬菜
24	A001026	甜椒	蔬菜
25	A001027	生姜	蔬菜
26	A001028	干红椒	蔬菜
27	C001001	苹果	水果
28	C001002	梨	水果
29	C001005	桃	水果
30	C001006	香蕉	水果
31	C001007	西瓜	水果
32	C001009	芒果	水果

6.3.5　四川省农产品地理标志登记产品

四川省登记国家地理标志农产品种数已超过 100 种，位居全国第二、西部第一。2014 年 9 月 22 日，四川省农业厅(现四川省农业农村厅)在成都启动“走进国家农产品地理标志·蜀中行”年度宣传活动。

农产品地理标志是农业物质和非物质文化遗产的主要载体，是特色农业和区域经济发展的重要体现。四川省自 2008 年起，围绕“十大优势特色效益农业”，不断挖掘和做大做强农业区域品牌。全省登记地标农产品数量仅次于山东，产品涵盖粮食、蔬菜、果品、茶叶、食用菌、肉、蛋等特色产业。四川省 21 个市州均有地理标志农产品。同时，品牌效益逐步凸显，并成为助农增收新亮点，2013 年，全省登记产品平均售价增幅在 10%以上。2014 年，四川泡菜、纳溪特早茶成为首批中国-欧盟地理标志互认产品，标志着“四川造”地标农产品走出国门。

四川省农业厅与四川日报报业集团共同签订《国家地理标志农产品整合营销战略框架协议》，强强联手，提升“川字号”地标农产品品牌的知名度，助推四川省现代农业跨越式发展。

截至 2014 年，四川省农产品地理标志登记产品信息如表 6-4 所示。

表 6-4　四川省农产品地理标志登记产品信息表

省市州	数量	地区	产品名称
省级	1	四川省	四川泡菜
成都	11	崇州市 青白江区 金堂县 蒲江县 新都区 郫都区 新津县 彭州市	崇庆枇杷茶、崇州郁金 龙王贡韭 金堂脐橙、金堂姬菇、金堂黑山羊 蒲江杂柑 新都柚 云桥圆根萝卜 新津韭黄 彭州莴笋
自贡	2	富顺县 贡井区	富顺再生稻 贡井龙都早香柚
攀枝花	8	攀枝花市 盐边县 米易县 仁和区	攀枝花芒果、攀枝花枇杷 红格脐橙、盐边西瓜、盐边桑葚 米易苦瓜、米易山药 大田石榴
泸州	7	泸州市 纳溪区 合江县	泸州桂圆、泸州糯红高粱 护国柚、纳溪特早茶、天仙硐枇杷、乐道子鸡 真龙柚
德阳	3	罗江县 广汉市	罗江贵妃枣 松林桃、广汉缠丝兔
内江	4	内江市 威远县 东兴区	内江猪 复立茶、镇西白萝卜 永福生姜
乐山	6	峨边县 马边县 犍为县 峨眉山市 沐川县	峨边马铃薯、黑竹沟藤椒 马边绿茶 犍为麻柳姜 峨眉山藤椒 沐川猕猴桃
绵阳	2	安县 三台县	安县魔芋 峁山米枣
遂宁	2	蓬溪县 射洪县	蓬溪仙桃 射洪金华清见
广元	4	苍溪县 朝天区	苍溪川明参 曾家山马铃薯

续表

省市州	数量	地区	产品名称
		青川县	唐家河蜂蜜
		剑阁县	剑门关土鸡
南充	10	南部县	南部脆香甜柚
		阆中市	阆中川明参
		仪陇县	仪陇胭脂萝卜、仪陇半夏、仪陇元帅柚、芭蕉木瓜
		蓬安县	蓬安锦橙
		西充县	西充黄心苕、充国香桃、西凤脐橙
宜宾	6	宜宾市	宜宾早茶
		屏山县	屏山炒青
		宜宾县	宜宾茵红李
		江安县	江安大白李、江安夏橙
		长宁县	竹海长裙竹荪
广安	1	邻水县	邻水脐橙
达州	11	达州市	达州脆李
		万源市	万源马铃薯、万源富硒茶、蜂桶蜂蜜、万源老腊肉
		宣汉县	宣汉桃花米、老君香菇、黄金黑木耳
		大竹县	大竹苎麻
		开江县	开江白鹅、开江麻鸭
眉山	4	仁寿县	文宫枇杷、曹家梨
		洪雅县	洪雅绿茶
		丹棱县	丹棱桔橙
资阳	2	简阳市	简阳晚白桃
		安岳县	通贤柚
巴中	3	南江县	南江大叶茶
		巴州区	大罗黄花
		通江县	空山马铃薯
雅安	5	天全县	天全川牛膝
		汉源县	汉源雪梨
		荥经县	荥经天麻
		石棉县	石棉黄果柑、石棉枇杷
阿坝	6	汶川县	汶川甜樱桃
		九寨沟县	九寨沟柿子、九寨沟蜂蜜
		茂县	茂县李、茂汶苹果
		金川县	金川多肋牦牛
甘孜	4	甘孜州	甘孜青稞
		康定县	康定芫根
		泸定县	泸定红樱桃
		巴塘县	巴塘南区辣椒
凉山	21	凉山州	凉山马铃薯、凉山清甜香烤烟、凉山桑蚕茧、凉山苦荞麦、凉山半细毛羊、建昌鸭
		西昌市	西昌洋葱、西昌钢鹅、西昌高山黑猪
		越西县	越西甜樱桃、越西苹果、越西贡椒
		雷波县	凉山雷波脐橙、雷波芭蕉芋猪
		甘洛县	甘洛黑苦荞
		美姑县	美姑山羊、美姑崖鹰鸡
		冕宁县	泸宁鸡、冕宁火腿
		喜德县	喜德阉鸡
		会东县	会东黑山羊

四川省农产品地理标志登记产品均有必要进行碳标签的认证和推广工作，对推进四川省地方果蔬的国际化贸易具有重要价值和意义。

6.3.6 对四川省低碳果蔬农产品分类方法建议

对农产品的分类基本上是以 HS 编码和 SITC 编码为基础进行的。不同的分类按照统计方法的不同需求进行：HS 编码偏重贸易口径，是为了服务贸易统计和税收管理等发布的，采用也更广泛；SITC 编码侧重生产口径，可以通过一定方式与国内生产部门进行转化对接；BEC(broad economic categories，按大类经济类别分类)编码侧重于商品的最终用途，分类过于粗糙。虽然国内各部门均是以 HS 编码为基础对农产品进行分类统计，但是却出现了很大的不同。

实际研究中，由于研究的目的不同，农产品范围的规定不同，而《中国统计年鉴》和《中国农村统计年鉴》均将农业作为大农业看待，因此国内的统计年鉴中均将林产品和水产品作为统计年鉴的一部分。而在对农产品进出口进行统计时，为了同国内统计年鉴对应，也应该将水产品和林产品包括到农产品中，即对应大农业的统计范围，而不是简单以 WTO《农业协定》的方法进行统计，在实际操作中，可以借鉴其他国家或地区的统计方法，将水产品和林产品单列，但是也要有所体现。

此外，无论是采用 HS 编码方式还是采用 SITC 编码方式确定的农产品范围，均有一定的共性。HS 编码情况下，“WTO《农业协定》+全部水产品+林产品”可以对应中国大农业的统计方式；而 SITC 编码下，口径较为一致，可以参考 WTO、联合国贸易和发展会议的文件进行统计，即“食品+饮品+非食用原材料”。

以上分类方法较粗糙，各个国家都在此基础上根据自己的需求进行了细化。研究者也可以参考前文所述的分类方法，根据自己的研究目的，选用适合自己的分类方法。

(1)如果研究中国农产品进出口与中国比较优势的适应情况及未来发展趋势，则可以按照要素密集程度将农产品划分为土地密集型和劳动密集型。

(2)如果站在生产的角度，可以将农产品分为种植业、畜产品、水产品和林产品。而种植业涉及粮食作物(谷类、豆类、薯类)和经济作物，经济作物包括纤维作物、油料作物、糖料作物、饮料作物、嗜好作物、药用作物、热带作物和园艺作物(蔬菜、瓜果、花卉、果品)等。

(3)按农作物的用途和植物学系统相结合可分为：粮食作物(谷类、豆类、薯类)、经济作物(纤维、油料、糖料、嗜好作物和其他作物)、饲料和绿肥植物(豆科、禾本科、水生型)和药用作物。

(4)如果站在需求方的角度，即为了研究不同具体类型农产品进出口需求，可以按照最终用途，借鉴美国的经验，将农产品分为大宗商品、中间产品、消费品和其他农业相关品。

主要对策和建议如下(王影 等，2013；张艳琦 等，2014；张玉娥 等，2016；王莉婷 等，2017)。

1. 完善立法依据

要完善立法依据，应从法理上进一步明确农产品分类相关核心概念。在国务院食品安全委员会的协调下，各部门对农产品质量安全的管理权责已渐清晰。建议立法机关和相关行政管理部门出台《农产品质量安全法实施细则》或其他法律文件，进一步对“农产品”“食品”“初级产品”“初级农产品”等核心概念予以详细解释，为农产品质量安全管理中的产品分类、范围界定消除法理上的隐患。

2. 制定“农产品列表”

消除模糊产品分类的不确定性。从以往经验来看，只有法律条文解释还不足以解决农产品质量安全管理中出现的实际问题。虽然头绪多、难度大，但理清生产、加工、贸易、销售中的农产品种类，予以明确列表和分类，无疑是解决管理真空问题的最有效手段。应在国务院食品安全委员会的主导下，由农业行政管理部门牵头，依托农产品质量安全专家体系，制定专门“农产品列表”，重点界定管理中的边缘产品、模糊产品，推动列表作为农产品质量安全执法依据。同时，建立列表的定期更新机制，并逐渐丰富列表内容和功能，为今后标准体系规划、农产品贸易和进出口管理提供参考。

3. 保障标准及时更新

考虑引入《农产品全息市场信息采集规范》（NYT 2138—2012）（许世卫　等，2011），以及《农产品质量追溯信息交换接口规范》（NY/T 2531—2013），使得低碳果蔬产品信息能被动态采集和追踪。

推进分类标准与综合性分类体系的对接。《全国主要产品分类与代码》发布已有多年，作为目前使用最广泛的权威标准，应适时启动该标准的更新修订。并且，在今后新制定农产品分类标准时要求与《全国主要产品分类与代码》等建立对接关系，并可以与《中华人民共和国海关统计商品目录》等进行转换。

4. 制定专门指导性标准

产品分类是个系统性工程，从目前分类标准杂、乱、重的现状来看，有必要制定一项专用于指导农产品分类的标准，对分类原则、体系框架、分类方法、标准名称、分类命名、产品名称等予以规范。同时，充分考虑各行业分类习惯，建立各分类标准之间同物对等转换体系，并以此为契机对现有分类标准进行梳理。

5. 清理产品标准

规范产品分类信息，构建信息支撑平台。产品标准体系涉及部门多，产业结构和行业利益复杂，历来是标准清理的难点。2010 年，卫生部（现国家卫生和计划生育委员会）和农业部（现农业农村部）联合启动食品安全国家标准清理工作，相关部门借此时机，除了对产品标准中涉及食品安全的限量、检测方法等进行清理、整合，同时也对产品分类、分级、质量要求等内容进行分析、梳理，构建了农产品标准信息支撑平台，为规范产品分类信息、完善农产品分类体系、推动农产品质量安全科研支撑和管理体系的信息化打下基础。

6.4 农产品PCR制定的制度建议

为了发展低碳经济，国外在以市场机制为主的一些制度的理论设计和实践方面取得了突破性的进展，特别是产品碳标签，其对全球农业发展影响重大(Almeida et al.，2015；Minkov et al.，2015；Rainville et al.，2015)。

1. 碳标签理论

制定产品类别规则(product category rule，PCR)是国际产业界建立绿色产品标签和核算产品碳足迹的先行过程，瑞典、日本等国已有16类农产品申请了PCR登录。产品碳足迹核算是推行碳标签制度的关键，英国在2008年初发布了全球第一个产品碳足迹核算标准，以羊角面包碳足迹核算作为案例(BSI，2008)，随后日本发布了TS Q 0010——《产品碳足迹评估与标示之一般原则》(JISC，2009)，国际标准组织从2008年开始研发产品碳足迹国际标准，2011年正式颁布。产品碳标签查验是碳标签被市场认同的重要环节，目前有第二方查验和第三方产品碳标签查验机制。

2. 产品碳标签实践

2007年，英国Carbon Trust推出全球第一个产品碳标签。美国、德国、日本等11个国家和地区先后推行了产品碳标签制度，日本农林水产省在2010年7月正式宣布2011年4月起推行农产品碳标签制度，成为全球首个计划推行农产品碳标签制度的地区。英国特易购陆续要求上架的7万种产品加注碳标签，沃尔玛要求10万家供应商必须完成碳足迹验证，贴上不同颜色的碳标签，这直接或间接涉及我国上百万家农产品生产加工企业。

3. 产品碳标签对农产品国际贸易的影响

产品碳标签制度不仅会影响发达国家之间的农产品国际贸易，对发展中国家农产品出口的影响更大，国内学者吴洁等(2009)、陈洁民(2010)和胡莹菲等(2010)探讨了碳标签贸易壁垒问题。

综上所述，国外产品碳标签理论研究日趋完善，产品碳标签实践与应用日渐兴起，并正式涉及农产品碳标签制度的应用，国内对产品碳标签的研究还处于理论介绍阶段，两者均未深究农产品碳标签制度与低碳农业发展的内在联系。面对国外已有的碳标签壁垒和潜在的国际贸易碳壁垒，如何发展低碳农业和低碳农产品是我国农业可持续发展的核心问题。

本书的研究借鉴现有的成果与经验，先行在全国农业大省之一的四川省对农产品碳标签制度等展开研究，为四川率先制定并推行农产品碳标签制度提供理论参考和技术指导，为农产品碳标签制度在全国推广奠定基础。现实中，推行农产品碳标签制度，有助于认识企业技术管理创新的减碳效益，有助于四川低碳农业的发展和减排目标的实现，有助于四川出口型农业企业提前准备，以应对潜在的碳贸易壁垒。

6.4.1　农产品 PCR 的研究思路

ISO/TC207/SC3 发布的《ISO14025：2006 Ⅲ型环境标志原则和程序》(简称Ⅲ型环境声明)完全基于生命周期评价方法，被认为是对政府绿色采购和产品生态设计最有力的支持工具。开展和运作Ⅲ型环境声明的各阶段都应具有透明性，应确保通用计划指南、PCR 文件清单、PCR 文件和其他说明性材料能为外部所获取，从而确保任何对Ⅲ型环境声明感兴趣的人都能理解和正确解释该声明，也便于监督和做出适当的评论。

农产品 PCR 的研究思路包括 5 个环节。

(1)查证一个存在的 PCR 或开发一个新的 PCR。对于产品或者服务，需要合适的 PCR 去开发其对应的 EPD(environmental product declaration，环境产品声明)。

(2)执行相应的 LCA。基于 PCR 需求，需要 LCA 评审员评估产品服务所带来的环境影响，主要是从原材料需求到其使用周期结束。

(3)开发环境产品标示。PCR 需要耦合 LCA 结论去创造一个环境产品标示，该环境产品标示能清楚地反映产品的环境效能。

(4)验证 LCA 和 EPD。新产品或服务的 LCA 结论和 EPD 结论必须通过独立的第三方机构认证，以确保产品对环境的影响是准确的，并符合Ⅲ型环境声明。

(5)登记和发布 EPD。通过第三方或者 PCR 机构提交产品或服务的 EPD，进行 ISO 14025 和 CSA 集团程序的验证，并发布产品的 EPD。

由于上述(4)和(5)两个环节的有关 EPD 审核未纳入本书的研究范畴，根据本书研究安排，只需要提供相应的对策即可，由政府进行第三方认证。

6.4.2　制定农产品 PCR 的制度

制定农产品 PCR 的具体工作流程包括 10 个步骤，分别如下：

(1)尽可能地回顾已经存在并应用的 PCR；

(2)讨论所包含的产品门类的目的，以及对应的 LCA 框架；

(3)相关利益群体的评价；

(4)从一个 PCR 模板开始进行有关工作；

(5)召集相关利益方起草本产品的 PCR；

(6)公众评价回顾，并修订起草的 PCR；

(7)将修订的 PCR 送至具有同行资质的单位或平台进行评审；

(8)再次修订 PCR，然后返回给评审单位做最终的评审；

(9)向公众发布起草的 PCR 内容；

(10)公开出版或向公众公开最终版本的 PCR。

6.4.3 四川省猕猴桃和二荆条辣椒农产品 PCR 制定的制度实施方案

四川猕猴桃和二荆条辣椒农产品的III型环境标志计划的实施主要包括计划的建立、PCR 的制定和评审、独立验证、III型环境声明的使用和更新，其实施和运行方案如图 6-1 所示，与 ISO14025 的基本框架相一致(黄进，2008)。

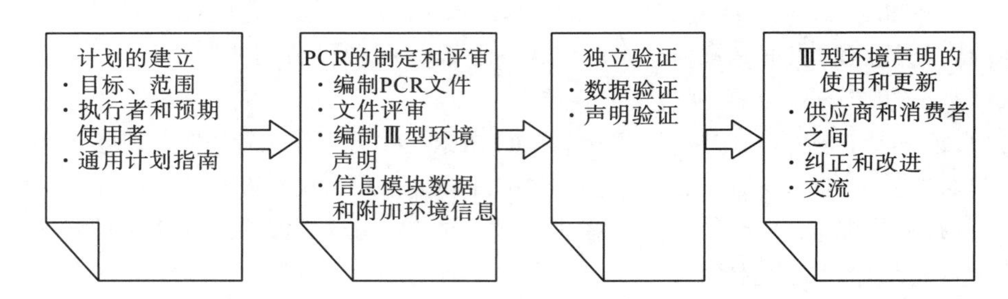

图 6-1 III型环境标志计划的实施和运行方案(黄进，2008)

6.4.3.1 计划的建立

该阶段的主要任务是由计划执行者组织编制一套指导管理和运行计划的“通用计划指南”，并予以保持和传达。指南的主要内容如下。

(1) 计划的范围。计划应明确限定实施的地理范围、工业部门、产品或产品组(ISO14025：2006 第 6.2)。

(2) 计划的目标。计划的目标通常包括：提供基于 LCA 的与产品环境因素有关的信息和附加信息、帮助购买方和使用方在产品之间进行信息比照、鼓励环境绩效的改进、提供评价产品生命周期环境影响的信息等(ISO14025：2006 第 4)。

(3) 计划执行者。计划执行者可以是一个公司或一组公司、工业部门、贸易协会、政府机构、独立的学术团体，或其他组织(ISO14025：2006 第 3.4)。计划执行者对III型环境声明的实施和运行管理全面负责。应对其职责加以明确，如公布计划中 PCR 文件和III型环境声明、选择能胜任的独立验证者和 PCR 评审组成员等(ISO14025：2006 第 6.3)，以确保计划的顺利实施。

(4) 计划的预期使用者。可以在供应商与采购商之间使用，也可以在供应商与消费者之间使用，或两者都可使用(ISO14025：2006 第 6.6)。

(5) 相关方的参与。计划执行者应识别和邀请相关方参与计划建立的公开的咨询过程。咨询过程的主要内容包括：PCR 的制定以及一套表述如何编制和验证III型环境声明的方法学和程序方面的规则(ISO14025：2006 第 5.5 和 6.5)。

(6) 建立并保持《产品种类确定程序》。应建立并使用《产品种类确定程序》来确定产品种类，当产品具有类似的功能和应用时，将一组产品划分到一个产品种类的基本原则是其具有同样的功能单位(ISO14025：2006 第 6.6)。

(7) 建立并保持《文件管理程序》。针对所使用的数据和文件，依据《环境管理体系的编写》(GB/T24001－2004)第4.4.5或《环境管理 生命周期评价要求与指南》(GB/T24044－2008)第5，建立并保持文件管理程序。

(8)数据保密性管理。独立验证过程中的需要保密的商业数据应当予以保密(ISO14025：2006第8.3)。

(9)建立并保持《PCR制定和保持程序》，内容包括：

①PCR的内容；

②有效期的规定，需考虑影响PCR的相关信息的变化；

③有关预设参数选择的程序。

(10)建立并保持《独立验证的程序》，内容包括：

①验证者的能力；

②PCR评审组的能力。

(11)建立和实施计划所需的资金来源和其他资源。

(12)对通用计划指南进行定期评审的规定。

6.4.3.2　PCR的制定和评审

该阶段的主要任务是由计划执行者通过有相关方参与的咨询过程来制定PCR文件，并据此来编制III型环境声明。

1. PCR文件内容

(1)产品种类的定义及其描述(如功能、技术性能和用途)。

(2)依据《环境管理+生命周期评价原则与框架》(GB/T24040)系列标准产品的LCA的目的与范围的确定，包括：

①功能单位；

②系统边界；

③数据的描述；

④输入和输出的选择准则；

⑤数据质量要求，包括覆盖范围、准确性、完整性、代表性、一致性、可再现性、来源和不确定性；

⑥单元。

(3)清单分析，包括：

①数据收集；

②计算程序；

③材料、能流和释放的分配。

(4)如适用、影响种类选择和计算的准则。

(5)报告LCA数据的预设参数(清单数据种类和影响种类参数)。

(6)提供附加环境信息的要求，包括任何方法学的要求(如危害和风险评价的规定)。

(7)需声明的材料和物质(如有关产品成分的信息，包括生命周期各阶段对人类健康或环境产生负面影响的材料和物质的规定)。

(8)声明所需数据的产生指令(LCA、LCI、信息模块和附加环境信息)。

(9)Ⅲ型环境声明内容和格式的指令。

(10)如果声明基于的LCA未覆盖所有生命周期阶段，则应包括未被考虑的生命周期阶段的信息。

(11)有效期。

2. PCR文件评审

PCR文件评审通常由计划执行者确定的第三方小组实施，评审应证实PCR已按Ⅲ型环境声明系列标准制定，满足通用计划指南，且其所列出的数据和附加环境信息对产品的重要环境因素做出了描述。

3. 编制Ⅲ型环境声明

ISO14025：2006标准规定，符合PCR的Ⅲ型环境声明应包含如下信息：

(1)声明组织的身份和描述；

(2)产品描述；

(3)产品识别(例如型号)；

(4)计划的名称、计划执行者的地址以及标志和网址；

(5)PCR识别；

(6)公布日期以及有效期；

(7)LCA、LCI或信息模块的数据；

(8)附加环境信息；

(9)材料和物质的成分声明(例如产品成分的信息，包括在生命周期各个阶段能够对人类健康或环境产生负面影响的材料和物质的详述)；

(10)未予考虑阶段的信息(当声明不是在全生命周期的LCA的基础上做出时)；

(11)不同计划的环境声明可能不具备可比性的说明；

(12)有关从何处获取解释性材料的信息。

Ⅲ型环境声明还应提供有关PCR评审者、第三方验证者(如果有)的名称，并说明所实施的声明和数据的独立验证是属于内部还是外部。

4. 信息模块数据和附加环境信息

Ⅲ型环境声明应包含来自LCA研究、LCI(lifecycle inventory，生命周期清单)研究或信息模块的数据。应将这些数据分为3类，即生命周期清单分析的数据、生命周期影响评价(lifecycle impact assessment，CIA)的数据、其他数据。

Ⅲ型环境声明还应包含与环境问题有关的附加环境信息，如对生物多样性的影响、与人类健康和环境有关的毒性、危害和风险评估，与LCA各阶段有关的地理因素、管理体系和环境认证计划等。

6.4.3.3　独立验证

计划执行者应建立适宜的、透明的验证程序，内容包含验证格式和文件，以及适宜的获取验证规则和结果的渠道。独立验证包括对声明所依据的 LCA、LCI、信息模块和附加环境信息进行独立验证，以及对Ⅲ型环境声明进行独立验证。

6.4.3.4　Ⅲ型环境声明的使用和更新

Ⅲ型环境声明的使用应符合 ISO14020：1999 标准的相关要求，应符合通用计划指南、现行的和相关的 PCR。针对供应商和消费者之间信息交流的Ⅲ型环境声明应在购买点为消费者所获取。

此外，组织可能需要纠正和改进包含在Ⅲ型环境声明中的信息。必要时，Ⅲ型环境声明应重新评价和更新以反映技术上的改变或其他影响声明内容及准确度的情况。当进行Ⅲ型环境声明更新时，应满足与编制原声明同样的要求。做出Ⅲ型环境声明的组织负责通知计划执行者Ⅲ型环境声明中将发生的变化，并将经验者认为符合有关要求的文件提供给计划执行者。计划执行者应发布更新后的声明。

6.4.4　制订农产品 PCR 的审议

1. 农产品 PCR 审议委员会的组建

农产品 PCR 审议委员会由四川省人民政府组建，主要包括农业部门、ISO14025 审核员、环保部门、省内 LCA 专家、第三方独立的 EPD 机构等。

农产品 PCR 审议委员会由主任委员（1 人）、副主任委员（3～5 人）、主任秘书（1 人或 2 人）、副主任秘书（1 人或 2 人）和委员（8～15 人）构成，隶属于农业部农产品加工标准化技术委员会，即可成为农产品 PCR 评审分技术委员会，每个省可成立相应的分委员会。

2. 农产品 PCR 审议委员会的工作流程

对应的规章制度和工作流程按农业农村部农产品加工标准化技术委员会制定的标准进行有效管理。

3. 农产品 PCR 审议委员会的职能部门

主导单位为各省、市级的农业主管部门以及负责向有关农产品生产的企业或合作社提供 PCR 的评审平台。

推广单位由独立的第三方 ISO14025 的审核单位或机构进行。

审查单位的具体工作职责包括：协调各个利益机构，协作第三方 EPD 的审核机构，促进企业或机构的 PCR 认证，提高本省农产品的环境标识工作，特别是碳标签的推广工作。

企业配合注意事项：主要包括基于 LCA 各个环节，实事求是，配合第三方独立认证机构完成有关产品 LCA 周期内对环境的影响监测及评价，并对认证过程中出现的问题进行整改和完善，以达到 ISO14025 的认证。

以上设想实际是否操作可行，还有待于进一步探讨和验证。

目前，四川省蔬菜制品生产企业名录一共有 685 家，对每个企业推广碳标签制度，其工作量和持续时间较长，但值得大力推进。

同时，《低碳产品认证管理暂行办法》的实施标志着我国低碳产品认证制度的建立迈出了重要一步，未来低碳产品认证将成为控制温室气体排放的主要措施，加之落实“十二五”规划应对气候变化目标任务结束时间临近，开展低碳农产品认证是顺势而为。物质资料是人类社会进步的基础，农产品消费是居民每日生活不可或缺的部分，数量之大，影响之广。但对农产品生命周期中的碳排放量，消费者没有识别能力，开展低碳农产品认证，可以给消费者的选择提供重要的依据，从而间接促进低碳农业的实现。一方面，低碳农产品认证必然促使农业生产和管理方式的科学化，大大提升能源的利用效率和机械的工作效率，降低产品成本。另一方面，随着我国碳排放交易机制的逐步建立，农业碳排放交易未来很可能变为现实。低碳农产品认证可以让农业碳排放交易活动更加方便和活跃，农业劳动者在交易中的获利也将成为其增加收入的一个重要来源(曾静 等，2016)。

为适应全球应对气候变暖的当下形势，实现经济增长与环境保护共赢的低碳经济，低碳农产品认证可以成为有力的抓手，通过系统化低碳农产品认证制度的建立与实施，带动我国低碳农业可持续健康发展。目前，我国建立完善的低碳农产品认证评价指标体系是首要任务，低碳农产品认证的实践将为低碳农业经济目标的达成起到有力推动作用。

第 7 章　低碳环保农业果蔬产品碳标签系统及应用

7.1　开发背景及意义

在网络技术逐渐渗入社会生活各个层面的今天，计算机技术、网络技术的迅猛发展给传统的碳标签监测数据收集与处理提供了新的模式，而网络在线监测数据录入与收集则是其中一个很重要的发展方向。据调查显示，绝大部分的环境监测站、事业单位、综合性大学和高职院校都已经接入互联网，各省级环境保护局和监测站的计算机硬件设施已经比较完善。所以，基于 B/S 模式的网络低碳果蔬碳标签监测数据的收集系统便可以借助这个平台和互联网进行，大大提高了甲烷监测的灵活性。

低碳环保农业果蔬碳标签的监测和评估是一个长期工作，尤其是二氧化碳的监测工作量巨大，而长期的二氧化碳和甲烷等温室气体的监测数据收集与处理也就成为碳标签评估的关键，因此，基于本书研究前期碳排放监测数据的测定结果，构建了基于 B/S 模式的低碳果蔬碳标签系统，为收集四川省乃至整个中国广大农村低碳果蔬生产过程中的碳标签搭建了一个网络平台基础，为后续其他研究提供了收集碳排放量的平台，具有重大推广意义，也将为四川省乃至全国果蔬生产过程中的碳排放和产品碳足迹提供重要的基础数据。

7.2　系统概要设计

7.2.1　系统分析

本系统采用 B/S 模式，为了保证系统能够长期、安全、稳定、可靠、高效运行，系统应该满足以下的性能需求。

(1) 系统处理的准确性和及时性：系统处理的准确性和及时性是系统的必要性能。在系统设计和开发过程中，要充分考虑系统当前和将来可能承受的工作量，使系统的处理能力和响应时间能够满足全省广大农村低碳果蔬产品的碳排放信息处理的需求。

(2) 系统的开放性和系统的可扩充性：系统在开发过程中，应该充分考虑以后的可扩充性。例如，对数据表中用户选择字段方式的改变、用户查询需求的不断更新和完善。所有这些，都要求系统提供足够的手段进行功能的调整和扩充。而要实现这一点，应通过系统的开放性来完成，既系统应是一个开放系统，只要符合一定的规范，可以简单地增加和减少系统的模块，配置系统的硬件。通过软件的修补、替换，完成系统的升级和更新换代。

(3) 系统的易用性和易维护性：要实现这一点，就要求系统应该尽量使用用户熟悉的术语和中文信息的界面；针对用户可能出现的使用问题，要提供足够的在线帮助，缩短用户对系统熟悉的过程。

(4) 系统的数据要求：①数据录入和处理的准确性和实时性；②数据的一致性与完整性；③数据的共享与独立性。

7.2.2 系统目标

在该系统中，低碳果蔬不同 LCA 环节的碳排放监测数据和不同 LCA 阶段的碳排放计算的有关信息，通过数据输入在线系统，如从数据库中输入各个 LCA 环节有关的材料碳足迹，交通运输碳足迹，水消费碳足迹，电力消费碳足迹，人力碳足迹及 CO_2、CH_4、TC 和 TOC 等相关数据，并可以通过查询抽取需要的碳排放数据。本系统主要实现以下目标：

(1) 系统采用人机交互的方式，界面友好，信息查询灵活、方便，数据存储安全可靠；

(2) 对用户输入的数据，进行严格数据检验，尽可能避免人为错误；

(3) 实现不同权限下，操作人员和管理人员的对本系统的维护和管理；

(4) 系统最大限度地实现了易维护性和易操作性。

另外，为了保障整个系统的安全性，在线低碳果蔬碳标签系统实现了分类验证的登录模块，通过此模块，可以对不同身份的登录用户进行验证，确保不同身份的用户能操作该系统。在后台管理上，分别对应不同的用户，只有系统的高级管理员才能进入并对整个系统进行管理，而其他一般人员只能浏览数据。

7.2.3 系统模块划分

1. 基本设置管理子系统

该系统主要完成一些基本和重要的数据库的设置，主要包含农户信息管理、农具信息管理、化肥信息管理、农药信息管理、LCA 信息管理、果蔬信息管理、采样类型信息管理等。其中，最重要的是 LCA 信息管理模块，涉及低碳果蔬不同 LCA 阶段的不同内容，是进行碳足迹分析、计算和统计最重要的基础。

要进行碳足迹分析，首先要完成 LCA 的设置，本系统内置了猕猴桃和二荆条辣椒 LCA 环节不同阶段的活动。在完成 LCA 信息管理后，还必须要确定不同果蔬具体的 LCA 环节的内容，在果蔬信息管理中以打勾的方式进行勾选，只有勾选后的 LCA 阶段才会出现在后面的材料信息管理中。

2. 碳排放标准子系统

该系统主要收集国内和国外的相关标准，供查询用，还可以根据需要添加相应的标准，并实现有关标准数据的添加、修改、删除与管理。

3. 材料信息管理子系统

这是本系统的核心功能之一，主要包含材料信息管理、材料碳足迹管理、交通运输碳足迹管理、水消费碳足迹管理、电力消费碳足迹管理、人力碳足迹管理几个模块。

4. 监测子系统

这是本数据库的核心模块之一，能完成有关土壤与果蔬样品的碳参数、果蔬不同 LCA 阶段有关碳排放的监测数据管理，并进行数据的添加、查询等；能完成二氧化碳、甲烷的监测数据管理，还涉及监测地区主要相关气象参数(如气压、气温)的添加、修改、删除与管理；能完成土壤、低碳果蔬样品等不同样品中的 TC 和 TOC 的监测数据管理；还能实现测试点或样品有关信息的添加、修改、删除与管理。

5. 查询统计管理子系统

该子系统主要完成碳足迹数据和监测数据的统计功能，并生成相应的数据图像。

6. 用户管理子系统

该子系统主要包括管理员管理和角色管理，管理员具有最高权限。角色管理可以从不同权限赋予进入本系统不同角色的不同权限，实现管理的动态化，以及甲烷相关数据的安全管理与数据共享。

7. 系统配置子系统

该系统主要完成数据备份功能，同时对本项目参与人员及系统自身信息进行说明。

7.2.4 系统功能结构

低碳环保农业果蔬产品碳标签系统的功能结构如图 7-1 所示。

7.2.5 程序运行环境

低碳环保农业果蔬产品碳标签系统在开发和运行过程中需要使用的开发工具如表 7-1 所示。

7.2.6 数据库设计

在开发低碳环保农业果蔬产品碳标签系统之前，对系统的数据量进行分析发现，由于以后随着不同地区不同年代的累积，其数据量会很大，因此选择 MySQL 数据库存储数据信息，不同的信息分别存储在不同数据库中：LCA 信息管理数据库、农户信息管理数据库、农具信息管理数据库、化肥信息管理数据库、农药信息管理数据库、果蔬信息管理数据库、采样类型信息管理数据库、国内碳标准数据库、国外碳标准数据库、材料信息管理数据库、材料碳足迹管理数据库、交通运输碳足迹数据库、水消费碳足迹数据库、电力消费碳足迹数据库、人力碳足迹管理数据库、二氧化碳数据库、甲烷数据库、TC 数据库、TOC 数据库、角色管理数据库等。

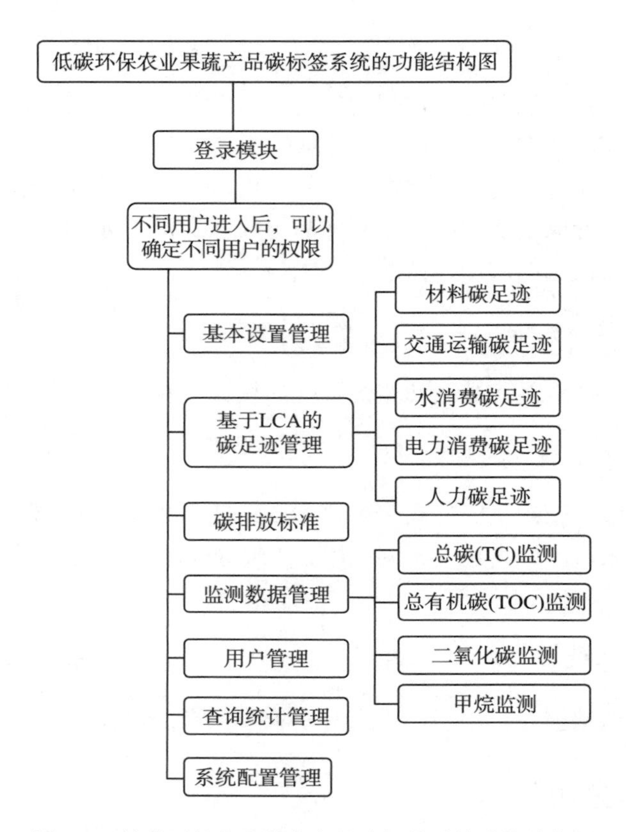

图 7-1 低碳环保农业果蔬产品碳标签系统功能结构图

表 7-1 系统开发工具一览表

开发语言	JAVA
数据库	MySQL
开发技术	S2SH 框架(Springmvc Hebinate)
开发平台	Spring Tool Suite 3.7.3
Web 应用服务器	Tomcat 6.0

7.2.6.1 水果 LCA 环节数据库

低碳水果 LCA 数据库的树形目录为三级，如表 7-2 所示。

表 7-2 低碳水果 LCA 数据库的树形目录设计

LCA 目录编号	第 1 级 LCA 目录	第 2 级 LCA 目录	第 3 级 LCA 目录	投入产品清单	对应时间	对应时期	水果中文名称	水果英文名称	备注
数字(4)	文本(40)	文本(40)	文本(40)	文本(256)	文本(40)	文本(40)	文本(30)	文本(30)	文本(256)
1	基础设施	道路			全年	基础设施投入			
		水渠			全年				
		堡坎			全年				
		农房			全年				
		仓库			全年				
		其他			全年				
2	遗传育种	遗传育种	品种改良	纸、塑料、晾晒设施、各种包装(塑料袋：聚氯乙烯)	全年	种子	黄心猕猴桃(以下相同)	Yellow Core Kiwifruit(以下相同)	
		种子制种	种子制作		10 月～次年 3 月				
		种子储存	冷库		全年				
			冷柜		全年				
			其他		全年				
3	生产前准备	场地整理	测量规划		12 月～次年 2 月	水果生产前期准备			
			去除杂物						
			翻地						
			堆土垄						
			挖沟						
			打窝						
			场地整理、垃圾清理						
		辅助设施	修水池(灌溉用)						
			栽水泥桩						
			支撑物(铁丝、竹竿、木条等)	铁丝					
		场地整理							
4	育苗	种子购买			2～4 月	育种育苗			
		播种			2～4 月				
		育苗			2～4 月				
		幼苗管理			2～4 月				
		嫁接			2～4 月				
5	生产与田间管理	授粉	掐枝		3～4 月	果实生产			
		保果	留果		3～4 月				
		套袋	果实专用		3～4 月				

续表

LCA目录编号	第1级LCA目录	第2级LCA目录	第3级LCA目录	投入产品清单	对应时间	对应时期	水果中文名称	水果英文名称	备注
数字(4)	文本(40)	文本(40)	文本(40)	文本(256)	文本(40)	文本(40)	文本(30)	文本(30)	文本(256)
			套袋		3～5月				
		施肥管理	氮肥		全年				
			磷肥		全年				
			钾肥		全年				
			农家肥		全年				
			复合肥		全年				
			微量元素肥(如硼肥)		全年				
			叶面施肥		全年				
			其他肥料(羊粪、牛粪、鸡粪等)		全年				
			肥料运输		全年				
		灌溉管理	抽水灌溉(机器+胶管)	抽水机、塑料管道	干旱期				
			滴灌(机器+胶管)		干旱期				
			漫灌		干旱期				
			其他灌溉		干旱期				
			排水		洪水期				
		病虫害防治管理	除草剂		2～10月				
			杀虫剂		2～10月				
			防病药剂		2～10月				
			其他药剂		2～10月				
		其他	修枝						
			割树皮						
			造型						
			其他						
6	果实收获	鲜果采摘			9～11月	果实收获			
		鲜果运输			9～11月				
7	果实销售	果实冷藏	冷库		11月～次年3月	果实销售			
			冷柜		11月～次年3月				

续表

LCA 目录编号	第 1 级 LCA 目录	第 2 级 LCA 目录	第 3 级 LCA 目录	投入产品清单	对应时间	对应时期	水果中文名称	水果英文名称	备注
数字(4)	文本(40)	文本(40)	文本(40)	文本(256)	文本(40)	文本(40)	文本(30)	文本(30)	文本(256)
			其他		11 月～次年 3 月				
		果实包装	塑料袋		9 月～次年 3 月				
			纸盒包装		9 月～次年 3 月				
		果实运输		柴油货车(2t)	9 月～次年 3 月				
8	果实消费	鲜果消费			9 月～次年 4 月				
9	果实废物处理	果实废物收集	填埋农家肥回田		9 月～次年 3 月				
		废可降解生物质处理			9 月～次年 3 月	果实废物处理			
		废纸处理			9 月～次年 3 月				
		废塑料处理			9 月～次年 3 月				
10	果实加工产品	猕猴桃果实原料运输			9 月～次年 4 月	猕猴桃果实加工产品			
		猕猴桃果酒			全年				
		猕猴桃红酒			全年				
		猕猴桃干果			全年				
		猕猴桃果脯			全年				
		猕猴桃饮料			全年				
		其他产品			全年				
11	果实加工产品消费	加工产品保存			全年	猕猴桃果实消费			
		加工产品运输			全年				
		加工产品销售			全年				
		果实加工产品消费			全年				
12	果实加工产品废物处理	果实废物收集	填埋农家肥回田		全年	果实加工产品废物处理			
		废可降解生物质处理			全年				
		废纸处理			全年				
		废塑料处理			全年				
		废玻璃处理			全年				
		废木头处理			全年				

(1)在这 12 个基本的 LCA 环节的基础上，还可以自定义新的 LCA 环节，并生产相应的数据库。最后确定 LCA 环节数据库的总个数为 M。

(2)用户根据自己种植果蔬的情况，合理选择需要的 LCA 环节，即选择不同的 LCA 环境数据库(可以是 1～M)。

(3)这些数据库的基本字段包括：LCA 环节编号、LCA 环节中文名、LCA 环节英文名。数据库属性：LCA、所处 LCA 环节阶段、所处 LCA 环节功能、所属水果中文名称、所属水果英文名称、所属蔬菜中文名称、所属蔬菜英文名称、环节所用到的计算公式清单(打勾进行选择)与计算数据库相关联，并产生相应的空白清单，如环节是否用到材料的碳排放计算公式清单？若选中，即一定要用的，后面的计算要调用此公式，并产生空白的材料输入清单(无数据)，作为用户输入材料清单用；若不选中，即不用的话，则不调用此公式进行计算，也不用生成材料输入清单。

7.2.6.2　蔬菜 LCA 环节数据库

低碳蔬菜 LCA 数据库树形结构为三级，如表 7-3 所示。

表 7-3　低碳蔬菜 LCA 数据库的树形目录设计

LCA 目录编号	第 1 级 LCA 目录	第 2 级 LCA 目录	第 3 级 LCA 目录	对应时间	对应时期	蔬菜中文名称	蔬菜英文名称	备注
数字(4)	文本(40)	文本(40)	文本(40)	文本(40)	文本(40)	文本(30)	文本(30)	文本(256)
1	基础设施	道路	水泥、砂石、土、石块	全年	基础设施投入			
		水渠						
		堡坎						
		其他						
2	遗传育种	遗传育种	品种改良	全年	种子	二荆条辣椒以下相同	Erjingtiao Peper 以下相同	
		种子制种	种子制作	10 月～次年 3 月				
		种子储存	冷库	全年				
			冷柜	全年				
			其他	全年				
3	生产前准备	场地整理	测量规划	12 月～次年 2 月	蔬菜生产前期准备			
			去除杂物					
			翻地					
			堆土垄					
			挖沟					
			打窝					
			场地整理、垃圾清理					

续表

LCA 目录编号	第 1 级 LCA 目录	第 2 级 LCA 目录	第 3 级 LCA 目录	对应时间	对应时期	蔬菜中文名称	蔬菜英文名称	备注
数字(4)	文本(40)	文本(40)	文本(40)	文本(40)	文本(40)	文本(30)	文本(30)	文本(256)
		场地整理运输		全年				
4	育苗	种子购买		全年	育种育苗			
		播种		2～4 月				
		育苗		2～4 月				
		幼苗管理		2～4 月				
5	生产与田间管理	施肥管理	氮肥	全年	蔬菜生产			
			磷肥	全年				
			钾肥	全年				
			农家肥	全年				
			复合肥	全年				
			微量元素肥(如硼肥)	全年				
			叶面施肥	全年				
			其他肥料(羊粪、牛粪、鸡粪等)	全年				
			肥料运输	全年				
		灌溉管理	灌溉	干旱期				
			其他灌溉	干旱期				
			排水	洪水期				
		病虫害防治管理	除草剂	2～10 月				
			杀虫剂	2～10 月				
			防病药剂	2～10 月				
			其他药剂	2～10 月				
6	蔬菜收获	蔬菜采摘		5～11 月	蔬菜收获			
		蔬菜运输		5～11 月				
7	蔬菜销售	蔬菜包装	塑料袋	9 月～次年 3 月	蔬菜销售			
		蔬菜运输	纸盒包装	9 月～次年 3 月				
				9 月～次年 3 月				
8	蔬菜消费	蔬菜消费		9 月～次年 4 月	蔬菜消费			

续表

LCA目录编号	第1级LCA目录	第2级LCA目录	第3级LCA目录	对应时间	对应时期	蔬菜中文名称	蔬菜英文名称	备注
数字(4)	文本(40)	文本(40)	文本(40)	文本(40)	文本(40)	文本(30)	文本(30)	文本(256)
9	蔬菜废物处理	蔬菜废物收集	填埋 农家肥 回田	9月～次年3月	蔬菜废物处理			
		废可降解生物质处理		9月～次年3月				
		废纸处理		9月～次年3月				
		废塑料处理		9月～次年3月				
10	蔬菜加工产品	蔬菜原料		9月～次年4月	蔬菜加工产品			
		二荆条豆瓣酱		全年				
		二荆条干辣椒		全年				
		二荆条辣椒粉		全年				
		二荆条泡椒		全年				
		其他产品		全年				
11	蔬菜加工产品消费	加工产品保存		全年	蔬菜加工产品消费			
		加工产品运输		全年				
		加工产品销售		全年				
		蔬菜加工产品消费		全年				
12	蔬菜加工产品废物处理	蔬菜废物收集		全年	蔬菜加工产品废物处理			
		废纸处理		全年				
		废塑料处理		全年				
		废玻璃处理		全年				
		废木头处理		全年				

7.2.6.3 农户信息管理数据库设计

农户信息管理数据库设计如表7-4所示，所包含数据库字段为：姓名、性别、身份证号码、住址、住址GPS(global positioning system，全球定位系统)信息、农户编号、农户类型(散户、集体户、合作组织、土地流转、其他)、农户照片、房屋基本信息(性质)、面积、户主、平面布置图、修建年限、使用年限、经济价值、受教育程度、生产社(组)、门牌号、配偶信息、子女信息、经济水平、收入来源、有无残疾、家庭历史、病史、其他、图片。

表 7-4　农户信息管理数据库设计

中文字段	字段类型	字段长度	备注
姓名	文本	20	—
性别	文本	4	—
身份证号码	文本	18	—
住址	文本	40	—
住址 GPS 信息	文本	24	—
农户编号	文本	12	—
农户类型(散户、集体户、合作组织、土地流转、其他)	文本	20	下拉菜单选择或输入
农户照片	文本和图片		—
房屋基本信息(性质)	文本	256	—
面积	文本		—
户主	文本	40	—
平面布置图	文本和图片		—
修建年限	文本	8	—
使用年限	数字	8	—
经济价值	文本	256	—
受教育程度	文本	256	—
生产社(组)	文本	256	—
门牌号	文本	256	—
配偶信息	文本	256	—
子女信息	文本	256	—
经济水平	文本	256	—
收入来源	文本	256	—
有无残疾	文本	256	—
家庭历史	文本	256	—
病史	文本	256	—
其他	文本	256	—
图片	图片		—

7.2.6.4　农具信息管理数据库设计

农具信息管理数据库设计如表 7-5 所示，所包含数据库字段为：农户编号、农户姓名、农户身份证号码、农户居住地址、农具名称、农具规格、农具种类、用途、购买数量、购买单价、现库存数量、购买地、使用年限、能否正常使用、是否报废、农具图片、备注。

表 7-5　农具数据库设计

中文字段:	类型	长度	赋值 1	备注
农户编号	文本	36	Tianma_town_000001	—
农户姓名	文本	30	邹华刚	—
农户身份证号码	数字	18	—	18 位
农户居住地址	文本	60	胥家镇圣寿社区 2 组	—
农具名称	文本	40	抽水机	—

续表

中文字段:	类型	长度	赋值 1	备注
农具规格	文本	40	抽水机，带水管 2000m，单位：个	—
农具种类	文本	512	生产管理	—
用途	文本	512	灌溉	—
购买数量	数字	6	1	—
购买单价	数字	8	4200	—
现库存数量	文本	8	1	—
购买地	文本	512	租地	—
使用年限	文本	4	10	—
能否正常使用	文本	—	是	可下拉菜单选择或打√进行选择
是否报废	文本	—	否	可下拉菜单选择或打√进行选择
农具图片	图片	—	无	可上传多个图片
备注	文本	512	特别干旱时用	—

7.2.6.5 化肥信息管理数据库设计

化肥信息管理数据库设计如表 7-6 所示，所包含数据库字段为：农户编号、农户姓名、农户身份证号码、农户居住地址、化肥中文名、化肥英文名、化肥规格、化肥种类、用途、购买数量、购买单价、现库存数量、购买地、使用年限、能否正常使用、是否报废、农具图片、备注。

表 7-6 化肥信息管理数据库设计

中文字段	类型	长度	赋值 1	备注
农户编号	文本	36	Tianma_town_000001	—
农户姓名	文本	30	邹华刚	—
农户身份证号码	数字	18	—	—
农户居住地址	文本	60	胥家镇圣寿社区 2 组	—
化肥中文名	文本	40	尿素	—
化肥英文名	文本	40	生产管理	—
化肥规格	文本	40	100kg/袋	—
化肥种类	文本	512	增产	—
用途	文本	512	增产	—
购买数量	数字	6	200	—
购买单价	数字	8	1	—
现库存数量	文本	8	—	—
购买地	文本	512	租地	—
使用年限	文本	4	2	—
能否正常使用	文本	4	是	可下拉菜单选择或打√进行选择
是否报废	文本	4	否	可下拉菜单选择或打√进行选择
农具图片	图片	—	—	可上传多个图片
备注	文本	512	—	—

7.2.6.6　农药信息管理数据库设计

农药信息管理数据库设计如表 7-7 所示，所包含数据库字段为：农户编号、农户姓名、农户身份证号码、农户居住地址、农药中文名、农药英文名、农药规格、农药种类、用途、购买数量、购买单价、现库存数量、购买地、使用年限、能否正常使用、是否报废、农具图片、备注。

表 7-7　农药信息管理数据库设计

中文字段	类型	长度	赋值	备注
农户编号	文本	36	Tianma_town_000001	—
农户姓名	文本	30	邹华刚	—
农户身份证号码	数字	18		—
农户居住地址	文本	60	胥家镇圣寿社区 2 组	—
农药中文名	文本	40	百草枯	—
农药英文名	文本	40	生产管理	—
农药规格	文本	40	200g/袋	—
农药种类	文本	512	除草类	—
用途	文本	512	去除杂草	—
购买数量	数字	6	10	—
购买单价	数字	8	12	—
现库存数量	文本	8	3	—
购买地	文本	512	租地	—
使用年限	文本	4	4	—
能否正常使用	文本	—	是	可下拉菜单选择或打√进行选择
是否报废	文本	—	否	可下拉菜单选择或打√进行选择
农具图片	图片	—	—	可上传多个图片
备注	文本	512	—	—

7.2.6.7　采样类型数据库设计

采样类型数据库设计如表 7-8 所示。

表 7-8　采样类型数据库

中文字段	类型	长度	赋值 1	备注
采样类型名称	文本	68	土样(0～40cm)	作为后续下拉菜单选择用
备注	文本	512	—	—

7.3 系统实现与成果应用展示

7.3.1 登录模块的设计及主界面设计

低碳环保农业果蔬产品碳标签系统并不是任何人都可以进入，默认是不允许匿名登录的，只有使用经过管理员分配的编号和密码才能登录本系统，这时就需要通过登录模块验证登录用户的合法性。登录模块是进入本系统的第一道安全屏障。

系统基于 JTMz 平台进行使用。JTMz 是 Win64 下绿色免费的 JDK+Tomcat+MySQL 环境集成工具。通过 JTMz，用户无需对 JDK、Tomcat、MySQL 进行任何安装和配置即可迅速搭建支持 JSP+MySQL 的服务器运行环境。

本系统需求及集成软件如下。①内存：256MB。②可用空间：至少 200MB 可用剩余空间。③操作系统：Windows 2000/XP/2003/Vista/7。④集成软件：JDK1.7_06（精简了对 javaFx 的支持）、Tomcat7.0.32（完整集成）、MySQL5.5.28（精简了部分命令行下的运维工具，不影响正常使用）。程序说明如下。①Tomcat 默认端口：8080。②MySQL 默认端口：3306。③MySQL 默认用户名：root。④MySQL 默认密码：123。

本系统的安装使用步骤如下。

(1) 下载 JTMz。

(2) 将软件解压至任意位置（安装路径只允许包含数字、字母、空格、\、/、：、、.、-）。

(3) 运行“JTM.bat”，根据提示进行相关操作。

(4) 浏览器中打开 localhost:8080，即可查看默认首页。

在浏览器中输入：http://127.0.0.1:8080/gstbq/login，即显示“低碳环保农业果蔬碳标签系统”的登录界面，如图 7-2 所示。登录成功后，进入主界面，图 7-3 为低碳环保农业果蔬产品碳标签系统的主界面。

图 7-2 登录界面

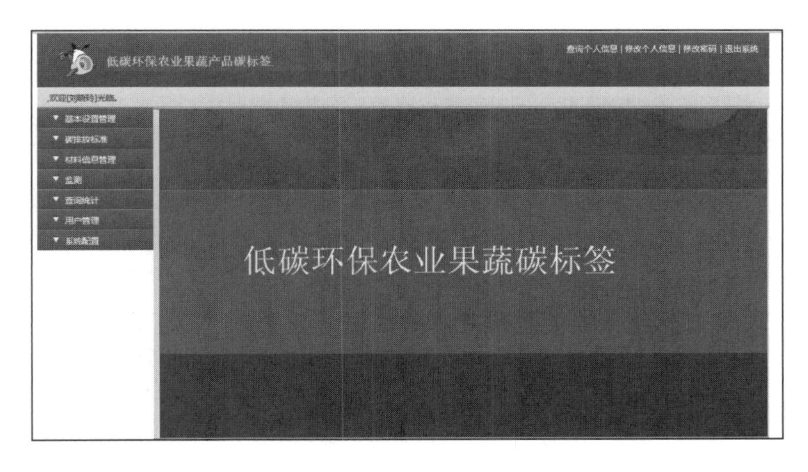

图 7-3　主界面

7.3.2　系统基本功能的实现与展示

低碳环保农业果蔬产品碳标签系统的基本功能包括基本设置管理、碳排放标准、材料信息管理、监测、查询统计、用户管理、系统配置，见图 7-3 中登陆后主界面的左边菜单。

7.3.2.1　基本设置管理

基本设置管理界面实现农户信息管理、农具信息管理、化肥信息管理、农药信息管理、LCA 信息管理、果蔬信息管理、采样类型信息管理及其相关信息的添加、列表、删除、修改、更新，如图 7-4 所示。

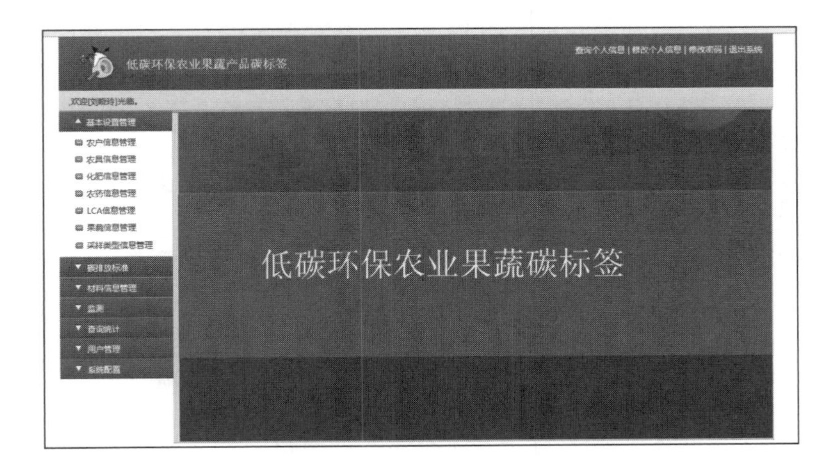

图 7-4　基本设置管理界面

1. 农户信息管理

农户信息管理界面如图 7-5 所示，本书研究涉及邹华刚和赵古福两家农户，其中猕猴桃种植户为邹华刚，二荆条辣椒种植户为赵古福。

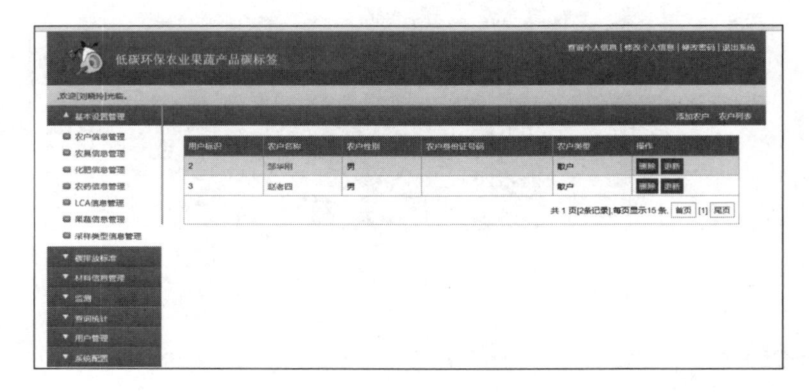

图 7-5 农户信息管理界面

2. 农具信息管理

农具信息管理界面如图 7-6 所示，农具主要包括锄头、镰刀、翻耕机、喷雾器、铁锹、竹竿、水桶、尿桶、抽水机、浇水管等。

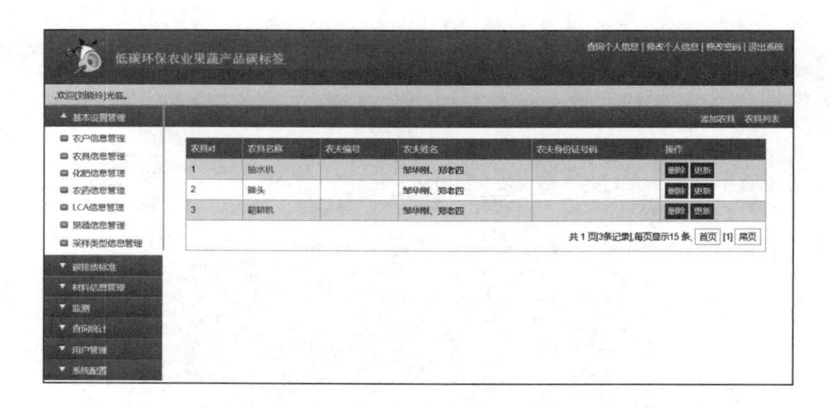

图 7-6 农具信息管理界面

3. 化肥信息管理

化肥信息管理界面如图 7-7 所示，包含两大类化肥，一是工业生产的化肥，二是自然肥。化肥主要包含氮肥(以尿素计)、磷肥(以过磷酸钙计)、钾肥(以硫酸钾计)、有机肥、微量元素肥、复合肥、专用肥(如硼肥)等。自然肥主要包括猪粪、羊粪、牛粪、鸡粪、植物发酵肥等。猕猴桃种植采用的专用肥料(大量元素水溶肥料)和有机肥如图 7-8 所示，其中有机质质量分数为 30%，$N+P_2O_5+K_2O\geqslant 8\%$。

图 7-7　化肥信息管理

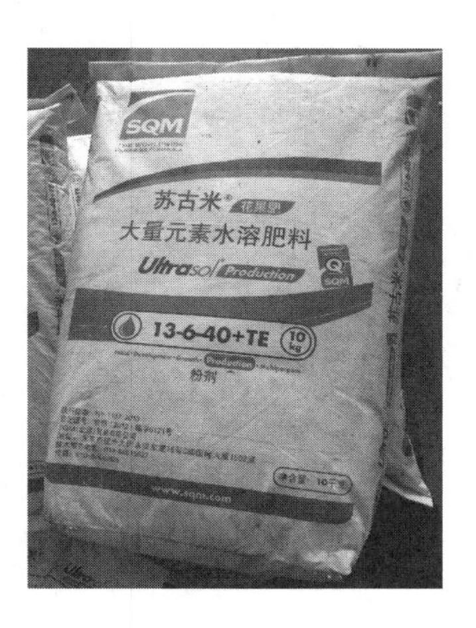

图 7-8　猕猴桃使用的有机肥和大量元素水溶肥料

4. 农药信息管理

农药信息管理界面如图 7-9 所示。农药分为杀虫剂、防虫治病药剂、除草剂三大类。图 7-10 为猕猴桃生长期间用的苯醚甲环唑、链霉素、多抗霉素 B、钙宝。

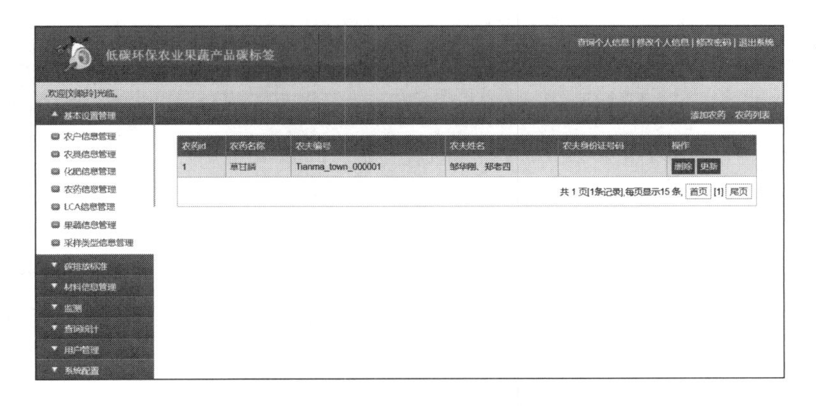

图 7-9　农药信息管理界面

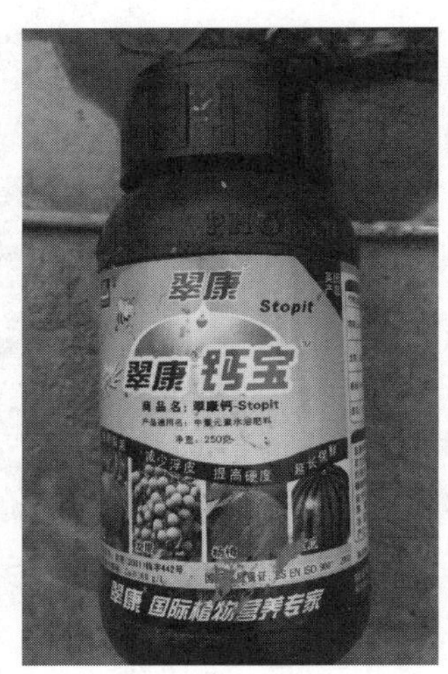

图 7-10　猕猴桃生长期间使用的农药

5. LCA 信息管理

通用的低碳环保果蔬 LCA 信息管理界面如图 7-11 所示，不同果蔬种植的 LCA 大相径庭，可以添加或修改相关 LCA 环节，具有很大的灵活性、适用性和推广性。低碳环保果蔬碳标签系统中，LCA 信息管理模块是最重要的核心模块之一，涉及低碳果蔬不同 LCA 阶段的不同内容，是进行碳足迹分析、计算和统计的最重要基础。

6. 果蔬信息管理

要进行碳足迹分析，必须首先完成 LCA 的设置，本系统内置了猕猴桃和二荆条辣椒的 LCA 周期下不同阶段的活动。详细的猕猴桃 LCA 设置如表 7-9 所示，二荆条辣椒 LCA 设置如表 7-10 所示。

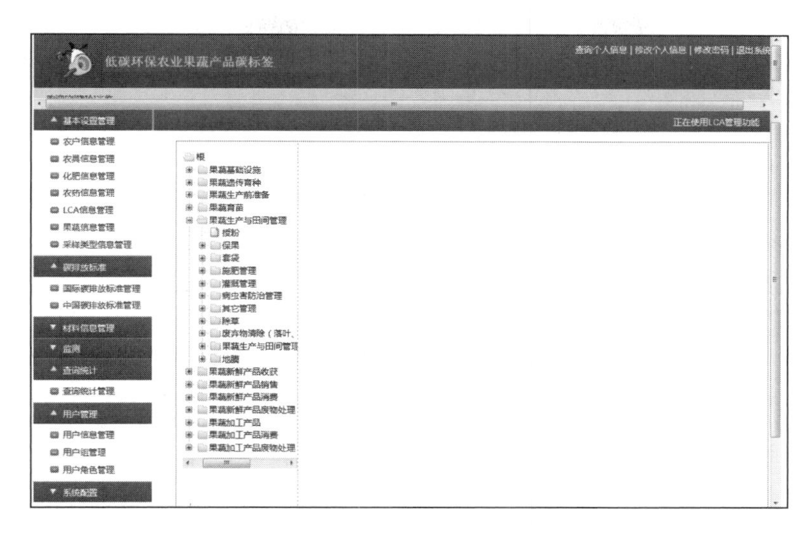

图 7-11　低碳环保果蔬 LCA 信息管理界面

表 7-9　猕猴桃 LCA 设置

LCA 目录编号	第 1 级 LCA 目录	第 2 级 LCA 目录	第 3 级 LCA 目录	对应时间
1	猕猴桃生产前准备	场地整理	测量规划、去除杂物、翻地、堆土垄、挖沟、场地整理垃圾清理	12 月～次年 2 月
2	猕猴桃育苗	嫁接阶段	幼苗自购、幼苗运输、幼苗嫁接、幼苗废弃物处理	2～4 月
3	猕猴桃生产与田间管理	授粉	—	3～4 月
		保果	掐枝	3～4 月
			留果	3～4 月
		套袋	果实专用套袋	3～5 月
		施肥管理	氮肥、磷肥、钾肥、农家肥、复合肥、微量元素肥(如硼肥)、叶面施肥、其他肥料(羊粪、牛粪、鸡粪等)	全年
		灌溉管理	抽水灌溉(机器+胶管)	干旱期
			排水	洪水期
		病虫害防治管理	除草剂、杀虫剂、防病药剂、其他药剂	2～10 月
		废弃物清理	废弃纸袋、废弃塑料、废弃枝叶、废弃果实、垃圾运输	2～10 月
4	猕猴桃新鲜果蔬收获	鲜果采摘	—	9～11 月
		果实堆放	—	
		废弃物清除	—	9～11 月
5	猕猴桃新鲜果实销售	果实包装	塑料袋、纸盒包装	11 月～次年 3 月
		果实冷藏	仓库	9 月～次年 3 月
		果实运输	柴油货车(2t)	9 月～次年 3 月

续表

LCA 目录编号	第 1 级 LCA 目录	第 2 级 LCA 目录	第 3 级 LCA 目录	对应时间
6	猕猴桃新鲜果实消费	鲜果消费	猕猴桃鲜果、存储、废弃物清除	9 月～次年 4 月
7	猕猴桃新鲜果实产品废物处理	废物收集	废弃塑料、废弃纸盒、废弃猕猴桃生物质	全年
		垃圾运输	—	全年
		填埋处理	—	全年

表 7-10 二荆条辣椒 LCA 设置

LCA 目录编号	第 1 级 LCA 目录	第 2 级 LCA 目录	第 3 级 LCA 目录	对应时间
1	二荆条辣椒生产前准备	场地整理	测量规划、去除杂物、翻地、堆土垄、挖沟、打窝、场地整理及垃圾清理	12 月～次年 2 月
2	二荆条辣椒育苗	种苗阶段	整理土地、播种、浇水、施肥、铺塑料薄膜、种苗阶段垃圾清理	2～4 月
3	二荆条辣椒生产与田间管理	地膜	薄膜	3～4 月
		除草	除草剂	2～10 月
			镰刀锄头	3～4 月
		施肥管理	氮肥、磷肥、钾肥、农家肥、复合肥、微量元素肥(如硼肥)、叶面施肥、其他肥料(羊粪、牛粪、鸡粪等)	全年
		灌溉管理	抽水灌溉(机器+胶管)	干旱期
			排水	洪水期
		病虫害防治管理	杀虫剂、防病药剂、其他药剂	2～10 月
		废弃物清理	废弃纸袋、废弃塑料、废弃枝叶、废弃果实、垃圾运输	2～10 月
4	二荆条辣椒新鲜果实收获	辣椒采摘	—	9～11 月
		辣椒堆放	—	9～11 月
		废弃物清除	—	9～11 月
5	二荆条辣椒新鲜果实销售	辣椒包装	塑料袋、纸盒包装	11 月～次年 3 月
		辣椒冷藏	仓库	9 月～次年 3 月
		辣椒运输	柴油货车(2t)	9 月～次年 3 月
6	二荆条辣椒新鲜果实消费	辣椒消费	辣椒食用、辣椒存储、废弃物清除	9 月～次年 4 月
7	二荆条辣椒新鲜果实产品废物处理	废物收集	废弃塑料、废弃纸盒、废弃猕猴桃生物质	全年
		垃圾运输	—	全年
		填埋处理	—	全年

果蔬信息管理界面如图 7-12 所示，主要完成 LCA 的设置和 LCA 的监测设置。

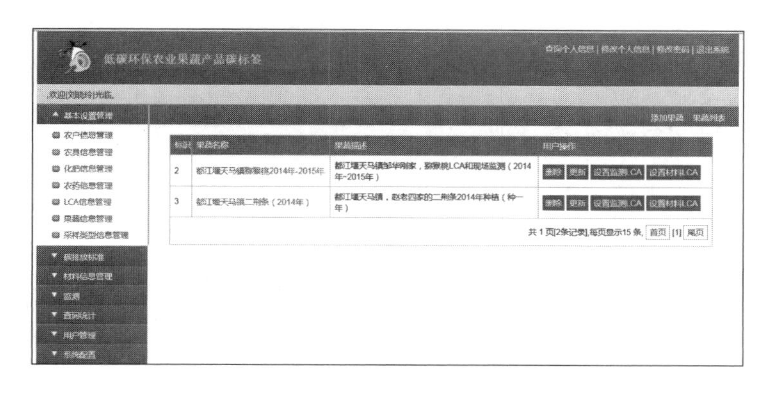

图 7-12　果蔬信息管理界面

在完成 LCA 信息管理后，还必须要确定不同果蔬具体的 LCA 阶段的内容，这在果蔬信息管理模块中实现，是以打勾的方式进行勾选，只有勾选后的 LCA 阶段才会出现在后面的材料信息管理模块中。不同的果蔬具有不同的 LCA 周期，可以根据需要进行添加和勾选，以满足实际果蔬 LCA 环节需求。

本系统加入了猕猴桃的 LCA 设置，即都江堰胥家镇猕猴桃 2014～2015 年的 LCA 设置界面具体如图 7-13 所示，胥家镇邹华刚家的猕猴桃 LCA 包括 7 个环节：果蔬生产前准备、果蔬育苗、果蔬生产与田间管理、果蔬新鲜产品收获、果蔬新鲜产品销售、果蔬新鲜产品消费、果蔬新鲜产品废物处理。

图 7-13　猕猴桃 LCA 信息管理界面

本系统还加入了二荆条辣椒 LCA 设置，即都江堰胥家镇二荆条辣椒（2014 年）的 LCA 设置界面具体如图 7-14 所示。胥家镇赵古福家的二荆条辣椒 LCA 环节包括 7 个环节：果蔬生产前准备、果蔬育苗、果蔬生产与田间管理、果蔬新鲜产品收获、果蔬新鲜产品销售、果蔬新鲜产品消费、果蔬新鲜产品废物处理。

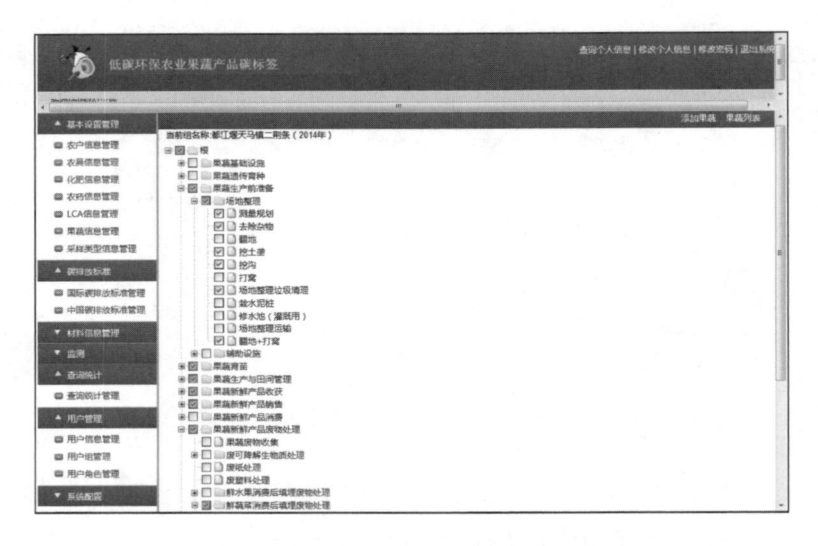

图 7-14　二荆条辣椒 LCA 信息管理界面

7. 采样类型信息管理

采样类型信息管理界面如图 7-15 所示。系统中已经输入的采样类型包括：土壤样品(0～40cm)、土壤样品(0～20cm)、土壤样品(20～40cm)、果蔬-根、果蔬-主干、果蔬-叶、果蔬-果实、果蔬-花、果蔬-果皮、果蔬-果肉、果蔬-果籽、果蔬加工产品-猕猴桃酒、果蔬加工产品-猕猴桃饮料、果蔬加工产品-二荆条辣椒粉、果蔬加工产品-二荆条豆瓣酱、果蔬加工产品-猕猴桃酒纸包装、果蔬加工产品-猕猴桃酒塑料包装、果蔬加工产品-猕猴桃酒玻璃包装、果蔬加工产品-猕猴桃酒木包装、果蔬加工产品-猕猴桃果醋、果蔬加工产品-猕猴桃果醋玻璃包装、果蔬加工产品-猕猴桃果醋纸包装、果蔬加工产品-猕猴桃果醋塑料包装、果蔬-枝条、水样(表层 5cm 处)、水样(土壤水)、果蔬-果汁、果蔬-菜汁、果蔬-枝叶榨汁等。

图 7-15　采样类型信息管理界面

7.3.2.2 碳排放标准子系统

该系统包含国际碳排放标准和中国碳排放标准两个模块，可以实现有关标准查询和输入两个基本功能。国际碳排放标准管理界面如图 7-16 所示，中国碳排放标准管理如图 7-17 所示。目前，该系统中，中国碳排放标准数据库为 CLCD-China-Public 0.8 版本。该系统中，国际碳排放标准数据库为 Ecoinvent 3.3 版本，含有 12320 种物质材料的有关碳排放记录数据。其中，还没有查到有关二荆条辣椒的碳排放数据，猕猴桃只有 2 条碳排放相关数据(图 7-18)。

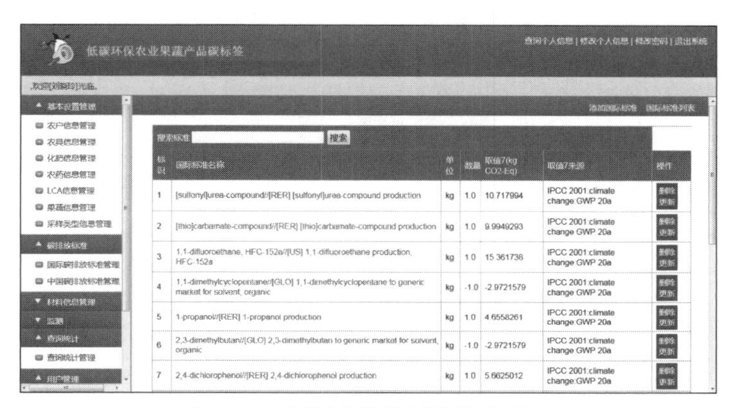

图 7-16 国际碳排放标准管理界面

图 7-17 中国碳排放标准管理界面

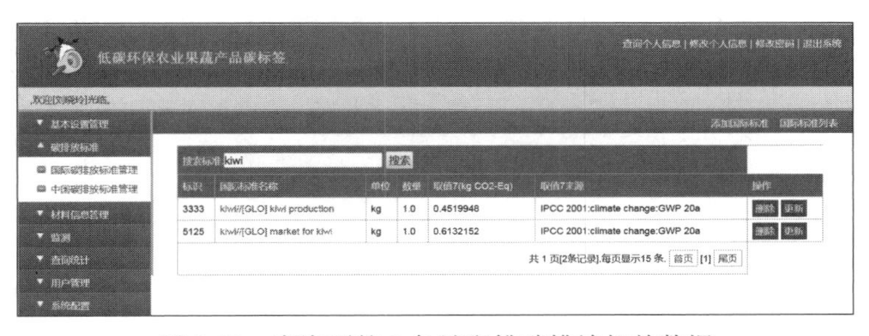

图 7-18 查询到的 2 条猕猴桃碳排放相关数据

7.3.2.3　材料信息管理子系统

该系统主要完成各个 LCA 过程中不同物质的碳足迹计算功能。这是该系统的核心功能之一，主要包含材料信息管理、材料碳足迹管理、交通运输碳足迹、水消费碳足迹、电力消费碳足迹、人力碳足迹管理几个模块，如图 7-19 所示。

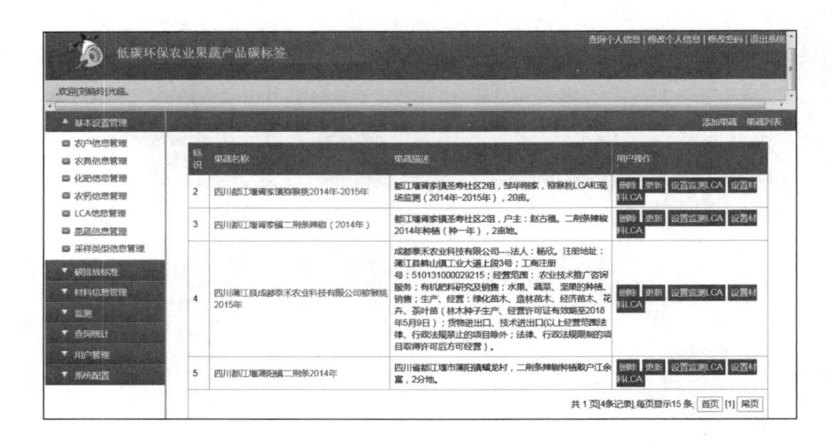

图 7-19　材料信息管理模块

1. 材料碳足迹管理

材料碳足迹管理模块如图 7-20 所示。其中，输入猕猴桃材料碳足迹数据 140 条，二荆条辣椒材料碳足迹数据 69 条，共计 209 条数据。

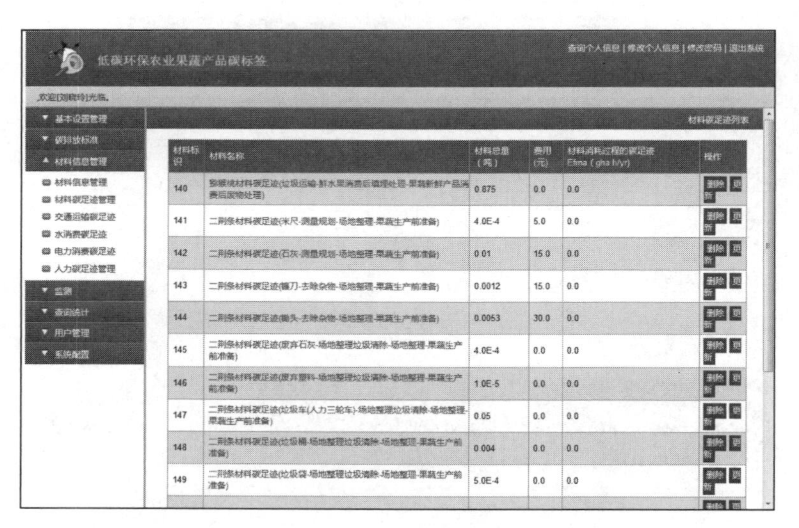

(a)

(b)

图 7-20　材料碳足迹管理模块

2. 交通运输碳足迹管理

交通运输碳足迹管理模块如图 7-21 所示。其中，输入猕猴桃交通运输碳足迹数据 136 条，二荆条辣椒交通运输碳足迹数据 69 条，共计 205 条数据。

图 7-21　交通运输碳足迹管理模块

3. 水消费碳足迹管理

水消费碳足迹管理模块如图 7-22 所示。其中，输入猕猴桃水消费碳足迹数据 134 条，二荆条辣椒水消费碳足迹数据 69 条，小计 203 条数据。

4. 电力消费碳足迹管理

电力消费碳足迹管理模块如图 7-23 所示。其中，输入猕猴桃电力消费碳足迹数据 134 条，二荆条辣椒电力消费碳足迹数据 69 条，共计 203 条数据。

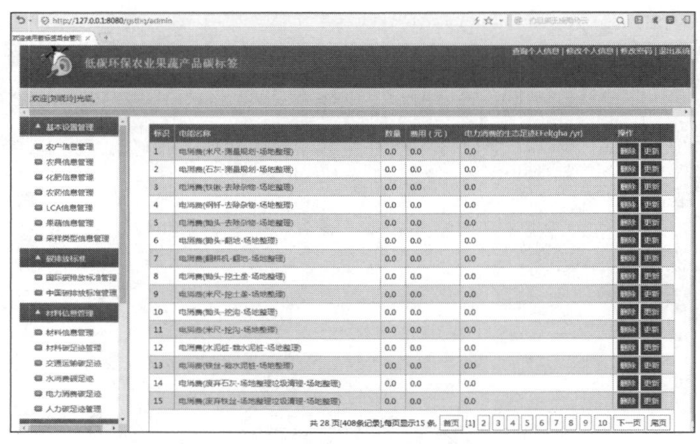

图 7-22　水消费碳足迹管理模块

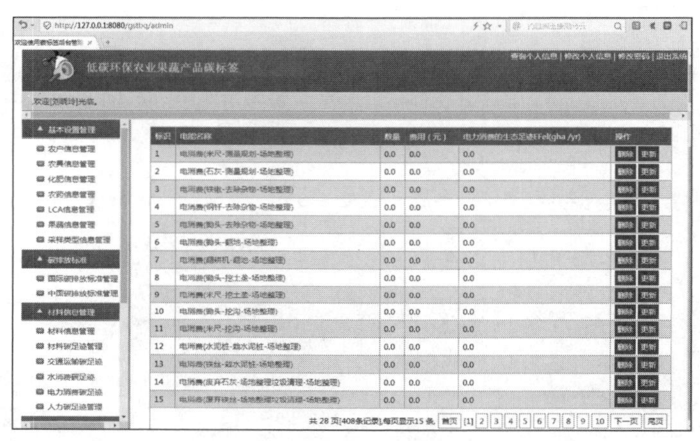

图 7-23　电力消费碳足迹管理模块

5. 人力生态碳足迹管理

人力生态碳足迹管理模块如图 7-24 所示，主要包括食品消费碳足迹、使用饮用水的碳排放、垃圾生态足迹 3 个方面，同时还对人力碳足迹进行汇总。其中，输入猕猴桃人力生态碳足迹数据 134 条，二荆条辣椒人力生态碳足迹数据 69 条，共计 203 条数据。

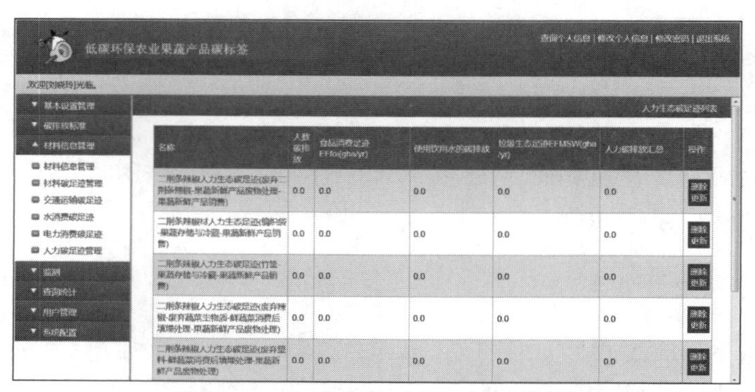

图 7-24　人力生态碳足迹管理模块

7.3.2.4　监测子系统

监测子系统是本数据库的核心模块之一，完成有关土壤与果蔬样品的碳参数、果蔬不同 LCA 阶段有关碳排放的监测数据管理，并进行数据的添加、查询等。具体界面如图 7-25 所示。

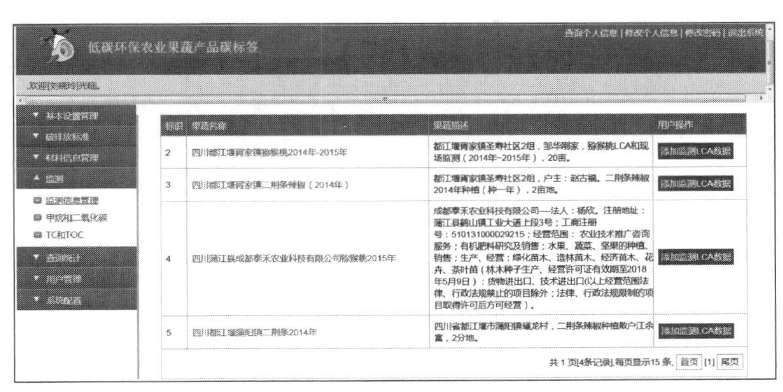

图 7-25　监测管理界面

1. 甲烷和二氧化碳监测

该模块完成二氧化碳、甲烷的监测数据管理，还涉及监测地区主要相关气象参数(如气压、气温)的添加、修改、删除与管理，如图 7-26 所示。

图 7-26　甲烷和二氧化碳的监测管理模块

2. TC 和 TOC 监测

该模块完成土壤、低碳果蔬样品等不同样品中的 TC 和 TOC 的监测数据管理，还实现测试点或样品的有关信息的添加、修改、删除与管理，如图 7-27 所示。

标识	采样点编号	土样总碳含量（mg/Kg）	土样总有机碳含量（mg/Kg）	操作
2	2014年4月28日都江堰胥家镇5个点猕猴桃土壤平均值	9.416	1.674	删除 更新
3	2014年6月26日都江堰胥家镇5个点猕猴桃土壤平均值	8.044	1.527	删除 更新
4	2014年7月27日都江堰胥家镇5个点猕猴桃土样平均值	8.367	1.426	删除 更新
5	2014年8月29日都江堰胥家镇5个点猕猴桃土样平均值	8.032	1.257	删除 更新
6	2014年9月24日都江堰胥家镇5个点猕猴桃土样平均值	8.377	1.095	删除 更新
7	2014年10月26日都江堰胥家镇5个猕猴桃土样平均值	5.658	0.989	删除 更新
8	2014年11月27日都江堰胥家镇5个点猕猴桃土样平均值	7.441	1.827	删除 更新
9	2014年12月25日都江堰胥家镇5个点猕猴桃土样平均值	8.207	1.939	删除 更新
10	2015年1月25日都江堰胥家镇5个点猕猴桃土样平均值	6.617	1.893	删除 更新
11	2015年2月28日都江堰胥家镇5个点猕猴桃土样平均值	5.379	2.115	删除 更新
12	2015年3月27日都江堰胥家镇5个点猕猴桃土样平均值	8.681	3.796	删除 更新
13	2015年4月24日都江堰胥家镇5个点猕猴桃土样平均值	8.582	3.773	删除 更新

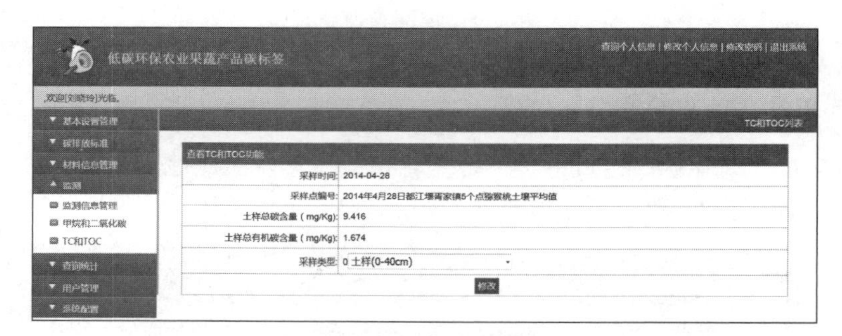

图 7-27 TC 和 TOC 的监测管理模块

7.3.2.5 查询统计管理子系统

查询统计管理子系统主要完成碳足迹数据和监测数据的统计功能，并产生相应的数据图像，如图 7-28 所示。

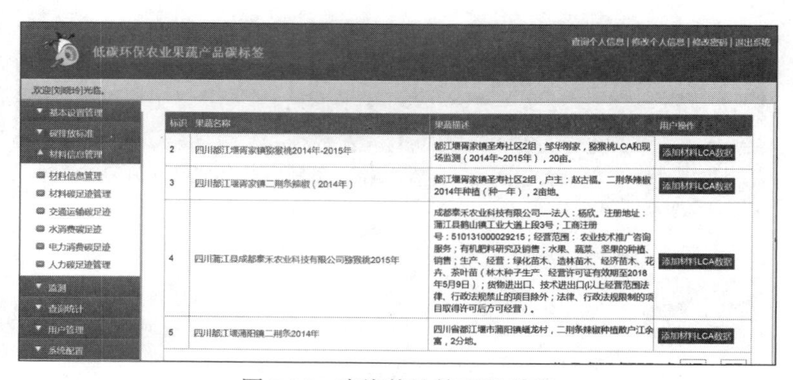

图 7-28 查询统计管理子系统

1. 猕猴桃材料 LCA 碳足迹查询

该模块主要完成猕猴桃不同 LCA 环节所使用材料造成的碳排放数据，如图 7-29 所示。对三级不同 LCA 的每个环节，均能完成材料碳足迹、交通运输碳足迹、水消费碳足迹、电力消费碳足迹、人力生态碳足迹 5 个基本模块的平均值和总排放量统计及对应的数据图。

图 7-29　猕猴桃不同 LCA 环节的材料碳排放统计

2. 猕猴桃碳排放监测查询

猕猴桃的碳排放监测主要是在猕猴桃的生产与田间管理 LCA 环节，测试指标包含 TC、TOC、甲烷和二氧化碳 4 个指标，如图 7-30 所示。其中，TC 和 TOC 在一个模块下显示，甲烷和二氧化碳等在另外一个模块下显示。采样类型主要包括土壤样品(0～40cm)、猕猴桃植株的甲烷和二氧化碳排放。

(a) 碳排放监测选择界面

标识	采样点编号	土样总碳含量(mg/Kg)	土样总有机碳含量(mg/Kg)
2	2014年4月28日都江堰胥家镇5个点猕猴桃土壤平均值	9.416	1.674
3	2014年6月26日都江堰胥家镇5个点猕猴桃土壤平均值	8.044	1.527
4	2014年7月27日都江堰胥家镇5个点猕猴桃土样平均值	8.367	1.426
5	2014年8月29日都江堰胥家镇5个点猕猴桃土样平均值	8.032	1.257
6	2014年9月24日都江堰胥家镇5个点猕猴桃土样平均值	8.377	1.095
7	2014年10月26日都江堰胥家镇5个猕猴桃土样平均值	5.658	0.989
8	2014年11月27日都江堰胥家镇5个点猕猴桃土样平均值	7.441	1.827
9	2014年12月25日都江堰胥家镇5个点猕猴桃土样平均值	8.207	1.939
10	2015年1月25日都江堰胥家镇5个点猕猴桃土样平均值	6.617	1.893
11	2015年2月26日都江堰胥家镇5个点猕猴桃土样平均值	5.379	2.115

(b) LCA 环节的 TC 和 TOC 监测界面

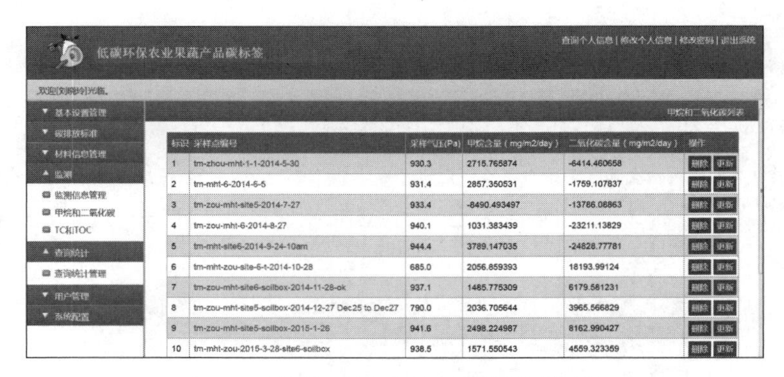

(c) LCA 环节的二氧化碳和甲烷的排放监测界面

图 7-30　猕猴桃的生产与田间管理 LCA 环节的碳排放监测

3. 二荆条辣椒材料 LCA 碳足迹查询

该模块主要完成二荆条辣椒不同 LCA 环节所使用材料造成的碳排放数据，如图 7-31 所示。对三级不同 LCA 的每个环节，均能完成材料碳足迹、交通运输碳足迹、水消费碳足迹、电力消费碳足迹、人力生态碳足迹 5 个基本模块的平均值和总排放量统计及对应的数据图。

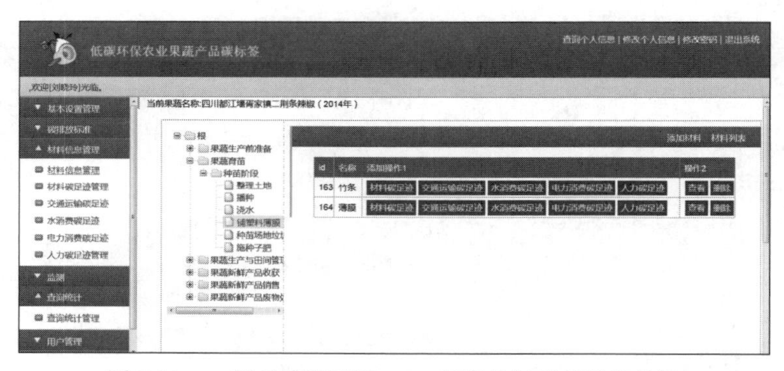

图 7-31　二荆条辣椒不同 LCA 环节的材料碳排放统计

4. 二荆条辣椒碳监测查询

二荆条辣椒的碳排放监测主要是在二荆条辣椒的生产与田间管理 LCA 环节，测试指标包含 TC、TOC、甲烷和二氧化碳 4 个指标，如图 7-32 所示。其中，TC 和 TOC 在一个模块下显示，甲烷和二氧化碳等在另外一个模块下显示。采样类型主要包括土壤样(0～40cm)、二荆条辣椒植株的甲烷和二氧化碳排放。

7.3.2.6　用户管理子系统

低碳环保农业果蔬产品碳标签系统的用户管理子系统主要包括 3 个模块：用户信息管理、用户组管理、用户角色管理。用户信息管理如图 7-33 所示、用户组管理如图 7-34 所示、用户角色管理如图 7-35 所示。

(a) 碳排放监测选择界面

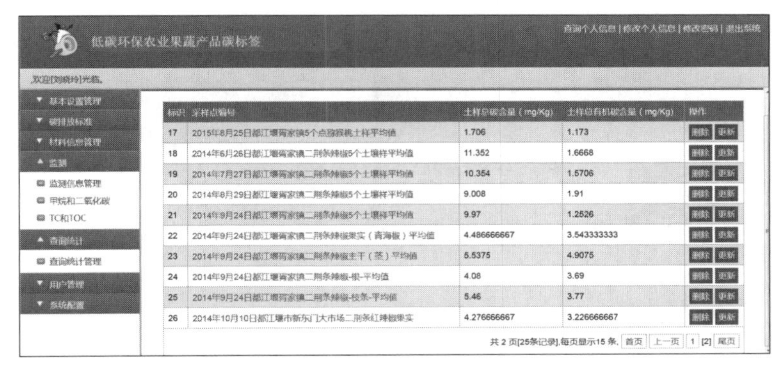

(b) LCA 环节的 TC 和 TOC 监测界面

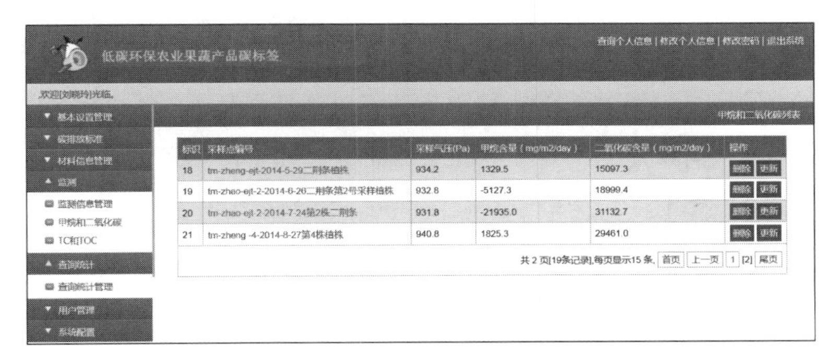

(c) LCA 环节的二氧化碳和甲烷的排放监测界面

图 7-32　二荆条辣椒的生产与田间管理 LCA 环节的碳排放监测

图 7-33　用户信息管理

图 7-34 用户组管理

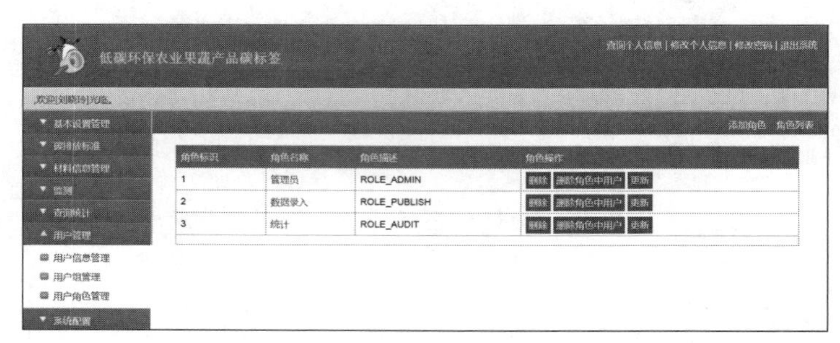

图 7-35 用户角色管理

目前，用户角色主要是课题组的人员，但以后随着使用的人数增多，就应该管理好用户不同角色、用户组分配以及管理员的安排。用户组主要是录入组(负责数据录入)、统计组和管理员组(负责统计各个数据)，其中管理员(负责管理全部)的权限是最高的。用户角色管理主要是用户的权限分配，其中 ROLE-ADMIN 为管理员角色，ROLE-PUBLISH 为数据录入角色，ROLE-AUDIT 为数据统计角色。因此，重要的是把管理员管理好，由管理员新建数据录入和统计的人员，并进行有效管理。

7.3.2.7 系统配置子系统

低碳环保农业果蔬产品碳标签系统的系统配置包含 3 个模块：数据备份、项目参与人员和关于系统。其中，系统配置的数据备份界面如图 7-36 所示，系统配置的项目参与人员介绍如图 7-37 所示，系统配置的“关于系统”说明如图 7-38 所示，系统配置的查询个人信息如图 7-39 所示，系统配置的修改个人信息如图 7-40 所示。重要的是要定期备份数据库，养成良好的数据存储习惯，防止数据丢失。

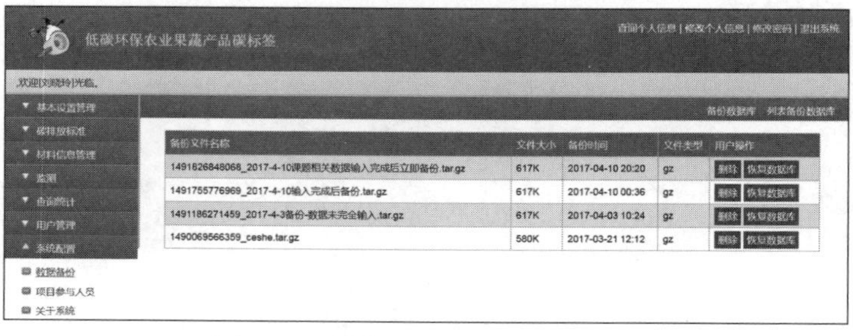

图 7-36 系统配置的数据备份界面

序号	姓名	性别	年龄	工作单位	职称	投入本项目的全时工作时间（人月）	人员分类	人员属性
1	罗鸿兵	男	37	四川农业大学土木工程学院市政工程系	副高级	5	课题负责人	在编人员
2	张可	女	30	四川农业大学	中级	2	课题骨干	在编人员
3	刘晓玲	女	33	四川水利职业技术学院	中级	6	课题骨干	在编人员
4	付蜀智	男	37	四川农业大学	其他	6	课题骨干	临时聘用人员
5	黄波	男	33	四川农业大学	中级	8	课题骨干	在编人员
6	罗艺霖	女	33	四川农业大学	初级	8	课题骨干	在编人员
7	付刚	男	33	四川农业大学	中级	5	课题骨干	在编人员
8	蔺丽丽	女	31	四川农业大学	中级	8	课题骨干	在编人员
9	陈凤辉	男	47	四川农业大学	副高级	2	课题骨干	在编人员
10	莫忧	男	40	四川农业大学	中级	6	课题骨干	在编人员
11	陈佳	女	29	四川农业大学	中级	6	课题骨干	在编人员

图 7-37　系统配置的项目参与人员介绍界面

序号	名称	值
1	课题名称	低碳环保农业果蔬产品碳标签体系及应用研究
2	课题类型	四川省科技厅科技支撑计划
3	课题编号	2013SZ0103
4	项目负责人	罗鸿兵（博士、副教授），土木工程学院市政工程系
5	起止时间	2013/01-2015/12
6	系统名称	低碳环保农业果蔬产品碳标签系统
7	系统开发者	刘晓玲、付蜀智
8	版本号	1.0

图 7-38　系统配置的“关于系统”说明界面

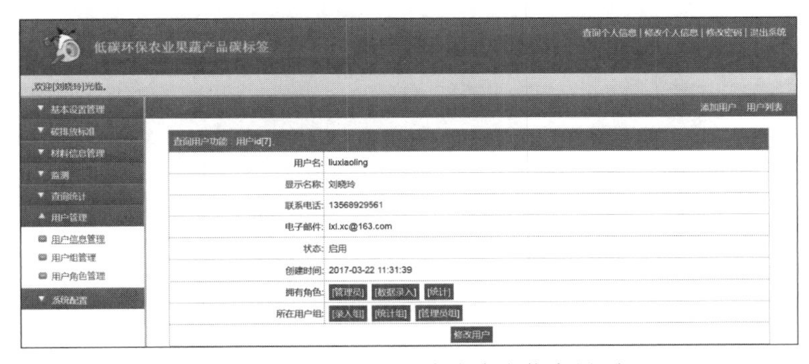

图 7-39　系统配置的查询个人信息界面

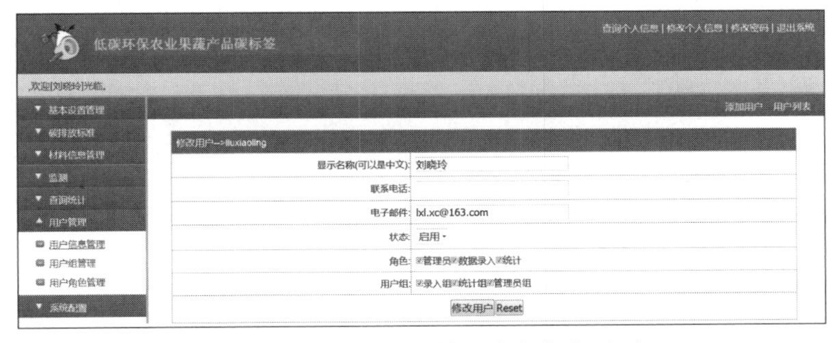

图 7-40　系统配置的修改个人信息界面

7.3.3 低碳环保农业果蔬产品碳标签系统(1.0 版本)的安装

将光盘上的目录“低碳环保农业果蔬产品碳标签系统(1.0 版本)”全部拷贝到服务器或主机上：

(1) 将该目录放到任意目录(最好是 D 盘的根目录，或 E 盘的根目录下)；

(2) 进入刚才的目录，运行 JTM.bat (双击)，进行如图 7-41 的设置，以后不用再设置；

(3) 出现如图 7-41 所示界面，按数字 1，然后按回车键；

(4) 完成后，在浏览器中输入 http://127.0.0.1:8080/gstbq/index.jsp；

(5) 进入并登录系统(如用户名为 liuxiaoling，密码为 liuxiaoling)；

(6) 以后在电脑开机后，直接在浏览器输入对应的地址，就可以访问系统，也可直接双击。

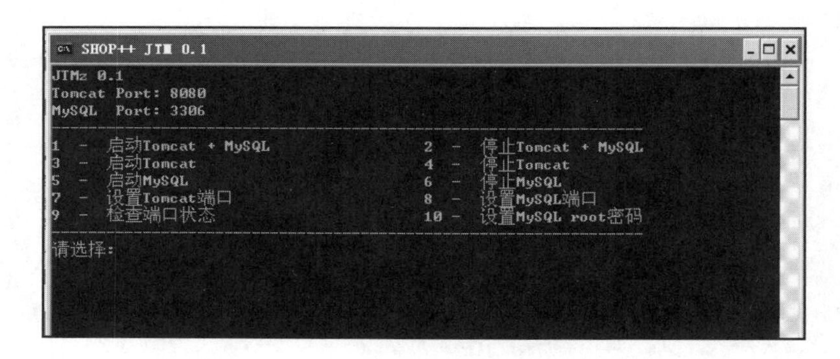

图 7-41 JTM.bat 的设置界面

7.3.4 系统运行平台的常见问题

1. 目录结构

```
X：\安装路径
|
+---JTM.bat (系统控制台)
|
+---jdk (JDK 程序目录)
|
+---tomcat (Tomcat 程序目录)
|       |
|       +---webapps (站点目录)
|       |
|       +---conf (Tomcat 配置目录)
```

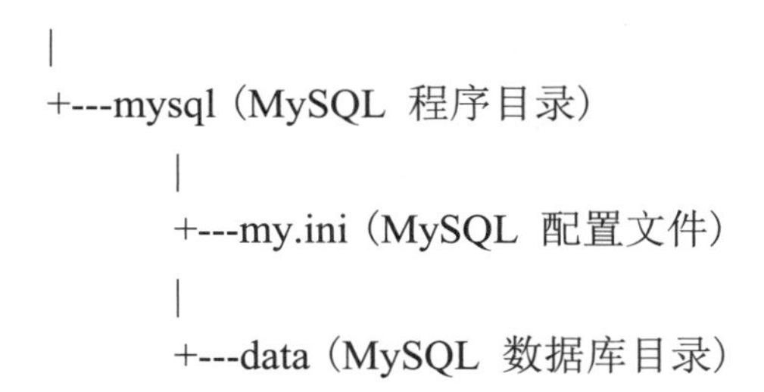

```
|
+---mysql (MySQL 程序目录)
        |
        +---my.ini (MySQL 配置文件)
        |
        +---data (MySQL 数据库目录)
```

2. 许可协议

JTMz 是一个集成工具，可免费使用，其中各组件的许可协议是独立分开的；本集成包参考了一些已有的集成包，笔者对此没有版权。

3. 常见问题

(1) 运行程序提示“JTM 安装路径包含特殊字符”怎么办？

解决办法：修改程序安装路径，并确保路径只包含数字、字母、空格、\、/、：、.、-。

(2) Tomcat 端口被占用，Tomcat 无法正常启动，如何处理？

解决办法：运行“JTM.bat”，根据提示修改 Tomcat 端口。

(3) MySQL 端口被占用，MySQL 无法正常启动，如何处理？

解决办法：运行“JTM.bat”，根据提示修改 MySQL 端口。

(4) MySQL root 密码忘记了，怎么办？

解决办法：运行“JTM.bat”，根据提示修改 MySQL root 密码。

(5) 如何在 Windows Vista 下使用 JTM？

解决办法：Windows Vista 的 UAC 可能会阻止服务，用普通用户身份启动，请右键点击“JTM.bat”，选择“属性”；在选项卡“兼容性”里，勾选“请以管理员身份运行该程序”。

(6) 如何在 Windows 7 下使用 JTM？

解决办法：Windows 7 的 UAC 可能会阻止服务，用普通用户身份启动，请右键点击“JTM.bat”，选择“以管理员身份运行”。

7.4 低碳环保农业果蔬产品碳标签系统(1.0 版本)的应用展示

“低碳环保农业果蔬产品碳标签系统(1.0 版本)”的应用展示主要包括 4 户种植户：分别为邹华刚、赵古福、成都泰禾农业科技有限公司和江余富，如图 7-42 所示，主要完成碳足迹数据和监测数据的统计功能，并产生相应的数据图像。这里仅对猕猴桃的应用进行展示。

首先输入都江堰市胥家镇圣寿社区 2 组邹华刚种植的鲜猕猴桃的各个 LCA 环节的碳足迹数据，然后进行统计分析。

图 7-42　应用展示界面

7.4.1　都江堰胥家镇邹华刚猕猴桃种植户的本系统应用展示

首先输入都江堰市胥家镇圣寿社区2组的邹华刚所种植的猕猴桃LCA各阶段的碳足迹数据，然后进行统计分析。输入过程就不展示了，这里展示输入完成后的碳足迹统计查询结果。

7.4.1.1　猕猴桃材料LCA碳足迹查询

本数据是四川省都江堰市胥家镇邹华刚猕猴桃种植户的碳足迹数据，主要是其猕猴桃不同LCA环节所使用材料造成的碳排放数据，如图7-43所示。对三级不同LCA的每个环节，均能完成材料碳足迹、交通运输碳足迹、水消费碳足迹、电力消费碳足迹、人力消费碳足迹5个基本模块的平均值和总排放量统计及生成对应的数据图。

图 7-43　邹华刚家猕猴桃不同LCA环节的材料碳排放统计

1. 生产前准备的碳足迹

猕猴桃的果蔬生产前准备是场地整理阶段。猕猴桃的果蔬生产前准备LCA环节的碳足迹汇总如图7-44所示，材料碳足迹如图7-45所示，交通运输碳足迹如图7-46所示，水消费碳足迹如图7-47所示，电力消费碳足迹如图7-48所示，人力生态碳足迹如图7-49所示。

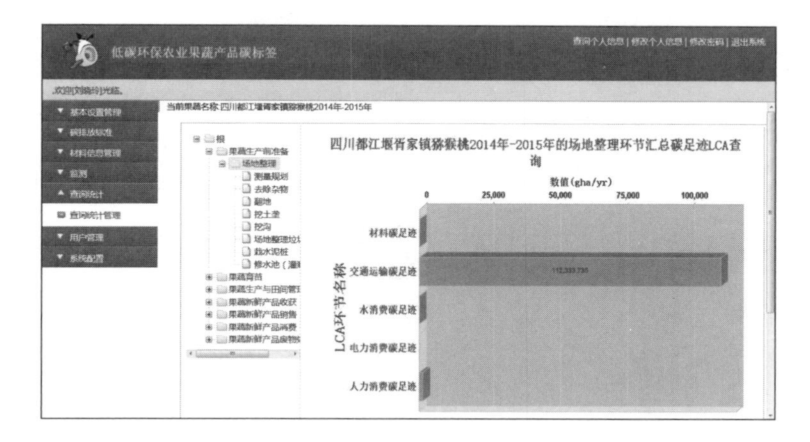

图 7-44　邹华刚家猕猴桃生产前准备 LCA 环节碳足迹汇总

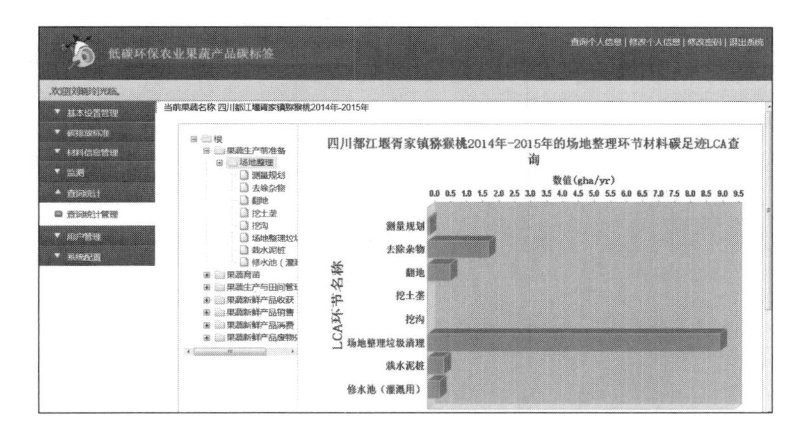

图 7-45　邹华刚家猕猴桃生产前准备 LCA 环节材料碳足迹

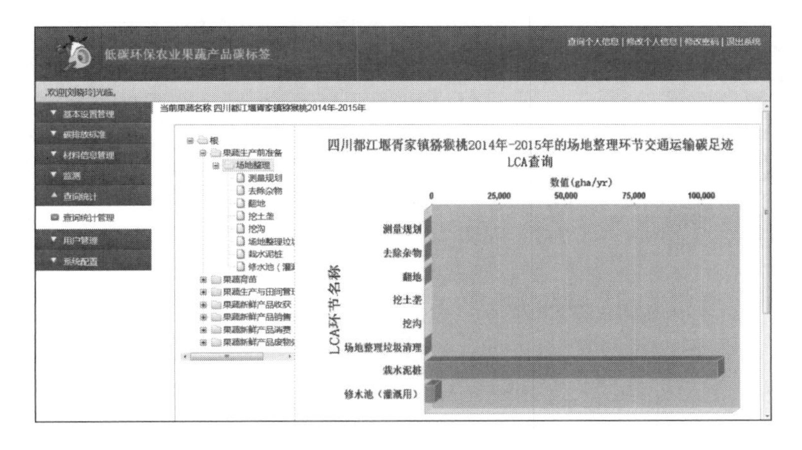

图 7-46　邹华刚家猕猴桃生产前准备 LCA 环节交通运输碳足迹

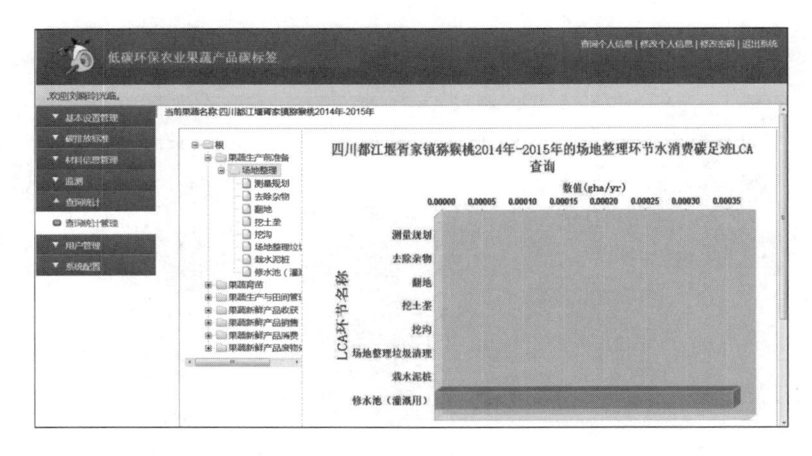

图 7-47 邹华刚家猕猴桃生产前准备 LCA 环节水消费碳足迹

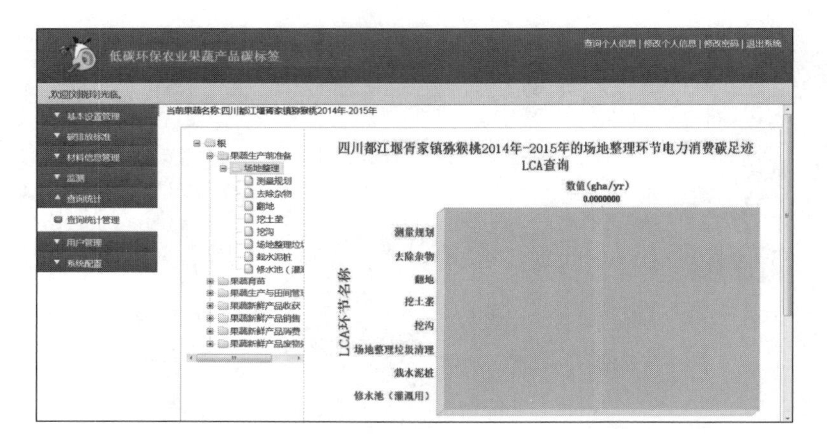

图 7-48 邹华刚家猕猴桃生产前准备 LCA 环节电力消费碳足迹

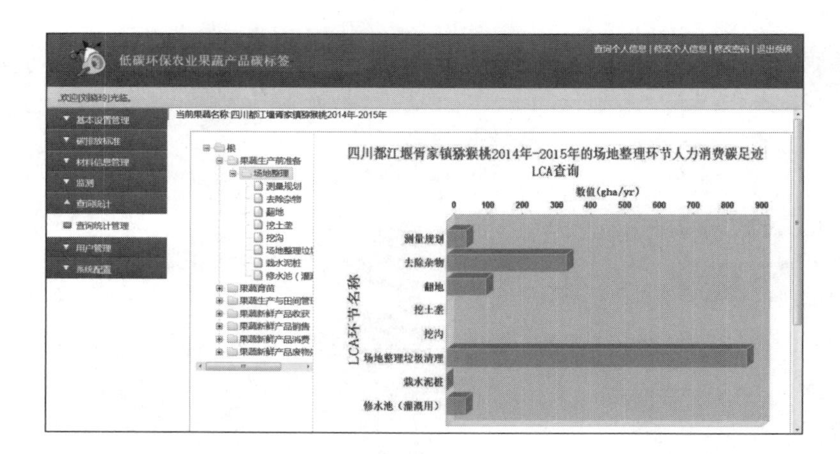

图 7-49 邹华刚家猕猴桃生产前准备 LCA 环节人力生态碳足迹

注：人力消费碳足迹即人力生态碳足迹，后同

2. 育苗LCA环节的碳足迹

猕猴桃的果蔬育苗是嫁接阶段。猕猴桃的果蔬育苗LCA环节的碳足迹汇总如图7-50所示，材料碳足迹如图7-51所示，交通运输碳足迹如图7-52所示，水消费碳足迹如图7-53所示，电力消费碳足迹如图7-54所示，人力生态碳足迹如图7-55所示。

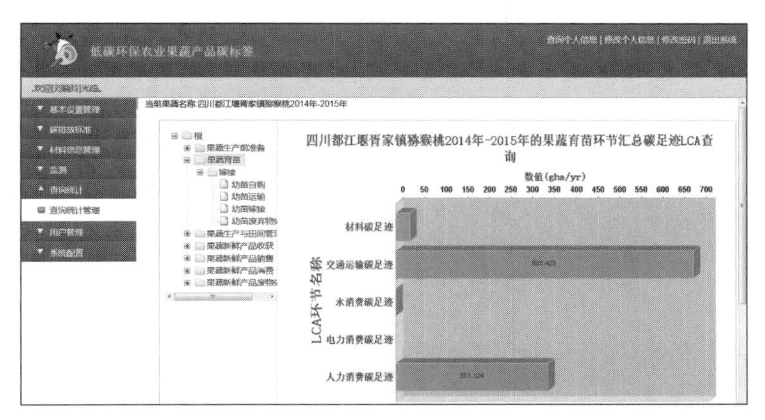

图7-50 邹华刚家猕猴桃果蔬育苗LCA环节碳足迹汇总

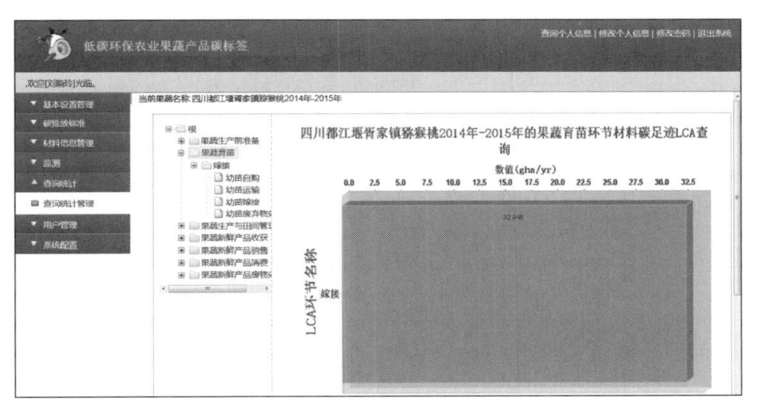

图7-51 邹华刚家猕猴桃果蔬育苗LCA环节材料碳足迹

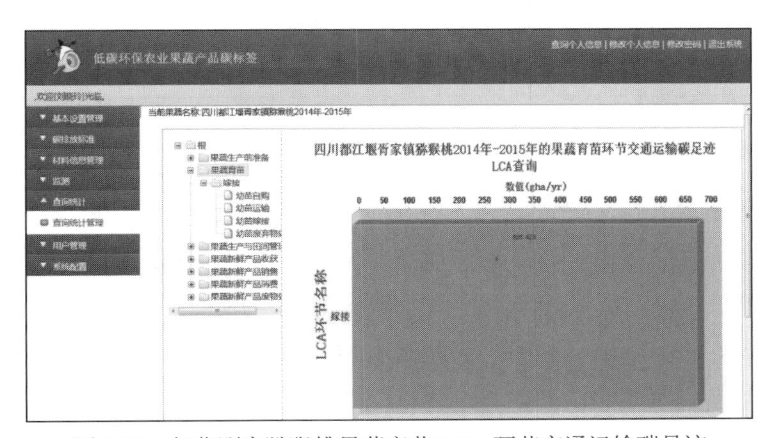

图7-52 邹华刚家猕猴桃果蔬育苗LCA环节交通运输碳足迹

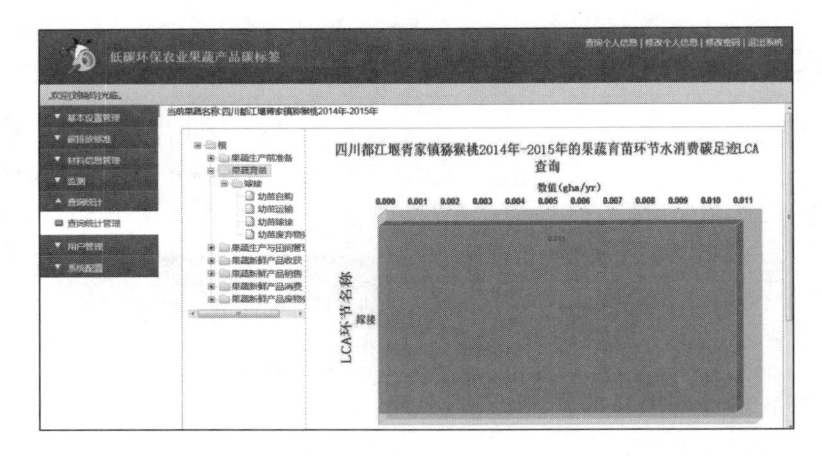

图 7-53 邹华刚家猕猴桃果蔬育苗 LCA 环节水消费碳足迹

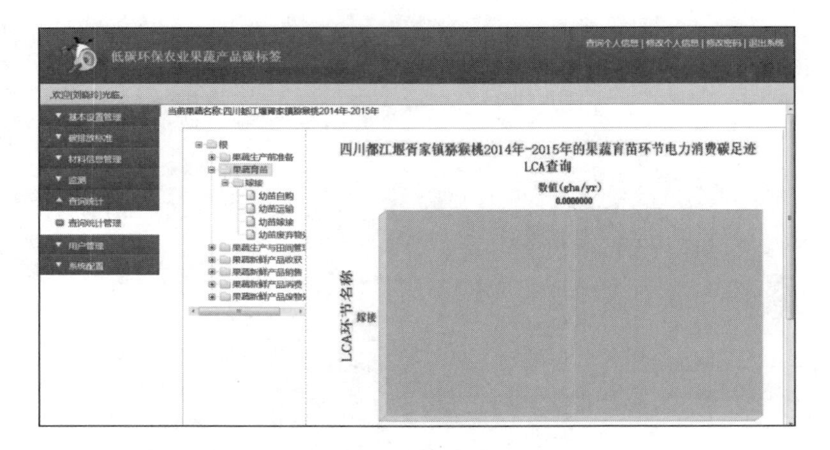

图 7-54 邹华刚家猕猴桃果蔬育苗 LCA 环节电力消费碳足迹

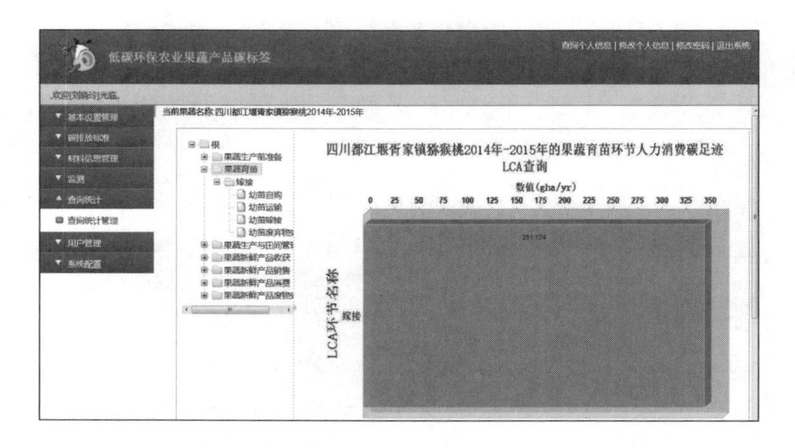

图 7-55 邹华刚家猕猴桃果蔬育苗 LCA 环节人力生态碳足迹

3. 生产与田间管理的碳足迹

猕猴桃的生产与田间管理 LCA 环节的碳足迹汇总如图 7-56 所示，材料碳足迹如图 7-57 所示，交通运输碳足迹如图 7-58 所示，水消费碳足迹如图 7-59 所示，电力消费碳足迹如图 7-60 所示，人力生态碳足迹如图 7-61 所示。

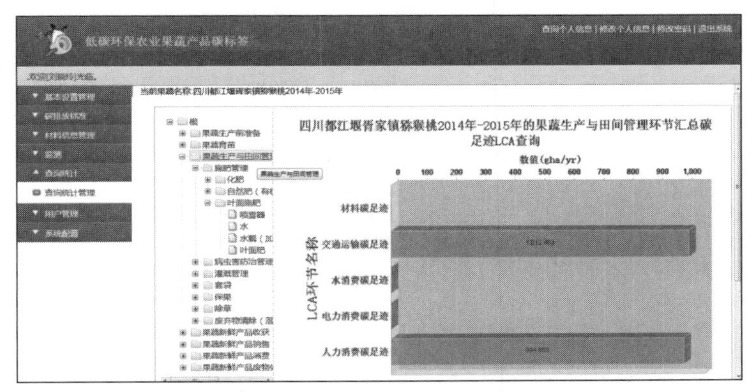

图 7-56　邹华刚家猕猴桃生产与田间管理 LCA 环节碳足迹汇总

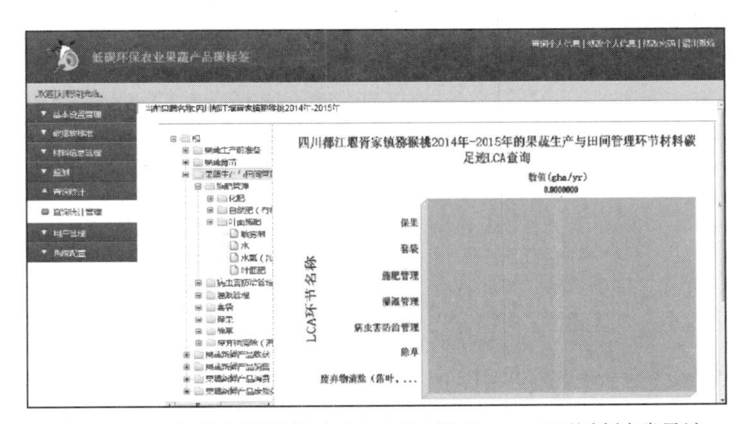

图 7-57　邹华刚家猕猴桃生产与田间管理 LCA 环节材料碳足迹

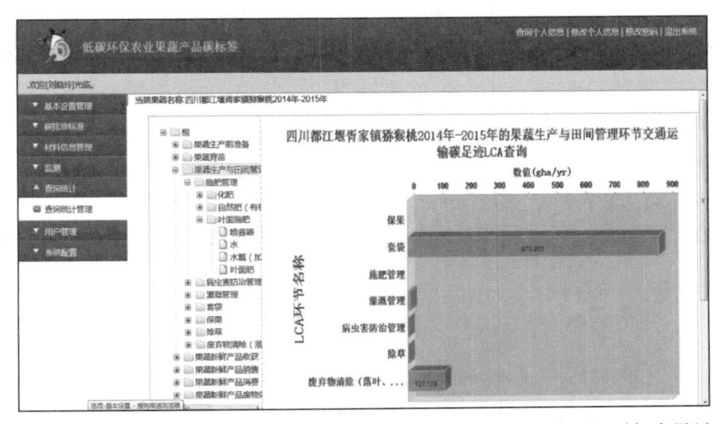

图 7-58　邹华刚家猕猴桃生产与田间管理 LCA 环节交通运输碳足迹

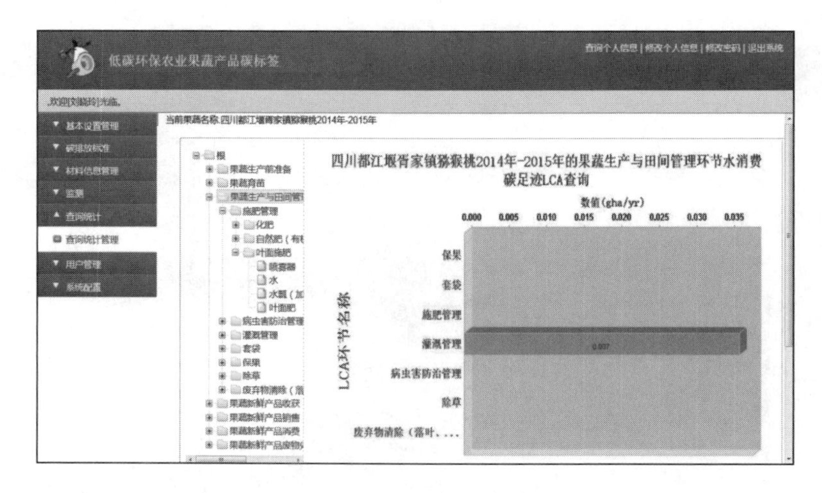

图 7-59 邹华刚家猕猴桃生产与田间管理 LCA 环节水消费碳足迹

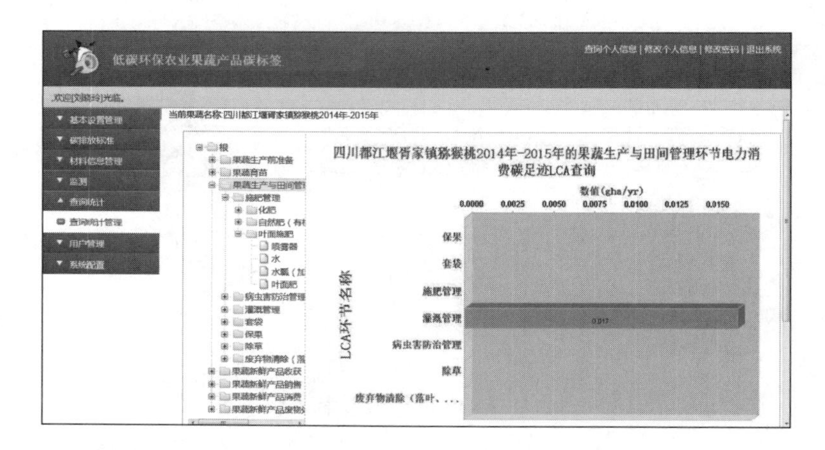

图 7-60 邹华刚家猕猴桃生产与田间管理 LCA 环节电力消费碳足迹

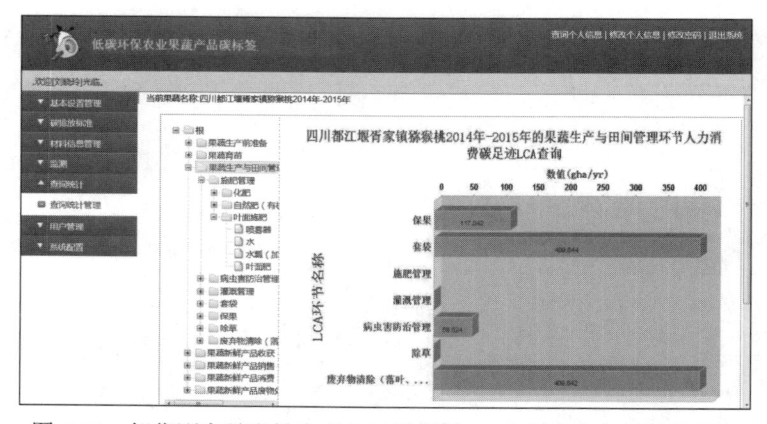

图 7-61 邹华刚家猕猴桃生产与田间管理 LCA 环节人力生态碳足迹

4. 新鲜产品收获 LCA 环节的碳足迹

以猕猴桃的果蔬新鲜产品收获 LCA 环节为例，LCA 碳足迹总汇总如图 7-62 所示，材料碳足迹如图 7-63 所示，交通运输碳足迹如图 7-64 所示，水消费碳足迹如图 7-65 所示，电力消费碳足迹如图 7-66 所示，人力生态碳足迹如图 7-67 所示。

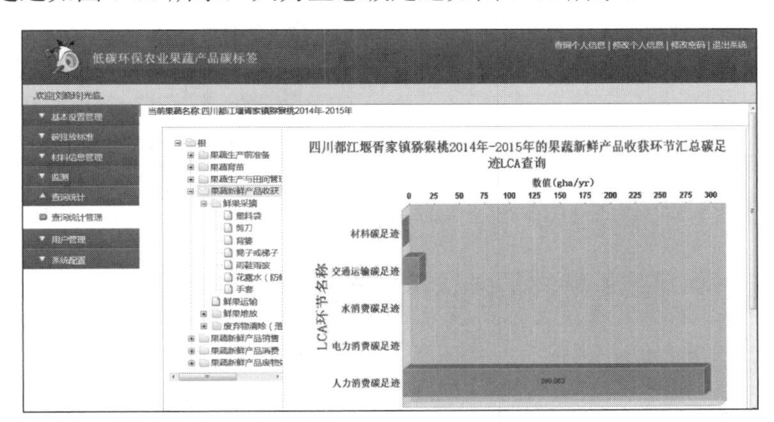

图 7-62 邹华刚家猕猴桃果蔬新鲜产品收获 LCA 环节碳足迹汇总

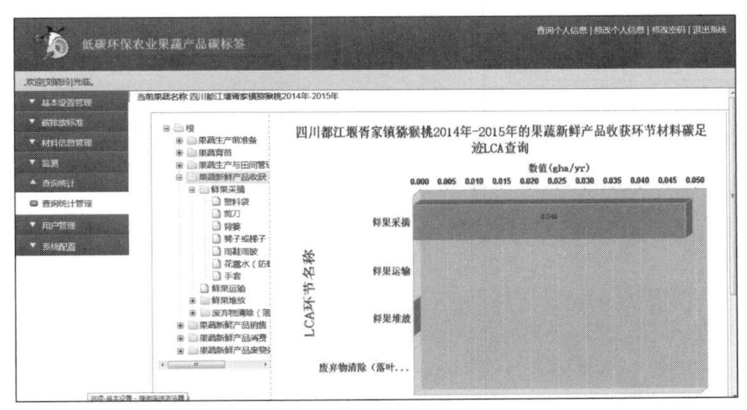

图 7-63 邹华刚家猕猴桃果蔬新鲜产品收获 LCA 环节材料碳足迹

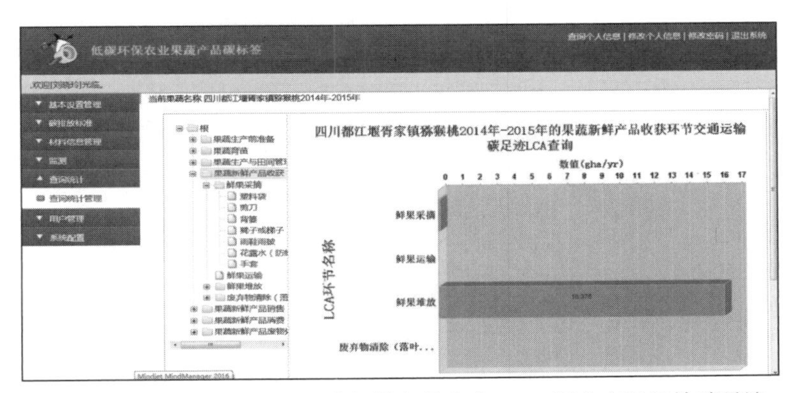

图 7-64 邹华刚家猕猴桃果蔬新鲜产品收获 LCA 环节交通运输碳足迹

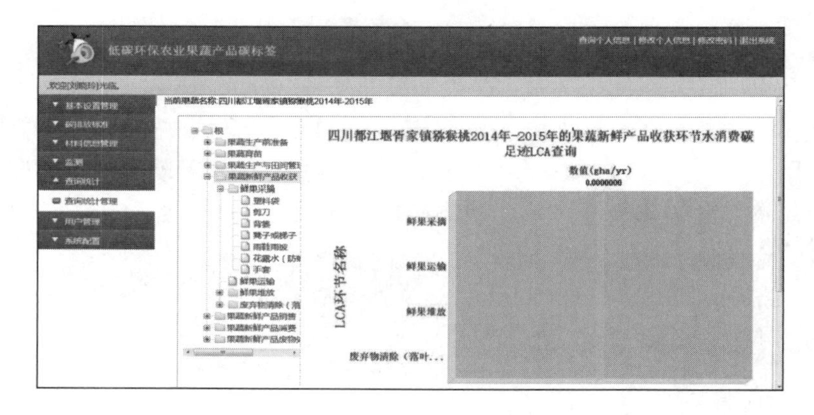

图 7-65 邹华刚家猕猴桃果蔬新鲜产品收获 LCA 环节水消费碳足迹

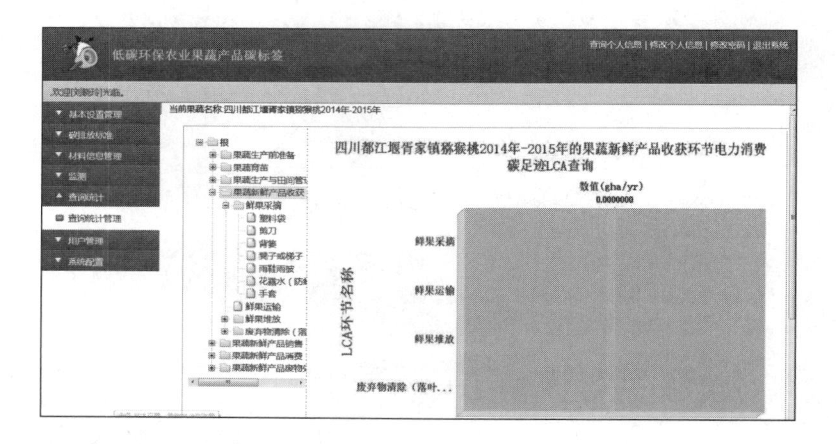

图 7-66 邹华刚家猕猴桃果蔬新鲜产品收获 LCA 环节电力消费碳足迹

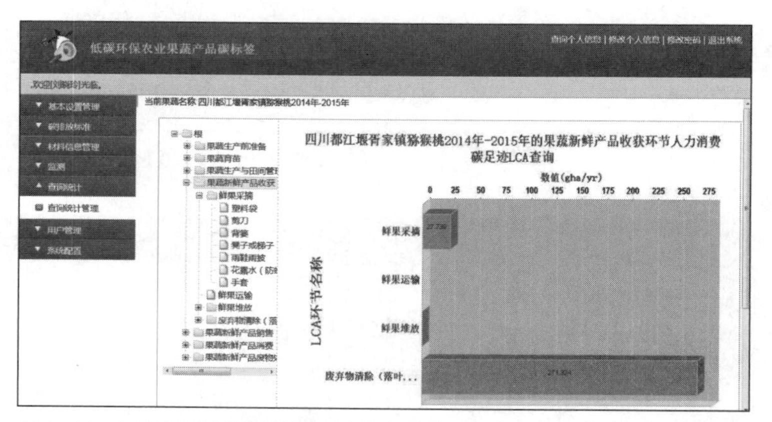

图 7-67 邹华刚家猕猴桃果蔬新鲜产品收获 LCA 环节人力生态碳足迹

5. 新鲜产品销售 LCA 环节的碳足迹

以猕猴桃的果蔬新鲜产品销售 LCA 环节为例，LCA 碳足迹汇总如图 7-68 所示，材料碳足迹如图 7-69 所示，交通运输碳足迹如图 7-70 所示，水消费碳足迹如图 7-71 所示，电力消费碳足迹如图 7-72 所示，人力生态碳足迹如图 7-73 所示。

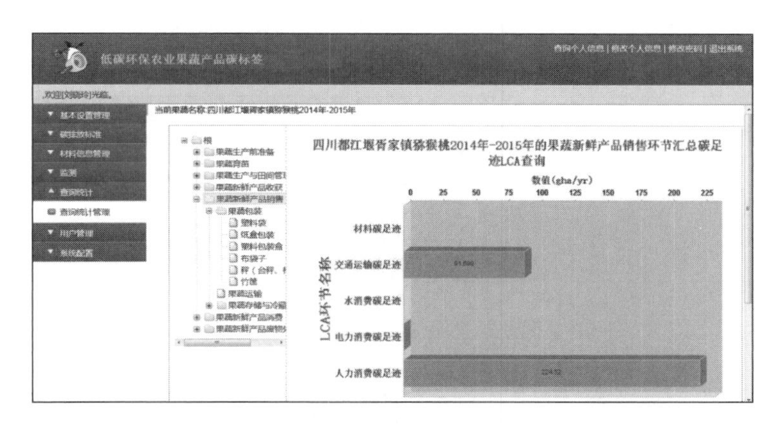

图 7-68　邹华刚家猕猴桃果蔬新鲜产品销售 LCA 环节碳足迹汇总

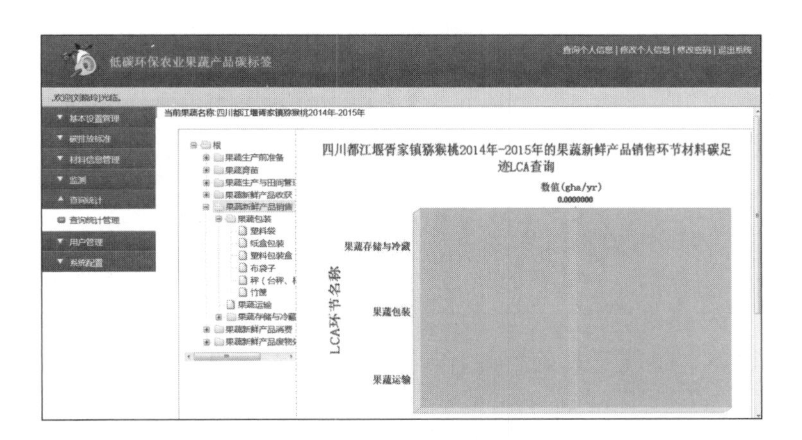

图 7-69　邹华刚家猕猴桃果蔬新鲜产品销售 LCA 环节材料碳足迹

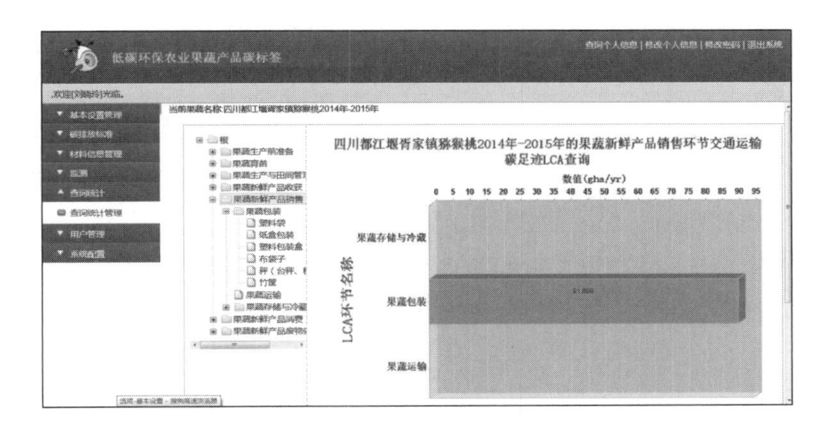

图 7-70　邹华刚家猕猴桃果蔬新鲜产品销售 LCA 环节交通运输碳足迹

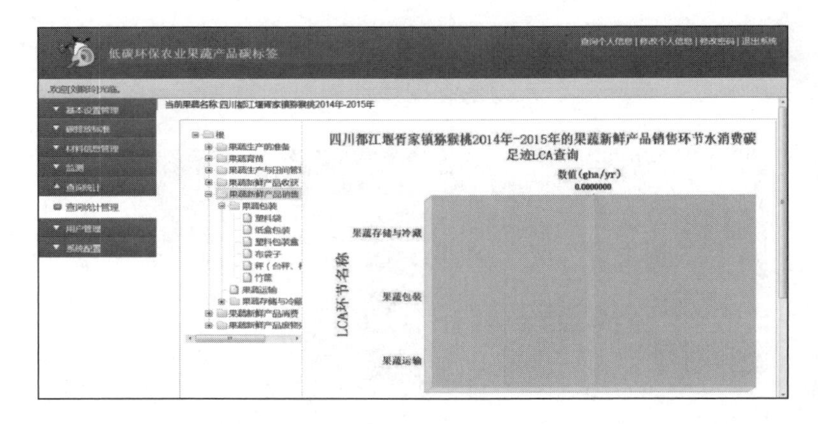

图 7-71 邹华刚家猕猴桃果蔬新鲜产品销售 LCA 环节水消费碳足迹

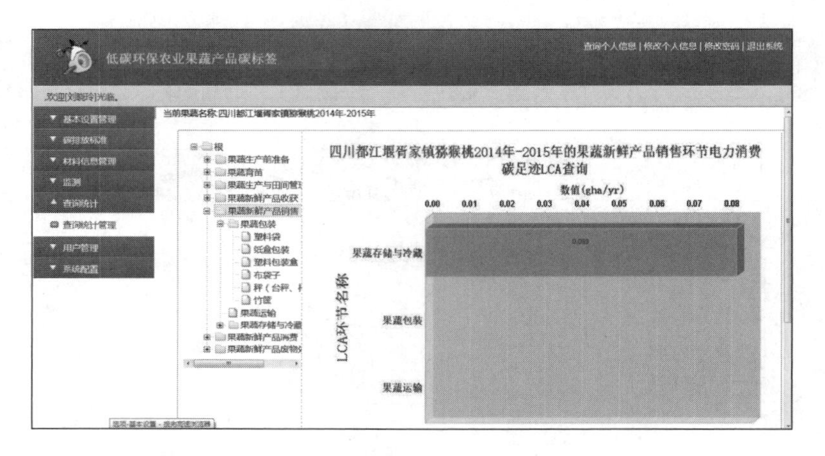

图 7-72 邹华刚家猕猴桃果蔬新鲜产品销售 LCA 环节电力消费碳足迹

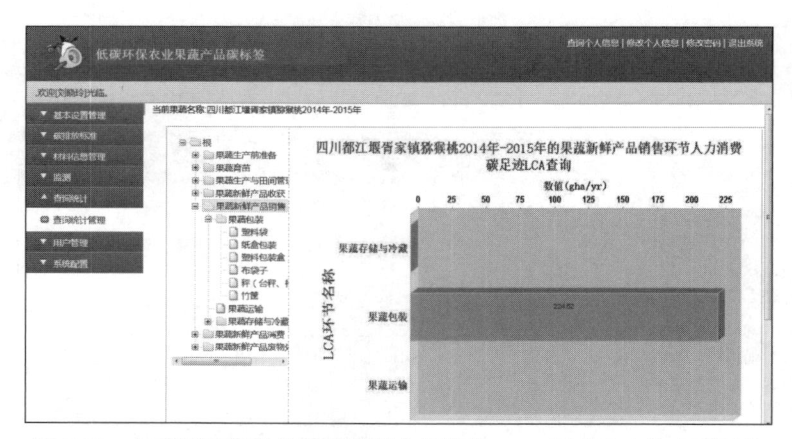

图 7-73 邹华刚家猕猴桃果蔬新鲜产品销售 LCA 环节人力生态碳足迹

6. 新鲜产品废物处理 LCA 环节的碳足迹

以猕猴桃的果蔬新鲜产品废物处理 LCA 环节为例，LCA 碳足迹汇总如图 7-74 所示，材料碳足迹如图 7-75 所示，交通运输碳足迹如图 7-76 所示，水消费碳足迹如图 7-77 所示，电力消费碳足迹如图 7-78 所示，人力生态碳足迹如图 7-79 所示。

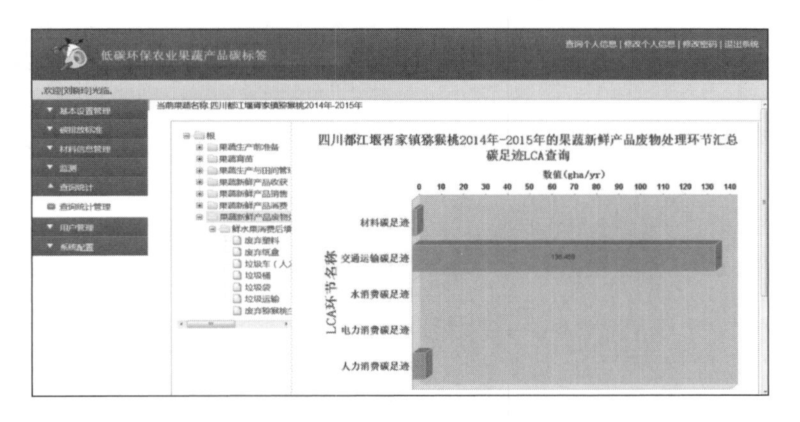

图 7-74　邹华刚家猕猴桃果蔬新鲜产品废物处理 LCA 环节碳足迹汇总

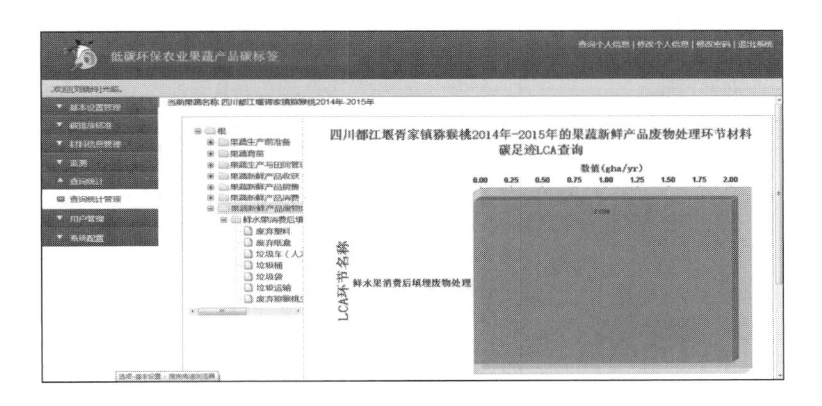

图 7-75　邹华刚家猕猴桃果蔬新鲜产品废物处理 LCA 环节材料碳足迹

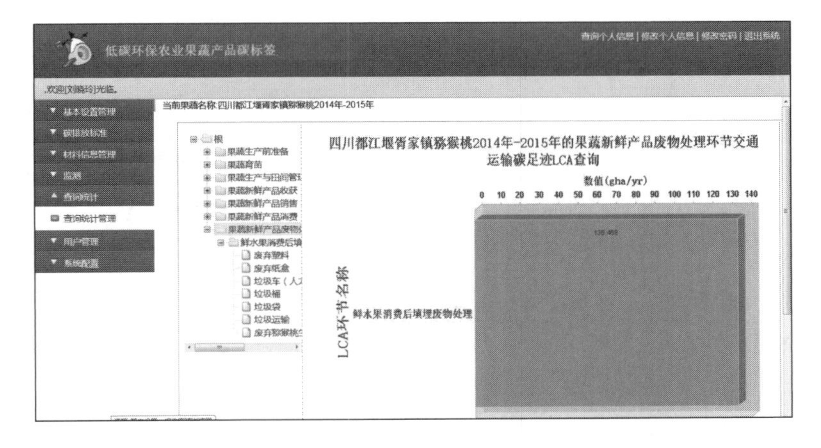

图 7-76　邹华刚家猕猴桃果蔬新鲜产品废物处理 LCA 环节交通运输碳足迹

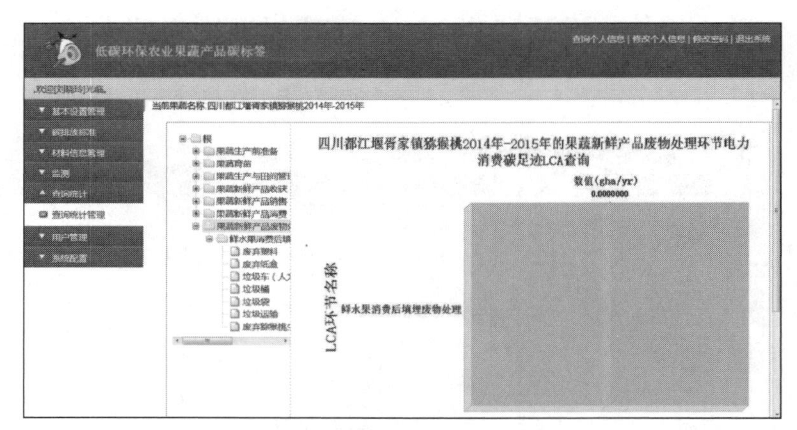

图 7-77　邹华刚家猕猴桃果蔬新鲜产品废物处理 LCA 环节水消费碳足迹

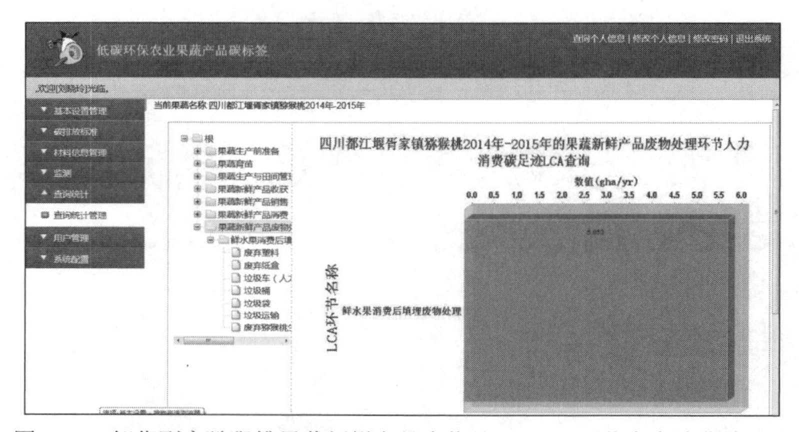

图 7-78　邹华刚家猕猴桃果蔬新鲜产品废物处理 LCA 环节电力消费碳足迹

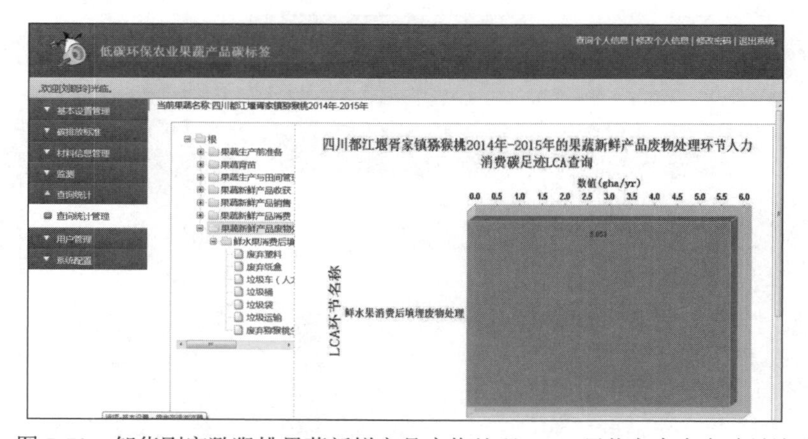

图 7-79　邹华刚家猕猴桃果蔬新鲜产品废物处理 LCA 环节人力生态碳足迹

7.4.1.2　猕猴桃碳监测查询

都江堰胥家镇圣寿村 2 组邹华刚家猕猴桃的碳排放监测主要是在猕猴桃的生产与田

间管理 LCA 环节，测试指标包含 TC、TOC、甲烷和二氧化碳 4 个指标，如图 7-80 所示。其中，TC 和 TOC 在同一个模块下显示，甲烷和二氧化碳等在另外一个模块下显示。采样类型主要包括土壤样(0～40cm)、猕猴桃植株的甲烷和二氧化碳排放。

低碳环保农业果蔬产品碳标签
查询个人信息 | 修改个人信息 | 修改密码 | 退出系统
欢迎[刘晓玲]光临。
基本设置管理
碳排放标准
材料信息管理
监测
查询统计
查询统计管理
用户管理
系统配置
当前果蔬名称 四川都江堰胥家镇猕猴桃2014年-2015年
根
果蔬生产与田间管理
果蔬生产与田间
果蔬生产与田

标识	组成部分	显示操作
1	甲烷现场测试	显示甲烷
2	二氧化碳现场测试	显示二氧化碳
3	TC现场测试	显示TC
4	TOC现场测试	显示TOC

(a)碳排放监测选择界面

低碳环保农业果蔬产品碳标签
查询个人信息 | 修改个人信息 | 修改密码 | 退出系统
欢迎[刘晓玲]光临。
基本设置管理
碳排放标准
材料信息管理
监测
监测信息管理
甲烷和二氧化碳
TC和TOC
查询统计
用户管理
系统配置
TC和TOC列表

标识	采样点编号	土样总碳含量（mg/Kg）	土样总有机碳含量（mg/Kg）	操作
2	2014年4月28日都江堰胥家镇5个点猕猴桃土壤平均值	9.416	1.674	删除 更新
3	2014年6月26日都江堰胥家镇5个点猕猴桃土壤平均值	8.044	1.527	删除 更新
4	2014年7月27日都江堰胥家镇5个点猕猴桃土样平均值	8.367	1.426	删除 更新
5	2014年8月29日都江堰胥家镇5个点猕猴桃土样平均值	8.032	1.257	删除 更新
6	2014年9月24日都江堰胥家镇5个点猕猴桃土样平均值	8.377	1.095	删除 更新
7	2014年10月26日都江堰胥家镇5个猕猴桃土样平均值	5.658	0.989	删除 更新
8	2014年11月27日都江堰胥家镇5个点猕猴桃土样平均值	7.441	1.827	删除 更新
9	2014年12月25日都江堰胥家镇5个点猕猴桃土样平均值	8.207	1.939	删除 更新
10	2015年1月25日都江堰胥家镇5个点猕猴桃土样平均值	6.617	1.893	删除 更新
11	2015年2月28日都江堰胥家镇5个点猕猴桃土样平均值	5.379	2.115	删除 更新
12	2015年3月27日都江堰胥家镇5个点猕猴桃土样平均值	8.681	3.796	删除 更新
13	2015年4月24日都江堰胥家镇5个点猕猴桃土样平均值	8.582	3.773	删除 更新
14	2015年5月26日都江堰胥家镇5个点猕猴桃土样平均值	6.16	3.622	删除 更新

(b)LCA 环节的 TC 和 TOC 监测界面

低碳环保农业果蔬产品碳标签
查询个人信息 | 修改个人信息 | 修改密码 | 退出系统
欢迎[刘晓玲]光临。
基本设置管理
碳排放标准
材料信息管理
监测
监测信息管理
甲烷和二氧化碳
TC和TOC
查询统计
用户管理
系统配置
甲烷和二氧化碳列表

标识	采样点编号	采样气压(Pa)	甲烷含量（mg/m2/day）	二氧化碳含量（mg/m2/day）	操作
1	tm-zhou-mht-1-1-2014-5-30	930.3	2715.765874	-6414.460658	删除 更新
2	tm-mht-6-2014-6-5	931.4	2857.350531	-1759.107837	删除 更新
3	tm-zou-mht-site5-2014-7-27	933.4	-8490.493497	-13786.08863	删除 更新
4	tm-zou-mht-6-2014-8-27	940.1	1031.383439	-23211.13829	删除 更新
5	tm-mht site6-2014-9-24-10am	944.4	3789.147035	-24828.77781	删除 更新
6	tm-mht-zou-site-6-I-2014-10-28	685.0	2056.859393	18193.99124	删除 更新
7	tm-zou-mht-site6-soilbox-2014-11-28-ok	937.1	1485.775309	6179.581231	删除 更新
8	tm-zou-mht-site5-soilbox-2014-12-27 Dec25 to Dec27	790.0	2036.705644	3965.566829	删除 更新
9	tm-zou-mht-site5-soilbox-2015-1-26	941.6	2498.224987	8162.990427	删除 更新
10	tm-mht-zou-2015-3-28-site6-soilbox	938.5	1571.550543	4559.323359	删除 更新
11	tm-zou-mht-site5-2015-4-26	943.5	2061.679155	-11305.08946	删除 更新
12	tm-zou-mht-site5-2015-5-27	929.2	10403.38185	-8465.652636	删除 更新
13	tm-mht-zou-site5-2015-6-27	925.9	3959.597433	-20624.5962	删除 更新

(c)二氧化碳和甲烷的排放监测界面

图 7-80　邹华刚家猕猴桃的生产与田间管理 LCA 环节的碳排放监测

其中，猕猴桃生产与田间管理 LCA 环节的 TC 监测平均值如图 7-81 所示，TOC 监测平均值如图 7-82 所示，二氧化碳排放监测平均值如图 7-83 所示，甲烷排放监测平均值如图 7-84 所示。

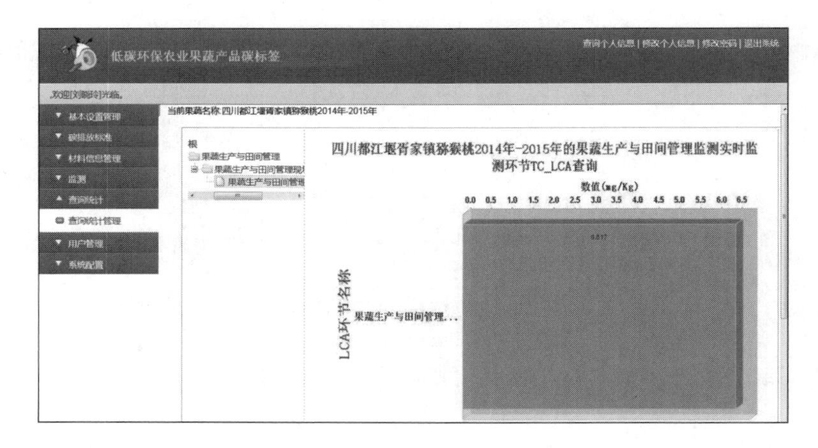

图 7-81 邹华刚家猕猴桃的生产与田间管理 LCA 环节的 TC 监测平均值

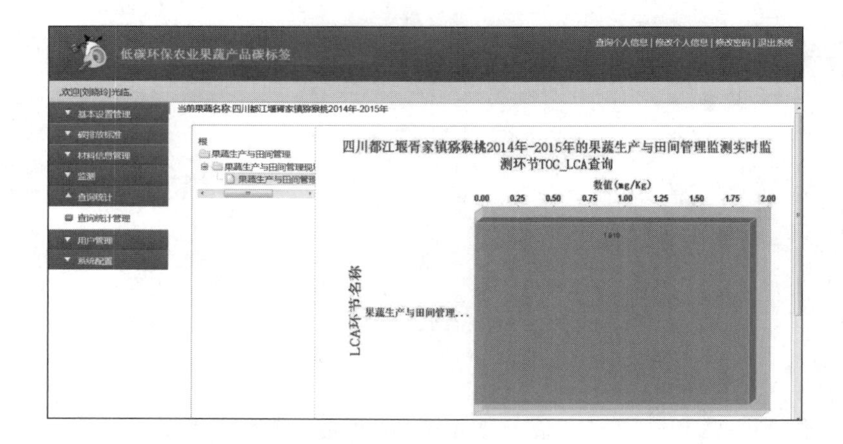

图 7-82 邹华刚家猕猴桃的生产与田间管理 LCA 环节的 TOC 监测平均值

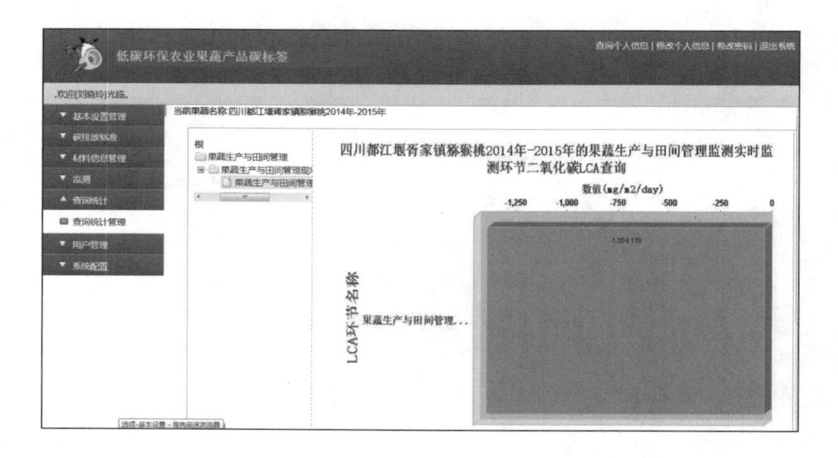

图 7-83 邹华刚家猕猴桃的生产与田间管理 LCA 环节的的二氧化碳排放监测平均值

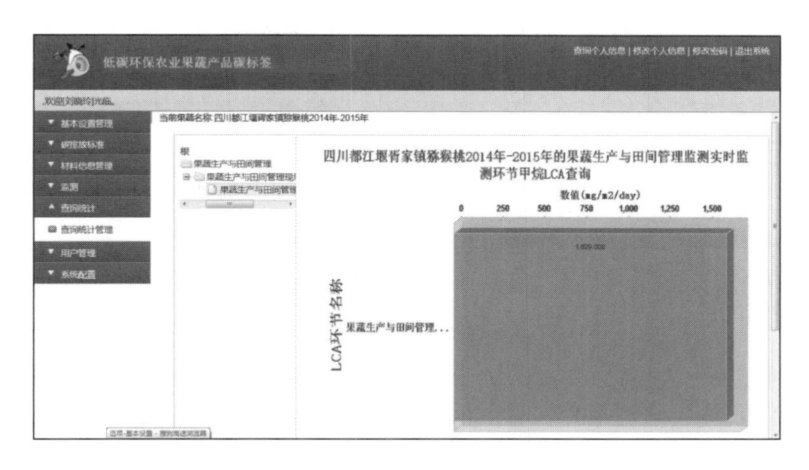

图 7-84　邹华刚家猕猴桃的生产与田间管理 LCA 环节的甲烷排放监测平均值

7.4.2　赵古福二荆条辣椒种植户的本系统应用展示

输入赵古福二荆条辣椒种植户(散户)生产的二荆条鲜辣椒的各个 LCA 环节的碳足迹数据，然后进行统计分析。输入过程就不展示了，这里展示输入完成后的碳足迹统计查询结果。

7.4.2.1　二荆条辣椒材料 LCA 碳足迹查询

本节主要完成二荆条辣椒不同 LCA 环节所使用材料造成的碳排放数据，如图 7-85 所示。对三级不同 LCA 的每个环节均能进行材料碳足迹、交通运输碳足迹、水消费碳足迹、电力消费碳足迹、人力生态碳足迹 5 个基本模块的平均值和总排放量统计及生成对应的数据图。

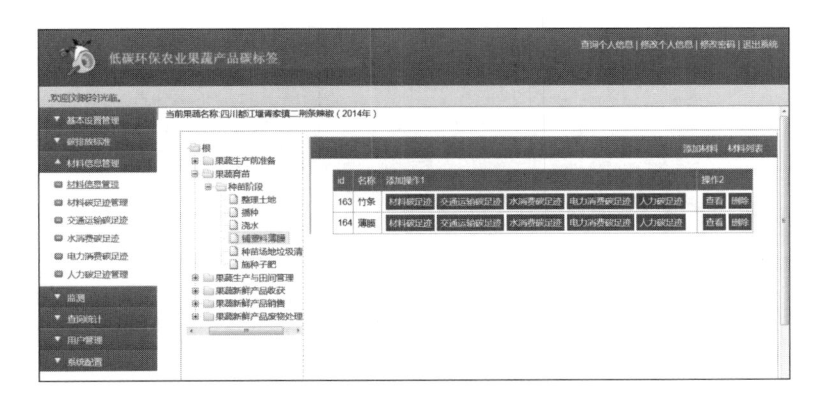

图 7-85　赵古福家二荆条辣椒不同 LCA 环节的材料碳排放统计

1. 生产前准备的碳足迹

二荆条辣椒的果蔬生产前准备是场地整理阶段。二荆条辣椒的果蔬生产前准备 LCA

环节的碳足迹汇总如图 7-86 所示，材料碳足迹如图 7-87 所示，交通运输碳足迹如图 7-88 所示，水消费碳足迹如图 7-89 所示，电力消费碳足迹如图 7-90 所示，人力生态碳足迹如图 7-91 所示。

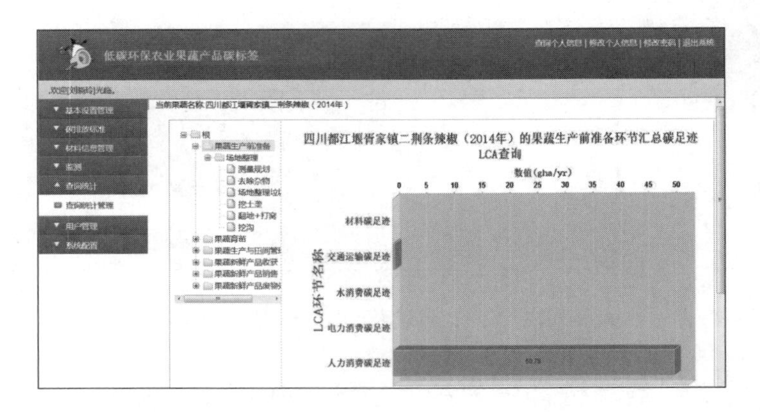

图 7-86　赵古福家二荆条辣椒生产前准备 LCA 环节碳足迹汇总

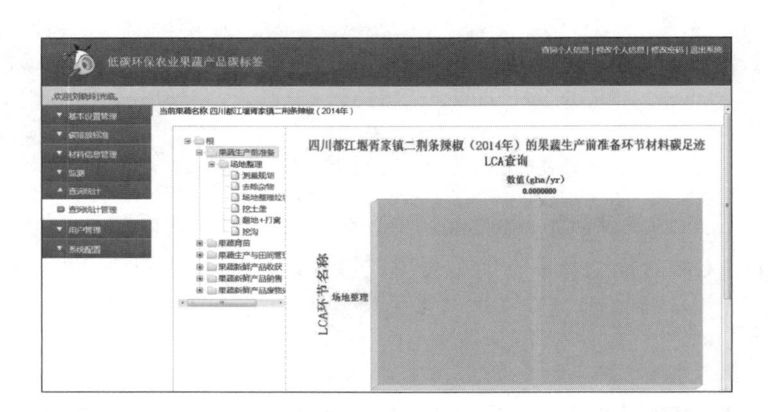

图 7-87　赵古福家二荆条辣椒生产前准备 LCA 环节材料碳足迹

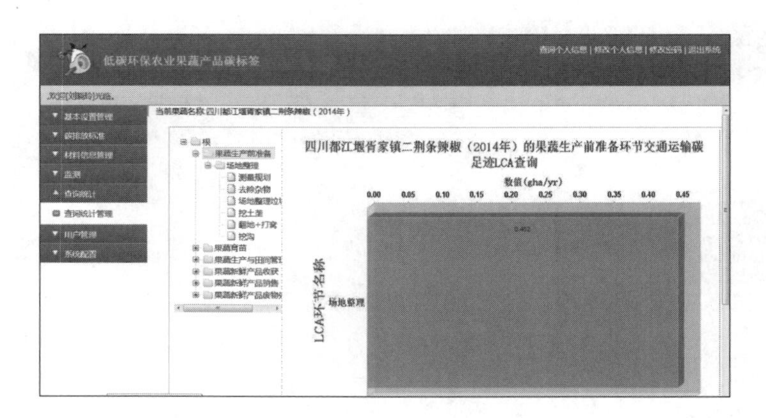

图 7-88　赵古福家二荆条辣椒生产前准备 LCA 环节交通运输碳足迹

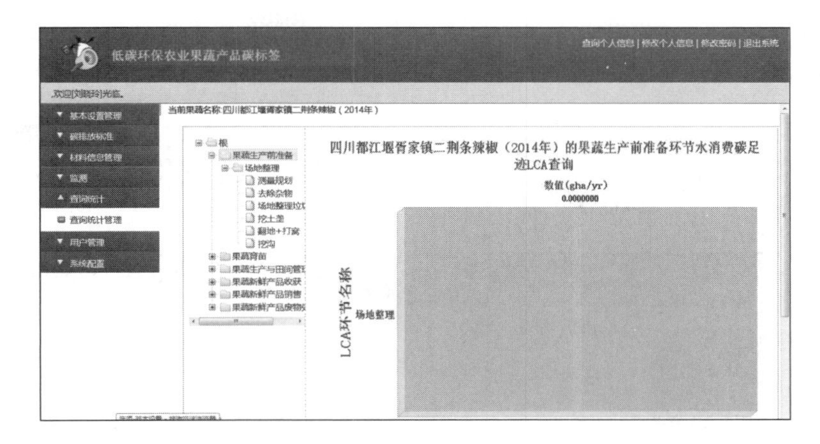

图 7-89　赵古福家二荆条辣椒生产前准备 LCA 环节水消费碳足迹

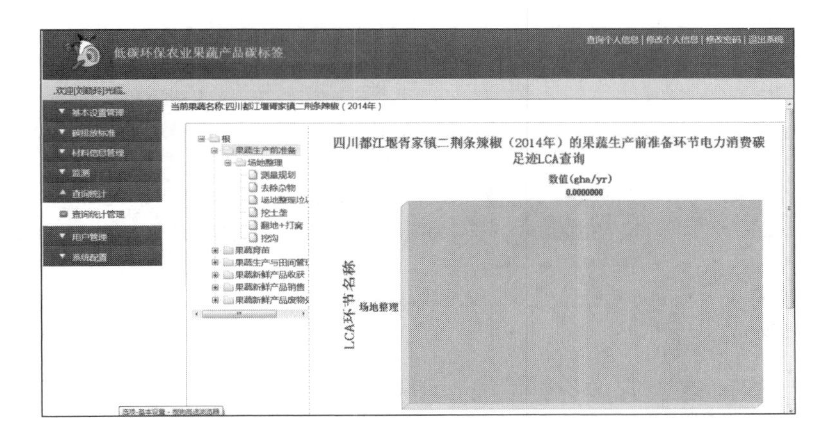

图 7-90　赵古福家二荆条辣椒生产前准备 LCA 环节电力消费碳足迹

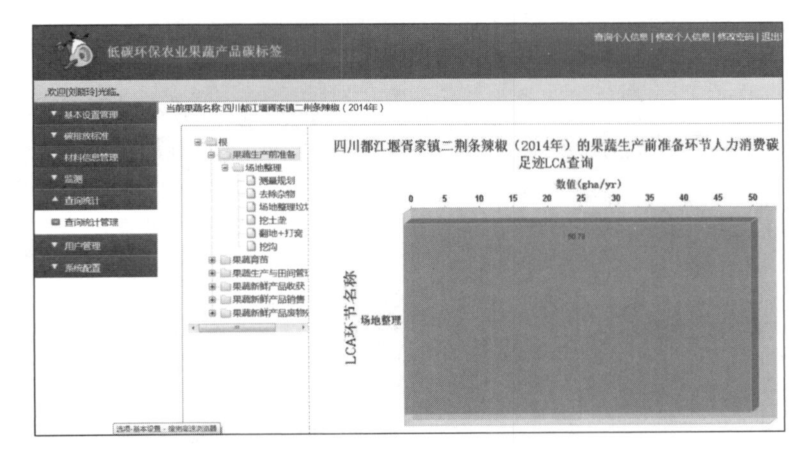

图 7-91　赵古福家二荆条辣椒生产前准备 LCA 环节人力生态碳足迹

2. 育苗 LCA 环节的碳足迹

二荆条辣椒的果蔬育苗是种苗阶段。二荆条辣椒的果蔬育苗 LCA 环节的碳足迹汇总如图 7-92 所示，材料碳足迹如图 7-93 所示，交通运输碳足迹如图 7-94 所示，水消费碳足迹如图 7-95 所示，电力消费碳足迹如图 7-96 所示，人力生态碳足迹如图 7-97 所示。

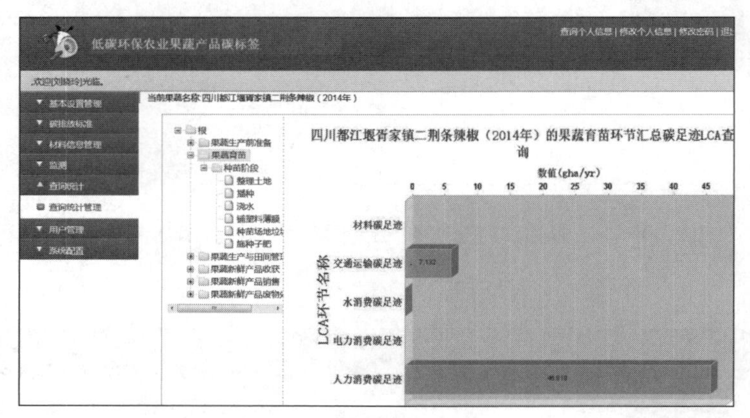

图 7-92 赵古福家二荆条辣椒果蔬育苗 LCA 环节碳足迹汇总

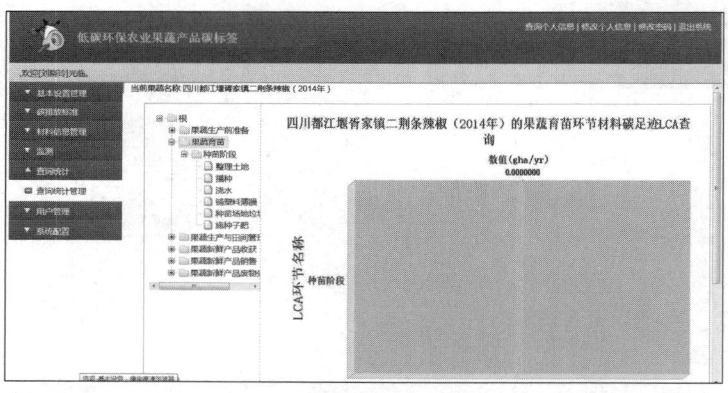

图 7-93 赵古福家二荆条辣椒果蔬育苗 LCA 环节材料碳足迹

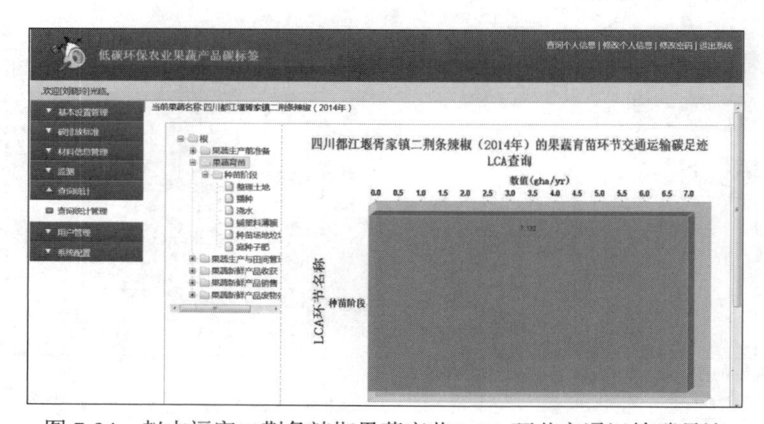

图 7-94 赵古福家二荆条辣椒果蔬育苗 LCA 环节交通运输碳足迹

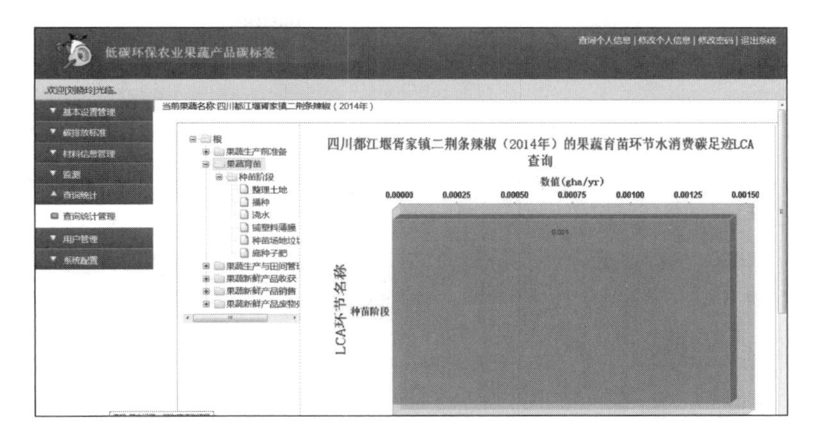

图 7-95　赵古福家二荆条辣椒果蔬育苗 LCA 环节水消费碳足迹

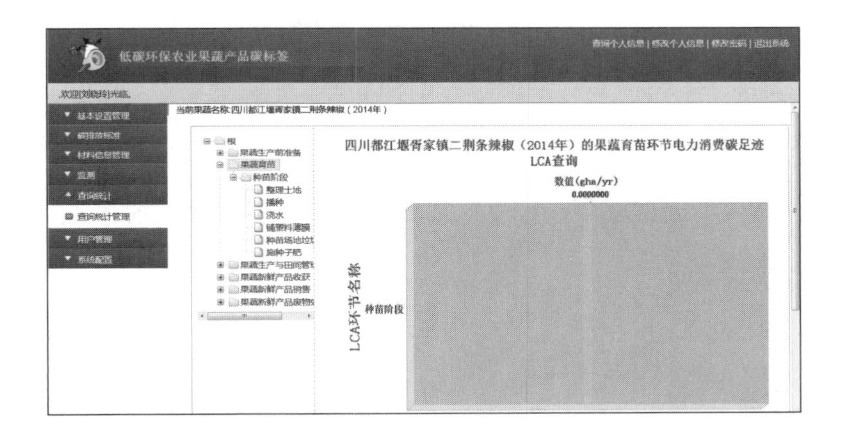

图 7-96　赵古福家二荆条辣椒果蔬育苗 LCA 环节电力消费碳足迹

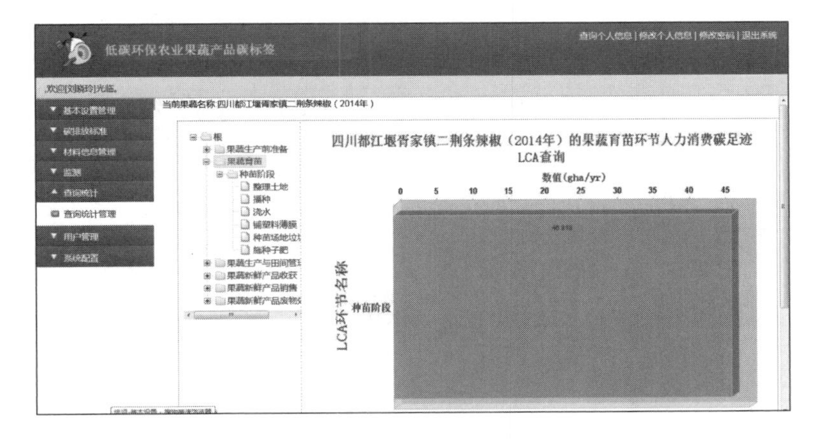

图 7-97　赵古福家二荆条辣椒果蔬育苗 LCA 环节人力生态碳足迹

3. 生产与田间管理 LCA 环节的碳足迹

二荆条辣椒的生产与田间管理 LCA 环节的碳足迹汇总如图 7-98 所示，材料碳足迹如图 7-99 所示，交通运输碳足迹如图 7-100 所示，水消费碳足迹如图 7-101 所示，电力消费碳足迹如图 7-102 所示，人力生态碳足迹如图 7-103 所示。

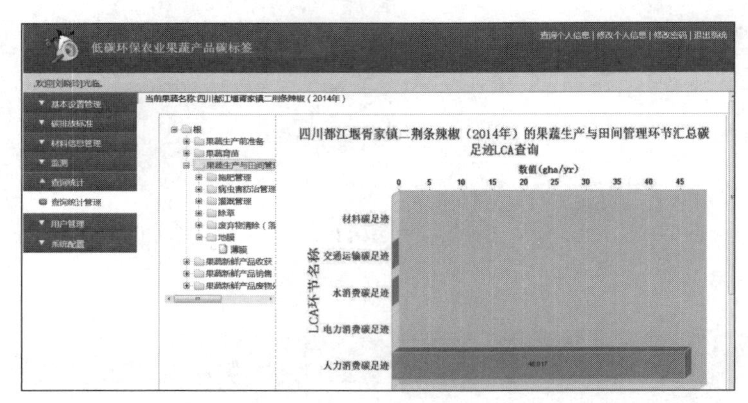

图 7-98　赵古福家二荆条辣椒生产与田间管理 LCA 环节碳足迹汇总

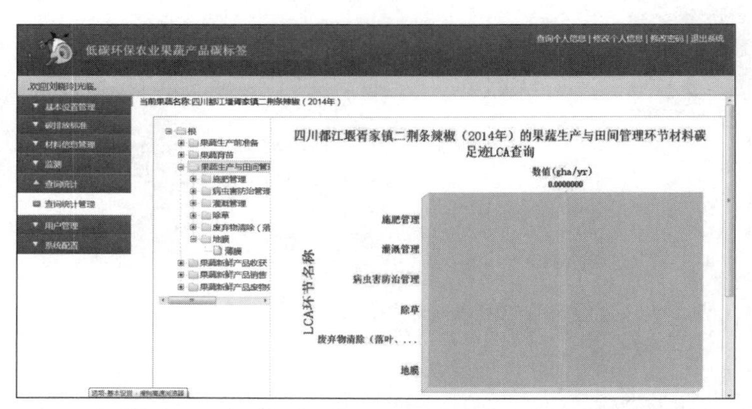

图 7-99　赵古福家二荆条辣椒生产与田间管理 LCA 环节材料碳足迹

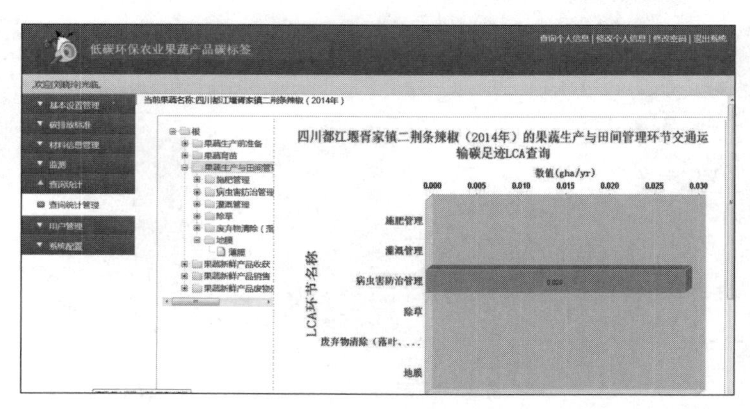

图 7-100　赵古福家二荆条辣椒生产与田间管理 LCA 环节交通运输碳足迹

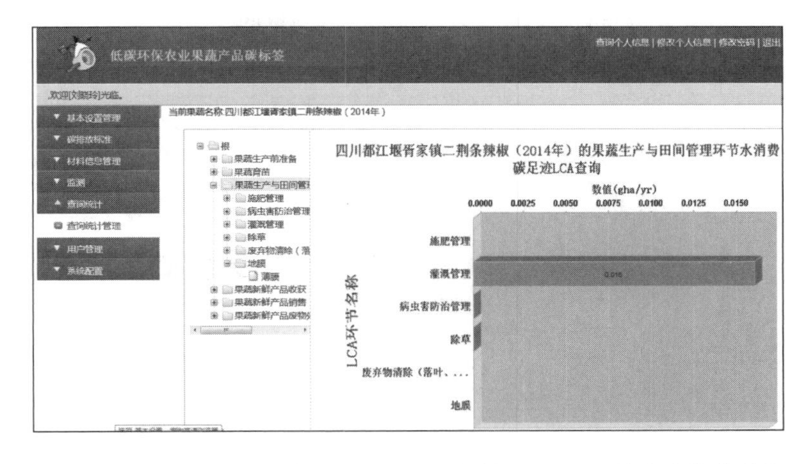

图 7-101　赵古福家二荆条辣椒生产与田间管理 LCA 环节水消费碳足迹

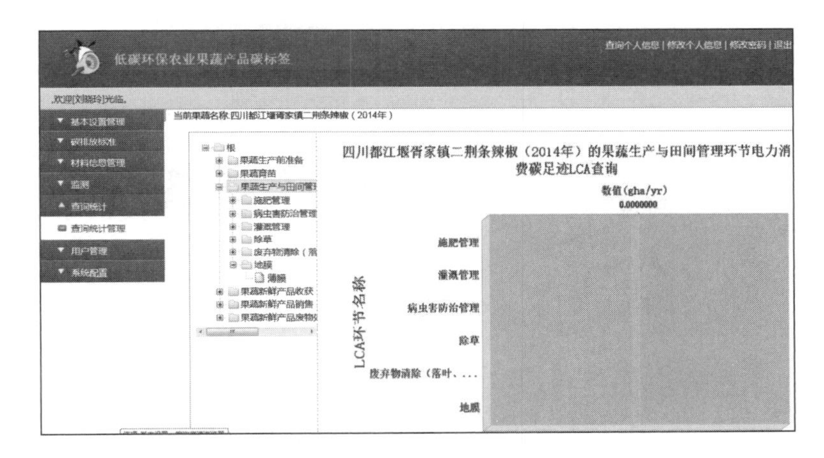

图 7-102　赵古福家二荆条辣椒生产与田间管理 LCA 环节电力消费碳足迹

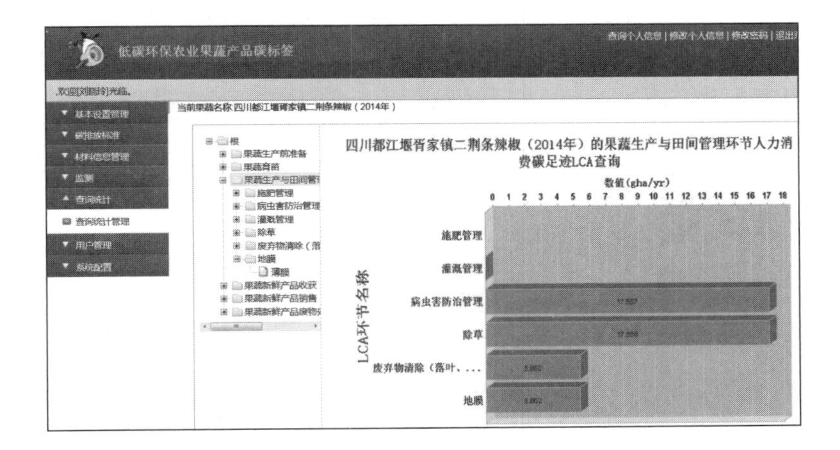

图 7-103　赵古福家二荆条辣椒生产与田间管理 LCA 环节人力生态碳足迹

4. 新鲜产品收获 LCA 环节的碳足迹

以二荆条辣椒的果蔬新鲜产品收获 LCA 环节为例，LCA 碳足迹汇总如图 7-104 所示，材料碳足迹如图 7-105 所示，交通运输碳足迹如图 7-106 所示，水消费碳足迹如图 7-107 所示，电力消费碳足迹如图 7-108 所示，人力生态碳足迹如图 7-109 所示。

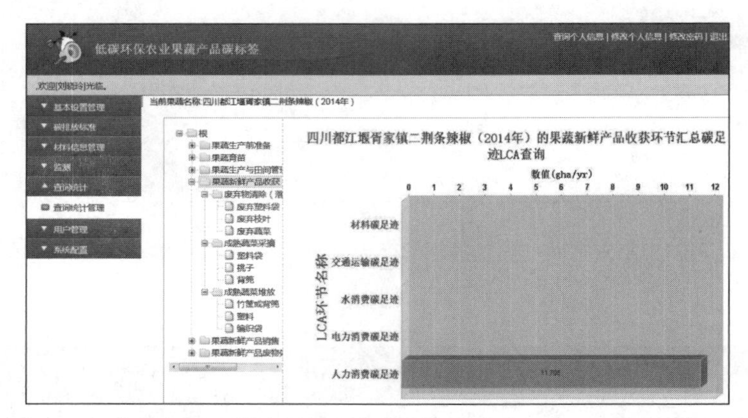

图 7-104　赵古福家二荆条辣椒果蔬新鲜产品收获 LCA 环节碳足迹汇总

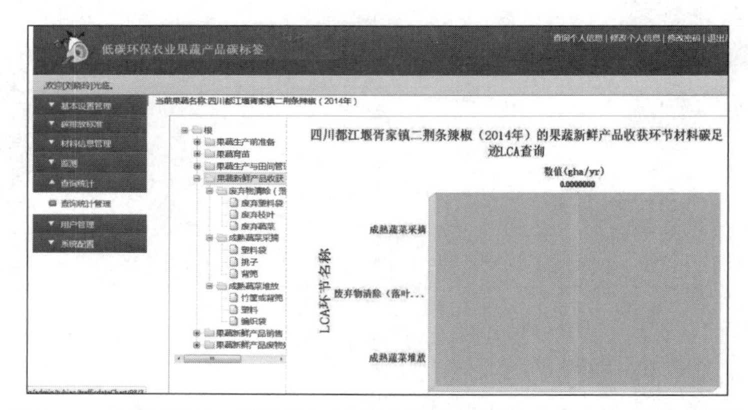

图 7-105　赵古福家二荆条辣椒果蔬新鲜产品收获 LCA 环节材料碳足迹

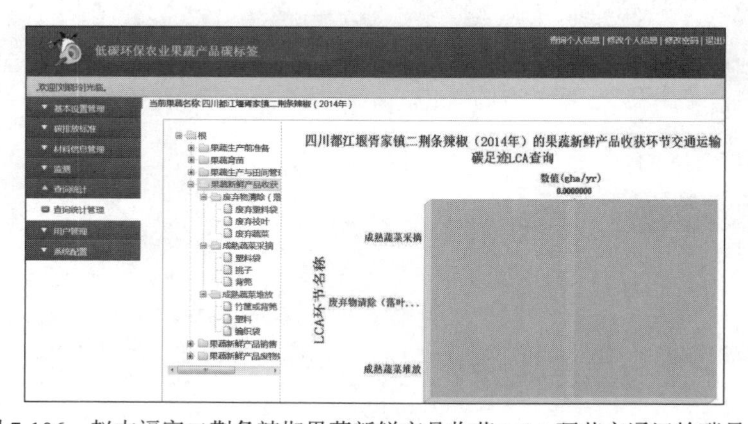

图 7-106　赵古福家二荆条辣椒果蔬新鲜产品收获 LCA 环节交通运输碳足迹

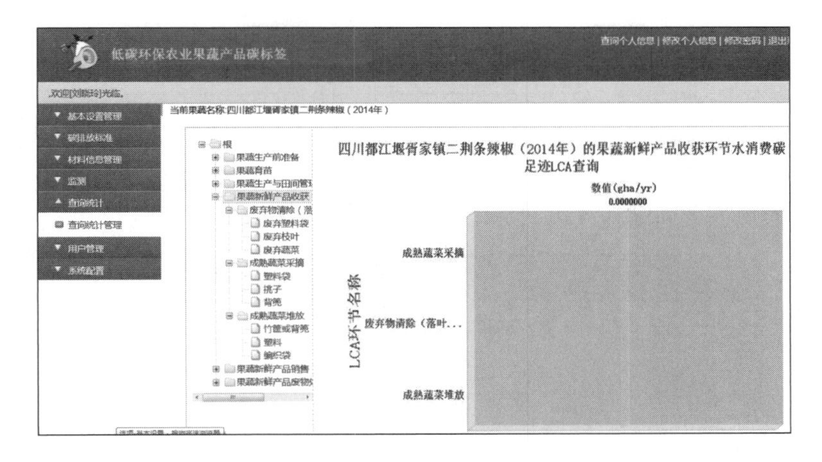

图 7-107　赵古福家二荆条辣椒果蔬新鲜产品收获 LCA 环节水消费碳足迹

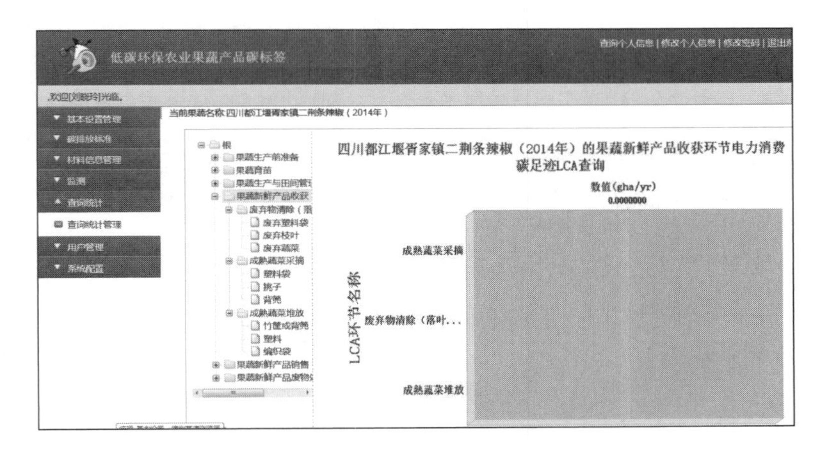

图 7-108　赵古福家二荆条辣椒果蔬新鲜产品收获 LCA 环节电力消费碳足迹

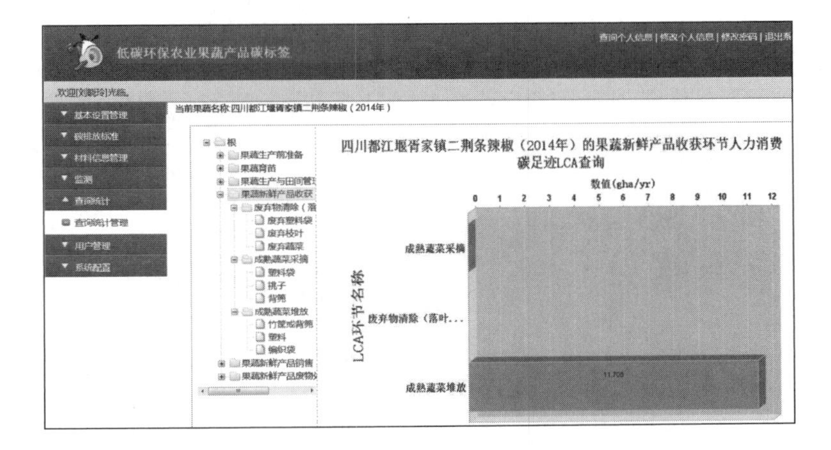

图 7-109　赵古福家二荆条辣椒果蔬新鲜产品收获 LCA 环节人力生态碳足迹

5. 新鲜产品销售 LCA 环节的碳足迹

以二荆条辣椒的果蔬新鲜产品销售 LCA 环节为例，LCA 碳足迹汇总如图 7-110 所示，材料碳足迹如图 7-111 所示，交通运输碳足迹如图 7-112 所示，水消费碳足迹如图 7-113 所示，电力消费碳足迹如图 7-114 所示，人力生态碳足迹如图 7-115 所示。

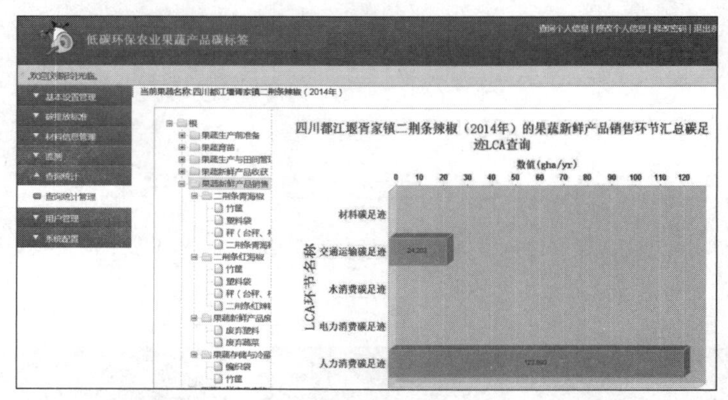

图 7-110　赵古福家二荆条辣椒果蔬新鲜产品销售 LCA 环节碳足迹汇总

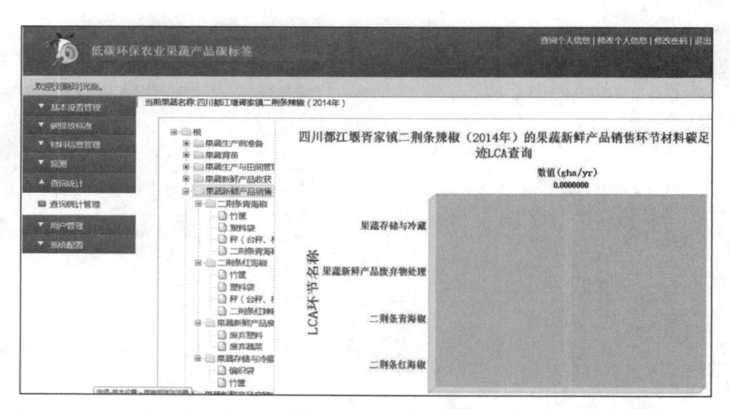

图 7-111　赵古福家二荆条辣椒果蔬新鲜产品销售 LCA 环节材料碳足迹

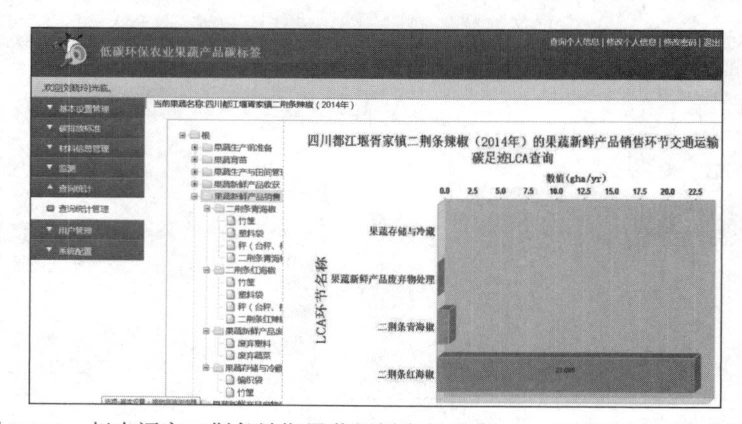

图 7-112　赵古福家二荆条辣椒果蔬新鲜产品销售 LCA 环节交通运输碳足迹

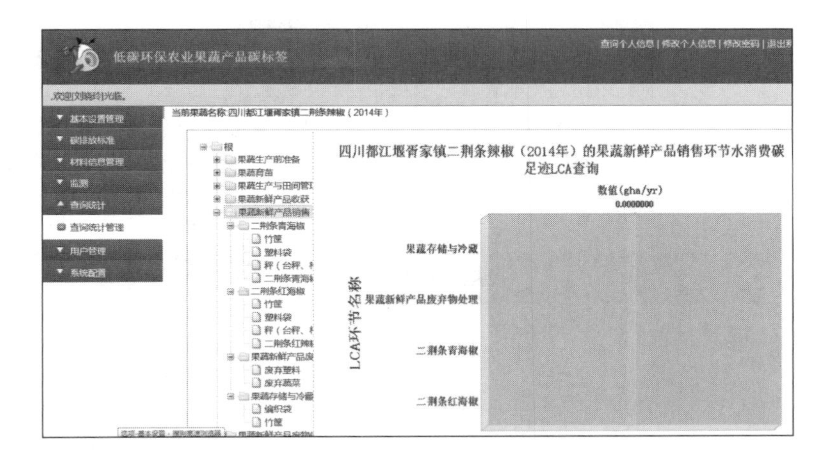

图 7-113　赵古福家二荆条辣椒果蔬新鲜产品销售 LCA 环节水消费碳足迹

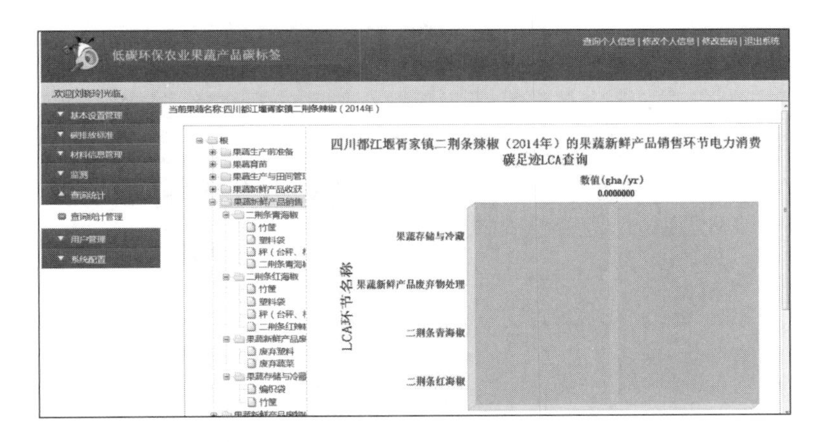

图 7-114　赵古福家二荆条辣椒果蔬新鲜产品销售 LCA 环节电力消费碳足迹

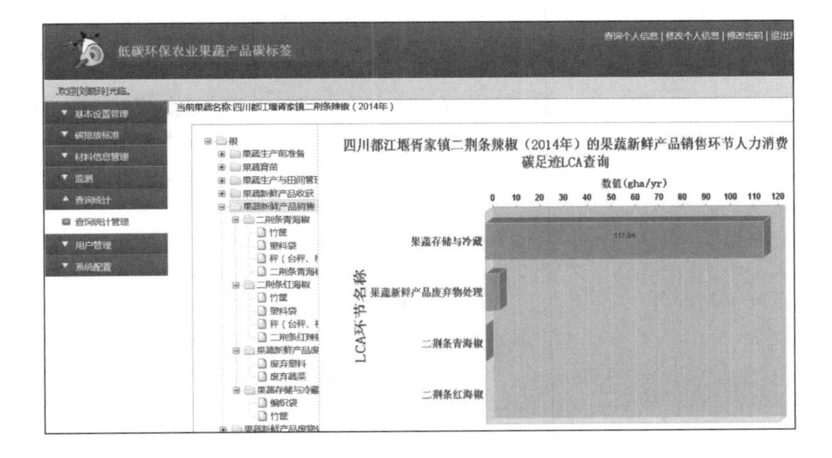

图 7-115　赵古福家二荆条辣椒果蔬新鲜产品销售 LCA 环节人力生态碳足迹

6. 新鲜产品废物处理 LCA 环节的碳足迹

以二荆条辣椒的果蔬新鲜产品废物处理 LCA 环节为例，LCA 碳足迹汇总如图 7-116 所示，材料碳足迹如图 7-117 所示，交通运输碳足迹如图 7-118 所示，水消费碳足迹如图 7-119 所示，电力消费碳足迹如图 7-120 所示，人力生态碳足迹如图 7-121 所示。

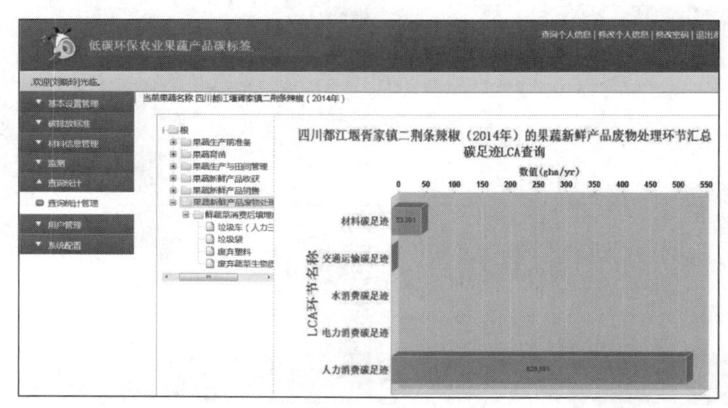

图 7-116 赵古福家二荆条辣椒果蔬新鲜产品废物处理 LCA 环节碳足迹汇总

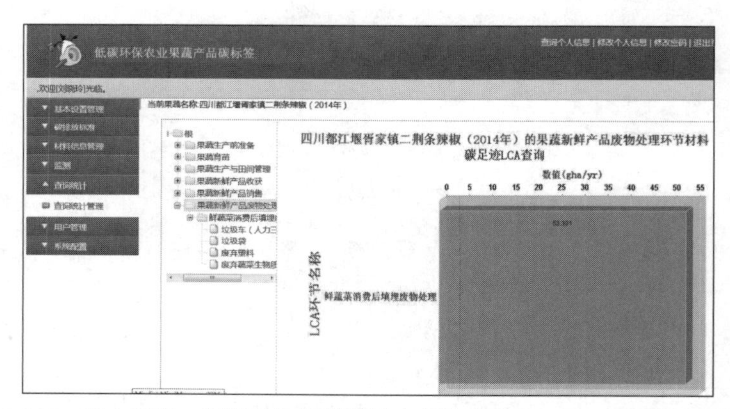

图 7-117 赵古福家二荆条辣椒果蔬新鲜产品废物处理 LCA 环节材料碳足迹

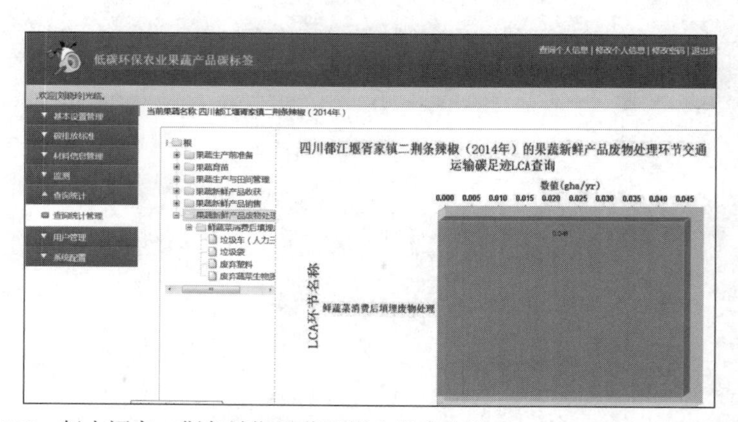

图 7-118 赵古福家二荆条辣椒果蔬新鲜产品废物处理 LCA 环节交通运输碳足迹

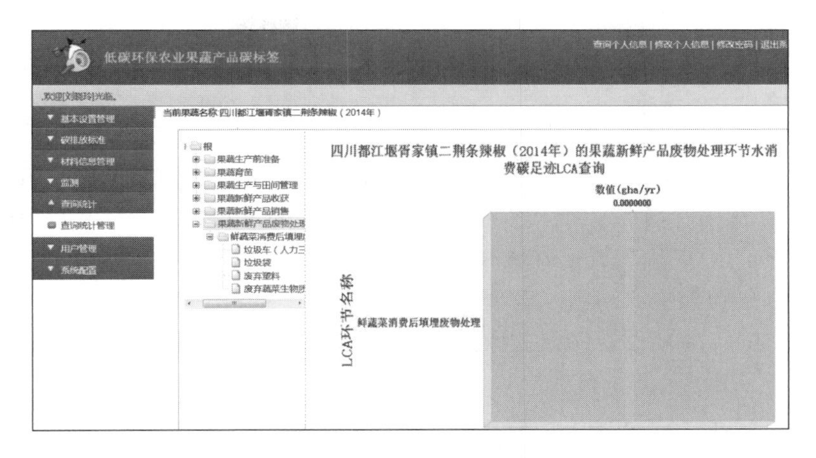

图 7-119　赵古福家二荆条辣椒果蔬新鲜产品废物处理 LCA 环节水消费碳足迹

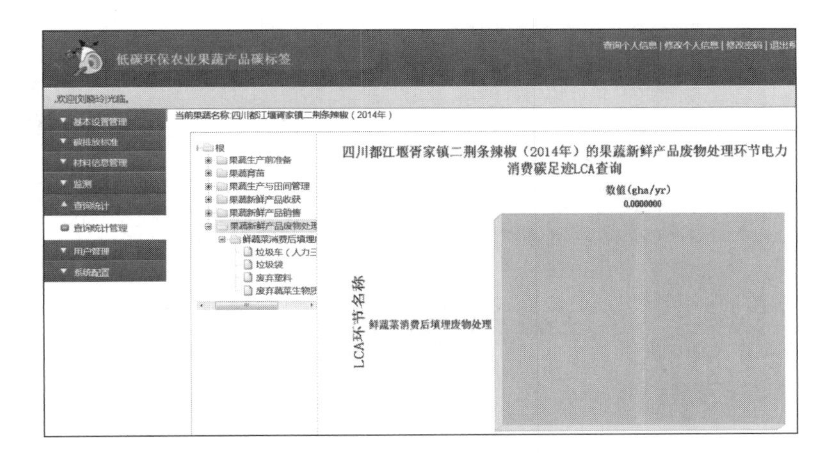

图 7-120　赵古福家二荆条辣椒果蔬新鲜产品废物处理 LCA 环节电力消费碳足迹

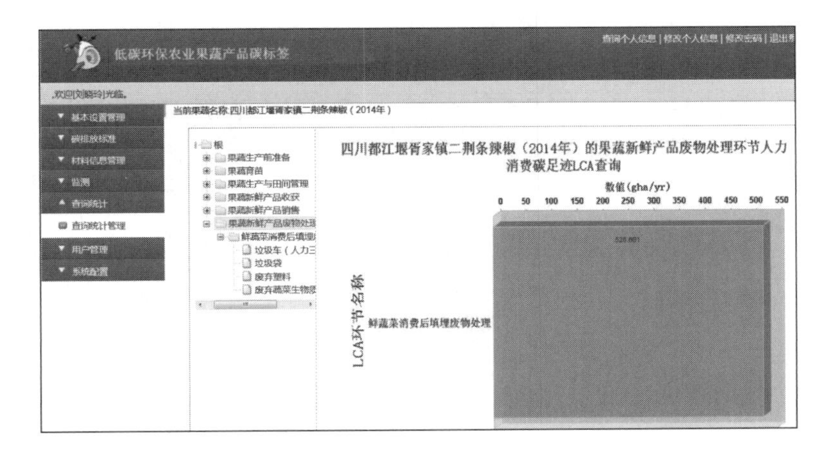

图 7-121　赵古福家二荆条辣椒果蔬新鲜产品废物处理 LCA 环节人力生态碳足迹

7.4.2.2　二荆条辣椒碳监测查询

二荆条辣椒的碳排放监测主要是在二荆条辣椒的生产与田间管理 LCA 环节，测试指标包含 TC、TOC、甲烷和二氧化碳，如图 7-122 所示。其中，TC 和 TOC 在一个模块下显示，甲烷和二氧化碳等在另外一个模块下显示。采样类型主要包括土壤样(0～40cm)、二荆条辣椒植株的甲烷和二氧化碳排放。

其中，二荆条辣椒生产与田间管理 LCA 环节的 TC 监测平均值如图 7-123 所示，TOC 监测平均值如图 7-124 所示，二氧化碳排放监测平均值如图 7-125 所示，甲烷排放监测平均值如图 7-126 所示。

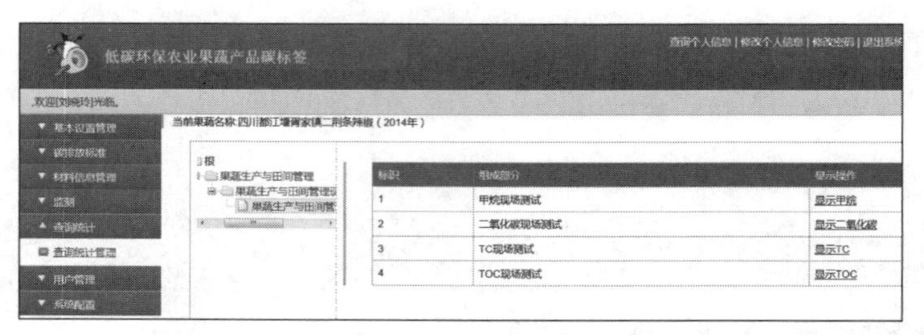

图 7-122　赵古福家二荆条辣椒的生产与田间管理 LCA 环节的碳排放监测

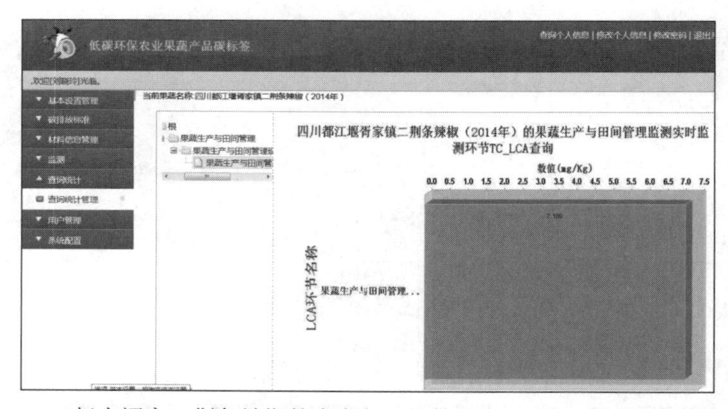

图 7-123　赵古福家二荆条辣椒的生产与田间管理 LCA 环节的 TC 监测平均值

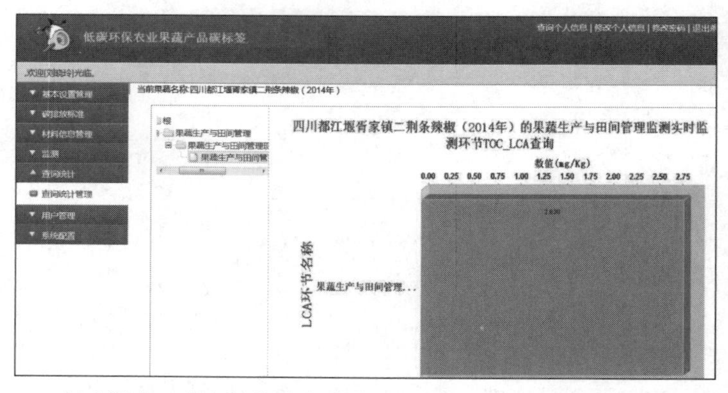

图 7-124　赵古福家二荆条辣椒的生产与田间管理 LCA 环节的 TOC 监测平均值

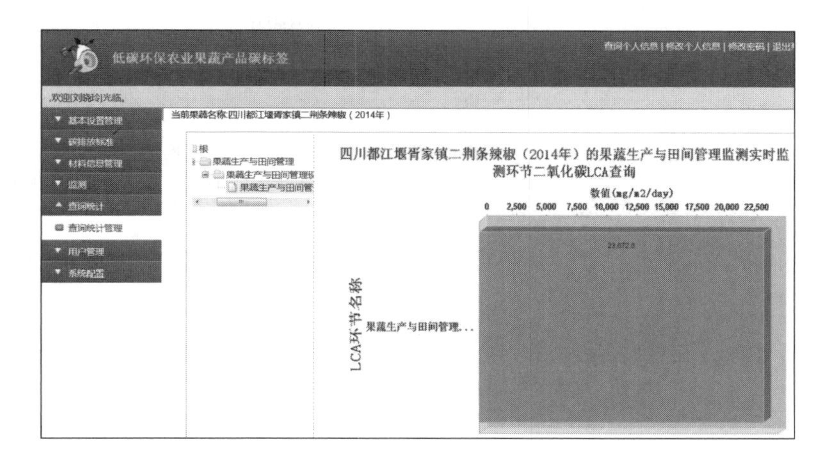

图 7-125　赵古福家二荆条辣椒的生产与田间管理 LCA 环节的二氧化碳排放监测平均值

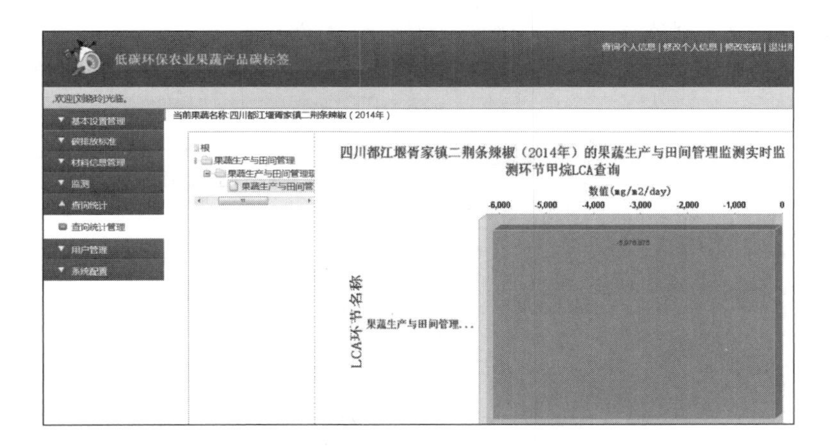

图 7-126　赵古福家二荆条辣椒的生产与田间管理 LCA 环节的甲烷排放监测平均值

7.4.3　江余富二荆条辣椒种植户的本系统应用展示

7.4.3.1　二荆条辣椒 LCA 碳足迹核算查询

首先输入四川都江堰蒲阳镇蟠龙村的江余富二荆条辣椒种植户(散户)生产的二荆条鲜辣椒的各个 LCA 的碳足迹数据，然后进行统计分析。由于没有对江余富家二荆条辣椒做现场监测，只能进行碳足迹核算的数据处理。这里展示输入完成后的碳足迹统计查询结果。

江余富家二荆条辣椒不同 LCA 环节的碳排放统计如图 7-127 所示。对三级不同 LCA 的每个环节均能进行材料碳足迹、交通运输碳足迹、水消费碳足迹、电力消费碳足迹、人力生态碳足迹 5 个基本模块的平均值和总排放量统计及生成对应的数据图。

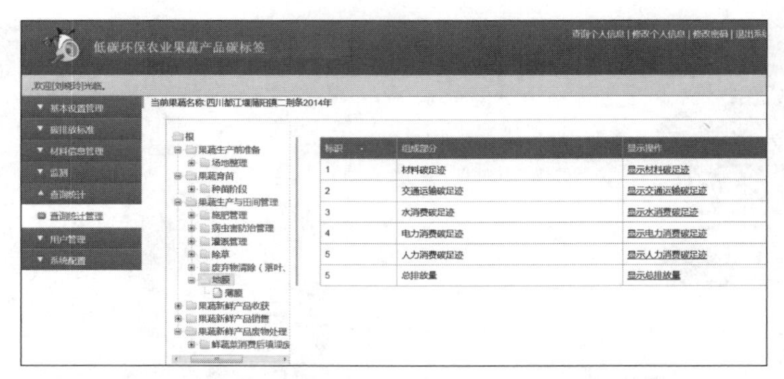

图 7-127 江余富家二荆条辣椒不同 LCA 环节的材料碳排放统计

1. 生产前准备的碳足迹

二荆条辣椒的果蔬生产前准备是场地整理阶段。二荆条辣椒的果蔬生产前准备 LCA 环节的碳足迹汇总如图 7-128 所示，材料碳足迹如图 7-129 所示，交通运输碳足迹如图 7-130 所示，水消费碳足迹如图 7-131 所示，电力消费碳足迹如图 7-132 所示，人力生态碳足迹如图 7-133 所示。

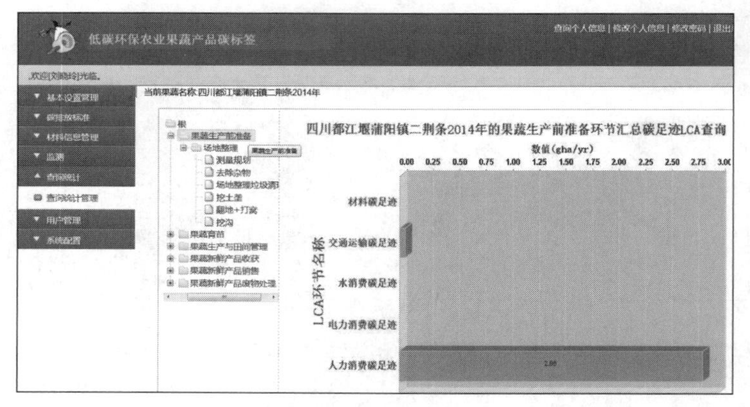

图 7-128 江余富家二荆条辣椒生产前准备 LCA 环节碳足迹汇总

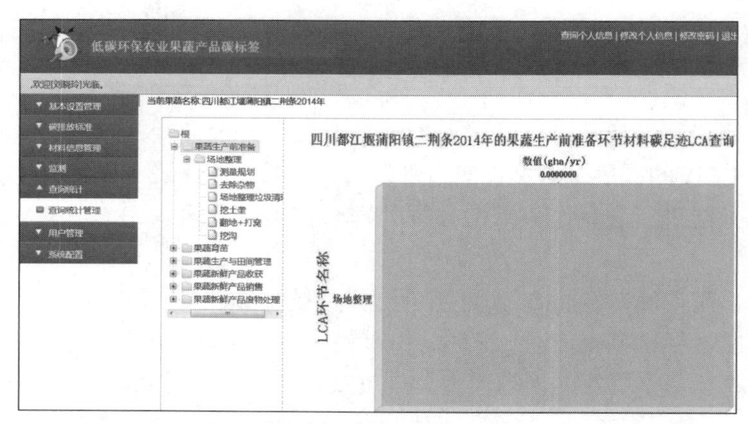

图 7-129 江余富家二荆条辣椒生产前准备 LCA 环节材料碳足迹

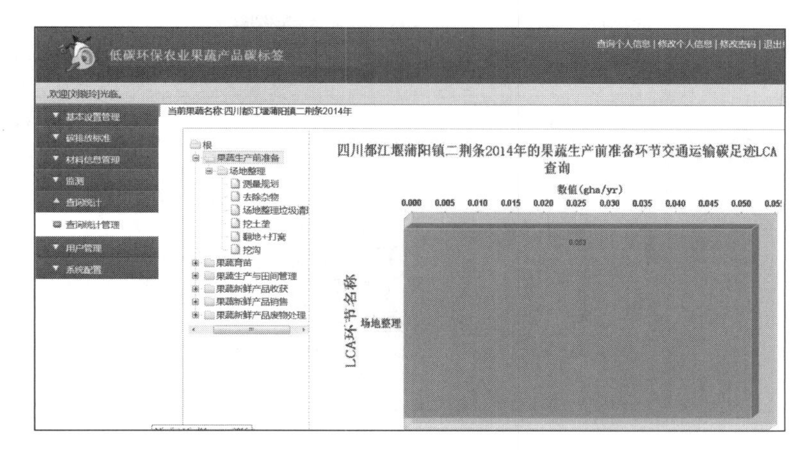

图 7-130　江余富家二荆条辣椒生产前准备 LCA 环节交通运输碳足迹

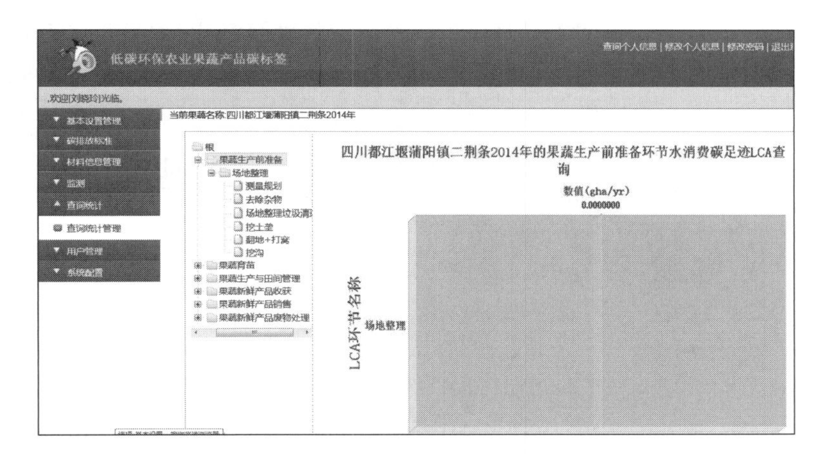

图 7-131　江余富家二荆条辣椒生产前准备 LCA 环节水消费碳足迹

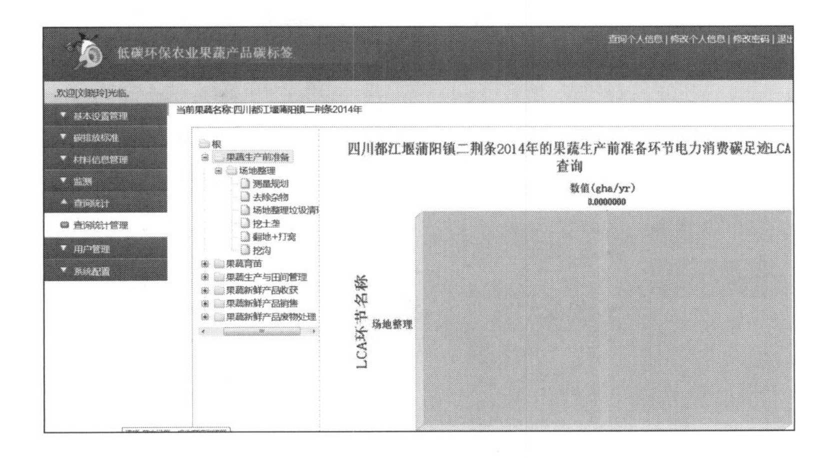

图 7-132　江余富家二荆条辣椒生产前准备 LCA 环节电力消费碳足迹

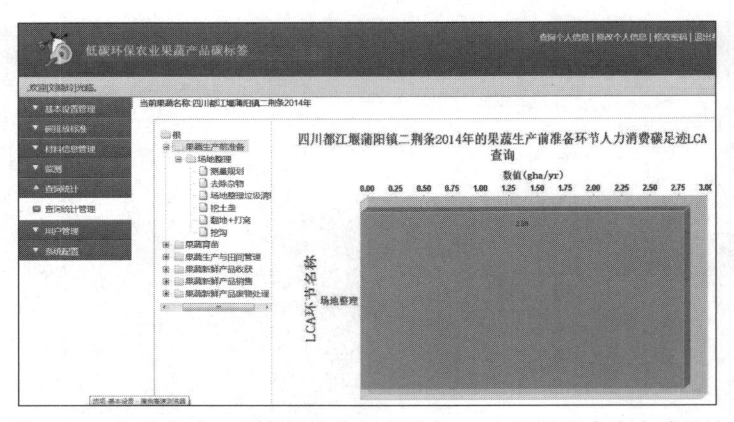

图 7-133　江余富家二荆条辣椒生产前准备 LCA 环节人力生态碳足迹

2. 育苗 LCA 环节的碳足迹

二荆条辣椒的果蔬育苗是种苗阶段。二荆条辣椒的果蔬育苗 LCA 环节的碳足迹汇总如图 7-134 所示，材料碳足迹如图 7-135 所示，交通运输碳足迹如图 7-136 所示，水消费碳足迹如图 7-137 所示，电力消费碳足迹如图 7-138 所示，人力生态碳足迹如图 7-139 所示。

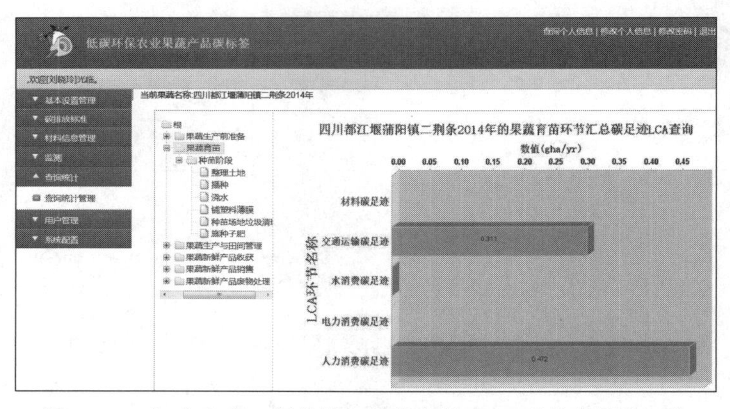

图 7-134　江余富家二荆条辣椒果蔬育苗 LCA 环节碳足迹汇总

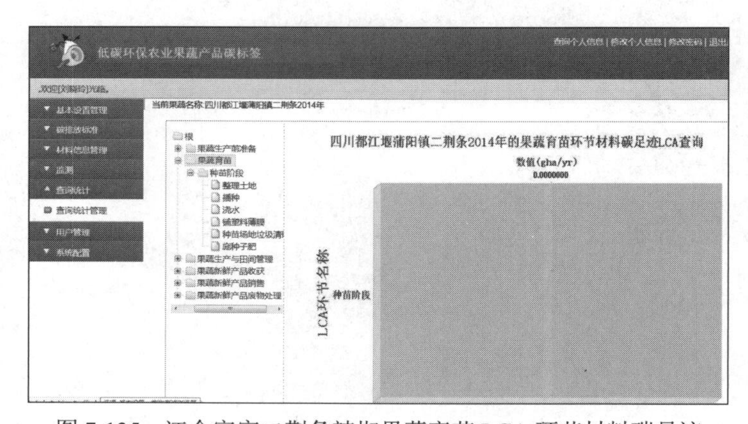

图 7-135　江余富家二荆条辣椒果蔬育苗 LCA 环节材料碳足迹

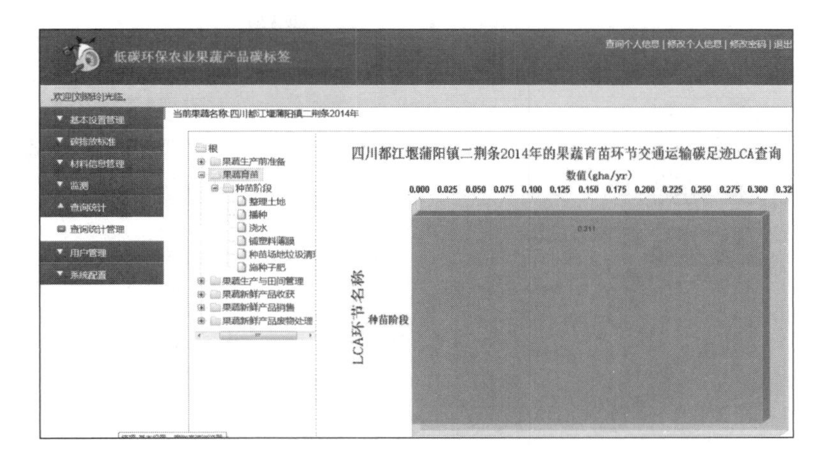

图 7-136　江余富家二荆条辣椒果蔬育苗 LCA 环节交通运输碳足迹

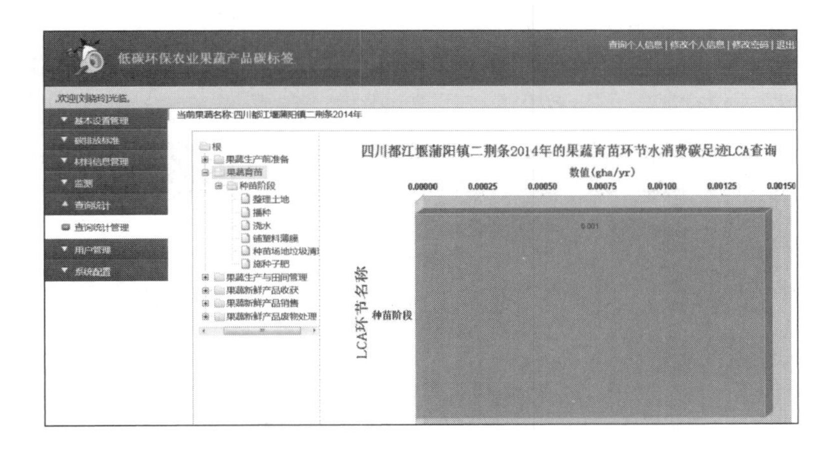

图 7-137　江余富家二荆条辣椒果蔬育苗 LCA 环节水消费碳足迹

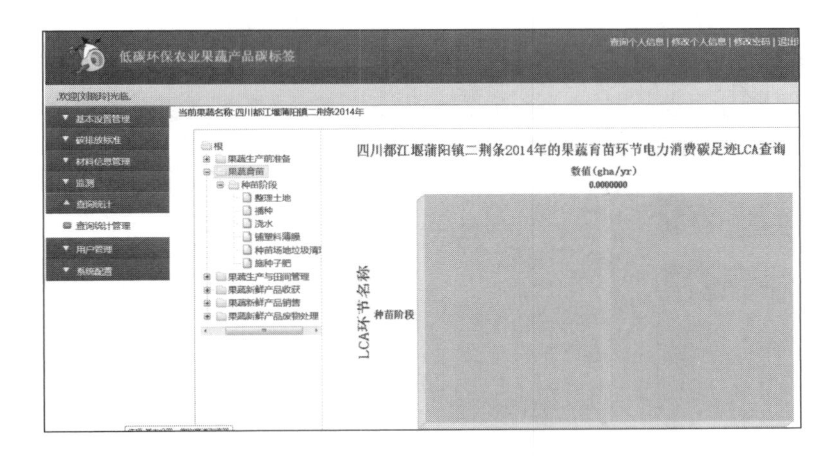

图 7-138　二荆条辣椒果蔬育苗 LCA 环节电力消费碳足迹

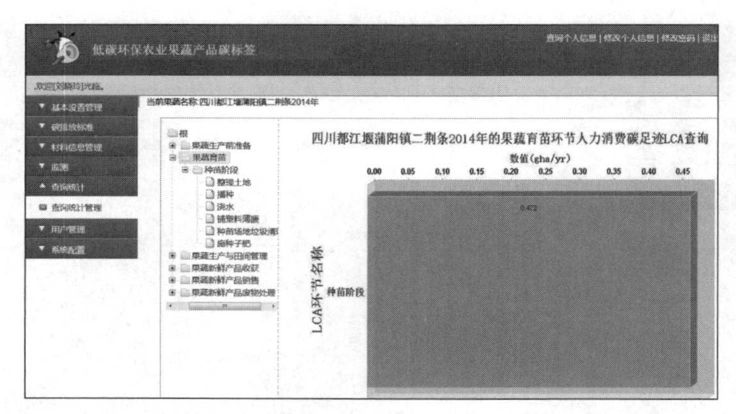

图 7-139　江余富家二荆条辣椒果蔬育苗 LCA 环节人力生态碳足迹

3. 生产与田间管理的碳足迹

二荆条辣椒的生产与田间管理 LCA 环节的碳足迹汇总如图 7-140 所示，材料碳足迹如图 7-141 所示，交通运输碳足迹如图 7-142 所示，水消费碳足迹如图 7-143 所示，电力消费碳足迹如图 7-144 所示，人力生态碳足迹如图 7-145 所示。

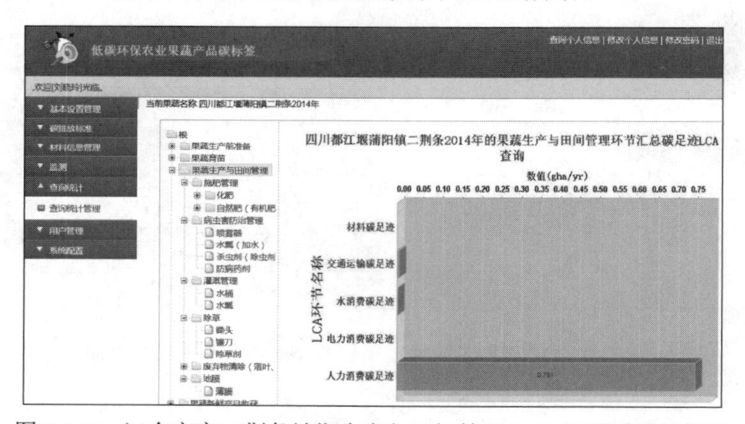

图 7-140　江余富家二荆条辣椒生产与田间管理 LCA 环节碳足迹汇总

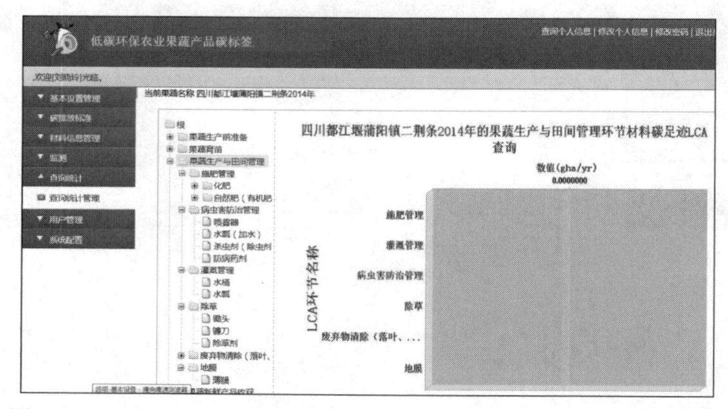

图 7-141　江余富家二荆条辣椒生产与田间管理 LCA 环节材料碳足迹

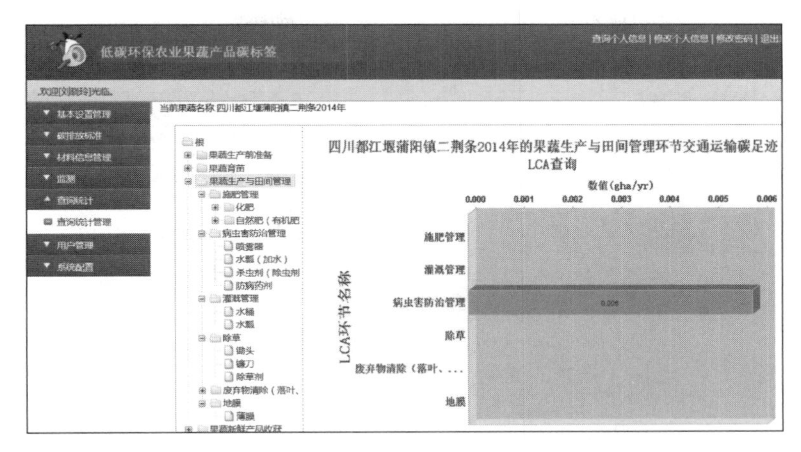

图 7-142　江余富家二荆条辣椒生产与田间管理 LCA 环节交通运输碳足迹

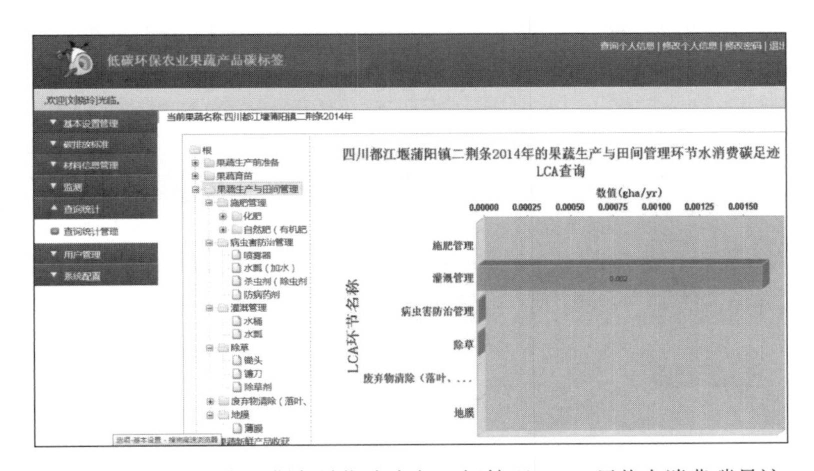

图 7-143　江余富家二荆条辣椒生产与田间管理 LCA 环节水消费碳足迹

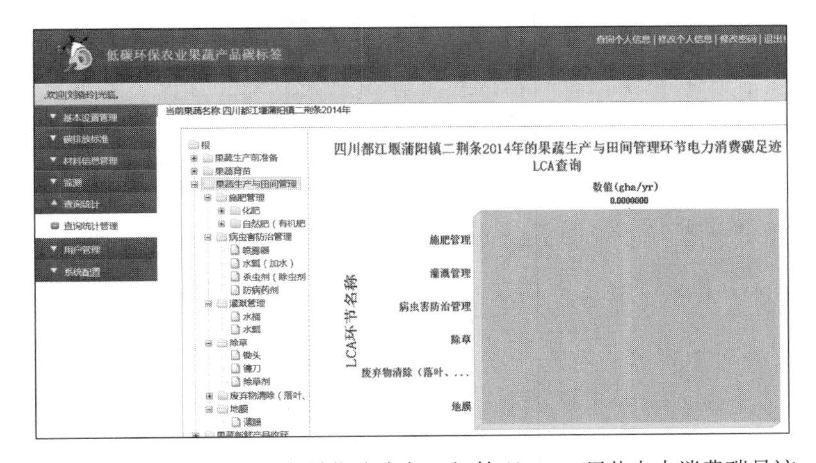

图 7-144　江余富家二荆条辣椒生产与田间管理 LCA 环节电力消费碳足迹

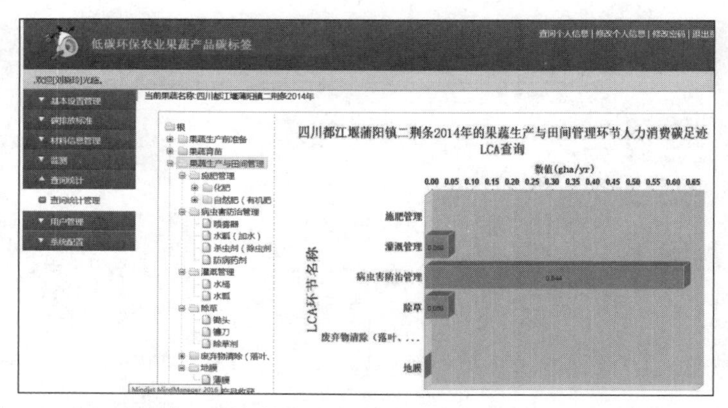

图 7-145 江余富家二荆条辣椒生产与田间管理 LCA 环节人力生态碳足迹

4. 新鲜产品收获 LCA 环节的碳足迹

以二荆条辣椒的果蔬新鲜产品收获 LCA 环节为例，LCA 碳足迹汇总如图 7-146 所示，材料碳足迹如图 7-147 所示，交通运输碳足迹如图 7-148 所示，水消费碳足迹如图 7-149 所示，电力消费碳足迹如图 7-150 所示，人力生态碳足迹如图 7-151 所示。

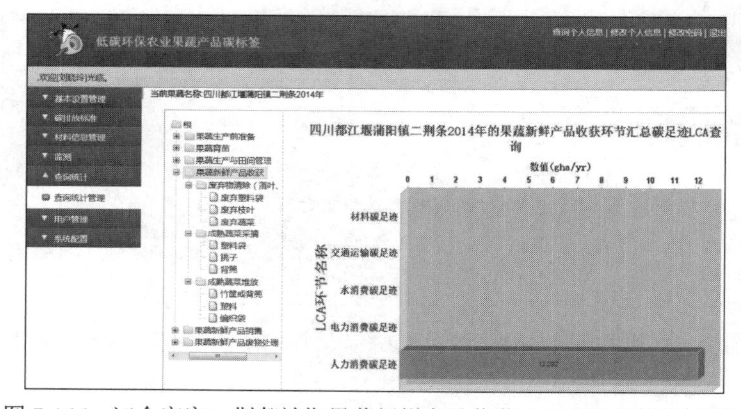

图 7-146 江余富家二荆条辣椒果蔬新鲜产品收获 LCA 环节碳足迹汇总

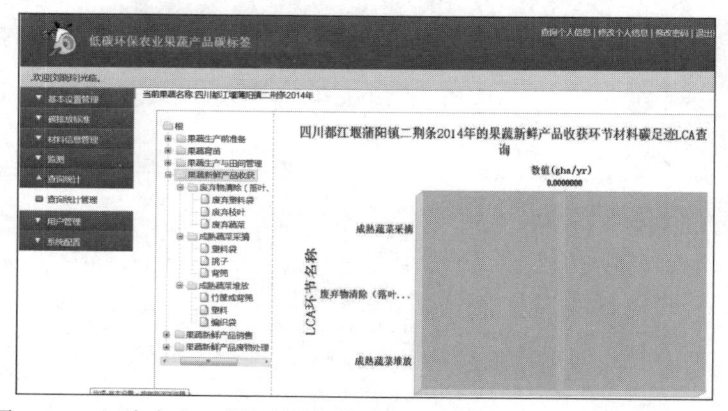

图 7-147 江余富家二荆条辣椒果蔬新鲜产品收获 LCA 环节材料碳足迹

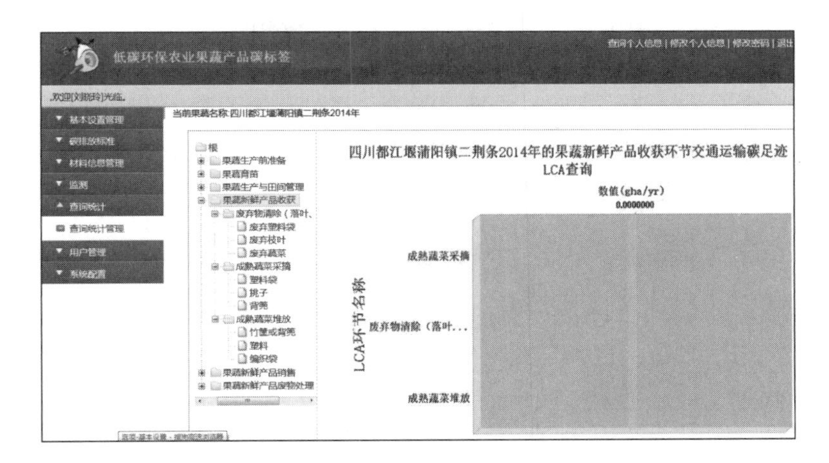

图 7-148　江余富家二荆条辣椒果蔬新鲜产品收获 LCA 环节交通运输碳足迹

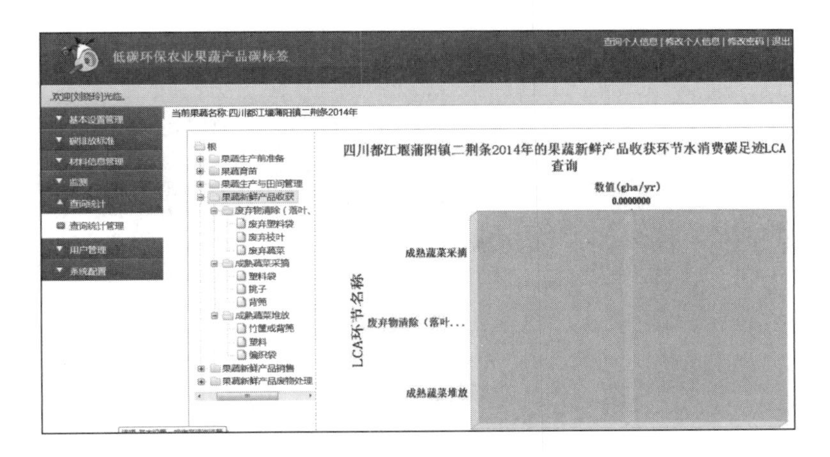

图 7-149　江余富家二荆条辣椒果蔬新鲜产品收获 LCA 环节水消费碳足迹

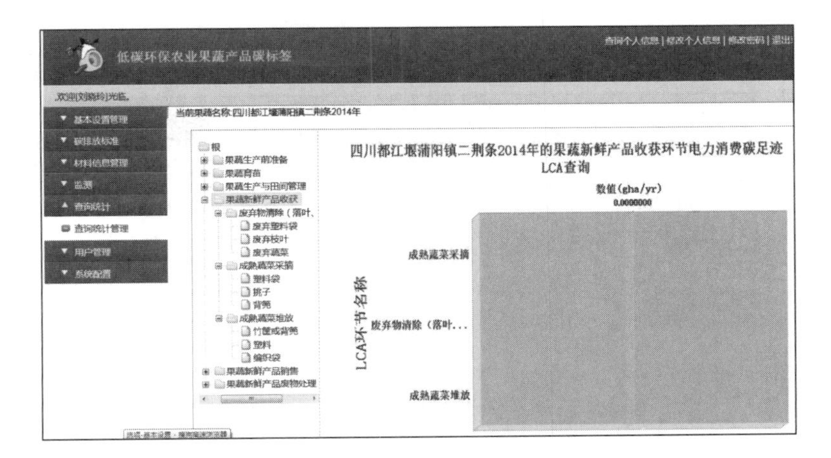

图 7-150　江余富家二荆条辣椒果蔬新鲜产品收获 LCA 环节电力消费碳足迹

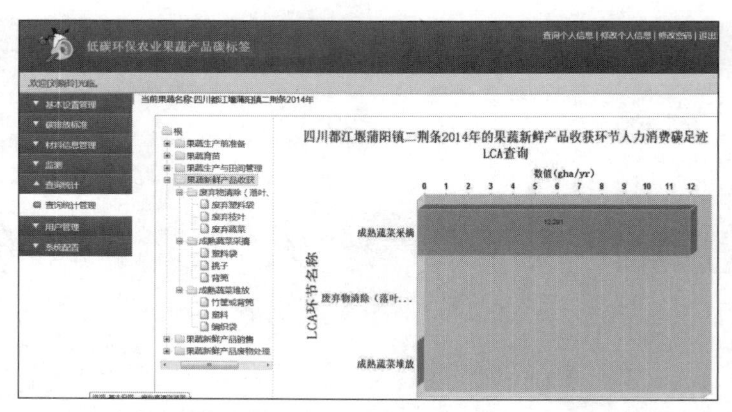

图 7-151　江余富家二荆条辣椒果蔬新鲜产品收获 LCA 环节人力生态碳足迹

5. 新鲜产品销售 LCA 环节的碳足迹

以二荆条辣椒的果蔬新鲜产品销售 LCA 环节为例，LCA 碳足迹汇总如图 7-152 所示，材料碳足迹如图 7-153 所示，交通运输碳足迹如图 7-154 所示，水消费碳足迹如图 7-155 所示，电力消费碳足迹如图 7-156 所示，人力生态碳足迹如图 7-157 所示。

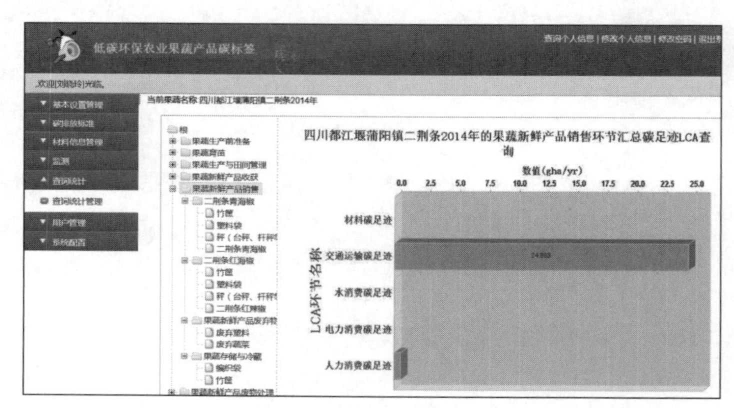

图 7-152　江余富家二荆条辣椒果蔬新鲜产品销售 LCA 环节碳足迹汇总

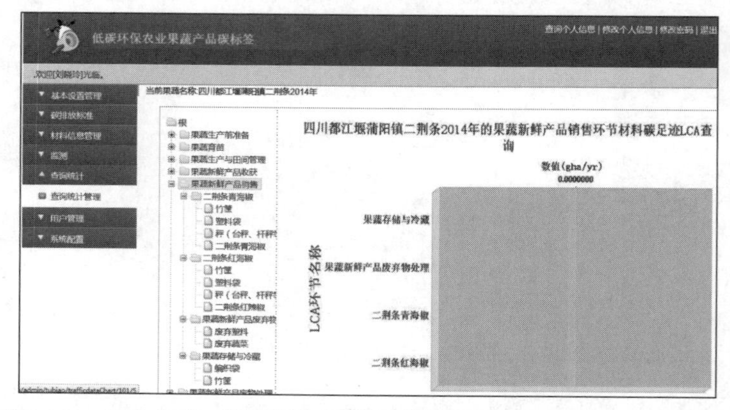

图 7-153　江余富家二荆条辣椒果蔬新鲜产品销售 LCA 环节材料碳足迹

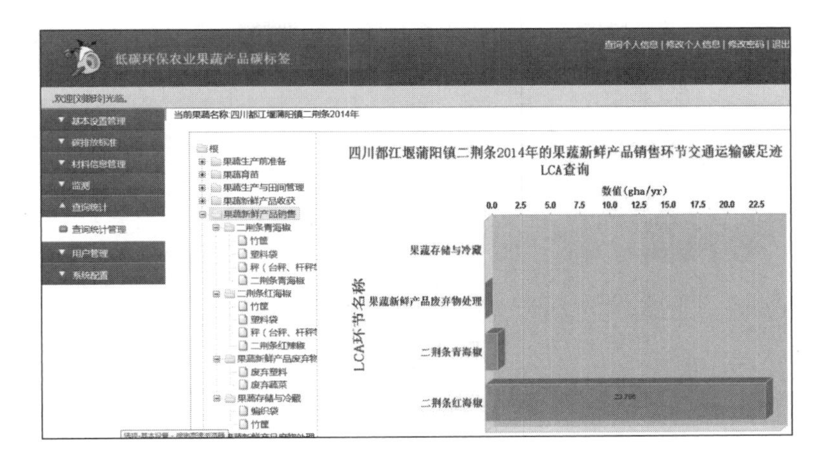

图 7-154　江余富家二荆条辣椒果蔬新鲜产品销售 LCA 环节交通运输碳足迹

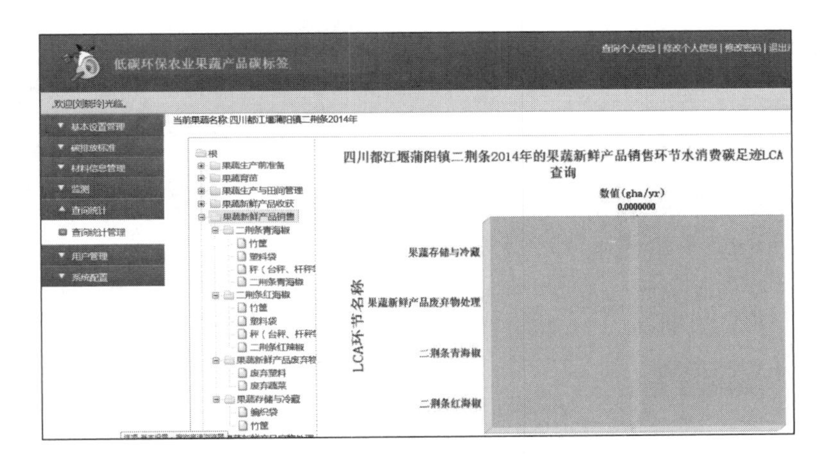

图 7-155　江余富家二荆条辣椒果蔬新鲜产品销售 LCA 环节水消费碳足迹

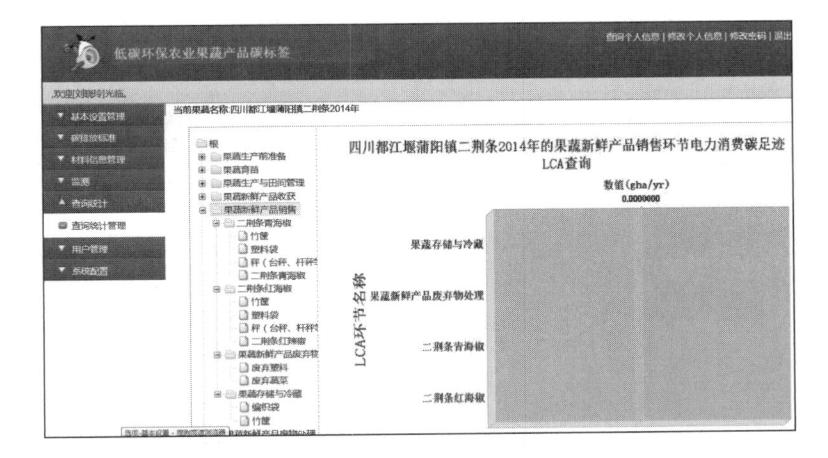

图 7-156　江余富家二荆条辣椒果蔬新鲜产品销售 LCA 环节电力消费碳足迹

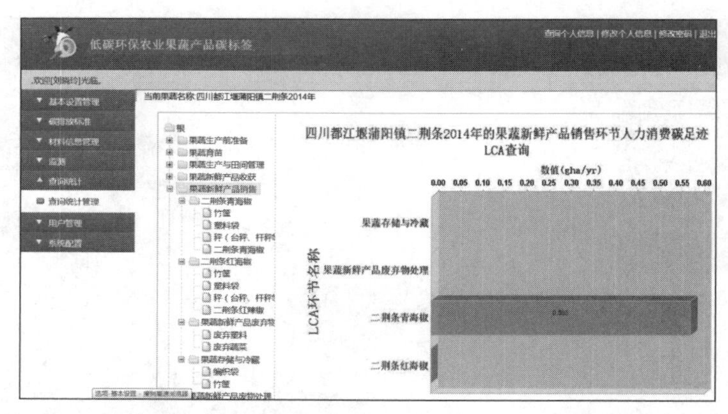

图 7-157 江余富家二荆条辣椒果蔬新鲜产品销售 LCA 环节人力生态碳足迹

6. 二荆条辣椒的果蔬新鲜产品废物处理 LCA 环节的碳足迹

以二荆条辣椒的果蔬新鲜产品废物处理 LCA 环节为例，LCA 碳足迹汇总如图 7-158 所示，材料碳足迹如图 7-159 所示，交通运输碳足迹如图 7-160 所示，水消费碳足迹如图 7-161 所示，电力消费碳足迹如图 7-162 所示，人力生态碳足迹如图 7-163 所示。

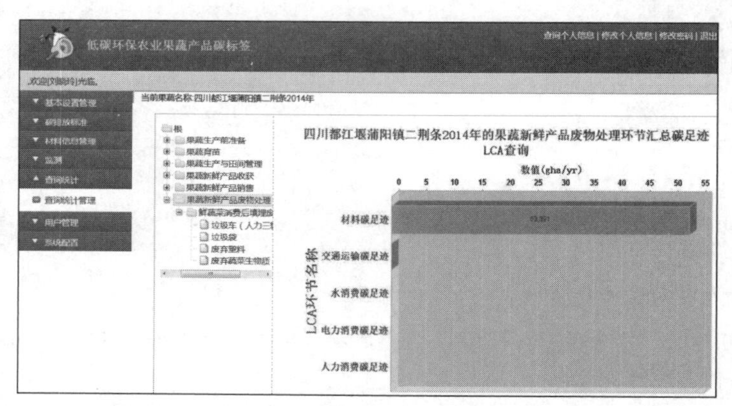

图 7-158 江余富家二荆条辣椒果蔬新鲜产品废物处理 LCA 环节碳足迹汇总

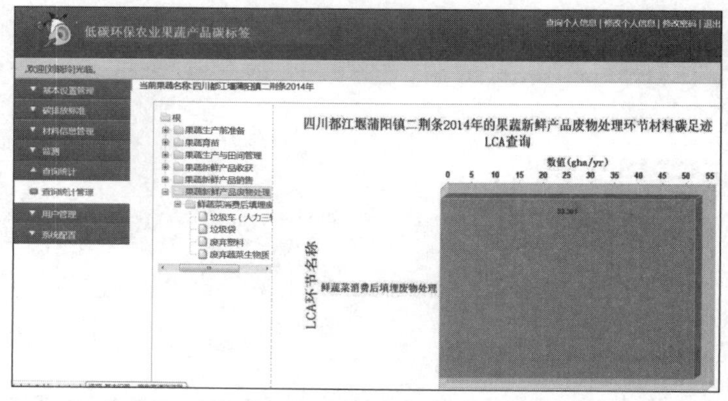

图 7-159 江余富家二荆条辣椒果蔬新鲜产品废物处理 LCA 环节材料碳足迹

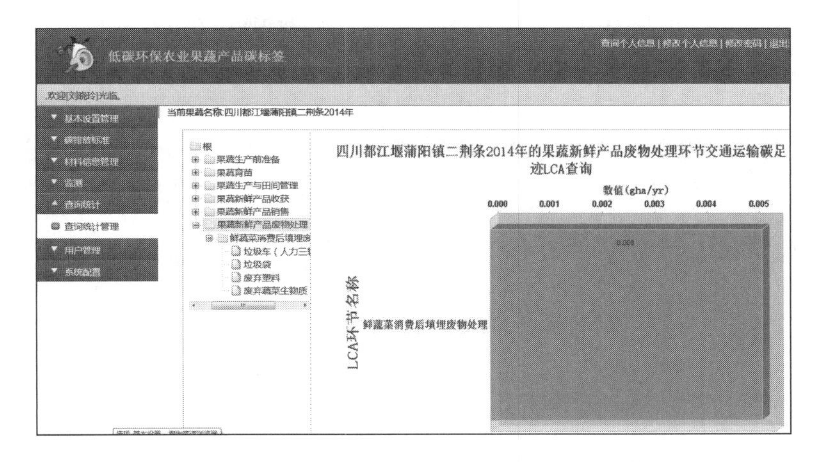

图 7-160　江余富家二荆条辣椒果蔬新鲜产品废物处理 LCA 环节交通运输碳足迹

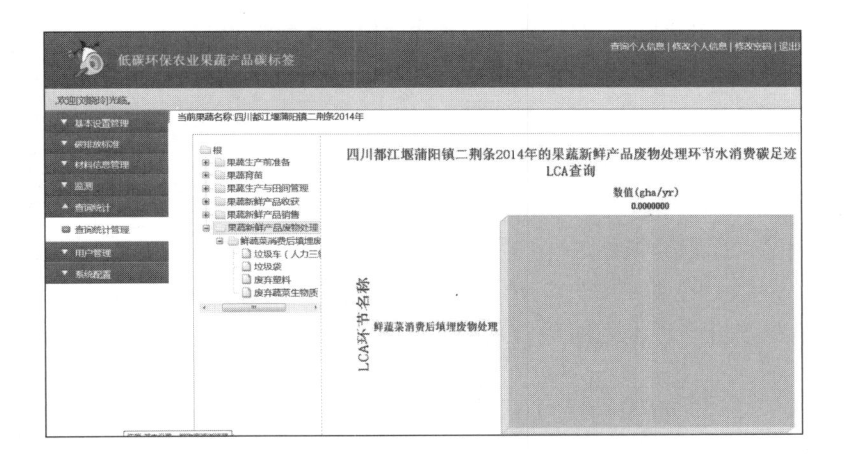

图 7-161　余富家二荆条辣椒果蔬新鲜产品废物处理 LCA 环节水消费碳足迹

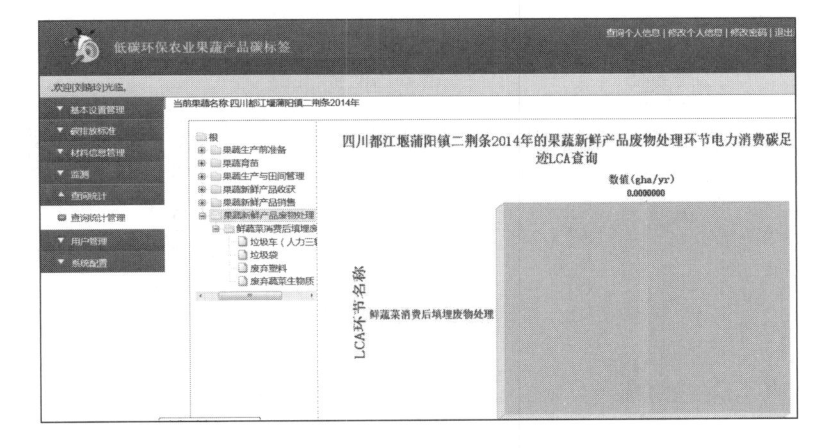

图 7-162　江余富家二荆条辣椒果蔬新鲜产品废物处理 LCA 环节电力消费碳足迹

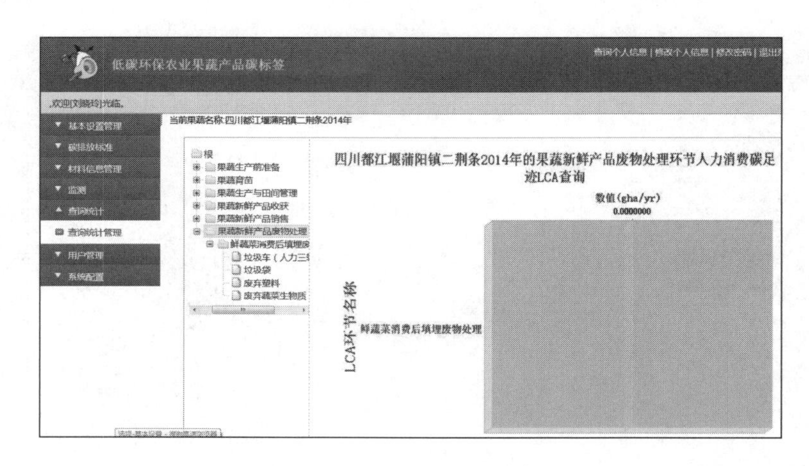

图 7-163 江余富家二荆条辣椒果蔬新鲜产品废物处理 LCA 环节人力生态碳足迹

7.4.3.2 二荆条鲜辣椒各个 LCA 环节汇总及碳标签

都江堰蒲阳镇盘龙村江余富家的二荆条辣椒种植面积为 0.2 亩($0.01333hm^2$)，产量为 $700kg·亩^{-1}$，总产量为 140kg。江余富家二荆条鲜辣椒费用效益如图 7-164 所示，每亩每年效益为 60.28 元。LCA 生态碳足迹汇总如图 7-165 所示和图 7-166 所示。

对 LCA 生态碳足迹汇总进行分析，取二荆条鲜辣椒产品所有 LCA 环节汇总的 CO_2 碳足迹作为计算碳标签的依据，即二荆条鲜辣椒产品所有 LCA 环节汇总的 CO_2 碳足迹为 $296.67\ g\cdot hm^{-2}\cdot a^{-1}$。因此，基于 5 种生态足迹(材料碳足迹、人力生态碳足迹、交通运输碳足迹、水消费碳足迹、电力消费碳足迹)的碳标签为

$$\frac{296.67}{0.01333\times140\times10^{6}}=0.000158968\ kg\cdot kg^{-1}$$

即每生产 1kg 二荆条鲜辣椒，排放的二氧化碳为 0.000158968 kg，属于典型的低碳蔬菜农产品。

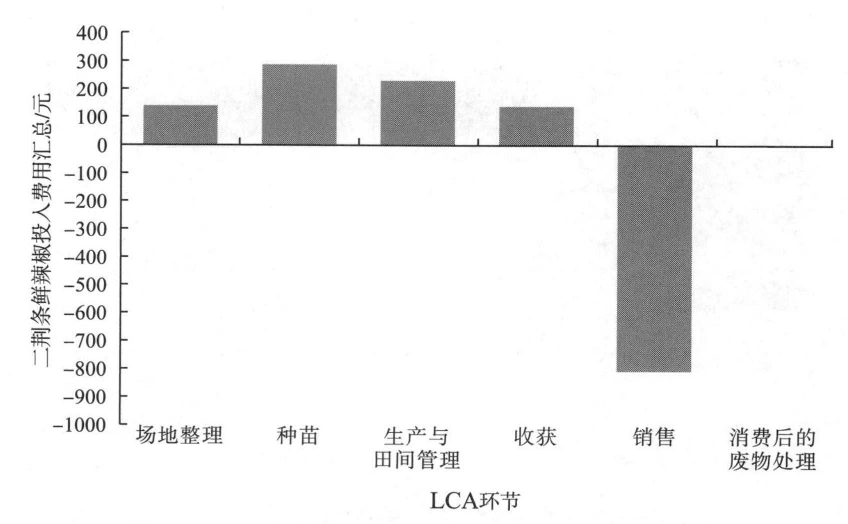

图 7-164 江余富家二荆条鲜辣椒农产品 LCA 环节的费用

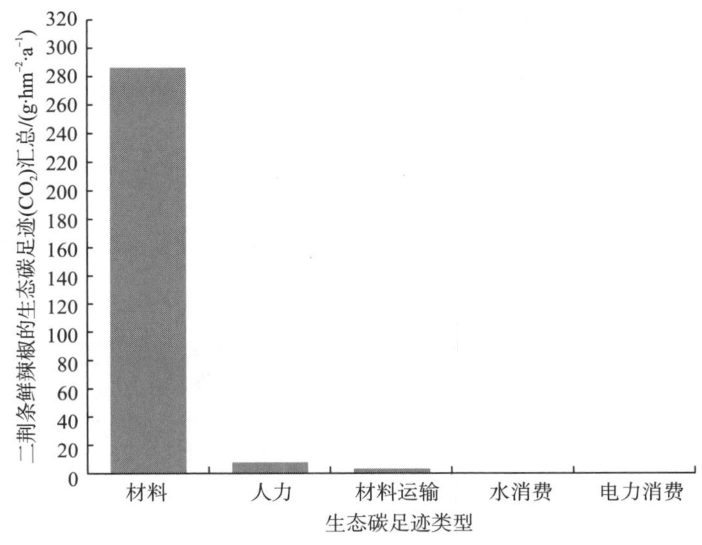

图 7-165　江余富家二荆条鲜辣椒农产品 LCA 环节碳足迹汇总 1

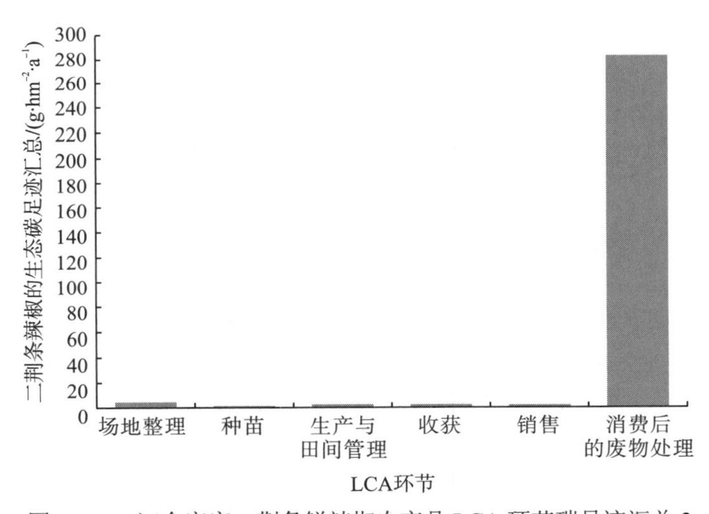

图 7-166　江余富家二荆条鲜辣椒农产品 LCA 环节碳足迹汇总 2

这里计算得到的二荆条鲜辣椒碳标签（0.000158968kg CO_2-eq）比赵古福家二荆条鲜辣椒的碳标签值要低一些，主要原因可能是使用的化肥强度要小一些，所花费的人力生态碳足迹要小得多。但更为详细的二荆条鲜辣椒农产品碳足迹，以及有关二荆条鲜辣椒的加工产品碳标签还应在将来继续开展研究，并进行连续的监测和评估。

7.4.4　成都泰禾农业科技有限公司猕猴桃种植的本系统应用展示

首先输入成都泰禾农业科技有限公司猕猴桃种植生产的鲜猕猴桃的各个 LCA 的碳足迹数据，然后进行统计分析。由于没有对成都泰禾农业科技有限公司猕猴桃做现场碳排放的监测，只能进行碳足迹核算的数据处理。输入过程就不展示了，这里展示输入完成后的碳足迹统计查询结果。

7.4.4.1 猕猴桃鲜果农产品各个 LCA 环节碳足迹核算

本节主要展示猕猴桃鲜果不同 LCA 环节所使用材料造成的碳排放数据，如图 7-167 所示。对三级不同 LCA 的每个环节均能进行材料碳足迹、交通运输碳足迹、水消费碳足迹、电力消费碳足迹、人力生态碳足迹 5 个基本模块的平均值和总排放量统计及生成对应的数据图。

图 7-167 成都泰禾农业科技有限公司猕猴桃不同 LCA 环节的材料碳排放统计

1. 生产前准备的碳足迹

猕猴桃的果蔬生产前准备是场地整理阶段。猕猴桃的果蔬生产前准备 LCA 环节的碳足迹汇总如图 7-168 所示，材料碳足迹如图 7-169 所示，交通运输碳足迹如图 7-170 所示，水消费碳足迹如图 7-171 所示，电力消费碳足迹如图 7-172 所示，人力生态碳足迹如图 7-173 所示。

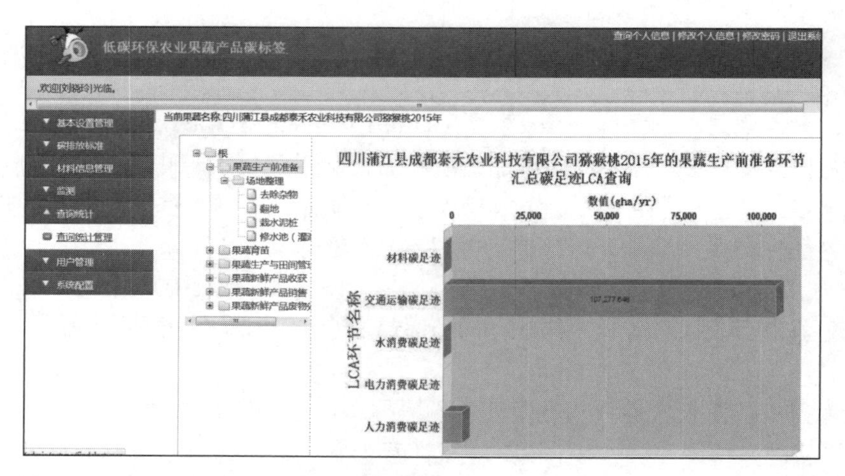

图 7-168 成都泰禾农业科技有限公司猕猴桃生产前准备 LCA 环节碳足迹汇总

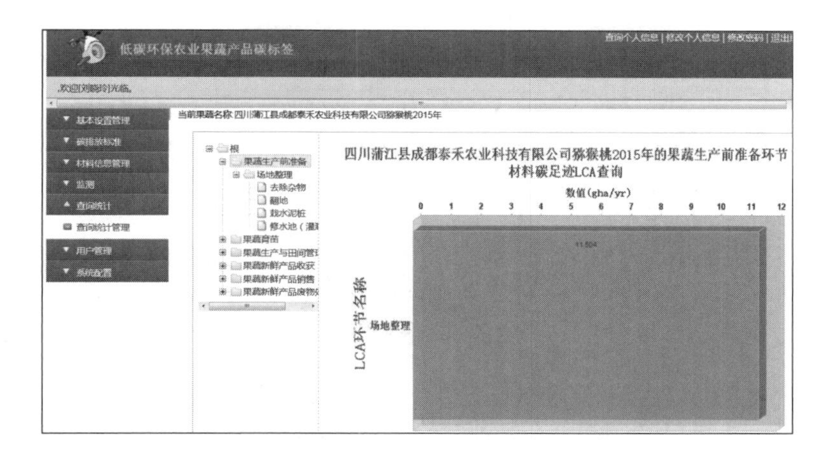

图 7-169 成都泰禾农业科技有限公司猕猴桃生产前准备 LCA 环节材料碳足迹

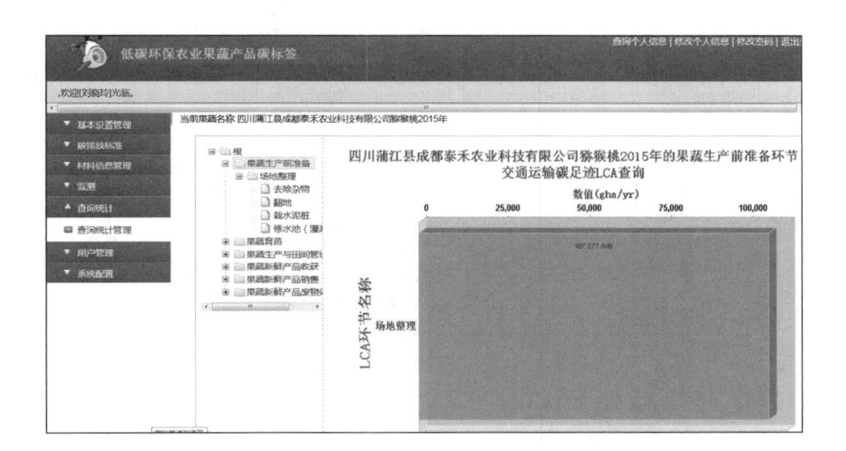

图 7-170 成都泰禾农业科技有限公司猕猴桃生产前准备 LCA 环节交通运输碳足迹

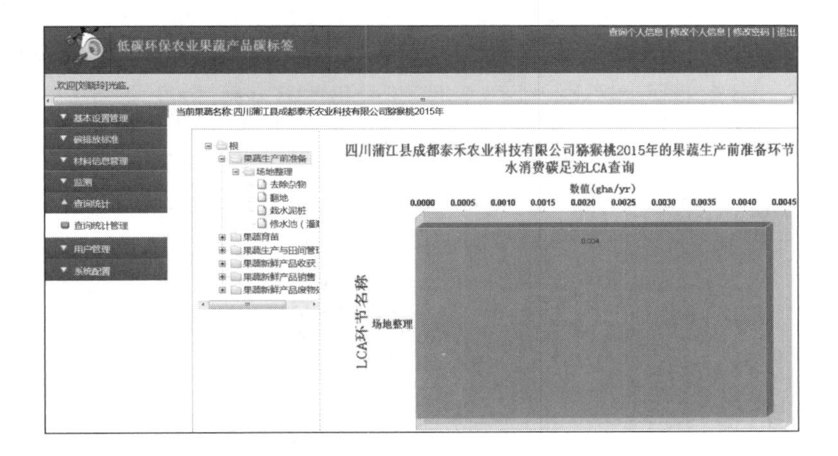

图 7-171 成都泰禾农业科技有限公司猕猴桃生产前准备 LCA 环节水消费碳足迹

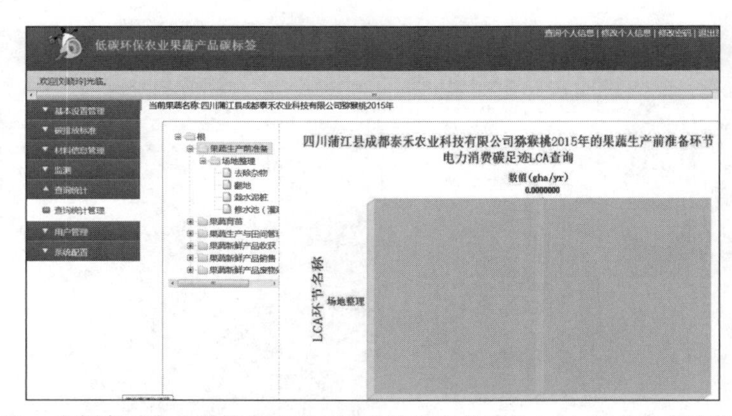

图 7-172 成都泰禾农业科技有限公司猕猴桃生产前准备 LCA 环节电力消费碳足迹

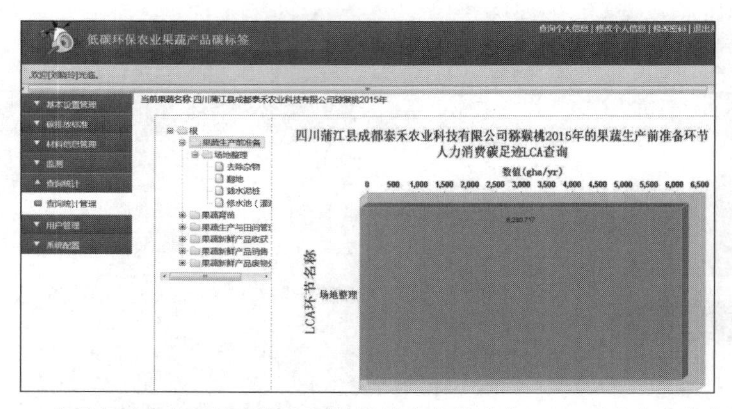

图 7-173 成都泰禾农业科技有限公司猕猴桃生产前准备 LCA 环节人力生态碳足迹

2. 育苗 LCA 环节的碳足迹

猕猴桃的果蔬育苗是嫁接阶段。猕猴桃的果蔬育苗 LCA 环节的碳足迹汇总如图 7-174 所示，材料碳足迹如图 7-175 所示，交通运输碳足迹如图 7-176 所示，水消费碳足迹如图 7-177 所示，电力消费碳足迹如图 7-178 所示，人力生态碳足迹如图 7-179 所示。

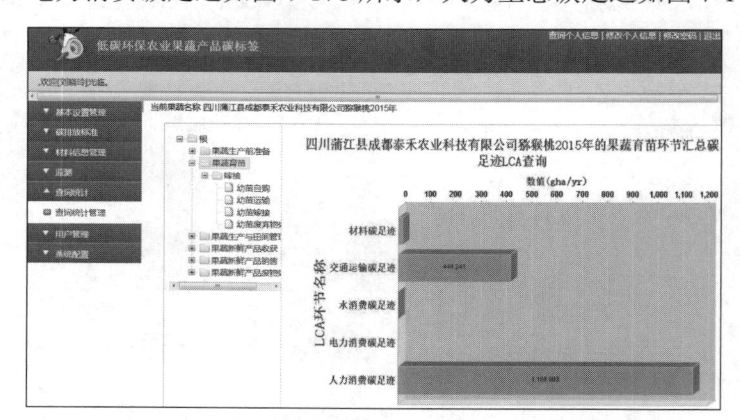

图 7-174 邹华刚家猕猴桃果蔬育苗 LCA 环节碳足迹汇总

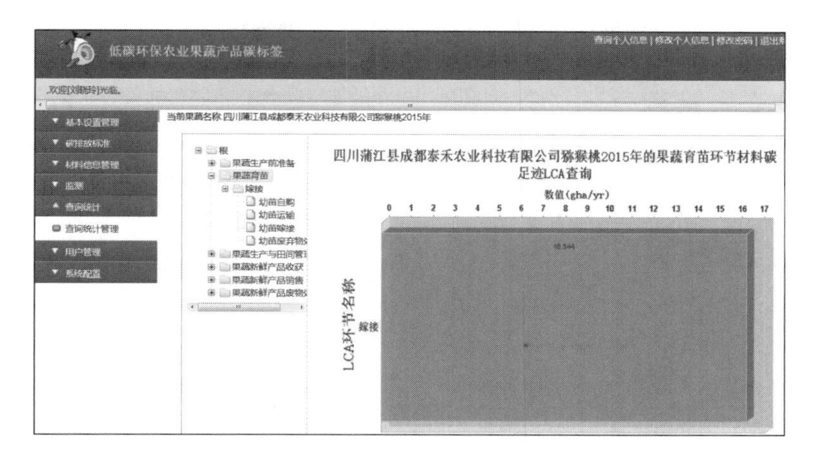

图 7-175　成都泰禾农业科技有限公司猕猴桃果蔬育苗 LCA 环节材料碳足迹

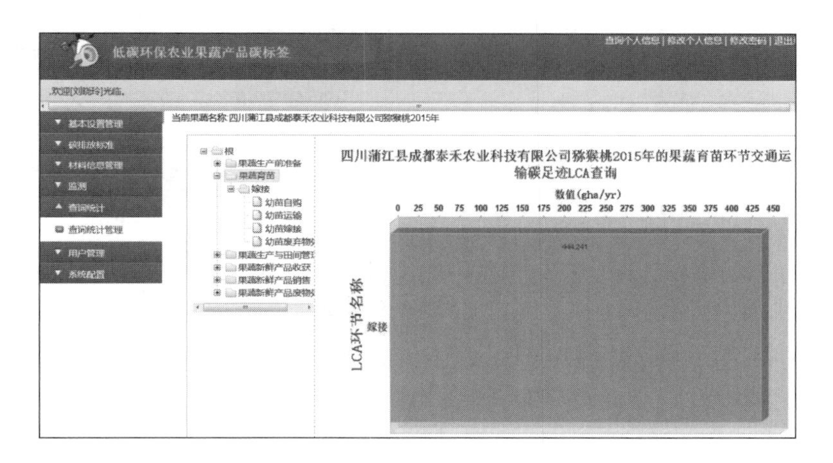

图 7-176　成都泰禾农业科技有限公司猕猴桃果蔬育苗 LCA 环节交通运输碳足迹

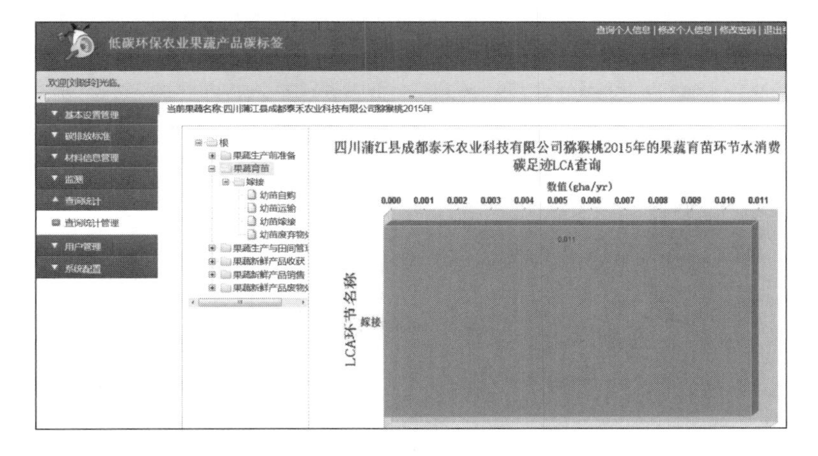

图 7-177　成都泰禾农业科技有限公司猕猴桃果蔬育苗 LCA 环节水消费碳足迹

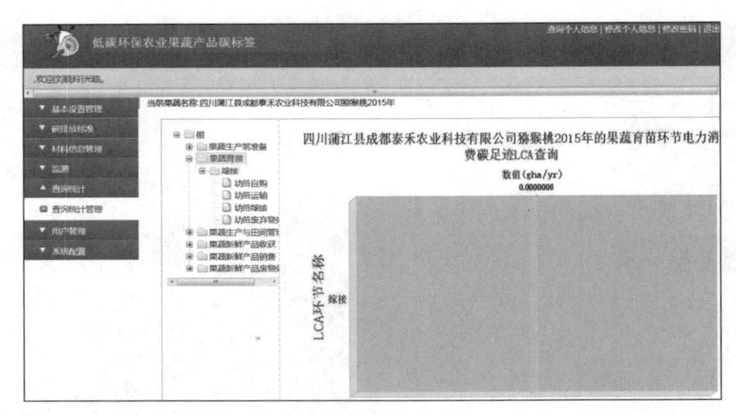

图 7-178 成都泰禾农业科技有限公司猕猴桃果蔬育苗 LCA 环节电力消费碳足迹

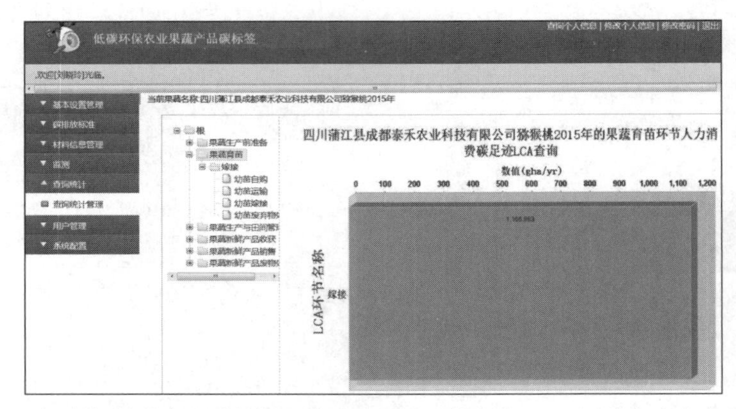

图 7-179 成都泰禾农业科技有限公司猕猴桃果蔬育苗 LCA 环节人力生态碳足迹

3. 生产与田间管理的碳足迹

猕猴桃的生产与田间管理 LCA 环节的碳足迹汇总如图 7-180 所示，材料碳足迹如图 7-181 所示，交通运输碳足迹如图 7-182 所示，水消费碳足迹如图 7-183 所示，电力消费碳足迹如图 7-184 所示，人力生态碳足迹如图 7-185 所示。

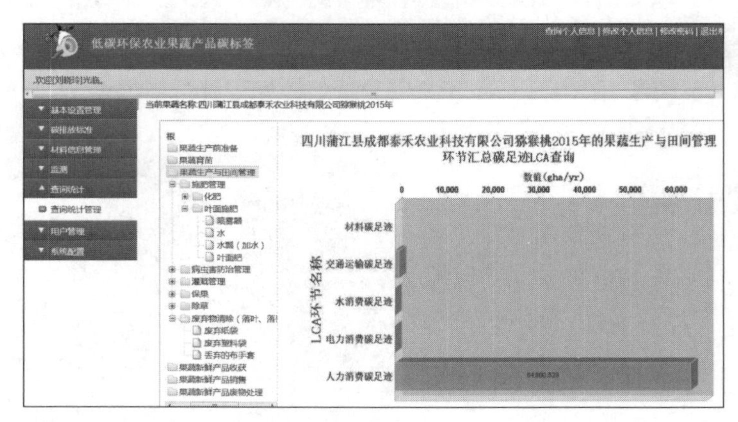

图 7-180 成都泰禾农业科技有限公司猕猴桃生产与田间管理 LCA 环节碳足迹汇总

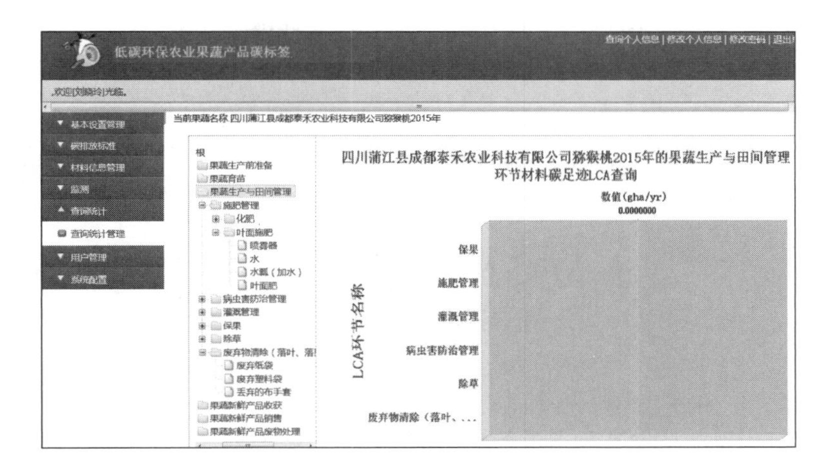

图 7-181　成都泰禾农业科技有限公司猕猴桃生产与田间管理 LCA 环节材料碳足迹

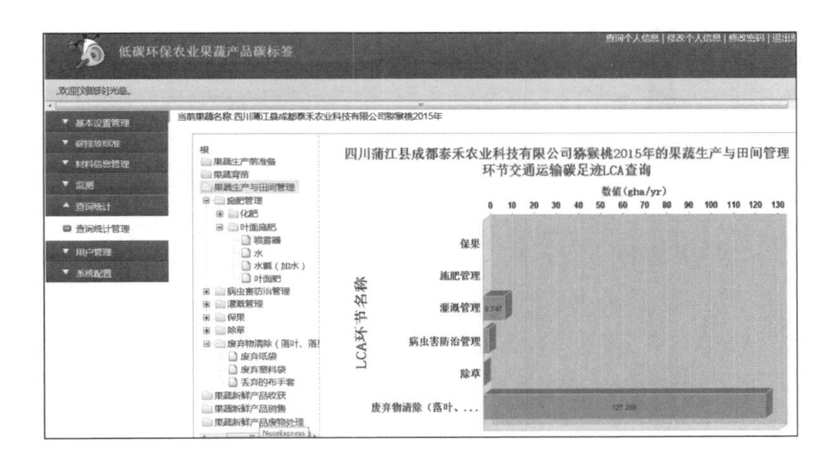

图 7-182　成都泰禾农业科技有限公司猕猴桃生产与田间管理 LCA 环节交通运输碳足迹

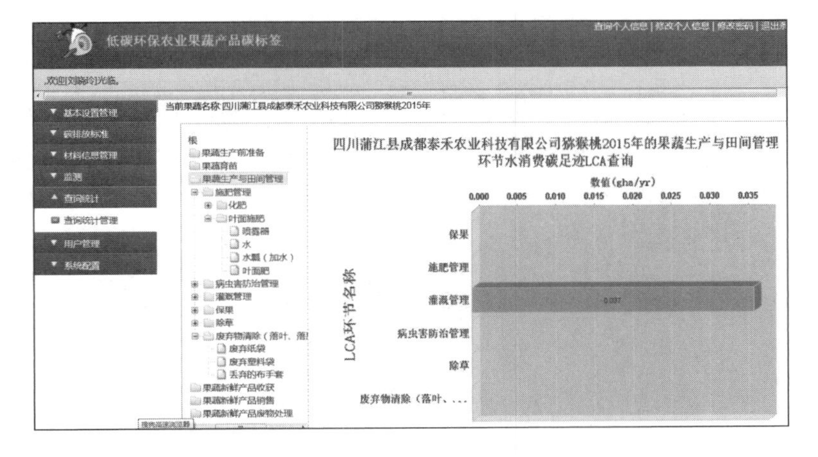

图 7-183　成都泰禾农业科技有限公司猕猴桃生产与田间管理 LCA 环节水消费碳足迹

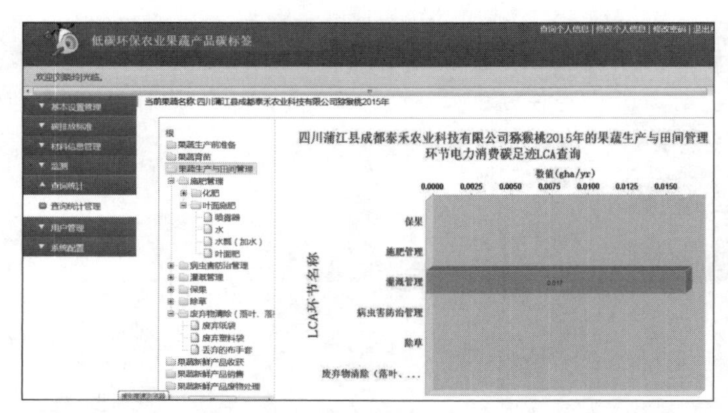

图 7-184　成都泰禾农业科技有限公司猕猴桃生产与田间管理 LCA 环节电力消费碳足迹

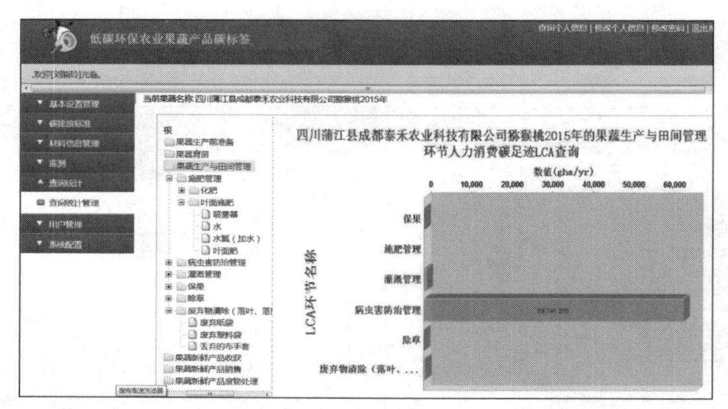

图 7-185　成都泰禾农业科技有限公司猕猴桃生产与田间管理 LCA 环节人力生态碳足迹

4. 新鲜产品收获 LCA 环节的碳足迹

以猕猴桃的果蔬新鲜产品收获 LCA 环节为例，LCA 碳足迹汇总如图 7-186 所示，材料碳足迹如图 7-187 所示，交通运输碳足迹如图 7-188 所示，水消费碳足迹如图 7-189 所示，电力消费碳足迹如图 7-190 所示，人力生态碳足迹如图 7-191 所示。

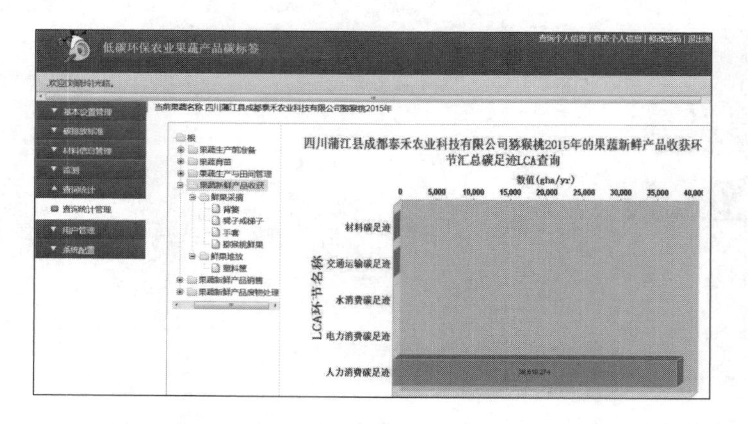

图 7-186　成都泰禾农业科技有限公司猕猴桃果蔬新鲜产品收获 LCA 环节碳足迹汇总

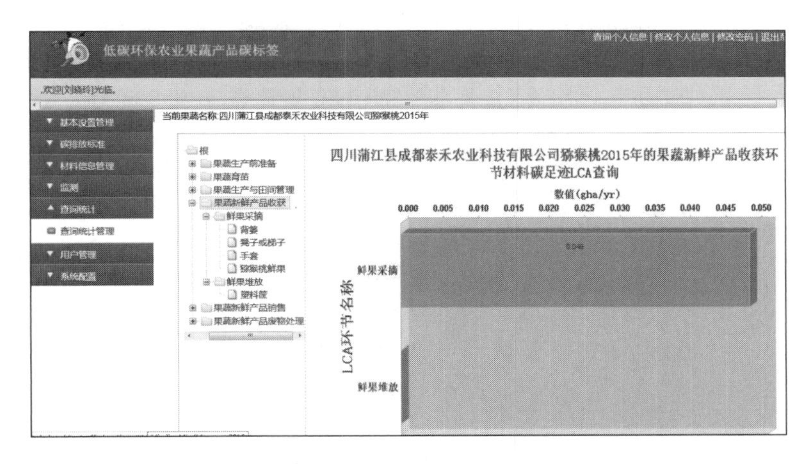

图 7-187 成都泰禾农业科技有限公司猕猴桃果蔬新鲜产品收获 LCA 环节材料碳足迹

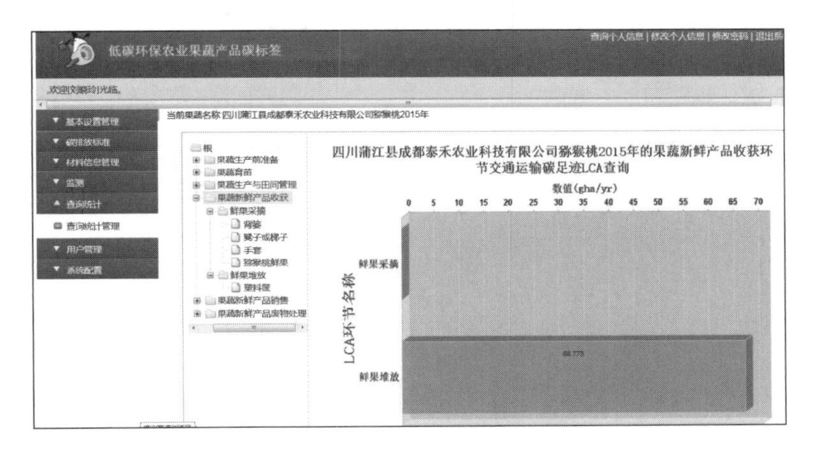

图 7-188 成都泰禾农业科技有限公司猕猴桃果蔬新鲜产品收获 LCA 环节交通运输碳足迹

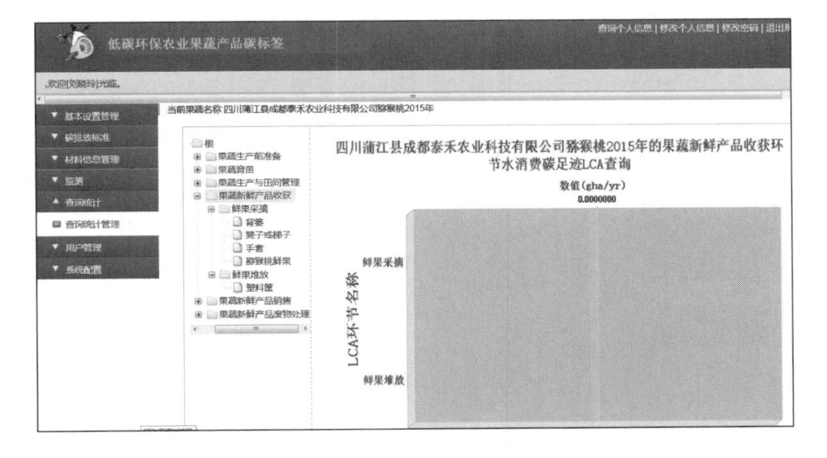

图 7-189 成都泰禾农业科技有限公司猕猴桃果蔬新鲜产品收获 LCA 环节水消费碳足迹

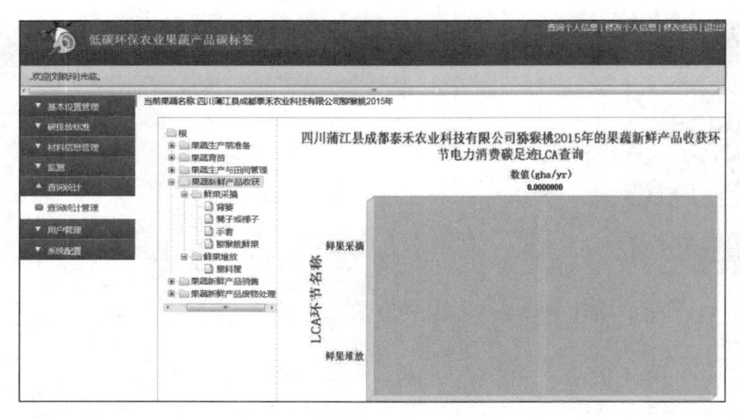

图 7-190　成都泰禾农业科技有限公司猕猴桃果蔬新鲜产品收获 LCA 环节电力消费碳足迹

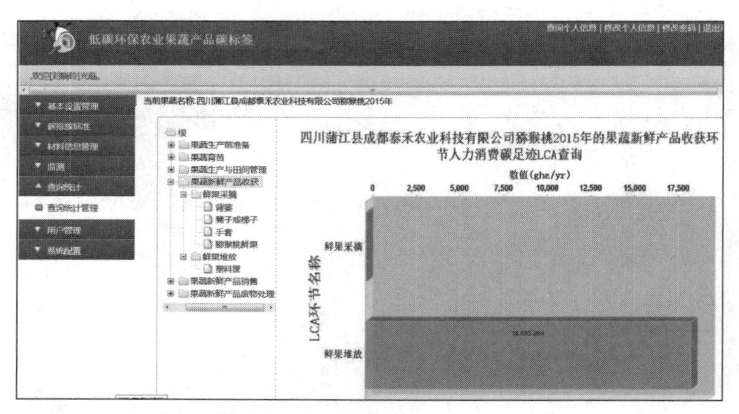

图 7-191　成都泰禾农业科技有限公司猕猴桃果蔬新鲜产品收获 LCA 环节人力生态碳足迹

5. 新鲜产品销售 LCA 环节的碳足迹

以猕猴桃的果蔬新鲜产品销售 LCA 环节为例，LCA 碳足迹汇总如图 7-192 所示，材料碳足迹如图 7-193 所示，交通运输碳足迹如图 7-194 所示，水消费碳足迹如图 7-195 所示，电力消费碳足迹如图 7-196 所示，人力生态碳足迹如图 7-197 所示。

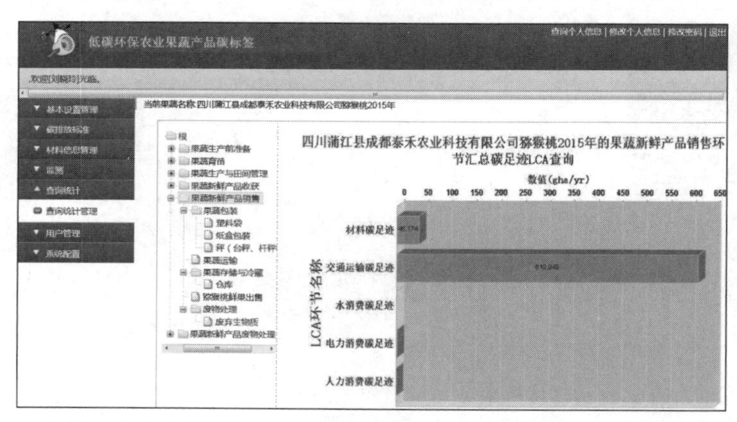

图 7-192　成都泰禾农业科技有限公司猕猴桃果蔬新鲜产品销售 LCA 环节碳足迹汇总

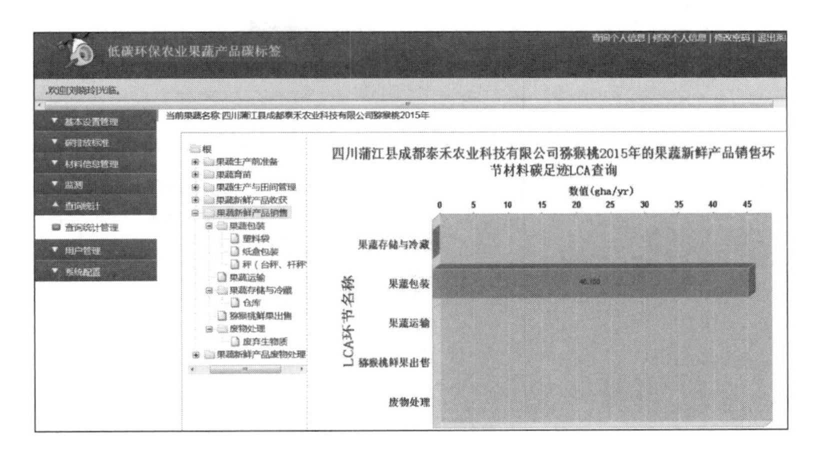

图 7-193　成都泰禾农业科技有限公司猕猴桃果蔬新鲜产品销售 LCA 环节材料碳足迹

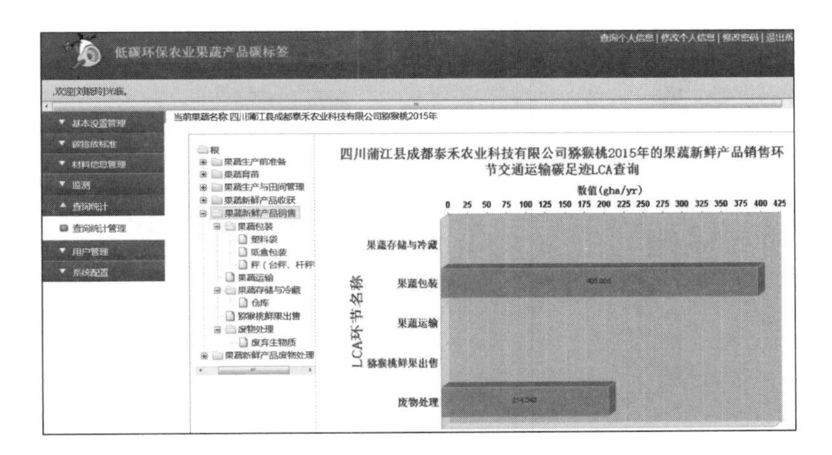

图 7-194　成都泰禾农业科技有限公司猕猴桃果蔬新鲜产品销售 LCA 环节交通运输碳足迹

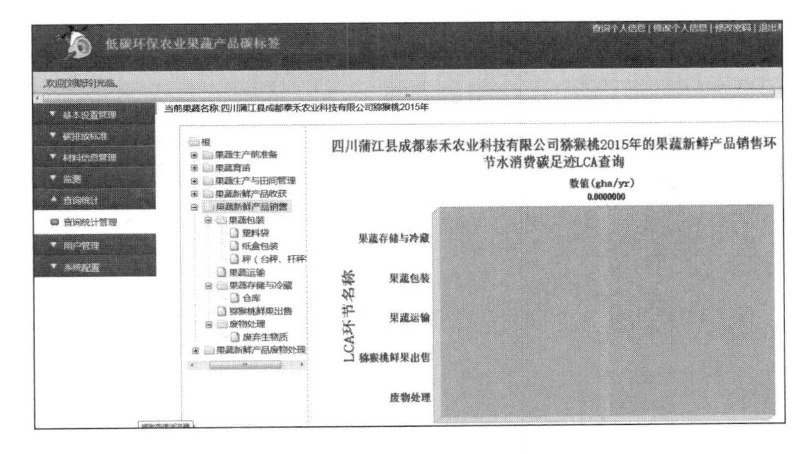

图 7-195　成都泰禾农业科技有限公司猕猴桃果蔬新鲜产品销售 LCA 环节水消费碳足迹

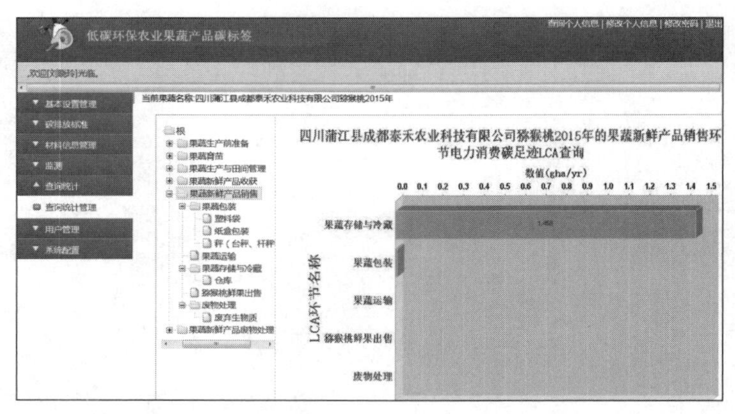

图 7-196　成都泰禾农业科技有限公司猕猴桃果蔬新鲜产品销售 LCA 环节电力消费碳足迹

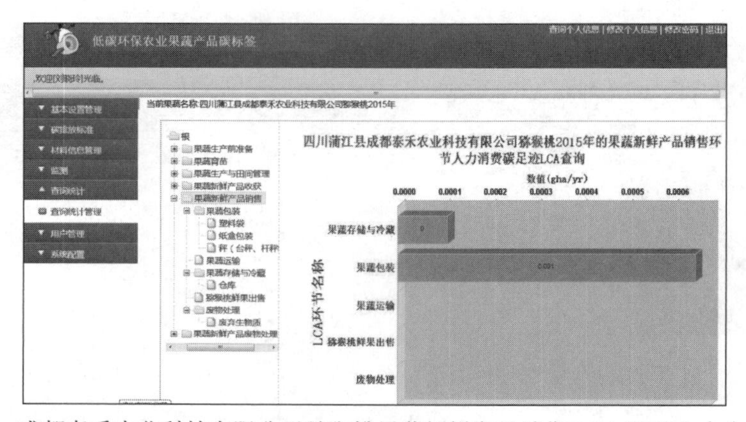

图 7-197　成都泰禾农业科技有限公司猕猴桃果蔬新鲜产品销售 LCA 环节人力生态碳足迹

6. 新鲜产品废物处理 LCA 环节的碳足迹

以猕猴桃的果蔬新鲜产品废物处理 LCA 环节为例，LCA 碳足迹汇总如图 7-198 所示，材料碳足迹如图 7-199 所示，交通运输碳足迹如图 7-200 所示，水消费碳足迹如图 7-201 所示，电力消费碳足迹如图 7-202 所示，人力生态碳足迹如图 7-203 所示。

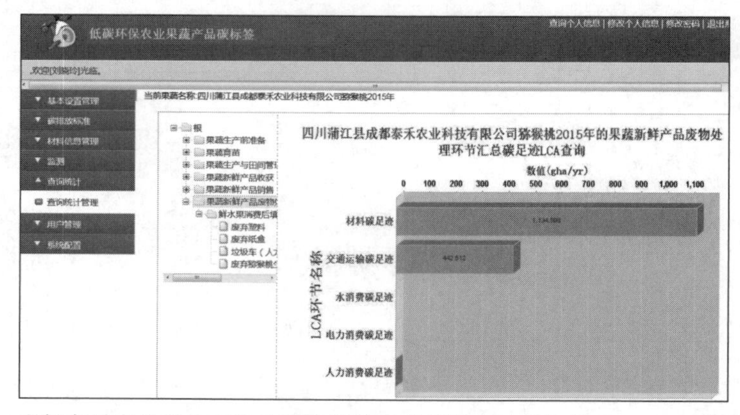

图 7-198　成都泰禾农业科技有限公司猕猴桃果蔬新鲜产品废物处理 LCA 环节碳足迹汇总

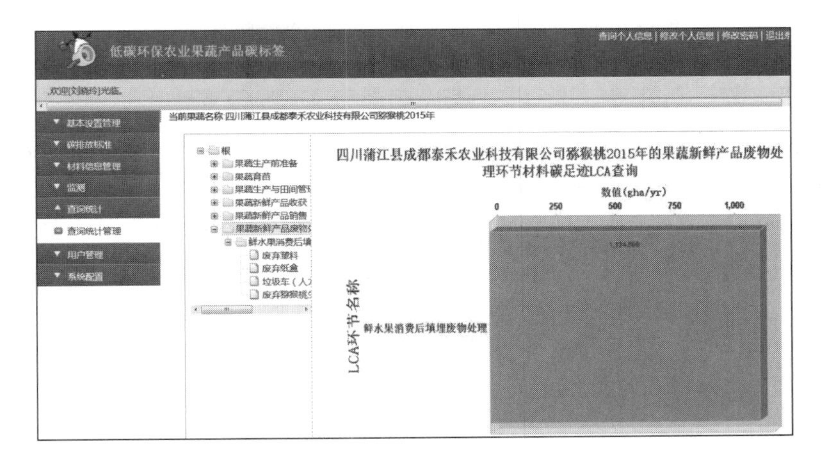

图 7-199　成都泰禾农业科技有限公司猕猴桃果蔬新鲜产品废物处理 LCA 环节材料碳足迹

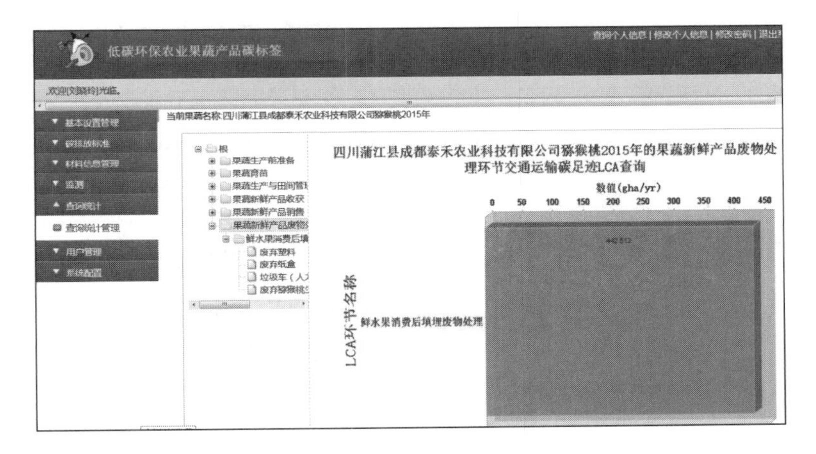

图 7-200　成都泰禾农业科技有限公司猕猴桃果蔬新鲜产品废物处理 LCA 环节交通运输碳足迹

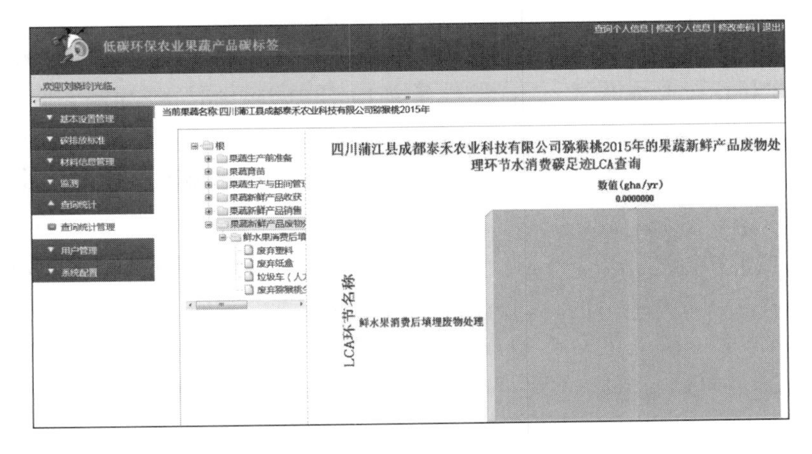

图 7-201　成都泰禾农业科技有限公司猕猴桃果蔬新鲜产品废物处理 LCA 环节水消费碳足迹

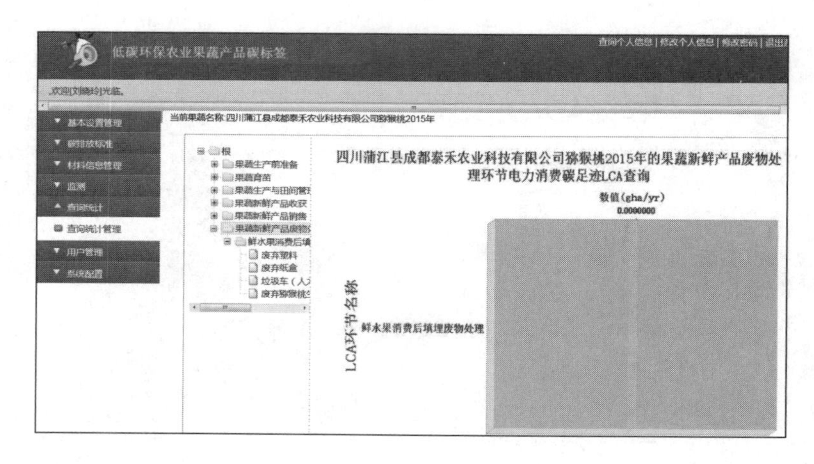

图 7-202 成都泰禾农业科技有限公司猕猴桃果蔬新鲜产品废物处理 LCA 环节电力消费碳足迹

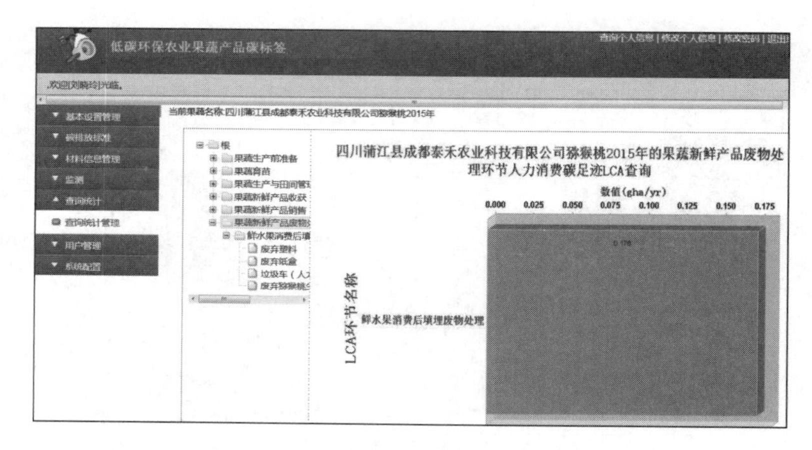

图 7-203 成都泰禾农业科技有限公司猕猴桃果蔬新鲜产品废物处理 LCA 环节人力生态碳足迹

7.4.4.2 猕猴桃鲜果农产品各个 LCA 环节汇总及碳标签

成都泰禾农业科技有限公司的猕猴桃种植面积为 106 亩($7.06666hm^2$)，产量为 $472kg·亩^{-1}$，总产量为 50000kg。成都泰禾农业科技有限公司猕猴桃种植的费用效益如图 7-204 所示，前 10 年的每亩每年效益为 3466.9 元。LCA 碳足迹汇总如图 7-205 和图 7-206 所示。

(1)考虑人力生态碳足迹条件下的碳标签。对 LCA 生态碳足迹汇总进行分析，取猕猴桃鲜果农产品所有 LCA 环节汇总的碳足迹作为计算碳标签的依据，即猕猴桃鲜果农产品所有 LCA 环节汇总的碳足迹为 473773.61 $g \cdot hm^{-2} \cdot a^{-1}$。因此，基于 5 种碳足迹(材料碳足迹、人力碳足迹、材料运输碳足迹、水消费碳足迹、电力消费碳足迹)的碳标签为

$$\frac{473773.61}{7.06666 \times 50000 \times 1000} = 0.0013408 \ kg \cdot kg^{-1}$$

即每生产 1kg 猕猴桃鲜果农产品，排放的二氧化碳为 0.0013408kg，属于典型的低碳蔬菜

农产品。

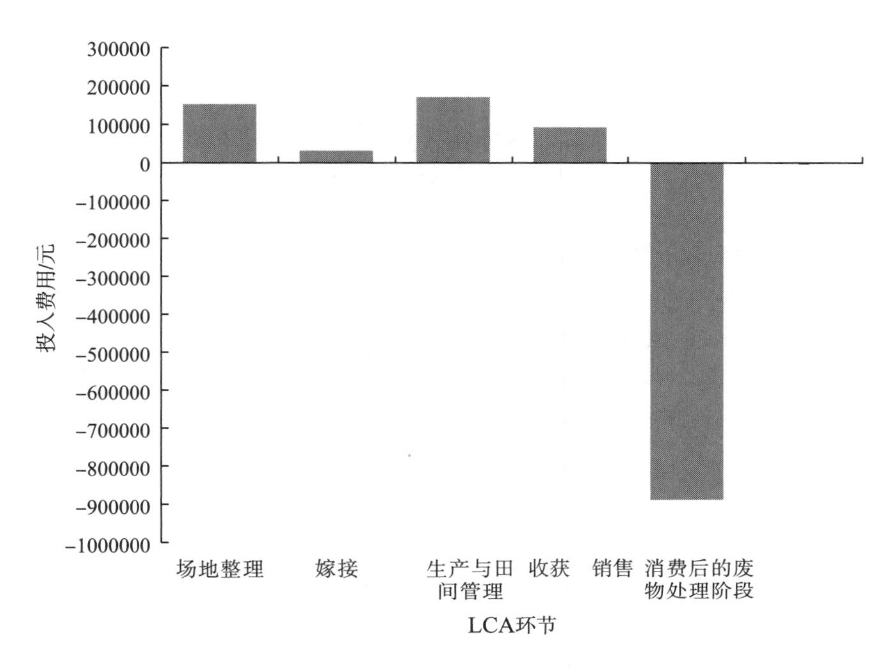

图 7-204　成都泰禾农业科技有限公司猕猴桃鲜果农产品 LCA 环节的费用

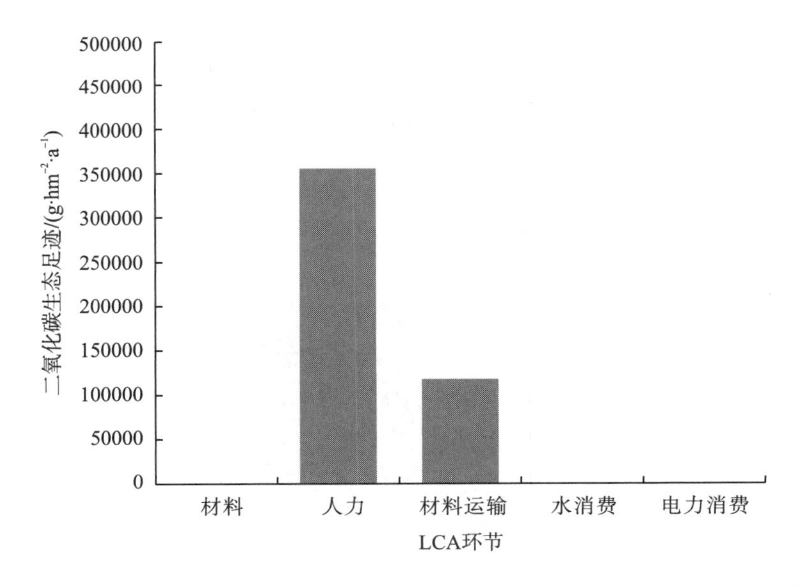

图 7-205　成都泰禾农业科技有限公司猕猴桃鲜果农产品 LCA 环节碳足迹汇总 1

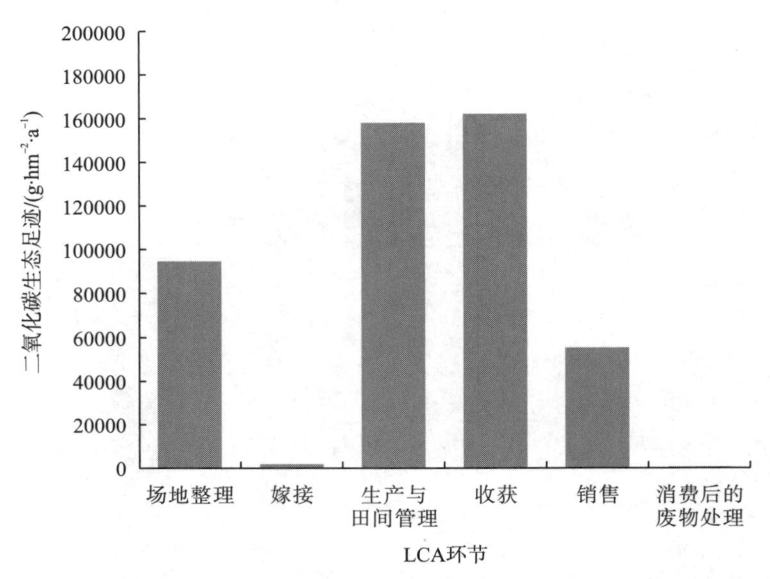

图 7-206 成都泰禾农业科技有限公司猕猴桃鲜果农产品 LCA 环节碳足迹汇总 2

这里计算得到的猕猴桃鲜果农产品碳标签（0.0013408kg CO_2-eq）比前面都江堰胥家镇邹华刚家猕猴桃鲜果农产品碳标签值（0.0008392kg CO_2-eq）要高一些，主要原因是种植面积大，化肥施用强度和人工强度大一些，所花费的人力生态碳足迹要大得多。但更为详细的猕猴桃鲜果农产品碳标签和碳足迹，以及有关猕猴桃鲜果的加工产品碳标签还应在将来继续开展研究，并进行连续的监测和评估。

7.5 系统的功能和技术先进性

与传统监测数据的处理方式相比较，低碳环保农业果蔬产品碳标签系统的主要功能特点如下。

(1) 实现了农业果蔬产品全部 LCA 环节的碳足迹的输入和追踪查询。

(2) 实现了农业果蔬产品全部 LCA 环节的碳足迹统计，包含材料碳足迹、交通运输碳足迹、水消费碳足迹、电力消费碳足迹和人力生态碳足迹。

(3) 考虑了人力作用对碳排放的贡献，人力生态碳足迹主要包括农业果蔬各个 LCA 环节人类活动引起的食品消费、饮用水消费、产生的生活垃圾 3 个方面，但是否将人力作用的碳排放计算到果蔬产品碳标签中还有待于进一步研究。

(4) 实现了农业果蔬产品全部 LCA 环节的甲烷和二氧化碳的监测数据上传和查询的动态管理。

(5) 实现了农业果蔬产品全部LCA环节的TC和TOC的监测数据上传和查询的动态管理。

(6) 果蔬各个 LCA 环节的碳足迹和实时监测的数据可以实现有效输入和查询，为推广本系统提供了网络平台，也为碳排放监测数据共享提供了网络平台，为四川省农业生产的温室气体减排提供了基础数据，并为本系统在以后实现与传统环境监测系统的集成提供了可能。

(7) 率先在四川省开发了“低碳环保农业果蔬产品碳标签系统”，对于四川省农业生产过程碳排放提供了数据的网络收集与集成，对开展四川省乃至全国的农业生产减排提供了重要参考价值，也为环保农业果蔬产品碳标签系统的应用推广提供了重要的示范作用，为我国节能减排提供了参考。

7.6　数据库系统应用的效益与继续开发

7.6.1　系统开发与应用的效益

监测数据处理的改革，不仅仅是监测理论的更新和进步，也是网络技术、监测技术和手段的改进和提高。传统的监测数据及报告，长期以来都是以纸和笔为工具，工作效率低、资源占用多、纸张浪费大；而本系统的应用可以实现无纸化农业果蔬生产过程中的碳排放监测数据管理，有效地利用计算机及网络相关技术，使农业温室气体的来源和数据共享更加方便快捷。

推广和应用低碳环保农业果蔬产品碳标签系统，不但可以提供四川省乃至全国的农业碳排放基础数据，还能提供以猕猴桃和二荆条辣椒为示范的农业果蔬碳标签数据，有利于农业果蔬产品进入西方发达国家，打开以碳标签作为贸易壁垒的国家的农业产品贸易大门，具有极其重要的经济和商贸价值，其带来的巨大经济效益是无法估量的。

7.6.2　后续开发

本系统构建了基于 B/S 模式的低碳环保农业果蔬产品碳标签系统，为收集四川省乃至整个中国广大农村低碳环保农业果蔬产品的碳排放数据和信息搭建了一个基础网络平台。

目前，本书研究只针对猕猴桃和二荆条辣椒为代表的低碳环保农业果蔬产品碳标签系统案例进行了示范和应用，但随着本系统的推广，可能会遇到新的情况，需要对新情况进行处理。需要继续开发的内容主要如下。

(1) 继续完善国际上和国内有关碳排放标准的数据库，包括新加入记录、查询、选择和引用有关碳排放标准。

(2) 碳排放数据的评估与可视化技术处理，可能应用 GIS (geographic information system，地理信息系统)、GPS 和 RS (remote sensing，遥感) 等 3S 技术。

(3) 功能上，将根据二氧化碳和甲烷温室气体的特殊性，继续其他的温室气体 (如氧化二氮等) 数据的录入与相关性分析。

(4) 加强对有关碳排放数据的处理和分析，特别是加强各个 LCA 环节与碳排放的相关性分析。

(5) 完善以 LCA 为核心的功能，加强以材料为基础的碳足迹统计功能。

(6) 从人力角度提供了对农业果蔬碳足迹评估的尝试，但还应完善人力生态碳足迹的功能模块开发。

(7)继续完善农业果蔬产品生产和加工的各种数据库，为对接各类系统奠定基础。

(8)考虑如何加强与其他碳排放系统的对接和嵌入，特别是与国际上知名的有关LCA的软件的对接和嵌入。

(9)继续完善对数据的查询和统计分析。

(10)继续完善对系统数据的备份与恢复功能。

(11)规范相关生成文档的格式，实现与环境监测大系统的软件接口，最大可能地减少监测站点的工作量。

(12)开发可在手机上运行的App应用软件。

7.7 数据库系统项目存在的问题

由于本系统的数据库开发是建立在野外监测数据和有关LCA材料使用数据的基础上的，如推广低碳环保农业果蔬产品碳标签系统的应用，需要各级政府、农业主管部门、商业主管部门、环境主管部门、出口管理部门等有效组织其相关使用人员的培训和管理，这是一项细致的工作。

同时，农业生产过程中的碳排放监测在我国刚刚起步，还有很多工作需要开展和推进，这是制约低碳环保农业果蔬产品碳标签系统推广的主要原因。

另外，由于计算机技术发展迅速，计算机知识结构在不断变化，为了保证本系统与技术发展的同步，也需要系统管理员和操作员良性管理数据库，促进农业生产活动中碳排放数据的共享与保密工作，并进行有效的监督和促进措施，否则就很难保障本系统的良好运作。

二氧化碳和甲烷等温室气体数据在国际上属于敏感数据，在中国国内对节能减排具有重要意义，对碳排放监测数据的上传和下载是一个不容忽视问题，特别是一些敏感地区和位置的碳排放数据可能需要保密，因此需要相关部门进行协调，并组织相关人员进行保密功能的开发和实现。

对低碳环保农业果蔬产品碳标签系统的用户要进行有效管理，建议以农业和商业部门为主管部门，负责本系统不同人员使用的账号分配、密匙分配、角色管理和用户组群管理，并确保数据的有效性。

低碳环保农业果蔬产品碳标签系统提供的碳标签数据是否具有法律效率，还需要政府或者第三方进行评估和审核。最好是建立有关法律法规，以确保数据的实时性、法律性和有效性。

目前，低碳环保农业果蔬产品碳标签系统为1.0版本，期待有关部门和企业提供更多的资助，继续完善和加强系统功能。

低碳环保农业果蔬产品碳标签系统的数据及数据库安全也是一个重要议题，要实现安全的应用，就需特别强调服务器载体(软件)和服务器配置的安全性，而这两方面的开销相当巨大，需要相关部门调拨专项经费来实施。

第 8 章　低碳环保农业果蔬产品碳标签调查结果

8.1　碳标签调查量

根据研究需要和实际情况，本书设计了由 35 个问题组成的调查表格，获取了相关信息，为碳标签系统的开发和应用提供了基础。

采取以网络调查为主的方式进行，即通过网站调查派(https://www.diaochapai.com/)，建立调查表格。调查时间为 2015 年 9 月 5 日～10 月 31 日。统计时间为 2015 年 9 月 5 日～2017 年 4 月 30 日。

本次调查的基本数据如下。

(1)数据量：214 次。

(2)浏览量：1020 次。

(3)独立 IP：171 个。

(4)填写率：20.98%。

(5)平均用时：00:10:21。

(6)来源：2 个。

调查及浏览量数据统计如表 8-1 所示，碳标签调查信息来源统计如表 8-2 所示。

表 8-1　碳标签调查表调查及浏览量统计

日期	数据量/次	浏览量/次	独立 IP/个	填写率/%	来源/个
2017-01-01～2017-01-14	0	3	0	0	0
2016-12-01～2016-12-31	0	11	0	0	0
2016-11-01～2016-11-30	0	6	0	0	0
2016-10-01～2016-10-31	0	3	0	0	0
2016-09-01～2016-09-30	0	1	0	0	0
2016-08-01～2016-08-31	0	4	0	0	0
2016-07-01～2016-07-31	0	9	0	0	0
2016-06-01～2016-06-30	0	12	0	0	0
2016-05-01～2016-05-31	0	21	0	0	0
2016-04-01～2016-04-30	0	13	0	0	0
2016-03-01～2016-03-31	0	23	0	0	0
2016-02-01～2016-02-29	0	16	0	0	0
2016-01-01～2016-01-31	0	34	0	0	0
2015-12-01～2015-12-31	0	16	0	0	0
2015-11-01～2015-11-30	0	19	0	0	0
2015-10-01～2015-10-31	1	27	1	3.70	1
2015-09-05～2015-09-30	213	802	170	26.56	1

表 8-2　碳标签调查信息来源统计

来源	数据量/次	数据量占比/%	浏览量/次	浏览量占比/%	填写率/%
直接访问(https://www.diaochapai.com/survey/92c3d71e-e63e-47e9-b681-2eaecc0a7385)	214	100	1014	99.41	20.98
www.sogou.com	0	0	1	0.10	0
m.baidu.com	0	0	4	0.39	0
www.baidu.com	0	0	1	0.10	0

8.2　碳标签调查结果

8.2.1　碳标签调查详情

每个问题详细的调查结果分别如下。

(1) 你知道什么是碳标签吗(必填，至少选择 1 项，最多选择 2 项)？

①知道一些；

②完全不知道；

③听说过；

④没有听说过；

⑤非常清楚；

⑥无所谓。

图 8-1 为问题(1)的调查结果。其中，30.70%的人知道一些，27.44%的人没有听说过，20.93%的人完全不知道。可见，大部分人对碳标签概念都不熟悉，需要进行大范围宣传。

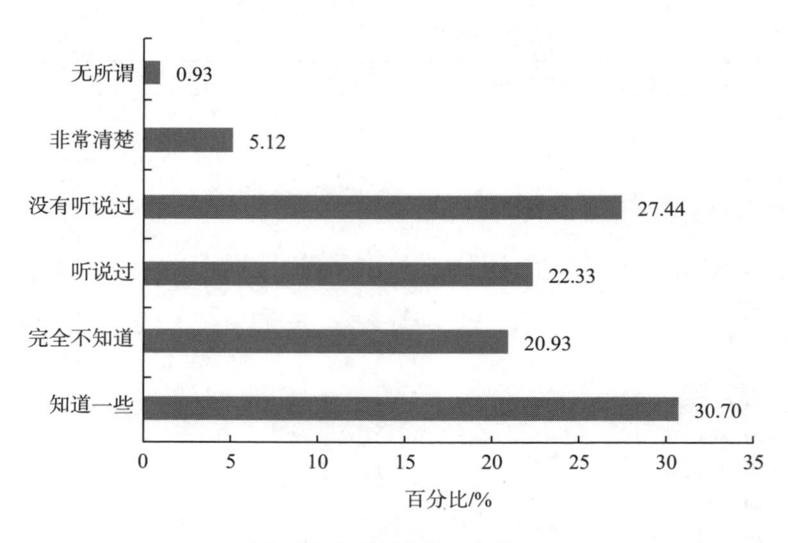

图 8-1　问题(1)的调查结果

(2) 碳标签与全球变暖有关系吗(必填，至少选择 1 项，最多选择 2 项)？

①有，但不清楚；

②无；

③有关系，但不清楚；

④碳标签有利于了解农产品对气候的贡献；

⑤碳标签有利于指导地球碳循环；

⑥不知道。

图 8-2 为问题(2)的调查结果。其中，25.58%的人知道全球变暖与碳标签有关系但不清楚具体关系，32.09%的人认为碳标签有利于了解农产品对气候的贡献，22.33%的人认为碳标签有利于指导地球碳循环。

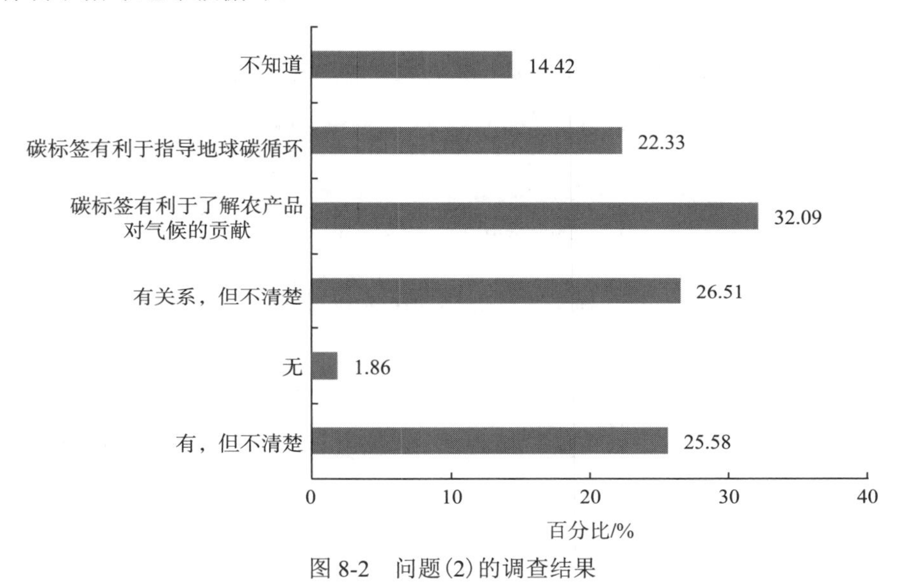

图 8-2　问题(2)的调查结果

(3)碳标签所包含的环节有哪些(必填，至少选择 1 项，最多选择 10 项)？

①水果和蔬菜的种植过程；

②肥料使用；

③农药施用；

④产品收获；

⑤产品加工；

⑥产品运输；

⑦产品消费后的去处；

⑧废弃物处理处置；

⑨人工工时；

⑩其他。

图 8-3 为问题(3)的调查结果。其中，69.30%的人认为与水果和蔬菜的种植过程有关，66.98%的人认为与肥料使用有关，66.05%的人认为与农药施用有关，65.58%的人认为与产品加工有关，64.19%的人认为与废弃物处理处置有关。

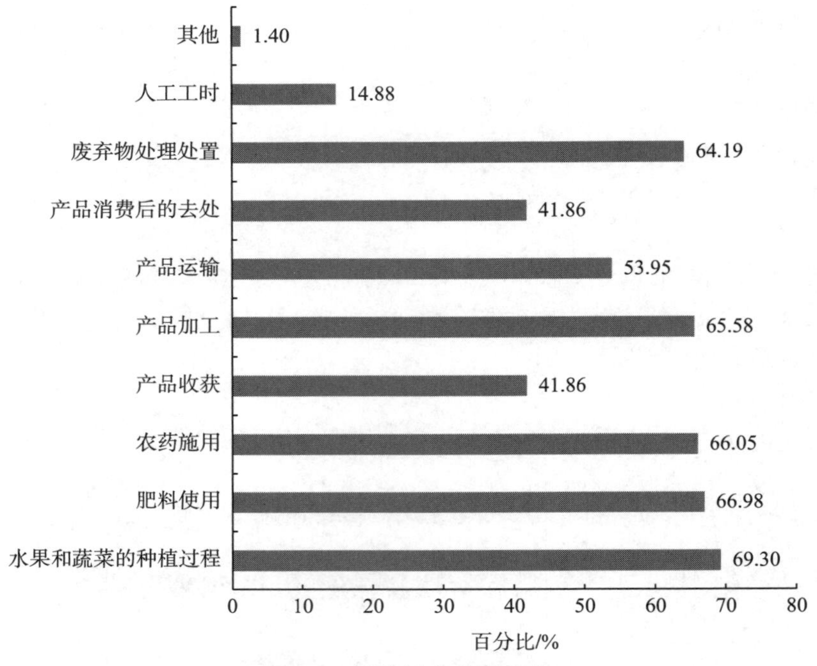

图 8-3 问题(3)的调查结果

(4)碳标签的单位是什么(必填，至少选择 1 项，最多选择 3 项)？

①二氧化碳质量(克)/每公斤产品；

②二氧化碳质量(克)/每升产品；

③只知道含义：每生产 1 公斤产品的所有环节所排放的温室气体折合为二氧化碳的总质量；

④不知道；

⑤不确定。

图 8-4 为问题(4)的调查结果。其中，37.21%的人只知道含义：每生产 1 公斤产品的所有环节所排放的温室气体折合为二氧化碳的总质量，34.42%的人认为是二氧化碳质量(克)/每公斤产品，10.23%的人认为是二氧化碳质量(克) / 每升产品，28.37%的人不知道。

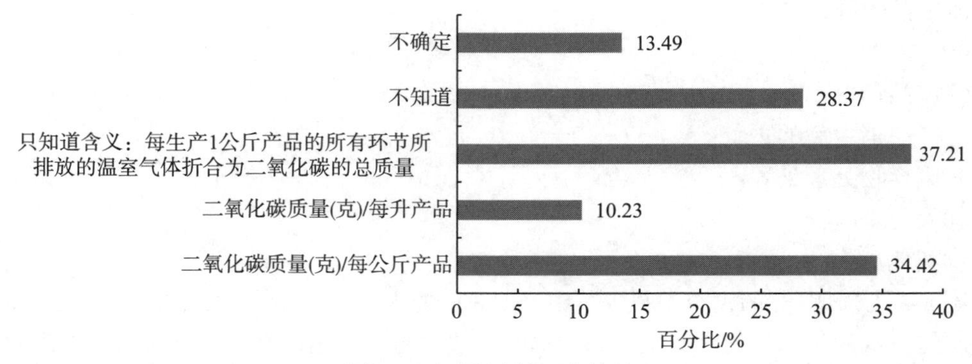

图 8-4 问题(4)的调查结果

(5)贴碳标签的产品具有哪些优势(必填，至少选择 1 项，最多选择 8 项)？

①全球 500 强企业选购产品的基本要求；

②全球大型零售业巨头优先选购的产品；

③作为出口产品的必备条件之一；

④进入欧盟产品的必要条件；

⑤没有优势，增加了成本；

⑥没有作用，普遍环保意识不强；

⑦非常重要，可以知道同类产品的碳排放量；

⑧有优势，但不清楚；

⑨在中国目前环境下，在中国销售不具有优势；

⑩是清洁生产的重要内容；

⑪其他。

图 8-5 为问题(5)的调查结果。其中，37.21%的人认为非常重要，可以知道同类产品的碳排放量；35.35%的人认为有优势，但不清楚；29.77%的人认为是全球大型零售业巨头优先选购的产品；30.23%的人认为是进入欧盟产品的必要条件；28.84%的人认为在中国目前环境下，在中国销售不具有优势。可见，大部分人认为贴碳标签还是较为重要。

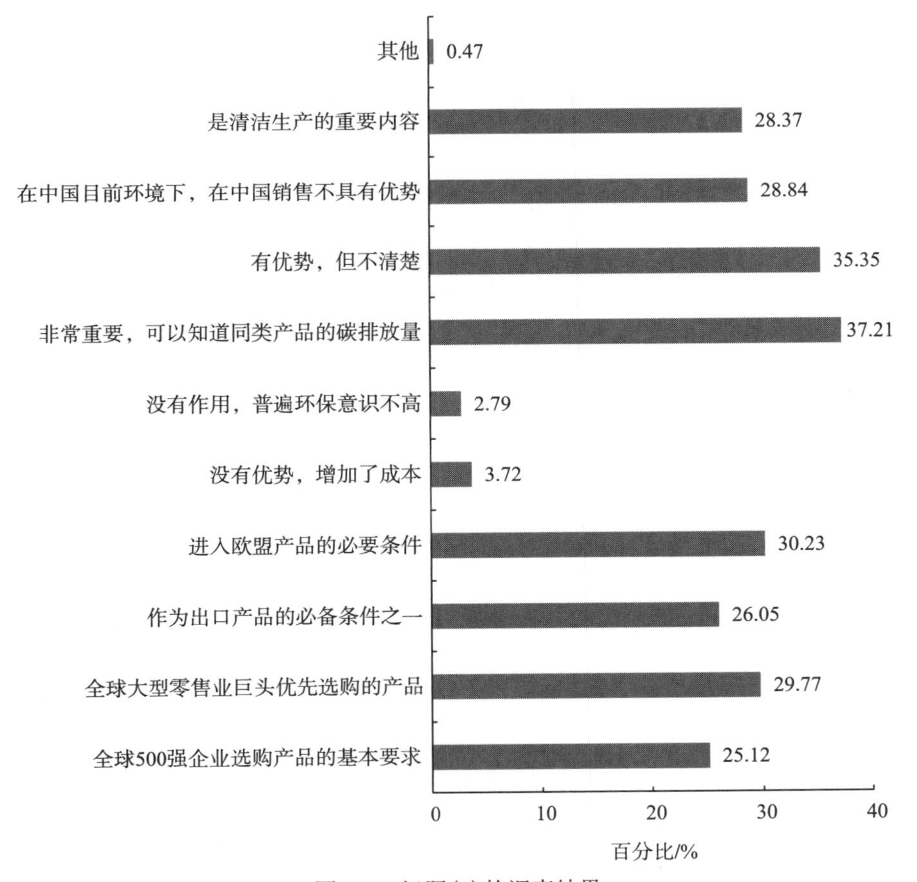

图 8-5　问题(5)的调查结果

(6)猕猴桃作为水果维 C 之王，是否具有贴碳标签的应用价值(必填，单选)?

①肯定可以贴碳标签；

②不贴碳标签也可以；

③不用碳标签；

④无所谓；

⑤不知道。

图 8-6 为问题(6)的调查结果。其中，66.51%的人认为肯定可以贴碳标签，13.49%的人认为不贴碳标签也可以。可见，大部分人认为猕猴桃是可以贴碳标签的。

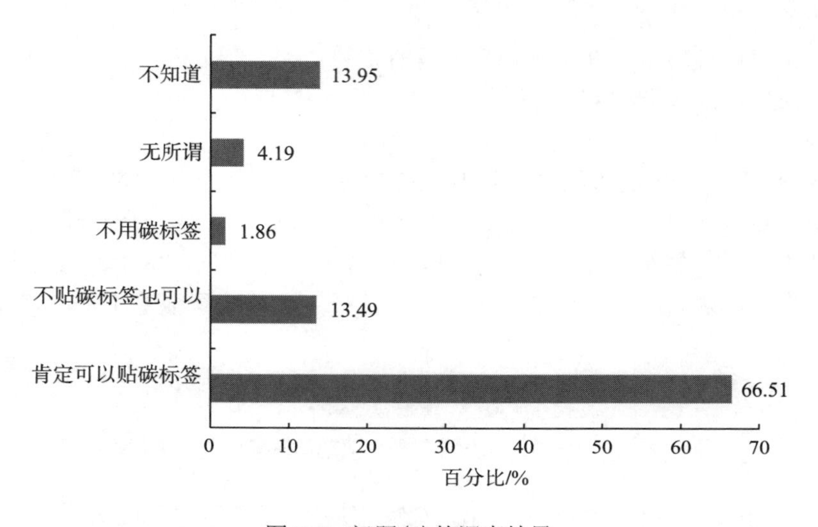

图 8-6 问题(6)的调查结果

(7)二荆条辣椒作为典型的蔬菜及调味品，尤其是在川菜和火锅方面的应用必不可少，是否具有贴碳标签的应用价值(必填，单选)?

①肯定可以贴碳标签；

②不贴碳标签也可以；

③不用贴；

④无所谓；

⑤不知道。

图 8-7 为问题(7)的调查结果。其中，60.47%的人认为肯定可以贴碳标签；15.81%认为不贴碳标签也可以。可见，大部分人认为二荆条辣椒是可以贴碳标签的。

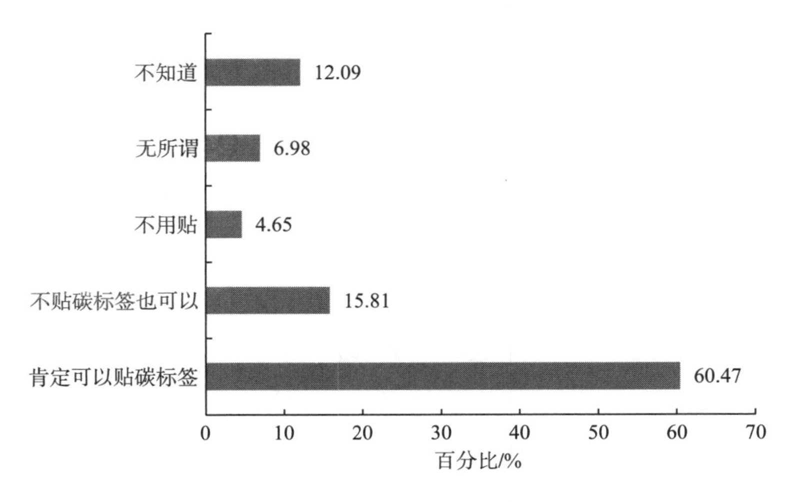

图 8-7　问题(7)的调查结果

(8)对于猕猴桃和二荆条辣椒，若可以贴碳标签的话，该如何让种植猕猴桃和二荆条辣椒的人知道(选一种最好的方式)(必填，至少选择 1 项，最多选择 3 项)？

①通过网络宣传；

②通过广播宣传；

③通过实地宣传和说服；

④通过人带话；

⑤微信；

⑥微博；

⑦QQ；

⑧其他。

图 8-8 为问题(8)的调查结果。其中，68.37%的人认为可以通过网络宣传，49.77%的人认为可以通过实地宣传和说服，37.21%的人认为可以通过微信，30.23%的人认为可以通过广播宣传，18.14%的人认为可以通过微博，5.58%的人认为可以通过 QQ。可见，大部分人认为通过现代网络手段可以有效宣传猕猴桃和二荆条辣椒的碳标签。

(9)碳标签应如何嵌入现有的商品属性中(必填，至少选择 1 项，最多选择 3 项)？

①增加原来使用的数据库容量和新字段(碳标签)；

②考虑使用条码技术，条码中含产品碳标签的值；

③其他。

图 8-9 为问题(9)的调查结果。其中，71.16%认为考虑使用条码技术，条码中含产品碳标签的值；47.44%的人认为增加原来使用的数据库容量和新字段(碳标签)。可见，大部分认为使用条码技术较好，也有相当一部分人认为可以增加数据库容量和增加新字段。

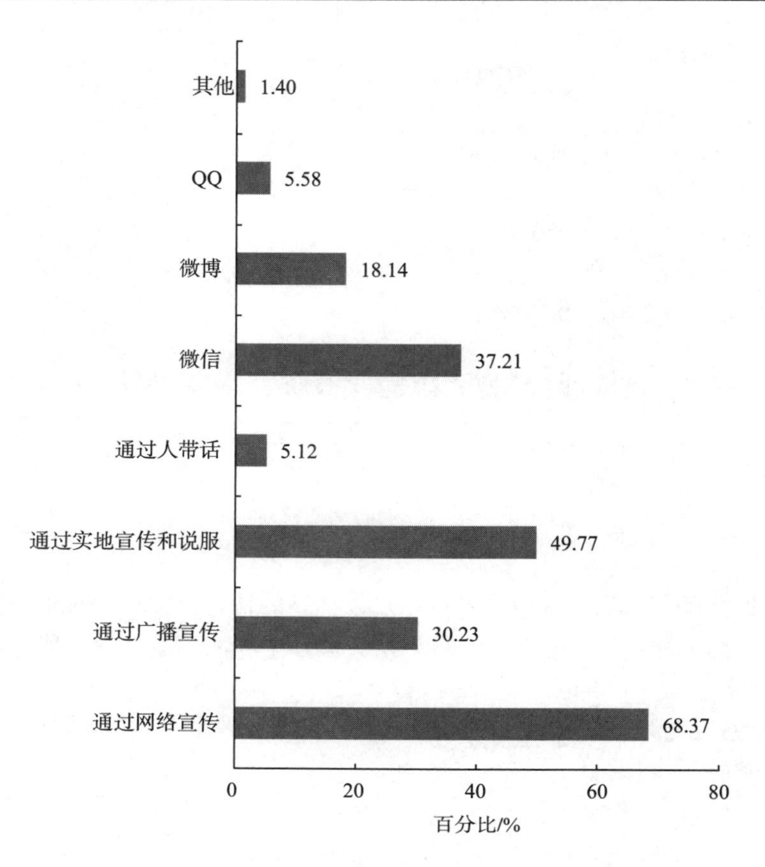

图 8-8 问题(8)的调查结果

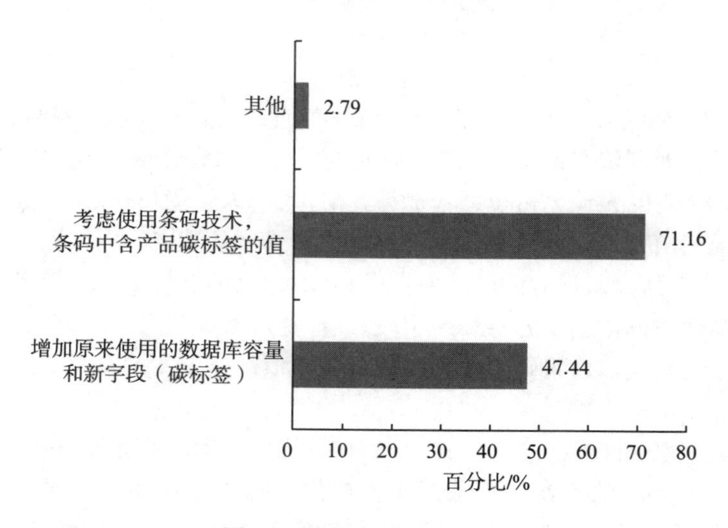

图 8-9 问题(9)的调查结果

(10)碳标签应如何体现在猕猴桃和二荆条辣椒产品的包装中(必填，至少选择 1 项，最多选择 3 项)？

①增加专门的空间，使碳标签值清晰可见；
②包含在条码中，不用显示；
③包含在条码中，一定要在旁边显示出来；
④贴在显眼的位置；
⑤与生产日期贴在一起；
⑥使用新的条码标签，并有防伪措施，专门显示碳标签；
⑦其他。

图 8-10 为问题(10)的调查结果。其中，47.91%的人认为增加专门的空间，使碳标签值清晰可见；34.42%的人认为贴在显眼的位置；33.02%的人认为使用新的条码标签，并有防伪措施，专门显示碳标签；32.09%的人认为包含在条码中，一定要在旁边显示出来。可见，大部分认为碳标签一定要看得到。

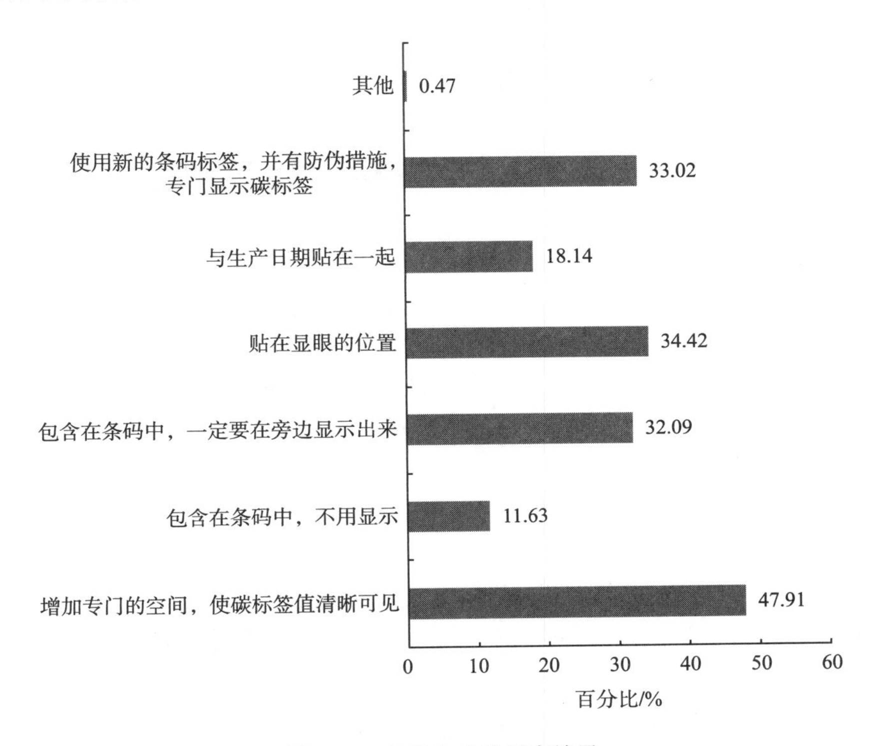

图 8-10 问题(10)的调查结果

(11)碳标签可以用到猕猴桃和二荆条辣椒之外的其他水果和蔬菜上吗(必填，单选)？
①肯定可以；
②不用；
③无所谓；
④大势所趋；
⑤理论上均可以；
⑥有些可以，有些不可以，如不可以的有：____________________。

图 8-11 为问题(11)的调查结果。其中，54.42%的人认为肯定可以，28.37%的人认为理论上均可以，12.09%的人认为是大势所趋。可见，大部分人认为碳标签可以用到猕猴桃和二荆条辣椒之外的其他水果和蔬菜上。

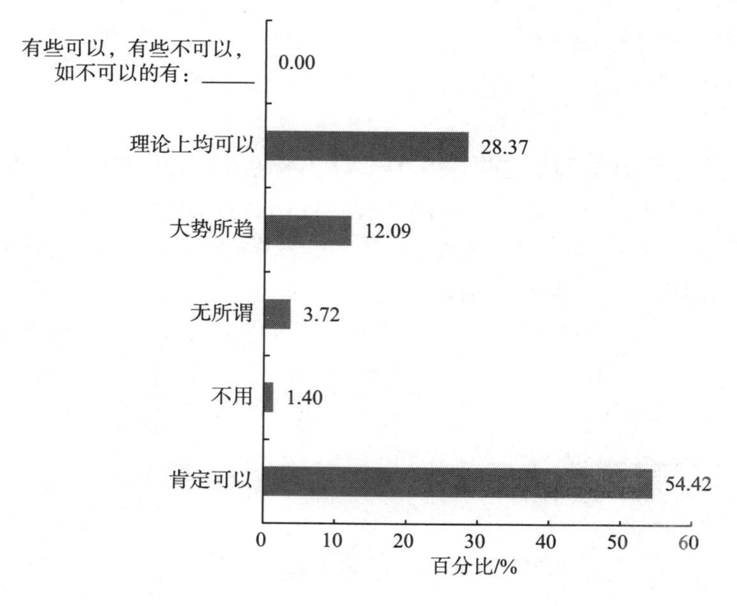

图 8-11 问题(11)的调查结果

(12)化肥施用对猕猴桃或二荆条辣椒的碳标签有影响吗(必填，单选)？

①肯定有；

②没有；

③有一定的影响，但影响不大；

④不知道。

图 8-12 为问题(12)的调查结果。其中，71.63%的人认为肯定有；13.02%的人认为有一定的影响，但影响不大；13.02%的人不知道。可见，化肥施用对猕猴桃或二荆条辣椒的碳标签是有影响的。

(13)农药施用对猕猴桃或二荆条辣椒的碳标签有影响吗(必填，单选)？

①肯定有；

②没有；

③有一定的影响，但影响不大；

④不知道。

图 8-13 为问题(13)的调查结果。其中，76.74%的人认为肯定有；13.95%的人认为不知道；6.05%的人认为有一定的影响，但影响不大。可见，农药施用对猕猴桃或二荆条辣椒的碳标签是有影响的。

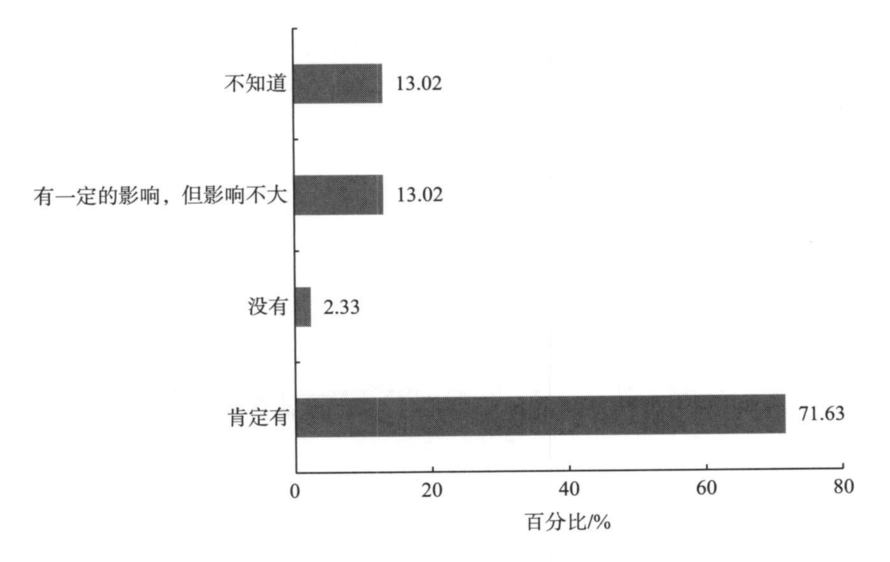

图 8-12　问题(12)的调查结果

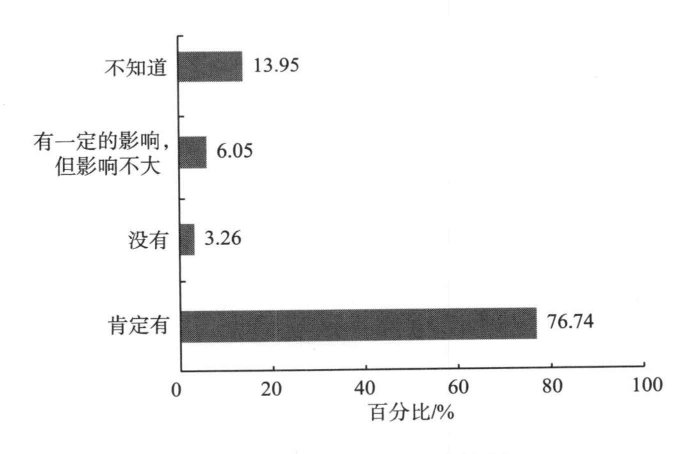

图 8-13　问题(13)的调查结果

(14)猕猴桃果实套袋对猕猴桃碳标签有影响吗(必填，单选)？

①有，因为有物质投入；

②没有，可以忽略；

③没有，主要是人工投入；

④套袋很轻，可以忽略；

⑤不知道。

图 8-14 为问题(14)的调查结果。其中，63.26%的人认为肯定有；17.21%的人不知道；9.77%的人认为没有，可以忽略；6.05%的人认为没有，主要是人工投入。可见，猕猴桃果实套袋对猕猴桃碳标签是有影响的。

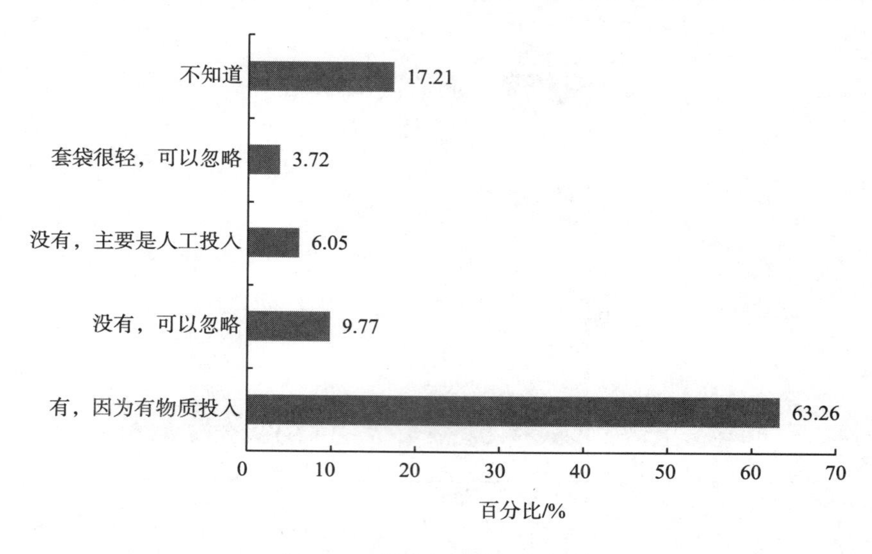

图 8-14 问题(14)的调查结果

(15)猕猴桃产品有哪些？您知道吗(必填，至少选择 1 项，最多选择 8 项)？

①猕猴桃普通红酒；

②猕猴桃饮料；

③猕猴桃醋；

④猕猴桃水果(红心、黄心、绿心)；

⑤猕猴桃高端红酒；

⑥猕猴桃包装盒子；

⑦不清楚具体有哪些；

⑧猕猴桃药品(维生素 C)；

⑨其他。

图 8-15 为问题(15)的调查结果。其中，83.72%的人认为是猕猴桃水果(红心、黄心、绿心)，79.07%的人认为是猕猴桃饮料，39.53%的人认为是猕猴桃醋，41.40%的人认为是猕猴桃普通红酒，认为是猕猴桃包装盒子和猕猴桃药品(维生素 C)的均为 36.74%。可见，对猕猴桃产品的认识大都停留在水果、红酒和饮料上，而对猕猴桃其他产品不是很熟悉。

(16)二荆条辣椒的产品有哪些(必填，至少选择 1 项，最多选择 6 项)？

①干辣椒；

②辣椒粉；

③豆瓣；

④成熟的红辣椒果实；

⑤没有成熟的青辣椒果实；

⑥其他。

图 8-16 为问题(16)的调查结果。其中，89.30%的人认为是辣椒粉，87.44%的人认为是干辣椒，66.98%的人认为是豆瓣，57.67%的人认为是成熟的红辣椒果实，46.05%的人认

为是没有成熟的青辣椒果实。可见，大家对二荆条辣椒的产品还是比较熟悉的。

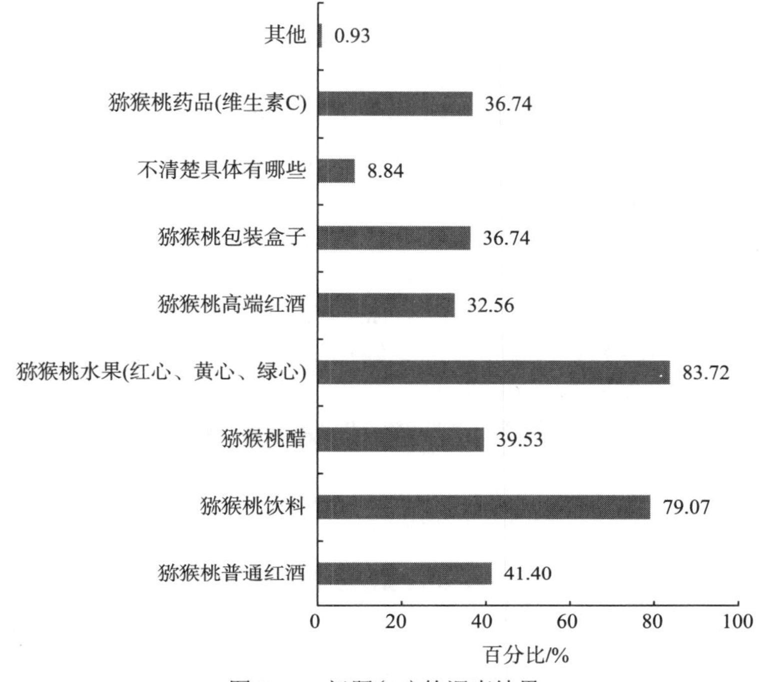

图 8-15　问题(15)的调查结果

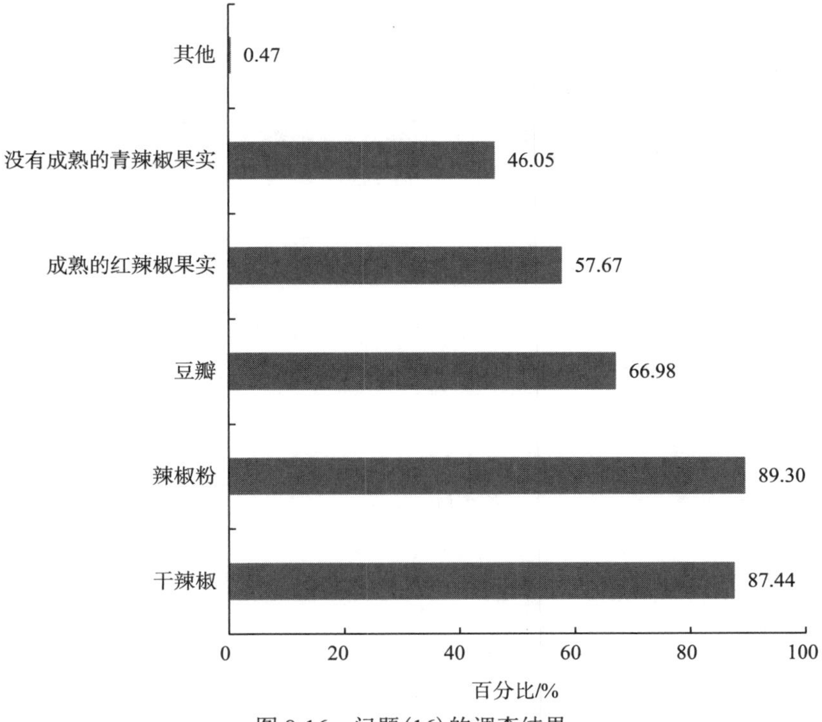

图 8-16　问题(16)的调查结果

(17)四川省有必要建立二荆条辣椒碳标签系统吗(必填，至少选择1项，最多选择2项)？

①非常必要；

②不用；

③无所谓；

④必须要有；

⑤四川特有的蔬菜产品，必须要有碳标签，有利于走入国际市场；

⑥在四川境内可以使用，其他地方不用；

⑦可以在全国推广，甚至推广到国外。

图 8-17 为问题(17)的调查结果。其中，42.79%的人认为是四川特有的蔬菜产品，必须要有碳标签，有利于走入国际市场；39.07%的人认为非常必要；27.44%的人认为可以在全国推广，甚至推广到国外。可见，四川省是有必要建立二荆条辣椒碳标签系统的。

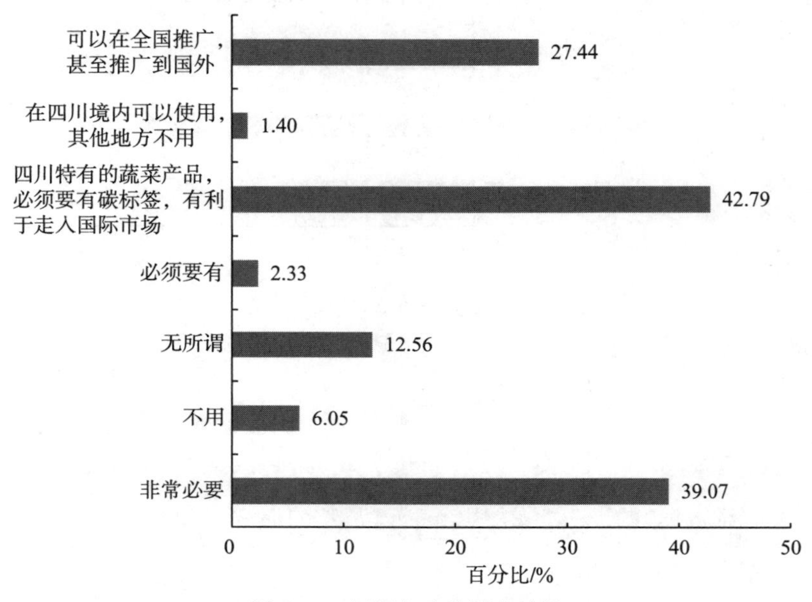

图 8-17 问题(17)的调查结果

(18)政府，特别是有关部门，对猕猴桃和二荆条辣椒的碳标签系统有什么作用(必填，至少选择 1 项，最多选择 4 项)？

①政府有鼓励和引导作用；

②跟政府没有关系；

③政府应加大力度，拓展碳标签市场和管理；

④无所谓，跟政府没有关系；

⑤政府有不可推卸的责任，推行碳标签的发展和应用；

⑥可以大力推广，但应统一标准；

⑦不用推广，企业和农业自己负责。

图 8-18 为问题(18)的调查结果。其中，77.21%的人认为政府有鼓励和引导作用；60.00%

的人认为政府应加大力度，拓展碳标签市场和管理；40.00%的人认为政府有不可推卸的责任，推行碳标签的发展和应用；38.14%的人认为可以大力推广，但应统一标准。可见，政府对碳标签的主导、引导和应用推广具有重要作用。

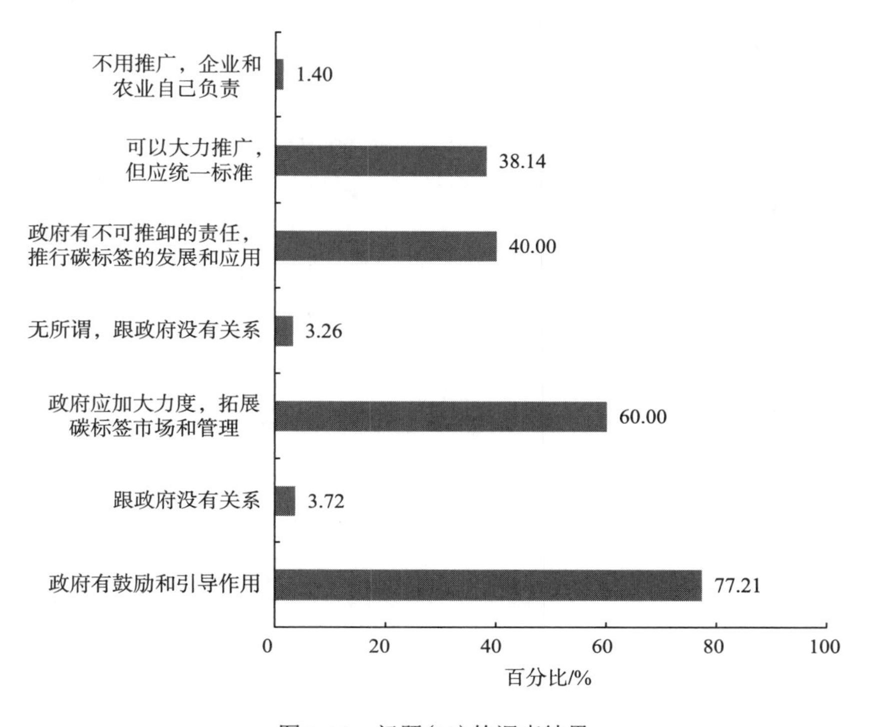

图 8-18　问题(18)的调查结果

(19)农业果蔬碳标签系统该由什么机构进行认证和管理(必填，至少选择 1 项，最多选择 3 项)？

①农业农村部；

②省级农业厅；

③省级商业厅；

④第三方机构，如专门从事碳标签系统开发和应用的企业；

⑤第三方负责，政府监督，共同完成和推广碳标签的应用；

⑥企业自己负责；

⑦批发商和零售商来负责；

⑧不知道该谁负责；

⑨其他。

图 8-19 为问题(19)的调查结果。其中，60.00%的人认为是农业农村部；37.21%的人认为是第三方负责，政府监督，共同完成和推广碳标签的应用；34.42%的人认为是省级农业厅；6.05%的人认为是省级商业厅；6.05%的人不知道该谁负责。可见，政府部门和第三方机构，特别是国家政府机构是主要负责的部门。

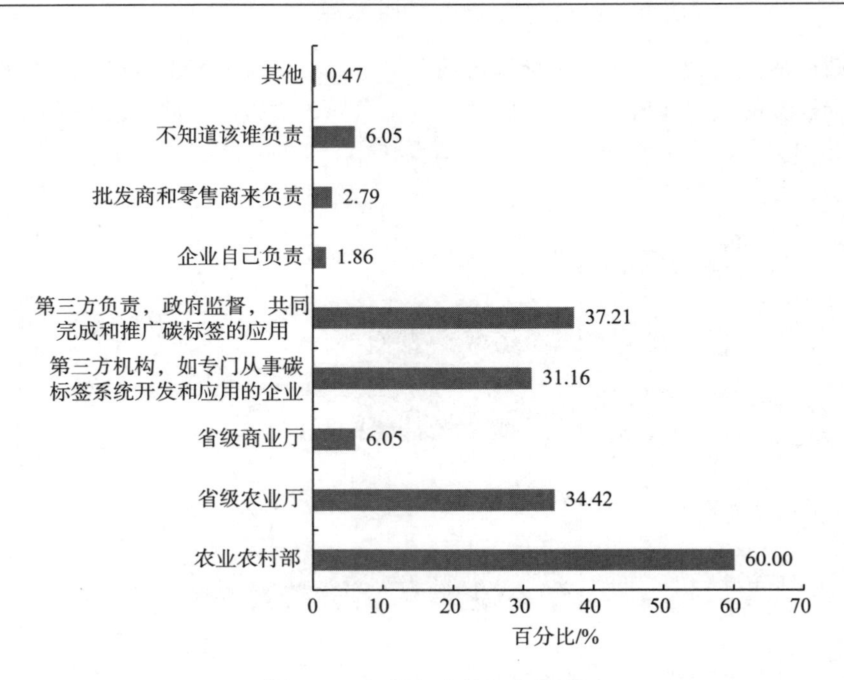

图 8-19 问题(19)的调查结果

(20)不同猕猴桃品种的碳标签该如何体现(必填，至少选择 1 项，最多选择 2 项)？

①应该统一标准和算法；

②可以不一样；

③无所谓。

图 8-20 为问题(20)的调查结果。其中，83.72%的人认为应该统一标准和算法，13.02%的人认为可以不一样。可见，统一标准和算法是必要的。

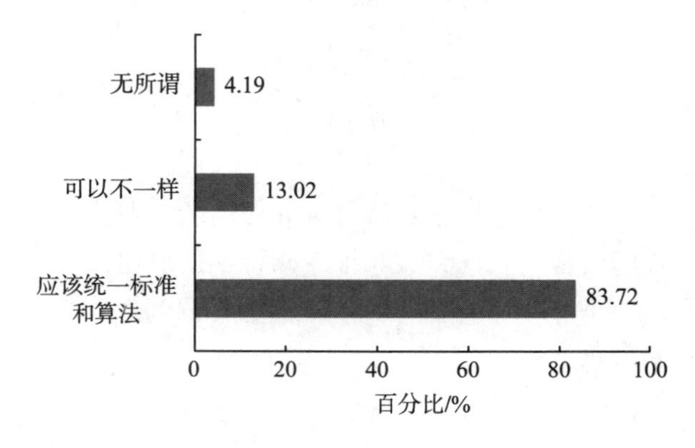

图 8-20 问题(20)的调查结果

(21)碳标签对提高公民对产品的认识和环境的影响有何作用(必填，至少选择 1 项，最多选择 3 项)？

①可以提高市民对产品的深层次认识，提高对环境影响和保护的认识；

②提高市民对农产品，特别是对全球变暖贡献的认识；

③有对环境保护起到推进作用；

④没有任何影响；

⑤不知道。

图 8-21 为问题(21)的调查结果。其中，77.67%的人认为可以提高市民对产品的深层次认识，提高对环境影响和保护的认识；53.49%的人认为提高市民对农产品，特别是对全球变暖贡献的认识；51.16%的人认为有对环境保护起到推进作用。可见，碳标签对提高公民对产品的认识和环境的影响是正面的。

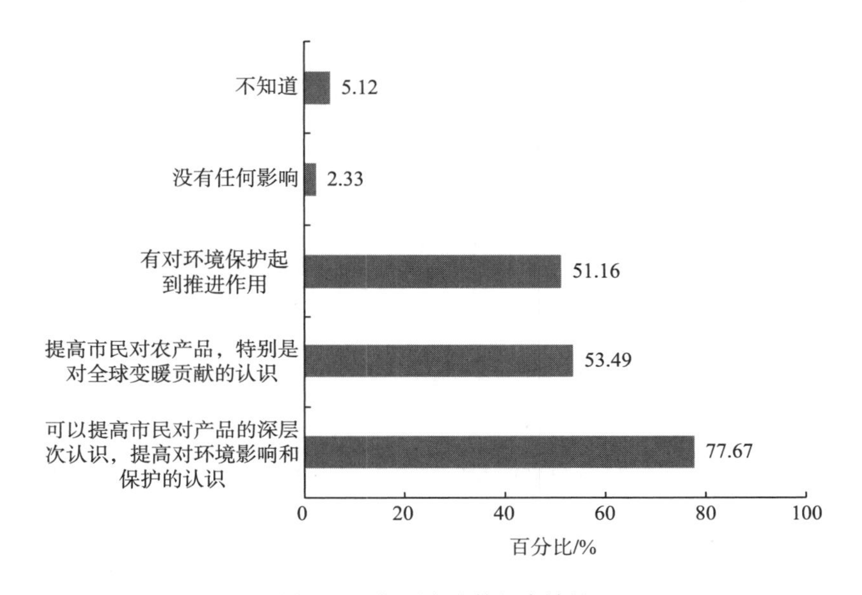

图 8-21　问题(21)的调查结果

(22)碳标签推广和应用是否对四川省二荆条辣椒产品在全国乃至全球有推动和提高档次的作用(必填，至少选择 1 项，最多选择 3 项)？

①对提高四川辣椒产品品质有作用；

②没有作用；

③可以提高二荆条辣椒产品的内涵，有利于呼吁人们使用碳排放更低的同类产品；

④不可预料。

图 8-22 为问题(22)的调查结果。其中，59.07%的人认为对提高四川辣椒产品品质有作用；57.67%的人认为可以提高二荆条辣椒产品的内涵，有利于呼吁人们使用碳排放更低的同类产品；13.95%的人认为不可预料。可见，碳标签推广和应用对提高四川辣椒产品有提高作用。

(23)在种植猕猴桃和二荆条辣椒期间应如何减少碳排放(必填，至少选择 1 项，最多选择 4 项)？

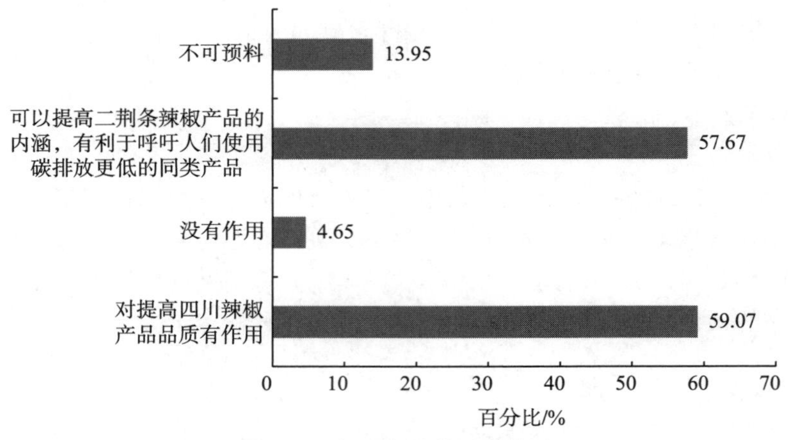

图 8-22 问题(22)的调查结果

①少用农药；

②少用化肥；

③少用华丽和奢侈的包装；

④按照绿色有机食品的生产过程进行生产；

⑤不吃猕猴桃；

⑥不吃二荆条辣椒；

⑦不清楚。

图 8-23 为问题(23)的调查结果。其中，72.09%的人认为是少用农药，70.23%的人认为是少用化肥，61.40%的人认为是少用华丽和奢侈的包装，59.53%的人认为是按照绿色有机食品的生产过程进行生产。可见，在种植猕猴桃和二荆条辣椒期间少用化肥和农药，以及按照绿色有机食品的生产过程进行生产可以减少碳排放。

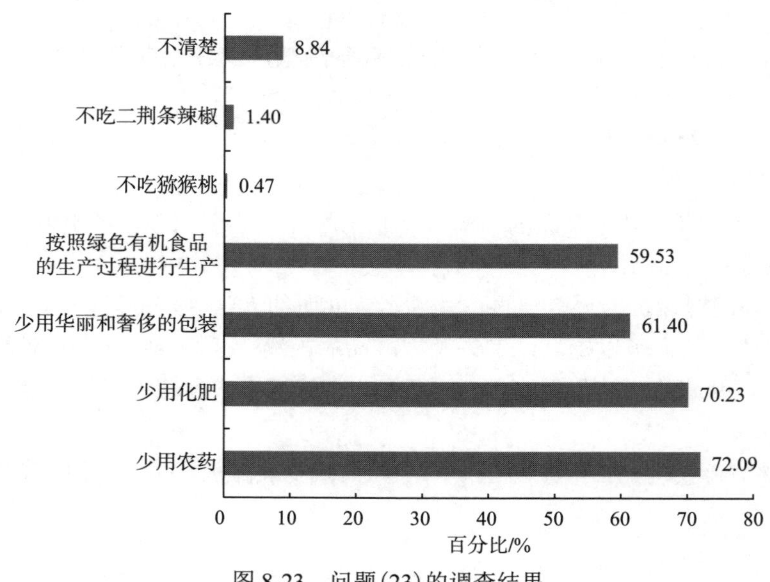

图 8-23 问题(23)的调查结果

(24) 碳标签如何与国际上的标准接轨(必填，至少选择 1 项，最多选择 4 项)？

①使用国外碳标签系统；

②使用国内自主研发的碳标签系统；

③不论是国外还是国内的碳标签系统，都应该有统一的指标，具有查询、监督等作用；

④使用四川特有的碳标签系统；

⑤不知道。

图 8-24 为问题(24)的调查结果。其中，73.02%的人认为不论是国外还是国内的碳标签系统，都应该有统一的指标，具有查询、监督等作用；23.72%的人认为使用国外碳标签系统；21.86%的人认为使用国内自主研发的碳标签系统。可见，不论是国外还是国内的碳标签系统，都应该有统一的指标，具有查询、监督等作用。

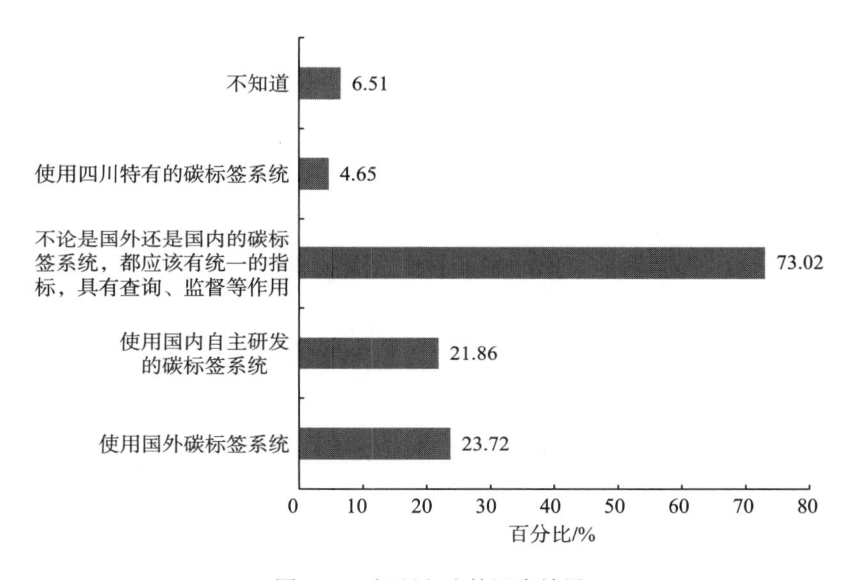

图 8-24　问题(24)的调查结果

(25) 碳标签是否包括猕猴桃和二荆条辣椒及其产品用完后的废物处理过程(必填，单选)？

①应包括；

②不包括；

③不知道；

④其他。

图 8-25 为问题(25)的调查结果。其中，71.63%的人认为应包括，19.07%的人不知道。可见，碳标签还应包括废物处理过程。

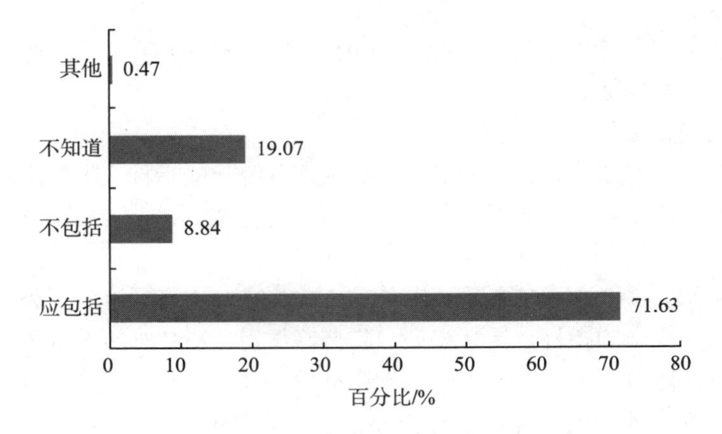

图 8-25　为问题(25)的调查结果

(26)农业果蔬产品的碳标签系统该如何定位产品来源(必填，至少选择 1 项，最多选择 3 项)？

①碳标签系统应该包括产品具体的产地、种植人、收获时间等信息；

②GPS 定位信息应该融合在碳标签系统中，可以精确定位；

③可以在产品包装中添加具体的产地、种植人、收获和产品等信息；

④不知道。

图 8-26 为问题(26)的调查结果。其中，68.84%的人认为碳标签系统应该包括产品具体的产地、种植人、收获时间等信息；46.05%的人认为可以在产品包装中添加具体的产地、种植人、收获和产品等信息；25.58%的人认为 GPS 定位信息应该融合在碳标签系统中，可以精确定位。可见，农业果蔬产品的碳标签系统在产品的定位包括产品具体的产地、种植人、收获时间等信息。

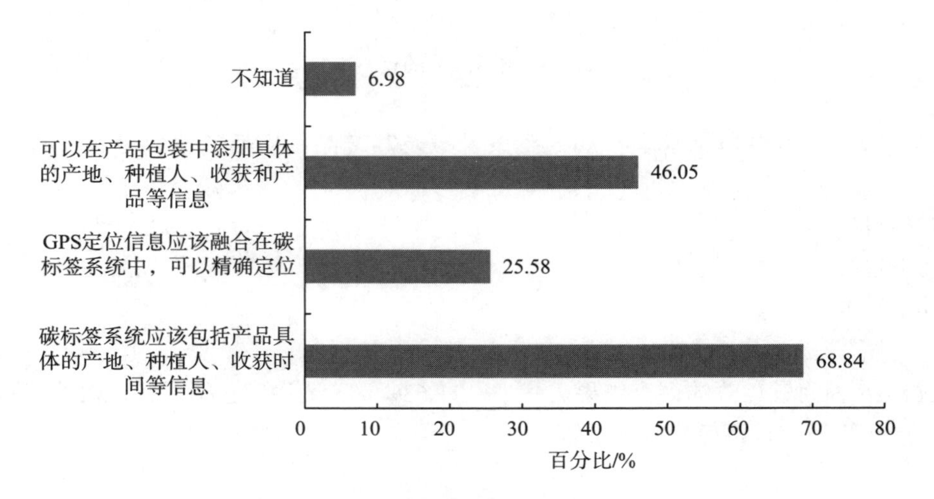

图 8-26　问题(26)的调查结果

(27) 您食用猕猴桃及其产品的时间和频率如何(必填，至少选择 1 项，最多选择 5 项)？

①只是在猕猴桃成熟的季节吃猕猴桃；

②只是偶尔吃猕猴桃水果(一年中可能不超过 5 次)；

③经常食用猕猴桃的高端产品，如猕猴桃饮料和果酒(1 个月 1 次或者 3 个月 1 次)；

④只对猕猴桃果实感兴趣，对其附加产品(如饮料、果醋和酒)不感兴趣；

⑤过年过节购买猕猴桃和其深加工产品(如饮料、果醋和酒)送人；

⑥每年只是在猕猴桃收获季节及其后面 3 个月内才购买猕猴桃水果，进行消费；

⑦猕猴桃深加工产品太贵，是高档消费品，购买的次数很少；

⑧很少购买猕猴桃水果及其产品(每年 1～3 次)。

图 8-27 为问题(27)的调查结果。其中，61.86%的人只是在猕猴桃成熟的季节吃猕猴桃；28.84%的人认为只是偶尔吃猕猴桃水果(一年中可能不超过 5 次)；19.07%的人认为只对猕猴桃果实感兴趣，对其附加产品(如饮料、果醋和酒)不感兴趣；19.07%的人认为每年只是在猕猴桃收获季节及其后面 3 个月内才购买猕猴桃水果，进行消费。可见，在猕猴桃成熟的季节吃猕猴桃的人占多数。

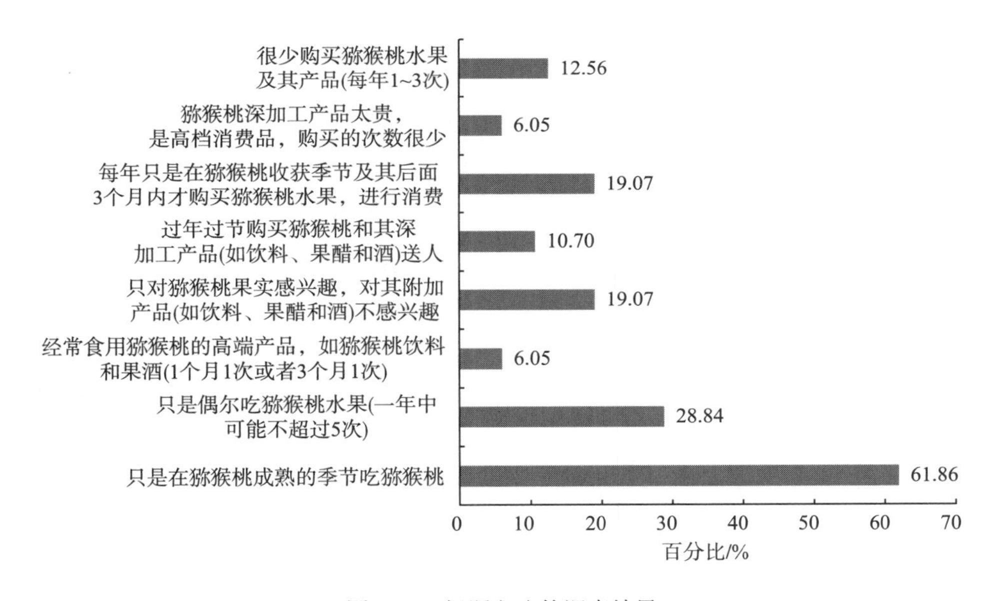

图 8-27　问题(27)的调查结果

(28) 您食用二荆条辣椒及其产品的时间和频率如何(必填，至少选择 1 项，最多选择 7 项)？

①常年食用，二荆条辣椒为四川饮食中不可或缺的食材；

②夏季二荆条辣椒成熟的时候，多用其青色产品，很少用红色成熟的二荆条辣椒；

③夏季二荆条辣椒成熟的时候，多用其红色产品，很少用青色成熟的二荆条辣椒；

④做豆瓣酱的必需原料；

⑤川菜的必需品，一年四季都在用；

⑥热爱火锅和川菜，二荆条辣椒产品(特别是辣椒粉、干辣椒)是食用最为频繁的食材，是四川省不可缺少的食材和调味品；

⑦除湿气必需品，一年四季使用；

⑧很少食用二荆条辣椒，因为怕辣；

⑨身体原因，辛辣食材极少使用。

图 8-28 为问题(28)的调查结果。其中，59.53%的人认为常年食用，二荆条辣椒为四川饮食中不可或缺的食材；39.53%的人认为热爱火锅和川菜，二荆条辣椒产品(特别是辣椒粉、干辣椒)是食用最为频繁的食材，是四川省不可缺少的食材和调味品；34.88%的人认为是川菜的必需品，一年四季都在用；26.98%的人认为是做豆瓣酱的必需原料；26.51%的人认为是除湿气必需品，一年四季使用。可见，在四川，二荆条辣椒一年四季都在使用，是四川省较常见和用得较多的食材和作料品种。

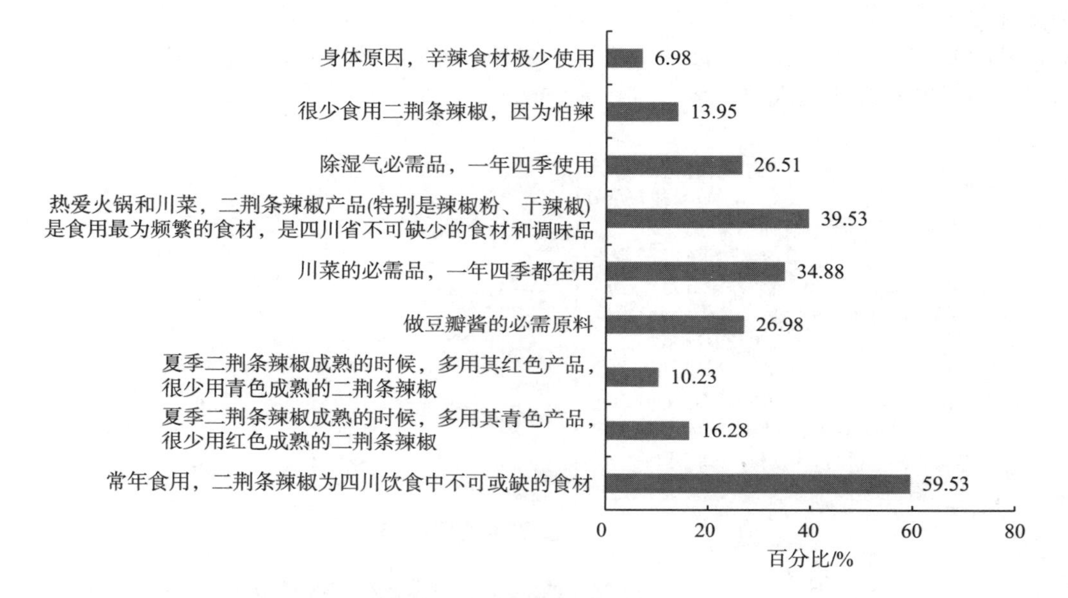

图 8-28 问题(28)的调查结果

(29)您愿意优先购买具有碳标签的农产品吗(不仅仅包括猕猴桃和二荆条辣椒)(必填，至少选择 1 项，最多选择 2 项)？

①是的，肯定优先购买；

②哪个便宜就买哪个；

③愿意，且愿意购买最低“碳排放”的产品；

④不愿意；

⑤无所谓。

图 8-29 为问题(29)的调查结果。其中，60.93%的人认为是的，肯定优先购买；39.53%的人认为愿意，且愿意购买最低“碳排放”的产品；17.21%的人认为哪个便宜就买哪个。可见，大部分人还是愿意优先购买具有碳标签的农产品。

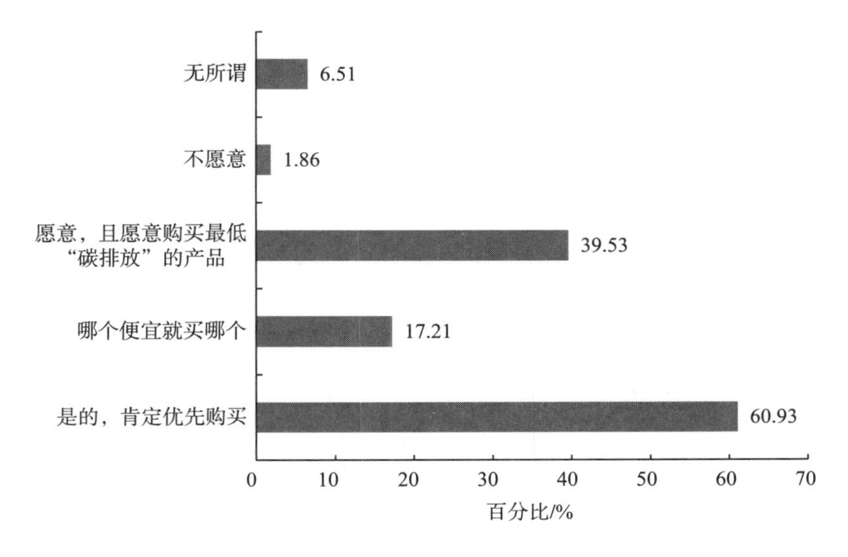

图 8-29　问题(29)的调查结果

(30)您的性别是什么(必填，单选)？

①男；

②女；

③其他。

图 8-30 为问题(30)的调查结果。其中，50%为男性，49.53%为女性。可见，男女比例基本各占 50%左右。

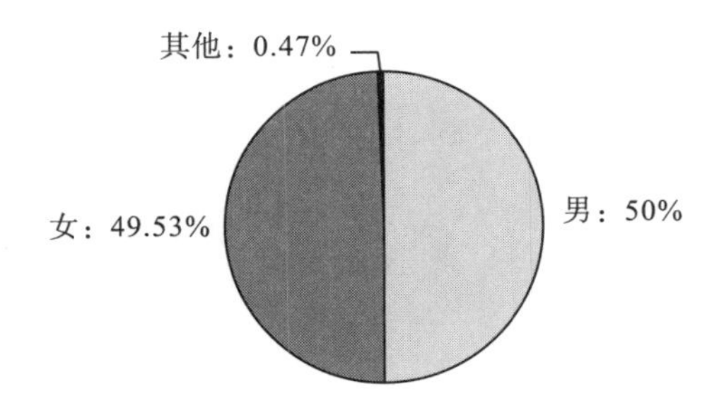

图 8-30　问题(30)的调查结果

(31)您的年龄是什么阶段(必填，单选)？

①20 岁以下，含 20 岁；

②20～30 岁，含 30 岁；

③30～40 岁，含 40 岁；

④40～50 岁，含 50 岁；

⑤50～60 岁，含 60 岁；

⑥70 岁以上，含 70 岁。

图 8-31 为问题(31)的调查结果。其中，60.00%的人为 30～40 岁，含 40 岁；36.74%

的人为20～30岁，含30岁；0.93%的人为40～50岁，含50岁。可见，参与调查人群中20～40岁最多。

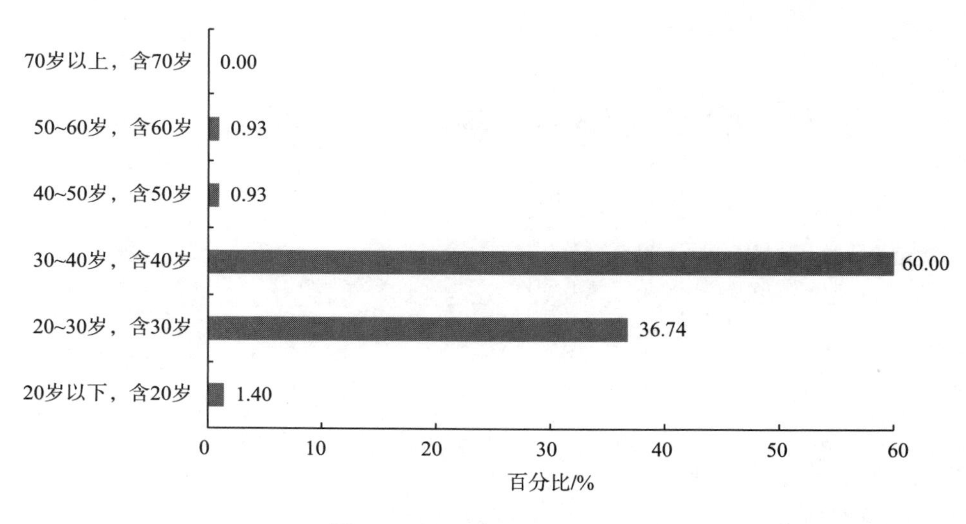

图 8-31　问题(31)的调查结果

(32)您获得的最高教育水平是什么(必填，单选)？

①没有上过学(文盲)；

②小学文凭；

③初中文凭；

④高中文凭；

⑤专科文凭；

⑥本科文凭；

⑦硕士研究生文凭；

⑧博士研究生文凭；

⑨博士后工作站出站；

⑩海外留学经历(1年)；

⑪海外留学经历(2年)；

⑫海外留学经历(3年)；

⑬海外留学经历(3年以上)；

⑭其他。

图8-32为问题(32)的调查结果。其中，49.30%的人为本科文凭，22.79%的人为硕士研究生文凭，8.84%的人为博士研究生文凭，7.44%的人为专科文凭。可见，大专及以上文凭占93.51%的人以上。

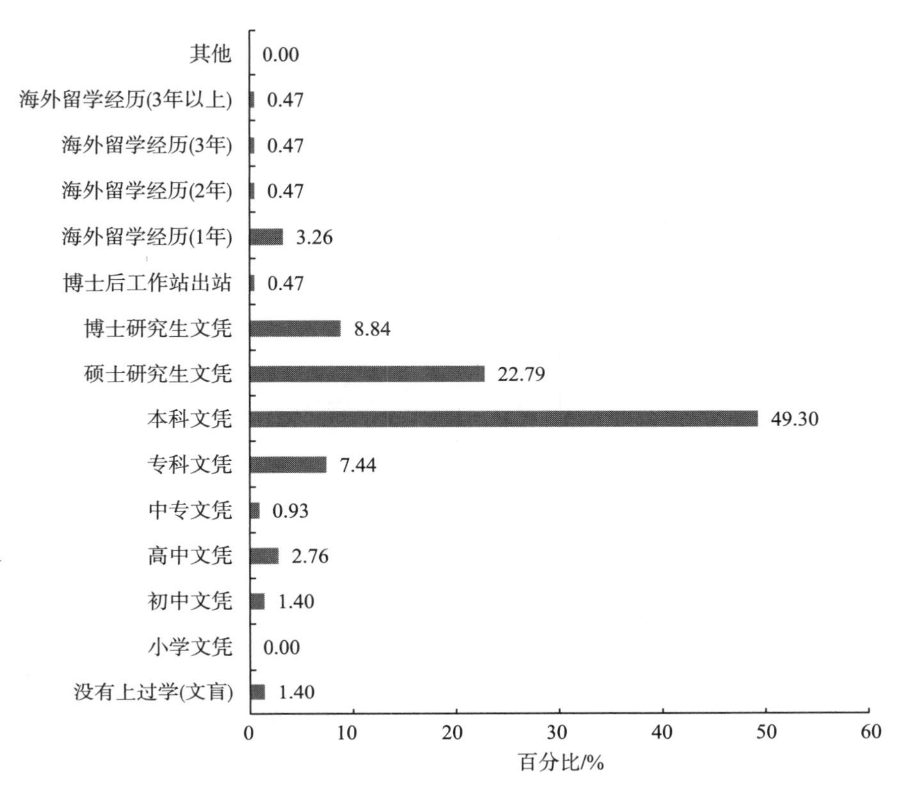

图 8-32 问题(32)的调查结果

(33)您所从事的主要行业是什么(必填)?

①教育/培训;

②农业;

③林业;

④牧业;

⑤渔业;

⑥工程;

⑦管理;

⑧金融;

⑨外贸;

⑩杂货铺老板;

⑪农产品批发市场;

⑫水果种植户;

⑬蔬菜专业户;

⑭交通运输;

⑮地质地貌;

⑯其他。

图 8-33 为问题(33)的调查结果。其中，23.26%的人从事工程，21.40%的人从事教育/培训，15.81%的人从事管理；6.51%的人从事农业，5.58%的人从事林业。可见，从事工程、教育和管理的人占绝大多数。

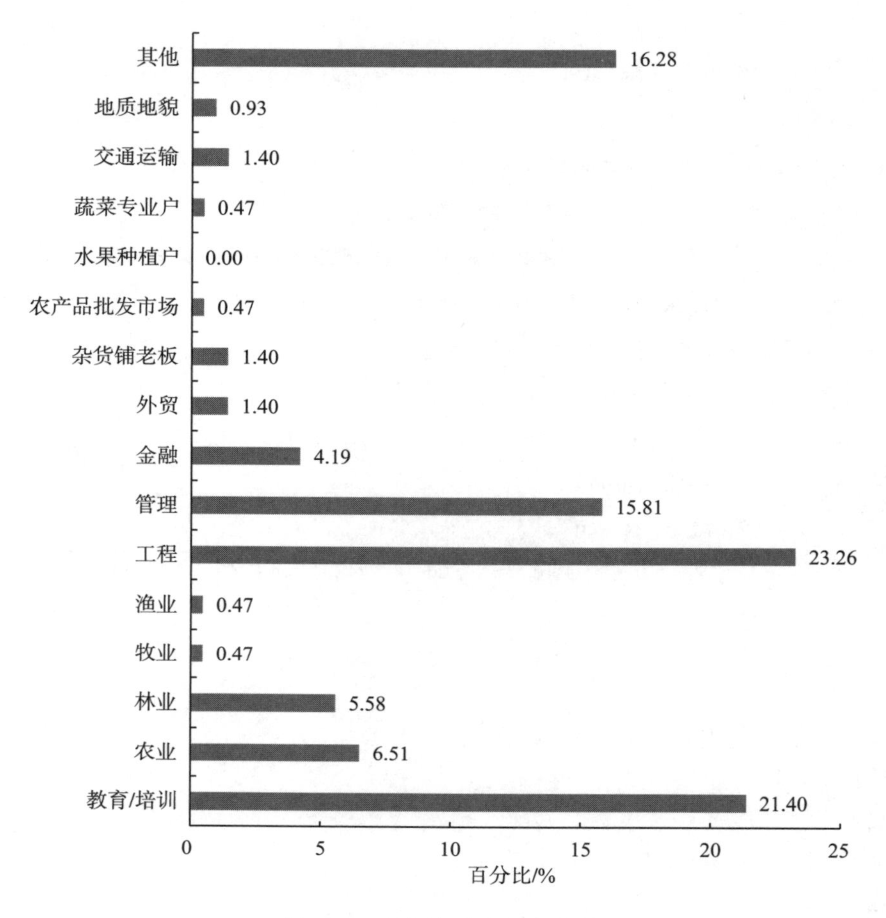

图 8-33 问题(33)的调查结果

(34)您对产品碳标签系统及其应用是否充满希望？相信未来会被千家万户所熟知(必填，至少选择 1 项，最多选择 3 项)？

①充满期待，希望应用推广；

②无所谓；

③希望中国政府采用，对产品定位和来源，尤其是碳排放，有重要意义；

④希望四川省率先启用产品碳标签系统；

⑤不希望使用碳标签系统，会浪费资源；

⑥与国际接轨，应该大力推广和应用，让千家万户知晓和参与进来；

⑦定量化的碳排放，有利于农产品的国际化销售，应大力推广。

图 8-34 为问题(34)的调查结果。其中，62.79%的人认为充满期待，希望应用推广；

40.93%的人认为希望中国政府采用，对产品定位和来源，尤其是碳排放，有重要意义；23.26%的人希望四川省率先启用产品碳标签系统；23.26%的人认为与国际接轨，应该大力推广和应用，让千家万户知晓和参与进来。可见，大部分人希望政府来推广应用碳标签系统。

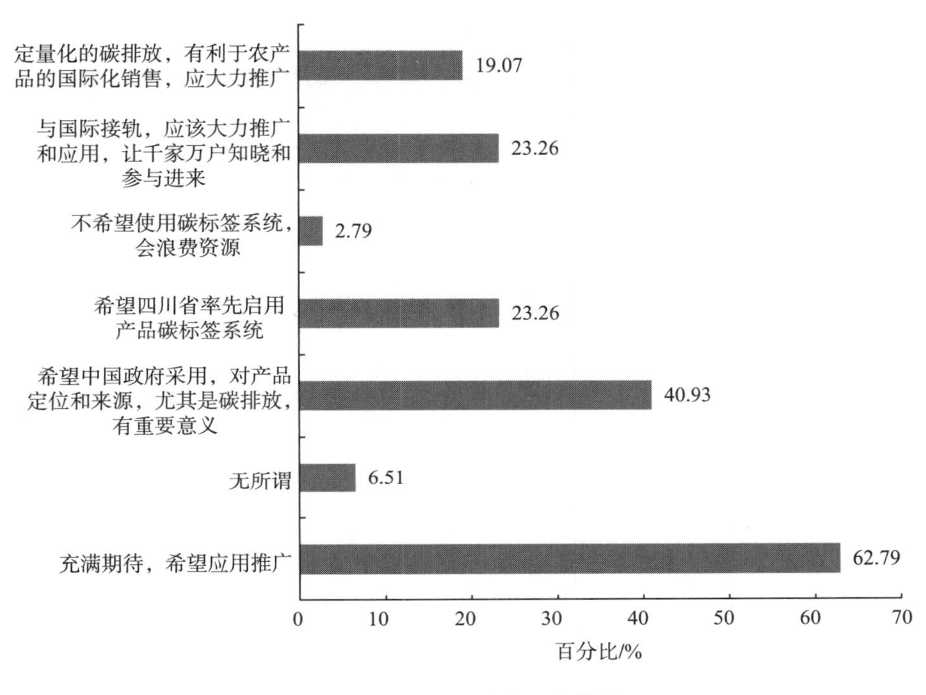

图 8-34　问题(34)的调查结果

(35)对同一猕猴桃酒(一种猕猴桃深加工产品)，其他条件相同的条件下，若包装越华丽，则其碳标签值就越高！这种说法对吗(必填，多选，至少选择 1 项，最多选择 2 项)？

①对，因为包装越华丽，消耗的物质和能源就越多，就会产生更多的碳排放；

②不对，具体理由不清楚；

③对，因为从产品的生命周期分析的话，包装属于产品加工环节，华丽意味着投入越多，也就导致碳排放越多；

④不知道对不对；

⑤其他。

图 8-35 为问题(35)的调查结果。其中，42.31%的人认为对，因为包装越华丽，消耗的物质和能源就越多，就会产生更多的碳排放；42.31%的人认为对，因为从产品的生命周期分析的话，包装属于产品加工环节，华丽意味着投入越多，也就导致碳排放越多；19.78%的人认为不对，具体理由不清楚。可见，大部分人认为包装越华丽，消耗的物质和能源就越多，就会产生更多的碳排放。

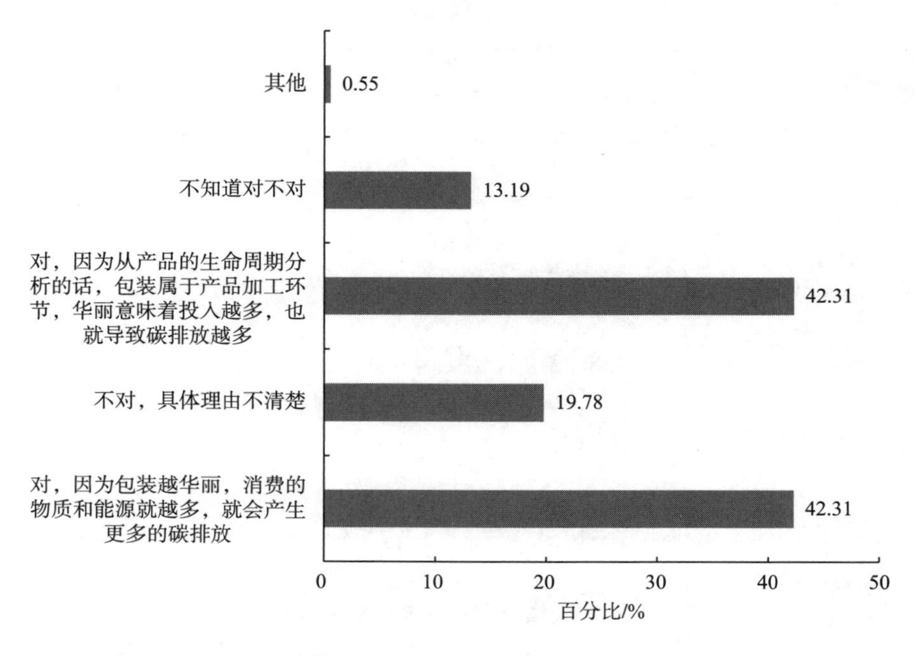

图 8-35　问题(35)的调查结果

8.2.2　碳标签调查结论

本书研究一共设计了由 35 个问题组成的调查表格，获取了相关信息，收到 214 份有效网络调查问卷，为碳标签系统的开发和应用提供了基础。

结果显示：

(1) 在四川省开展基于猕猴桃和二荆条辣椒的低碳果蔬产品的碳标签制度是非常紧迫的，也是十分必要的；

(2) 开发低碳果蔬猕猴桃和二荆条辣椒的碳标签系统是非常重要的，主要应由政府主导开展相关研发和应用工作；

(3) 不仅猕猴桃和二荆条辣椒，其他所有果蔬产品均有必要进行碳标签应用，希望政府能大力支持和推广应用；

(4) 借鉴应用国外经验，使碳标签统一标准和方法；

(5) 在四川省开展这些工作具有十分重要的作用，有利于把四川的果蔬产品进行碳标签应用，有利于进入其他市场，特别是对进入国际市场具有重要的作用。

8.3　推行四川省低碳猕猴桃和二荆条辣椒碳标签的策略

碳标签是将产品碳足迹的信息用量化的指数标在产品标签上(余运俊 等，2010)，从全球碳标签的发展来看，碳标签的使用已是大势所趋。推行碳标签有利于企业打破贸易壁垒，提高企业竞争力，促进消费者消费模式的转变。

四川猕猴桃和二荆条辣椒碳标签有两个作用：①可以引导消费者消费，使消费者了解四川省猕猴桃和二荆条辣椒的环保性，有意识地增加消费者的减排量；②透明化生产猕猴桃鲜果和二荆条鲜辣椒产品的碳排放来源，便于生产者采取减排措施。因此，推行四川省猕猴桃和二荆条辣椒碳标签是必要的。

1. 大力宣传碳标签

政府可以联合媒体、相关组织一起宣传低碳理念，让消费者对于碳标签有足够的认识，让消费者了解减少碳排放可以遏制全球气候向更坏方向发展，使消费者自觉购买贴有碳标签的猕猴桃和二荆条辣椒鲜果产品，为环境保护做出贡献。增加贴有碳标签猕猴桃和二荆条辣椒的市场需求，用需求来引导企业增加贴有碳标签猕猴桃和二荆条辣椒的供应，还可以利用低碳订单的倒逼机制促使企业加贴碳标签。

2. 提高企业的责任感

加强对猕猴桃和二荆条辣椒的种植和生产加工企业的宣传教育，使种植户和企业认识环境保护的重要责任，以及让其认识先加贴碳标签的企业会在消费者心中树立良好的品牌形象，使企业能够自觉为此付出一定的行动。同时，政府可制定相关政策，让企业为避免政策限制必须加贴碳标签，承担起保护环境的重任。

3. 建立碳标签管理部门

建立碳标签管理部门，先根据国际标准制定统一的四川猕猴桃和二荆条辣椒碳标签核算标准、核算方法和认证标准，统一市场上的碳标签，建立四川猕猴桃和二荆条辣椒碳标签体系，监督碳标签的实施，推动四川猕猴桃和二荆条辣椒碳标签的全面施行。碳标签管理部门负责碳标签的企业申请工作、核查企业碳足迹。符合碳排放限制要求的企业方能获得碳标签资格，否则需要再努力减少碳排放，符合申请要求后才能获得碳标签。

4. 政府补贴

一方面，政府对发展节能减排，并加贴碳标签的企业进行补贴(王晓莉 等，2012)，降低企业实施碳标签的成本，以此激励企业使用四川猕猴桃和二荆条辣椒碳标签，加深碳标签的普及程度，政府需要派专业人员对企业进行深入培训，使企业掌握碳足迹核算方法，可先让大型企业先加贴标签，而后利用大型企业的市场领导作用将碳标签推广至中小企业；另一方面，政府可拨资金对购买碳标签猕猴桃和二荆条辣椒的消费者进行补贴，使消费者为购买加贴碳标签的猕猴桃和二荆条辣椒花费的钱并不比购买普通猕猴桃和二荆条辣椒多，甚至可能比买普通猕猴桃和二荆条辣椒更便宜，让消费者觉得既买到了猕猴桃或二荆条辣椒，又能保护环境，以鼓励消费者购买贴了碳标签的猕猴桃和二荆条辣椒，促进碳标签的推广。

5. 政策建议

越来越多的国家已经在产品和服务上加注碳标签，作为全球最大的农业生产国和进出口国，中国虽然已经开始了部分碳足迹的研究工作，但目前中国对于农作物生产碳足迹的研究尚处于起步阶段，没有建立标准的方法体系，也没有建立推动农业转型的政策和市场机制(张丹 等，2016)。面临国内农业转型和国际贸易新局势，应尽快建立中国农作物碳足迹量化方法，充分应用生命周期方法理念，用碳足迹优化生产布局，筛选区域性适宜的低碳技术，建立低碳农业技术大面积应用的补贴机制和市场措施。

果类农产品碳足迹核算是推行碳标签制度的关键。在未来，没有碳标签的产品或将难以进入市场。欧洲已通过设置碳关税，对不符合低碳标准的产品增收碳税，增加壁垒；美国的能源部已经将低消耗、低碳排放产品作为进入美国市场的准入条件。碳标签已成为一些发达国家的贸易壁垒，果品行业和相关政府部门需要意识到低碳经济时代已经到来，未雨绸缪开展农产品碳足迹核算，比如建立完善排放因子数据库、尽快转化和制定相关核算标准、建立和完善碳足迹测量体系等。我国是水果大国，开展果品碳足迹核算，推行果品碳标签制度，对于应对未来国际市场的变化十分必要。

第9章 主要结论

四川省果蔬品种繁多，种植也颇具规模，但目前没有关于碳标签及应用的报道。碳贸易必须考虑环境标准与成本，实施环境监管及保护，对于碳贸易影响尤其重要。建立碳标签体系是我国低碳经济可持续发展的政策和理论依据。本书以四川省都江堰市胥家镇猕猴桃和二荆条辣椒为研究对象，分析两种产品在生命周期内的碳排放情况，并得出两种产品的碳标签，对四川省有关碳标签的研究和应用具有十分重要的意义。

本书研究主要结论如下。

(1) 都江堰市胥家镇圣寿社区 2 组猕猴桃果树每株平均 CO_2 排放量为 $2868.3mg·m^{-2}·d^{-1}$，其 20 亩猕猴桃种植的生产与田间管理 LCA 期间，猕猴桃果树的 CO_2 总排放量为 $1959.9kg·a^{-1}$，CO_2 总排放强度为 $1470.29kg·a^{-1}·hm^{-2}$，即猕猴桃果树的 CO_2 总排放量为 $1.96\ t·a^{-1}$，CO_2 总排放强度为 $1.47t·a^{-1}·hm^{-2}$。种植猕猴桃土壤的 CO_2 排放量平均值为 $27895.5mg·m^{-2}·d^{-1}$，胥家镇 20 亩猕猴桃种植的生产与田间管理 LCA 期间，种植猕猴桃果树土壤的 CO_2 总排放量为 $135825.80kg·a^{-1}$，CO_2 总排放强度为 $101894.82kg·a^{-1}·hm^{-2}$，即种植猕猴桃果树土壤的 CO_2 总排放量为 $135.83t·a^{-1}$，CO_2 总排放强度为 $101.89t·a^{-1}·hm^{-2}$。胥家镇 20 亩猕猴桃种植的生产与田间管理 LCA 期间，猕猴桃果树与土壤 CO_2 总排放量为 $137.79t·a^{-1}$，CO_2 总排放强度为 $103.36t·a^{-1}·hm^{-2}$。

(2) 都江堰市胥家镇圣寿社区 2 组二荆条辣椒植株每株平均 CO_2 排放量为 $18.6g·m^{-2}·d^{-2}$，其 2 亩二荆条辣椒种植的生产与田间管理 LCA 期间，二荆条植株的 CO_2 总排放量为 $648.64kg·a^{-1}$，CO_2 总排放强度为 $4866.05kg·a^{-1}·hm^{-2}$，即二荆条植株的 CO_2 总排放量为 $0.65t·a^{-1}$，CO_2 总排放强度为 $4.87t·a^{-1}·hm^{-2}$。胥家镇 2 亩二荆条辣椒种植的生产与田间管理 LCA 期间，种植二荆条植株土壤的 CO_2 总排放量为 $8765.87kg·a^{-1}$，CO_2 总排放强度为 $65760.47kg·a^{-1}·hm^{-2}$，即二荆条植株土壤的 CO_2 总排放量为 $8.77t·a^{-1}$，CO_2 总排放强度为 $65.76t·a^{-1}·hm^{-2}$。胥家镇 2 亩二荆条辣椒种植的生产与田间管理 LCA 期间，种植二荆条植株与土壤的 CO_2 总排放量为 $9.41t·a^{-1}$，CO_2 总排放强度为 $70.61t·a^{-1}·hm^{-2}$。

(3) 都江堰市胥家镇 20 亩猕猴桃种植 LCA 期间，猕猴桃土壤固碳（以 CO_2-eq 计）量为 $126.59t·a^{-1}$，猕猴桃土壤固碳（以 CO_2-eq 计）量为 $94.94t·a^{-1}·hm^{-2}$。

(4) 都江堰市胥家镇二荆条辣椒土壤固碳量（以 CO_2-eq 计）为 8932.72kg CO_2-eq·a^{-1}，即 66995.57kg CO_2-eq·$a^{-1}·hm^{-2}$，即二荆条辣椒土壤固碳（以 CO_2-eq 计）量为 8.93t CO_2-eq·a^{-1}，即 67.00t CO_2-eq·$a^{-1}·hm^{-2}$。

(5) 都江堰胥家镇猕猴桃果树的 TC 和 TOC 平均含量分别为 $24.8311g·kg^{-1}$、$19.4486g·kg^{-1}$。胥家镇 20 亩猕猴桃的产量为 17500kg，每株的平均生物量为 7.206kg，得到胥家镇 20 亩猕猴桃果园的猕猴桃植株（不含果实）的固碳（以 TC 计）量为 133.75kg[其中，猕猴桃果树地上部分的固碳(以 TC 计)量为 126.228kg，地下部分固碳(以 TC 计)量为 7.52kg]，猕猴桃鲜果的固碳(以 TC 计)量为 75.075kg，猕猴桃植株和猕猴桃果实的总固碳(以 TC 计)量为 208.83kg，即猕猴桃果树的固碳(以 TC 计)量为 $0.21t \cdot a^{-1}$，即 $0.16t \cdot a^{-1} \cdot hm^{-2}$。

将 TC 转换为 CO_2，则猕猴桃植株和鲜果的固碳量(以 CO_2-eq 计)为 765.694kg CO_2-eq$\cdot a^{-1}$，即猕猴桃植株和鲜果的固碳强度(以 CO_2-eq 计)为 574.41kg CO_2-eq$\cdot a^{-1}$，即猕猴桃植株和鲜果的固碳量(以 CO_2-eq 计)为 0.765694t CO_2-eq$\cdot a^{-1}$，猕猴桃植株和鲜果的固碳强度(以 CO_2-eq 计)为 0.57t CO_2-eq$\cdot a^{-1}$。

(6)都江堰市胥家镇圣寿社区 2 组二荆条辣椒植株 TC 平均含量为 $19.564g \cdot kg^{-1}$，TOC 平均含量为 $15.911g \cdot kg^{-1}$。二荆条辣椒植株主干、根、枝条和鲜辣椒果实的平均 TC 含量分别为 $5.538g \cdot kg^{-1}$、$4.08g \cdot kg^{-1}$、$5.46g \cdot kg^{-1}$、$4.487g \cdot kg^{-1}$。二荆条辣椒植株主干、根、枝条和鲜辣椒果实的平均 TOC 含量分别为 $4.908g \cdot kg^{-1}$、$3.69g \cdot kg^{-1}$、$3.77g \cdot kg^{-1}$、$3.543g \cdot kg^{-1}$。2 亩地二荆条辣椒一共有 1978 株，产量为 700kg·亩$^{-1}$，二荆条鲜辣椒总产量为 1400kg。二荆条辣椒植株与果实的总固碳量(以 CO_2-eq 计)为 147.222kg CO_2-eq$\cdot a^{-1}$，即 1104.44kg CO_2-eq$\cdot a^{-1} \cdot hm^{-2}$。也就是说，二荆条辣椒植株与果实固碳总量为 0.147t CO_2-eq$\cdot a^{-1}$，即 1.1t CO_2-eq$\cdot a^{-1} \cdot hm^{-2}$。

(7)由于每个月监测一次，猕猴桃碳标签(0.584957kg CO_2-eq)较为粗糙，即每生产 1kg 猕猴桃鲜果，排放 0.584957kg CO_2。此猕猴桃鲜果碳标签(0.584957kg CO_2-eq)位于两个已经公开数据(生产 1kg 的猕猴桃(kiwi//[GLO] kiwi production：全球范围内的猕猴桃产品)为 0.451995kg CO_2-eq，以及生产 1kg 的猕猴桃产品(kiwi//[GLO] market for kiwi：全球范围内的猕猴桃市场)为 0.613215kg CO_2-eq)之间。同时，本书研究猕猴桃鲜果碳标签还高于香蕉、桃子和梨的碳标签。本书研究的猕猴桃鲜果碳标签仅仅反映了猕猴桃 1 年的全程实测数据，但还需要长期监测，才能获得更为精准的猕猴桃碳标签数据。

(8)都江堰胥家镇圣寿社区 2 组二荆条辣椒植株和土壤的 CO_2 净排放量为 334.571kg，二荆条辣椒产量为 1400kg。由于每个月监测一次，二荆条鲜辣椒碳标签(0.238979kg CO_2-eq 计)较为粗糙，即每生产 1kg 二荆条鲜辣椒，排放 0.238979kg CO_2。较为粗糙的此二荆条鲜辣椒碳标签(0.238979kg CO_2-eq)低于甜椒的碳标签值(生产 1kg 的甜椒(green bell pepper//[GLO] green bell pepper production：全球范围内的钟型甜椒)为 0.910845kg CO_2-eq，以及生产 1kg 的甜椒产品(green bell pepper//[GLO] market for green bell pepper：全球范围内的钟型甜椒)为 1.10239 kg CO_2-eq)，高于大部分土豆(potato//[CN] potato production(中国的)0.27710011、potato//[IN] potato production(印度的)0.38097534、potato//[RU] potato production(俄罗斯的)0.16379382、potato//[UA] potato production(乌克兰的)0.22133234、potato//[US] potato production(美国的)0.19749502)的碳标签，低于卷心菜和花椰菜的碳标签，略高于墨西哥田间种植的西红柿碳标签(tomato，fresh grade//[MX] tomato production，fresh grade，open field(墨西哥的)0.20467488)，低于田间种植的西红柿碳标签(tomato，fresh grade//[GLO] market for tomato，fresh grade(全球的)0.54414731)，低于温室大棚种植的西红柿碳标签(tomato，fresh grade//[NL] tomato production，fresh grade，in heated greenhouse(荷兰的)1.0358672；tomato，fresh grade//[ES] tomato production，fresh grade，in unheated greenhouse(西班牙的)0.3436563)。大棚种植西红柿的碳标签是田

间种植二荆条鲜辣椒碳标签的 1.4～4.3 倍。本书研究的二荆条鲜辣椒碳标签仅仅反映二荆条辣椒 1 个生产周期(5～9 月)的实测数据，但还需要长期监测，才能获得更为精准的二荆条辣椒碳标签数据。

(9)有关都江堰市胥家镇圣寿社区 2 组猕猴桃鲜果产品碳足迹核算与查证标准的结论如下。

①猕猴桃鲜果产品 LCA 过程中，CO_2 排放总量为 19577.3528 $g·hm^{-2}·a^{-1}$，其中，场地整理 10348.31 $g·hm^{-2}·a^{-1}$(占 52.86%)、嫁接阶段 1300.8138 $g·hm^{-2}·a^{-1}$(占 6.64%)、生产与田间管理阶段 1560.529 $g·hm^{-2}·a^{-1}$(占 7.97%)、猕猴桃果实收获阶段 2007.64 $g·hm^{-2}·a^{-1}$(占 10.25%)、猕猴桃鲜果产品销售阶段 4209.5 $g·hm^{-2}·a^{-1}$(占 21.50%)、鲜果消费后的废物处理阶段 150.56 $g·hm^{-2}·a^{-1}$(占 0.77%)。可见，场地整理阶段、猕猴桃鲜果产品销售阶段、猕猴桃果实收获阶段 3 个 LCA 环节二氧化碳生态足迹排前三名，共占 84.61%。

②从二氧化碳生态足迹类型出发，猕猴桃鲜果产品生命周期过程中，材料碳足迹为 45.3581 $g·hm^{-2}·a^{-1}$、人力碳足迹为 5096.17 $g·hm^{-2}·a^{-1}$、材料运输碳足迹为 14434.618 $g·hm^{-2}·a^{-1}$、水消费碳足迹为 1.09 $g·hm^{-2}·a^{-1}$、电力消费碳足迹为 0.1 $g·hm^{-2}·a^{-1}$。其中，材料运输碳足迹占 73.73%，人力生态碳足迹占 26.03%，为主要碳足迹贡献者。

③猕猴桃鲜果产品 LCA 环节中，总计费用为 134742.95 元。其中，场地整理为 75204.47 元(占总投入费用的 55.81%)、嫁接阶段为 17909.58 元(占总投入费用的 13.29%)、生产与田间管理阶段为 22429.5 元(占总投入费用的 16.65%)、猕猴桃果实收获阶段为 9889.2 元(占总投入费用的 7.34%)、猕猴桃鲜果产品销售阶段为 9439.4 元(占总投入费用的 7.01%)、鲜果消费后的废物处理阶段为−129.2 元。可见，费用最多的是场地整理，为载水泥桩和搭建铁丝网，主要用于购买水泥和钢筋。整个猕猴桃生产地面积为 20 亩，则平均每亩投入 6737 元。

④猕猴桃鲜果生产若按 10 年作为一个评估年限，即 10 年内总投入 432605.45 元，10 年内总收入为 1925000 元[产量：875kg·亩$^{-1}$·a^{-1}，单价：20 元/kg]，10 年盈利为 1492394.55 元，投入为 2163 元·亩$^{-1}$·a^{-1}，则每年盈利为 149239.455 万元，有 20 亩猕猴桃，则每亩每年盈利为：7462 元·亩$^{-1}$·a^{-1}。即投入为 2163 元·亩$^{-1}$·a^{-1}，盈利为 7462 元·亩$^{-1}$·a^{-1}，投资:效益=1:3.4。这 20 亩租赁用来生产猕猴桃的土地，在租赁期内(20 年内)，其盈利能保持在 7462 元·亩$^{-1}$·a^{-1}。

⑤不考虑人力碳足迹，取本次猕猴桃鲜果产品碳足迹核算的结果(0.000621kg CO_2-eq)作为本书研究猕猴桃鲜果的碳标签。也就是说，本书研究中的猕猴桃碳标签应为 0.000621kg CO_2-eq，即每生产 1kg 鲜猕猴桃果实，排放的 CO_2 为 0.621g CO_2-eq，相比其他水果产品而言，属于典型的低碳水果农产品，但更为详细的猕猴桃鲜果碳标签，以及有关猕猴桃加工产品碳标签还应在将来继续开展，并进行连续的监测和评估。

(10)有关都江堰胥家镇圣寿社区 2 组二荆条鲜辣椒产品碳足迹核算与查证标准的结论如下。

①从生命周期角度出发，二荆条辣椒生命周期过程的 CO_2 排放总量为 466.6121 $g·hm^{-2}·a^{-1}$。其中，场地整理为 73.543 $g·hm^{-2}·a^{-1}$(占 15.76%)、种苗阶段为 15.2205 $g·hm^{-2}·a^{-1}$(占 3.26%)、生产与田间管理阶段为 165.3976 $g·hm^{-2}·a^{-1}$(占 35.45%)、二荆条辣椒果实收获阶段为 87.78 $g·hm^{-2}·a^{-1}$(占 18.81%)、二荆条鲜辣椒销售阶段为 65.373 $g·hm^{-2}·a^{-1}$(占 14.01%)、消费

后的废物处理阶段为 59.298 $g·hm^{-2}·a^{-1}$（占 12.71%）。可见，生产与田间管理阶段、鲜辣椒果实收获、场地整理阶段和鲜辣椒销售阶段 4 个 LCA 环节二氧化碳生态足迹排前四名，共占 84.03%。

②二荆条辣椒产品生命周期过程中，材料碳足迹为 120.8939 $g·hm^{-2}·a^{-1}$（占 25.91%）、人力碳足迹为 298.3826 $g·hm^{-2}·a^{-1}$（占 63.95%）、材料运输（能源消耗）碳足迹为 47.3176 $g·hm^{-2}·a^{-1}$（占 10.14%）、水消费碳足迹为 0.018 $g·hm^{-2}·a^{-1}$（占 0.003%）、电力消费碳足迹为 0 $g·hm^{-2}·a^{-1}$（占 0.00%）。可见，人力碳足迹为主要碳足迹贡献者。

③二荆条鲜辣椒鲜果产品 LCA 环节中，收入费用总计 7054.51 元。其中，场地整理投入为 169.3 元、种苗阶段为 721.27 元、生产与田间管理阶段为 836.81 元，二荆条辣椒果实收获阶段为 430 元、二荆条鲜辣椒销售阶段为−9212.9 元、消费后的废物处理阶段为 0.29 元。可见，费用投入较多的是生产与田间管理阶段、种苗阶段和鲜辣椒收获阶段。二荆条鲜辣椒销售阶段为盈利阶段，销售金额为 9212.9 元，这也是农户种植二荆条的直接收入。二荆条辣椒鲜果生产若按 5 年作为一个评估年限，5 年内总投入 10786.9 元，5 年内总收入为 46064.5 元，5 年盈利为 35277.6 元，则每亩每年盈利为 3527.76 元·$亩^{-1}·a^{-1}$，即投入为 1247.7 元·$亩^{-1}·a^{-1}$，盈利为 3527.2 元·$亩^{-1}·a^{-1}$，即投资∶效益=1∶3.27。

④不考虑人力生态足迹，取本次二荆条鲜辣椒农产品碳足迹核算的结果（0.000901kg CO_2-eq）作为本书研究二荆条鲜辣椒农产品的碳足迹。也就是，本书研究中的二荆条鲜辣椒农产品碳足迹应为 0.000901kg CO_2-eq，即每生产 1kg 鲜二荆条鲜辣椒农产品，排放的二氧化碳为 0.901g CO_2-eq，相比其他蔬菜产品而言，属于典型的低碳蔬菜农产品，但更为详细的二荆条鲜辣椒农产品碳足迹，以及有关二荆条鲜辣椒的加工产品碳标签，还应在将来继续开展，并进行连续的监测和评估。

（11）四川省猕猴桃和二荆条辣椒农产品 PCR 制定的制度建议主要包括：①开展和运作Ⅲ型环境声明计划的各阶段都应具有透明性，应确保通用计划指南、PCR 文件清单、PCR 文件和其他说明性材料能为外部所获取，从而确保任何对Ⅲ型环境声明感兴趣的人都能理解和解释该声明，也便于监督和做出适当的评论；②四川省猕猴桃和二荆条辣椒农产品 PCR 的研究思路包括 5 个环节（查证一个存在的 PCR 或开发一个新的 PCR、执行相应的 LCA、开发环境产品标示、验证 LCA 和 EPD、登记和发布 EPD），制定农产品 PCR 的具体工作流程包括 10 个步骤；③四川省猕猴桃和二荆条辣椒农产品的Ⅲ型环境标志计划的实施主要包括计划的建立、PCR 的制定和评审、独立验证、Ⅲ型环境声明的使用和更新，其实施和运行方案与 ISO14025 的基本框架相一致；④通过农产品 PCR 审议委员会的组建、农产品 PCR 审议委员会的工作流程、农产品 PCR 审议委员会的职能部门等制定四川猕猴桃和二荆条辣椒农产品 PCR 的审议，加强产品碳标签的理论研究、不断加强不同果蔬农产品碳标签实践。四川省生产的常见蔬菜和水果近 50 种，以及 123 个四川省农产品地理标志登记产品，目前均还没有相应的碳标签的研究数据。因此，在四川省开展果蔬碳标签工作，对推进四川省地方果蔬的国际化贸易具有重要价值和意义，特别是以彭州市为代表的蔬菜基地的碳标签推广工作，具有重要意义和价值，形势也十分紧迫。

（12）“低碳环保农业果蔬产品碳标签系统”的有关成果如下。

①本系统可在线输入低碳果蔬不同 LCA 环节的碳排放监测数据和不同 LCA 阶段的碳

排放计算的有关信息，并可以通过查询抽取需要的碳排放数据。

②低碳环保农业果蔬产品碳标签系统主要包括基本设置管理子系统、碳排放标准子系统、材料信息管理子系统、监测子系统、查询统计子系统、用户管理子系统和系统配置子系统，一共7个子系统，本系统登录前后界面如图9-1、图9-2所示。

图9-1 在线登录界面

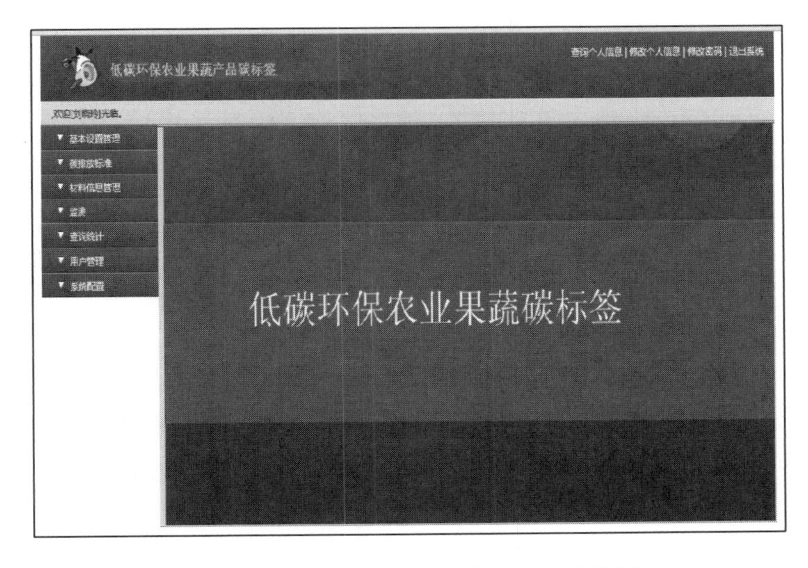

图9-2 登录后的主界面(左边含7个子系统)

③本系统采用人机交互的方式，界面友好，信息查询灵活、方便，数据存储安全可靠；对用户输入的数据进行严格数据检验，尽可能避免人为错误；实现不同权限下操作人员和管理人员对本系统的维护和管理；系统最大限度地实现了易维护性和易操作性。另外，为了保障整个系统的安全性，在线低碳果蔬碳标签系统实现了分类验证的登录模块，通过此模块，可以对不同身份的登录用户进行验证，确保不同身份的用户能操作该系统。在后台管理上，分别适应不同的用户，只有系统的高级管理员才能进入，对整个系统进行管理，

而社会上其他一般人员则只能浏览数据。

④低碳环保农业果蔬产品碳标签系统目前为1.0版本，该系统的应用展示主要包括邹华刚、赵古福、四川省蒲江县成都泰禾农业科技有限公司、江余富等种植户和公司。都江堰蒲阳镇盘龙村江余富家的二荆条辣椒碳标签为1.59×10^{-4}kg CO_2-eq，四川省成都市蒲江县成都泰禾农业科技有限公司的猕猴桃鲜果农产品的碳标签为1.34×10^{-3}kg CO_2-eq。

⑤低碳环保农业果蔬产品碳标签系统可以动态增减LCA环节，大大方便了不同果蔬的不同LCA需求，已经将猕猴桃不同LCA环节的碳足迹和野外监测数据输入本系统，并进行相关查询和统计，特别是不同LCA环节的5种碳足迹［材料碳足迹、人力碳足迹、材料运输碳足迹、水消费碳足迹、电力消费碳足迹］的统计。本系统可对猕猴桃的材料碳足迹、交通运输碳足迹、水消费碳足迹、电力消费碳足迹、人力生态碳足迹、CO_2排放量、CH_4排放量、TC和TOC进行查询和统计。

⑥低碳环保农业果蔬产品碳标签系统已经将二荆条辣椒不同LCA环节的碳足迹和野外监测数据输入本系统，并进行相关查询和统计，特别是不同LCA环节的5种不同生态碳足迹。本系统可对二荆条辣椒的材料碳足迹、交通运输碳足迹、水消费碳足迹、电力消费碳足迹、人力生态碳足迹、CO_2排放量、CH_4排放量、TC和TOC进行查询和统计。

⑦目前，本书只针对猕猴桃(2户)和二荆条辣椒(2户)进行了低碳环保农业果蔬产品碳标签系统案例的应用，但随着本系统推广，可能会遇到新的情况，需要对新情况进行处理。例如，对碳排放数据的评估与可视化技术处理，可能将应用3S技术；加强对有关碳排放数据的处理和分析，特别是加强各个LCA环节与碳排放的相关性分析；完善以LCA为核心的功能，加强以材料为基础的碳足迹统计功能；从人力角度，提供了对农业果蔬碳足迹评估的尝试，但还应完善以人力生态为基础的碳足迹统计功能；继续完善与农业果蔬产品生产和加工的各种数据库，为对接各类系统打下基础；考虑如何加强与其他碳排放系统的对接和嵌入，特别是与国际上知名的有关LCA的软件的对接和嵌入；继续完善对数据的查询和统计分析，同时规范相关生成文档的格式，实现与环境监测大系统的软件接口，最大可能地减少监测站点的工作量。

⑧数据库系统项目存在的问题如下。(a)由于本系统的数据库开发是建立在野外监测数据和有关LCA材料使用的数据基础上的，如推广低碳环保农业果蔬产品碳标签系统的应用，就需要各级政府、农业主管部门、商业主管部门、环境主管部门、出口管理部门等有效组织，并对相关使用人员进行培训和管理，这是一项细致的工作。(b)同时，农业生产过程中的碳排放监测在我国才刚刚起步，还有很多工作需要开展和推进，这是制约低碳环保农业果蔬产品碳标签系统推广的主要原因。(c)另外，由于计算机技术发展迅速，计算机知识结构在不断变化，为了保证本系统与技术发展的同步，也需要系统管理员和操作员良性管理数据库，促进农业生产活动中碳排放数据的共享与保密工作，并进行有效地监督和促进措施，否则就很难保障本系统的良好运作。(d)二氧化碳和甲烷等温室气体数据在国际上属于敏感数据，在国内对节能减排也具有重要意义，对碳排放监测数据的上传和下载是一个不容忽视问题，特别是一些敏感地区和位置的碳排放数据可能需要保密，因此需要环境相关部门进行协调，并组织人员进行该功能的开发和实现。(e)对“低碳环保农业果蔬产品碳标签系统”的用户要进行有效管理，建议以农业和商业部门为主管部门，负

责本系统不同人员使用的账号分配、密匙分配、角色管理和用户组群管理，并确保数据的有效性。(f) 低碳环保农业果蔬产品碳标签系统提供的碳标签数据是否具有法律效率，还需要政府或者第三方进行评估和审核。最好是建立农业产品碳标签的有关法律法规，以确保数据的实时性、法律性和有效性。(g) 目前，低碳环保农业果蔬产品碳标签系统为 1.0 版本，期待有关部门和企业投入更多的资助，继续完善和加强碳标签系统功能。(h) 低碳环保农业果蔬产品碳标签系统的数据及数据库安全也是一个重要议题，要实现安全的应用，就需特别强调服务器载体(软件)和服务器配置的安全性，而这两方面的开销都相当巨大，需要相关部门调拨专项经费来实施。

⑨若推广和应用低碳环保农业果蔬产品碳标签系统，不但可以提供四川省乃至全国的农业碳排放基础数据，更重要的是为农业果蔬产品进入西方发达国家，特别是打开以碳标签作为贸易壁垒的国家的农业产品贸易大门，具有极其重要的经济和商贸价值，其带来的巨大经济效益也将是无法估量的。

(13) 碳标签调查结果：根据研究需要和实际情况，一共设计了由 35 个问题组成的调查表格，获取了相关信息，收到 214 份有效调查问卷答案，为碳标签系统的开发和应用提供了基础，调查结果显示：

①在四川省开展基于猕猴桃和二荆条辣椒的低碳果蔬产品的碳标签制度是非常紧迫的，也是十分必要的；

②开发低碳猕猴桃和二荆条辣椒的碳标签系统是非常重要的，主要应由政府主导开展相关研发和应用工作；

③不仅是猕猴桃和二荆条辣椒，其他所有果蔬产品均有必要进行碳标签应用，希望政府能大力支持和推广应用；

④借鉴应用国外经验，使碳标签有统一的标准和方法；

⑤在四川省开展这些工作具有十分重要的作用，有利于把四川省的果蔬产品进行碳标签应用，有利于进入其他市场，特别是对其进入国际市场具有重要作用。

本书基于野外的碳排放监测和碳存储的监测，以及相应的低碳环保农业果蔬产品碳标签系统的调查成果，对猕猴桃和二荆条辣椒进行了碳排放和固碳监测，并核算了相应的碳足迹，提出了对应的四川省农业果蔬产品类别规则制定制度的建议；本书研究率先在四川省内完成了关于低碳环保农业果蔬产品碳标签系统的调查、设计、开发(1.0 版本软件)和应用，并成功对猕猴桃和二荆条辣椒的碳标签环节和数据进行了应用。应用过程中，基于猕猴桃和二荆条辣椒 LCA 环节对不同低碳果蔬的 LCA 环节实现动态增添和删除，对 5 种不同碳足迹进行动态输入、统计、核算、查证以及管理，还将野外监测数据(CO_2 排放量、CH_4 排放量、TC 和 TOC)输入该系统中并实现相应的管理。没有完美的系统，只有更完善的系统，同时，本书研究的猕猴桃鲜果碳标签仅仅反映了猕猴桃 1 年的全程实测数据，二荆条辣椒也只有一个生长周期的监测数据，因此还需要长期监测，才能获得更为精准的猕猴桃碳标签数据，希望政府部门能继续资助本书研究的进一步的开展。

我国是农业大国，对于农产品质量安全还停留在终端检验阶段，即经过权威部门和认证机构认证，公布为“无公害农产品”“绿色食品”“有机食品”。四川省果蔬品种繁多，种植也颇具规模，水果和蔬菜销售遍及全国 30 多个省市和港澳地区，并远销日本、韩国及东南亚等国家和地区，但目前没有关于碳标签及其应用的报道。碳贸易必须考虑环境标准与成本，实施环境监管及保护，对于碳贸易影响尤其重要。建立碳标签体系是我国低碳经济可持续发展的政策和理论依据，碳标签技术就是针对整个生产环节和流通环节的全程监控，以实现二氧化碳减排的目的。

因此，积极开展和应用低碳环保农业果蔬产品碳标签系统，对四川省其他果蔬农产品，以及其他一些行业产品的碳标签应用，实现碳标签的国际化，从而推动四川省乃至全国的农产品贸易，具有十分重要的意义和推广价值。

参 考 文 献

安建, 张穹, 牛盾, 2006. 中华人民共和国农产品质量安全法释义[M]. 北京: 法律出版社.

白伟荣, 王震, 吕佳, 2014. 碳足迹核算的国际标准概述与解析[J]. 生态学报, 34(24): 7486-7493.

北京农业大学, 1985. 经济大辞典：农业经济卷[M]. 上海：上海辞书出版社，北京：农业出版社.

蔡雪娇, 2016. 碳标签推广路径的经验借鉴与思考[J]. 低碳世界, (21): 15-16.

陈诚, 邱荣祖, 2014. 我国制浆造纸工业能源消耗与碳排放估算[J]. 中国造纸, 32(4): 50-55.

陈洁民, 2010. 碳标签:国际贸易中的新热点[J]. 对外经贸实务, (2): 93-95.

陈泽勇, 2010. 碳标签在全球的发展[J]. 信息技术与标准化, (11): 11-14.

党寿光, 刘娟, 祝进,等, 2014. 四川猕猴桃产业现状及发展对策[J]. 中国果业信息, 31(1): 17-19.

杜国明, 2008. 农产品质量安全的立法研究[J]. 河北法学, 26(9): 107-111.

樊庆锌, 敖红光, 孟超, 2007. 生命周期评价[J]. 环境科学与管理, 32(6): 177-180.

范崇辉, 杨喜良, 2003. 秦美猕猴桃根系分布试验[J]. 陕西农业科学, (5): 13-14.

方虹, 张睿洋, 周晶, 2013. 碳标签制度:我国对外贸易的挑战与机遇[J]. 产权导刊, (5): 21-24.

凤凰网财经, 2016. “碳标签”制度或成新型壁垒 影响农产品出口[OL]. http://finance.ifeng.com/a/20160825/14794450_0.shtml.

国家认证认可监督管理委员会, 山东出入境检验检疫局, 2011. 初级农产品安全区域化管理体系要求(GB/T26407-2011)[M]. 北京: 中国标准出版社.

Hirner H, 徐璐璐, 2012. ISO 14067 能够实现全球范围的“碳足迹”数据比较[J]. 中国标准导报, 2012, (8): 18.

韩冰, 王效科, 逯非,等, 2008. 中国农田土壤生态系统固碳现状和潜力[J]. 生态学报, 28(2): 862-867.

韩颖, 李廉水, 孙宁, 2011. 中国钢铁工业二氧化碳排放研究[J]. 南京信息工程大学学报(自然科学版), 3(1): 53-57.

侯磊, 2010. 獐子岛打上“碳标识”[J]. 农经, (12): 70-71.

胡维潇, 2016. 我国碳标签法律制度构建研究[D]. 济南: 山东大学.

胡莹菲, 王润, 余运俊, 2010. 中国建立碳标签体系的经验借鉴与展望[J]. 经济与管理研究, (3): 16-19.

黄进, 2008. 《ISO14025:2006 III型环境标志原则和程序》国际标准解析[J]. 世界标准化与质量管理, (12): 37-40.

黄文秀, 2012. 国内外产品碳足迹评价与碳标签体系的发展[J]. 日用电器, (4): 25-28.

黄祖辉, 米松华, 2011. 农业碳足迹研究——以浙江省为例[J]. 农业经济问题, (11): 40-47.

霍李江, 2003. 生命周期评价(LCA)综述[J]. 中国包装, (1): 19-23.

计军平, 马晓明, 2011. 碳足迹的概念和核算方法研究进展[J]. 生态经济, (4): 76-80.

姜艳君, 2009. 农业生命周期评价方法和技术体系分析[J]. 学术交流, (4): 80-82.

井赵斌, 雷玉山, 李永武,等, 2016. 秦岭北麓中华猕猴桃品种生物量地上—地下分配格局研究[J]. 果树学报, (1): 52-58.

邓明君, 向国成, 2010. 推进湖南低碳农业发展的农产品碳标签制度研究框架[C]. 湖南省技术经济与管理现代化研究会学术年会暨“低碳经济与湖南战略性新兴产业培育”研讨会.

黎小廷, 刘晓玲, 罗鸿兵,等, 2014. 基于市政污泥的拓展型绿色屋顶基质的固碳潜力研究[J]. 生态科学, 33(3): 559-567.

李璐, 田晓飞, 2015. 低碳产品认证关键技术探讨[J]. 质量与认证, (8): 56-57.

李明博, 刘尊文, 周才华, 2011. 国外低碳产品认证概览[J]. 中国船检, (2): 89-90.

李茜, 2014. 发达国家碳标签发展实践分析[J]. 知识经济, (15): 5-7.

林正雨, 李晓, 何鹏,等, 2013. 四川省猕猴桃产业竞争力评价研究[J]. 农业技术经济, (9): 115-121.

刘亮, 2014. 我国建立碳标签制度的公共政策路径研究[D]. 广州: 华南理工大学.

刘强, 李晓, 2014. 四川省猕猴桃产业发展 SWOT 分析及对策[J]. 贵州农业科学, 42(4): 224-228.

刘强, 刘宗敏, 2015. 四川猕猴桃产业科技创新现状及对策[J]. 四川农业科技, (12): 48-51.

卢良恕, 2002. 新时期我国农业结构战略性调整与食物安全[J]. 中国食物与营养, (4): 4-7.

罗燕, 乔玉辉, 吴文良, 2010. 生命周期评价方法在农业中的应用[J]. 生态经济(学术版), (2): 152-155.

吕丽汀, 王龙, 赵建莉, 2013. 温室气体排放量化换算系数的研究[J]. 山东建筑大学学报, 28(3): 244-249.

马玉莲, 忻仕海, 2010. 碳足迹评价方法学在 PVC 生产中的应用[OL]. http://d.g.wanfangdata.com.cn/Conference_7333024.aspx.

毛雪飞, 王敏, 汤晓艳,等, 2012. 我国农产品分类现状分析与探讨——以种植业产品为例[J]. 农产品质量与安全, (1): 58-62.

庞霞, 2012. 低碳经济下碳标签发展以及对我国的影响分析[J]. 企业导报, (23): 5-6.

钱永忠, 王芳, 2005. “农产品”和“食品”概念界定的探讨[J]. 科技术语研究, 7(4): 33-35.

邱岳进, 李东明, 曹孝文,等, 2016. 产品碳足迹评价标准比较分析[J]. 合作经济与科技, (20): 138-140.

裘晓东, 2011. 各国/地区碳标签制度浅析[J]. 轻工标准与质量, (1): 43-49.

任志勇, 2014. 基于 LCA 的建筑能源系统碳排放核算研究[D]. 大连: 大连理工大学.

苏海强, 任姿融, 2014. “碳足迹”认证深企捷足先登[OL]. 深圳商报,http://szsb.sznews.com/html/2014-06/16/content_2908770.htm.

田彬彬, 徐向阳, 付鸿娟,等, 2012. 基于生命周期的产品碳足迹评价与核算分析[J]. 中国环境管理, (1): 21-26.

王大川, 2012. 四川省制造业碳排放源分类与计量研究——以四川华德精工制造有限公司为例[D]. 成都: 成都理工大学.

王建, 同延安, 高义民, 2010. 秦岭北麓地区猕猴桃根系分布与生长动态研究[J]. 安徽农业科学, 38(15): 8085-8087.

王婧, 张旭, 黄志甲, 2007. 基于 LCA 的建材生产能耗及污染物排放清单分析[J]. 环境科学研究, 20(6): 149-153.

王莉婷, 李太平, 2017. 农产品含义与分类的国际比较[J]. 世界农业, (1): 137-141.

王晓莉, 吴林海, 童霞, 2012. 影响农副食品加工企业生产碳标签食品的主要因素研究[J]. 华东经济管理, 26(10): 148-151.

王一帆, 2011. 成都市机动车碳排放量计算探析[D]. 成都: 西南交通大学.

王影, 刘国际, 2013. 基于农产品分类的农产品供应链组织模式选择[J]. 商业时代, (28): 33-34.

王铮, 郑一萍, 2001. 全球变化对中国粮食安全的影响分析[J]. 地理研究, 20(3): 282-289.

吴洁, 蒋琪, 2009. 国际贸易中的碳标签[J]. 国际经济合作, (7): 82-85.

信春鹰, 2009. 中华人民共和国食品安全法释义[M]. 北京: 法律出版社.

徐世晓, 赵新全, 孙平,等, 2001. 温室效应与全球气候变暖[J]. 青海师范大学学报(自然科学版), (4): 43-47.

许世卫, 张永恩, 李志强,等, 2011. 农产品全息市场信息规范及分类编码研制[J]. 中国食物与营养, 17(12): 5-8.

余运俊, 王润, 孙艳伟,等, 2010. 建立中国碳标签体系研究[J]. 中国人口.资源与环境, 117(S2): 9-13.

袁平红, 2012. 低碳农业发展的国际经验及对中国的启示[J]. 经济问题探索, (8): 158-164.

曾静, 许立, 张超,等, 2016. 开展低碳农产品认证对实现低碳农业的促进作用[J]. 四川化工, 19(1): 43-46.

翟虎渠, 2001. 农业概论[M]. 北京: 高等教育出版社.

张丹, 张卫峰, 2016. 低碳农业与农作物碳足迹核算研究述评[J]. 资源科学, 38(7): 1395-1405.

张帆, 肖郡笑, 肖锋, 2016. 果类农产品碳足迹核算及碳标签推行策略——以赣南脐橙为例[J]. 江苏农业科学, 44(10): 568-571.

张汉林, 2003. 农产品贸易争端案例[M]. 北京: 经济日报出版社.

张莉侠, 曹黎明, 2011. 中国低碳农业发展现状与对策探讨[J]. 经济问题探索, (11): 103-106.

张露, 2014. 碳标签对低碳产品消费行为的影响机制研究[D]. 武汉: 中国地质大学.

张淑媛, 2015. 碳标签对国际贸易的影响分析[D]. 长春: 吉林大学.

张艳琦, 朱虹, 徐成华,等, 2014. 农产品分类的国内外发展现状研究[J]. 中国标准化, (7): 70-75.

张玉娥, 曹历娟, 魏艳骄, 2016. 农产品贸易研究中农产品范围的界定和分类[J]. 世界农业, (5): 4-11.

赵丹, 吴林海, 徐立青,等, 2011. 食品生产企业碳标签使用调查与国外碳标签使用的比较[J]. 世界农业, (3): 27-31.

中国大百科全书总编辑委员会, 2009. 中国大百科全书[M]. 北京: 中国大百科全书出版社.

中国碳交易网, 2012. 深圳拟推动服装挂上“碳标签”[OL]. http://www.tanpaifang.com/tanbiaoqian/2012/1023/7987.html.

中国碳排放交易网, 2015. 玉山世界卡与玉山 ETC 悠游联名卡率先获碳足迹标签认证[OL]. http://www.tanpaifang.com/tanzuji/2015/0128/41993.html.

周盛兵, 唐为杰, 唐亚梅, 2013. 刍议温室效应及全球变暖[J]. 江西化工, (4): 331-333.

朱莉娜, 2010. 成都市碳排放量及排放特征分析[D]. 成都: 西南交通大学.

Almeida M I, Dias A C, Demertzi M, et al., 2015. Contribution to the development of product category rules for ceramic bricks[J]. Journal of Cleaner Production, 92: 206-215.

Berndtsson J C, 2010. Green roof performance towards management of runoff water quantity and quality: A review[J]. Ecological Engineering, 36(4): 351-360.

Bertram C, Luderer G, Pietzcker R C, et al., 2015. Complementing carbon prices with technology policies to keep climate targets within reach[J]. Nature Climate Change, 5(3): 235-239.

Borucke M, Moore D, Cranston G, et al., 2013. Accounting for demand and supply of the biosphere’s regenerative capacity: The National Footprint Accounts’ underlying methodology and framework[J]. Ecological Indicators, 24(Supplement C): 518-533.

Brancoli P, Rousta K, Bolton K, 2017. Life cycle assessment of supermarket food waste[J]. Resources, Conservation and Recycling, 118: 39-46.

Brankatschk G, Finkbeiner M, 2015. Modeling crop rotation in agricultural LCAs - Challenges and potential solutions[J]. Agricultural Systems, 138: 66-76.

BSI, 2008. PAS 2050: specification for the assessment of the life cycle greenhouse gas emissions of goods and services[R]. London: British Standards Institution.

BSI, 2011. PAS 2050: 2011-specification for the assessment of the life cycle greenhouse gas emissions of goods and services[R]. London: British Standards Institution.

Cairncross F, 2006. Time to get stern on climate change[OL]. Http://www.wwf.se/source.php/1169158/Stern%20Summary_of_Conclusions.pdf.

Cohen M A, Vandenbergh M P, 2012. The potential role of carbon labeling in a green economy[J]. Energy Economics, (34): S53-S63.

Ecoinvent, 2016. Ecoinvent 3.3 Database[OL].http://www.ecoinvent.org/database/ecoinvent-33/ecoinvent-33.html.

Edwards J G, Plassmann K, York E H, et al., 2009. Vulnerability of exporting nations to the development of a carbon label in the United Kingdom[J]. Environmental Science & Policy, 12(4): 479-490.

Gadema Z, Oglethorpe D, 2011. The use and usefulness of carbon labelling food: A policy perspective from a survey of UK supermarket shoppers[J]. Food Policy, 36(6): 815-822.

Getter K L, Rowe D B, Robertson G P, et al., 2009. Carbon sequestration potential of extensive green roofs[J]. Environmental Science & Technology, 43(19): 7564-7570.

Grebitus C, Steiner B, Veeman M M, 2016. Paying for sustainability: A cross-cultural analysis of consumers' valuations of food and non-food products labeled for carbon and water footprints[J]. Journal of Behavioral and Experimental Economics, 63: 50-58.

Greenhouse Gas Protocol, 2011. Product life cycle accounting and reporting standard[R]. World Resources Institute and World Business Council for Sustainable Development, Washington, D.C.

Guan D, Klasen S, Hubacek K, et al., 2014. Determinants of stagnating carbon intensity in China[J]. Nature Climate Change, 4(11): 1017-1023.

Hammond G, 2007. Time to give due weight to thecarbon footprint' issue[J]. Nature, 445(7125): 256.

Hendriks C, Worrell E, De Jager D, 1998. Emission reduction of greenhouse gases from the cement industry[C]. Proceedings of the Fourth International Conference on Greenhouse Gas Control Technologies: 939-944.

Ingwersen W W, Subramanian V, 2014. Guidance for product category rule development: Process, outcome, and next steps[J]. The International Journal of Life Cycle Assessment, 19(3): 532-537.

IPCC, 2001. IPCC: Climate Change 2001 (TAR) [M]. Cambridge: Cambridge University Press.

JISC, 2009. General principles for the assessment and labeling of carbon footprint of products (TSQ 0010) [OL]. Japanese Industrial Standards Committee, http://www.cfp-japan.jp/english/.

Kennedy C A, Ibrahim N, Hoornweg D, 2014. Low-carbon infrastructure strategies for cities[J]. Nature Climate Change, 4(5): 343-346.

Koos S, 2011. Varieties of environmental labelling, market structures, and sustainable consumption across europe: A comparative analysis of organizational and market supply determinants of environmental-labelled goods[J]. Journal of Consumer Policy, 34(1): 127-151.

Lazarus E, Zokai G, Borucke M, et al., 2014. Working guidebook to the national footprint accounts: 2014 edition[OL]. Oakland: Global Footprint Network, http://www.footprintnetwork.org/content/images/article_uploads/NFA%202014%20Guidebook%207-14-14.pdf.

Leach A M, Emery K A, Gephart J, et al., 2016. Environmental impact food labels combining carbon, nitrogen, and water footprints[J]. Food Policy, 61: 213-223.

Liu L, Chen R, He F, 2015. How to promote purchase of carbon offset products: Labeling vs. calculation[J]. Journal of Business Research, 68(5): 942-948.

MacIvor J S, Lundholm J, 2011. Performance evaluation of native plants suited to extensive green roof conditions in a maritime climate[J]. Ecological Engineering, 37(3): 407-417.

MacWilliam S, Sanscartier D, Lemke R, et al., 2016. Environmental benefits of canola production in 2010 compared to 1990: A life cycle perspective[J]. Agricultural Systems, 145: 106-115.

Madin E M P, Macreadie P I, 2015. Incorporating carbon footprints into seafood sustainability certification and eco-labels[J]. Marine Policy, 57: 178-181.

Martínez-Rocamora A, Solís-Guzmán J, Marrero M, 2016. Toward the ecological footprint of the use and maintenance phase of buildings: Utility consumption and cleaning tasks[J]. Ecological Indicators, 69(Supplement C): 66-77.

Matthews H S, Hendrickson C T, Weber C L, 2008. The importance of carbon footprint estimation boundaries[J]. Environmental Science & Technology, 42(16): 5839-5842.

Miao H, Wang L, Zhuo Y, et al., 2016. Label-free fluorimetric detection of CEA using carbon dots derived from tomato juice[J]. Biosensors and Bioelectronics, 86: 83-89.

Minkov N, Schneider L, Lehmann A, et al., 2015. Type III environmental declaration programmes and harmonization of product category rules: Status quo and practical challenges[J]. Journal of Cleaner Production, 94: 235-246.

Nitschelm L, Aubin J L, Corson M S, et al., 2016. Spatial differentiation in life cycle assessment LCA applied to an agricultural territory: Current practices and method development[J]. Journal of Cleaner Production, 112(4): 2472-2484.

Oberndorfer E, Lundholm J, Bass B, et al., 2007. Green roofs as urban ecosystems: Ecological structures, functions, and services[J]. BioScience, 57(10): 823-833.

Plassmann K, Edwards-Jones G, 2010. 15-Carbon Footprinting and Carbon Labelling of Food Products[M]//Environmental Assessment and Management in the Food Industry. London: Woodhead Publishing.

Rainville A, Hawkins R, Bergerson J, 2015. Building consensus in life cycle assessment: The potential for a Canadian product category rules standard to enhance credibility in greenhouse gas emissions estimates for Alberta's oil sands[J]. Journal of Cleaner Production, 103: 525-533.

Roh S, Tae S, 2017. An integrated assessment system for managing life cycle CO_2 emissions of a building[J]. Renewable and Sustainable Energy Reviews, 73: 265-275.

Sharp A, Wheeler M, 2013. Reducing householders' grocery carbon emissions: Carbon literacy and carbon label preferences[J]. Australasian Marketing Journal (AMJ), 21(4): 240-249.

Stefan G, Buckley R, 2016. Carbon labels in tourism: Persuasive communication[J]. Journal of Cleaner Production, 111: 358-369.

Th Gersen J, Nielsen K S, 2016. A better carbon footprint label[J]. Journal of Cleaner Production, 125: 86-94.

The Carbon Trust, 2016. Annual Report 2015/16[OL]. https://www.carbontrust.com/media/673362/annual-report-2015-16.pdf.

UNEP, 2016. Global Guidance for Life Cycle Impact Assessment Indicators: Volume 1[M]. Paris: United Nations Environment Programme.

Upham P, Dendler L, Bleda M, 2011. Carbon labelling of grocery products: Public perceptions and potential emissions reductions[J]. Journal of Cleaner Production, 19(4): 348-355.

Vandenbergh M P, Cohen M, 2010. Climate change governance: Boundaries and leakage[J]. New York University Environmental Law Journal, 18: 221-292.

Vandenbergh M P, Dietz T, Stern P C, 2011. Time to try carbon labelling[J]. Nature Climate Change, 1(1): 4-6.

Vanderroost M, Ragaert P, Verwaeren J, et al., 2017. The digitization of a food package's life cycle: Existing and emerging computer systems in the pre-logistics phase[J]. Computers in Industry, 87: 1-14.

Wang Z, Chen J, Mao S, et al., 2017. Comparison of greenhouse gas emissions of chemical fertilizer types in China's crop production[J]. Journal of Cleaner Production, 141: 1267-1274.

Weidema B P, Thrane M, Christensen P, et al., 2008. Carbon footprint: A catalyst for life cycle assessment[J]. Journal of Industrial Ecology, 12(1): 3-6.

Whittinghill L J, Rowe D B, Schutzki R, et al., 2014. Quantifying carbon sequestration of various green roof and ornamental landscape systems[J]. Landscape and Urban Planning, 123: 41-48.

Wu P, Xia B, Pienaar J, et al., 2014. The past, present and future of carbon labelling for construction materials-a review[J]. Building and Environment, 77: 160-168.

Yang Y, Heijungs R, Brand O M, 2017. Hybrid life cycle assessment（LCA）does not necessarily yield more accurate results than process-based LCA[J]. Journal of Cleaner Production, 150: 237-242.

Zuo J, Pullen S, Rameezdeen R, et al., 2017. Green building evaluation from a life-cycle perspective in Australia: A critical review[J]. Renewable and Sustainable Energy Reviews, 70: 358-368.